# WOLFGANG PAULI und C.G. JUNG
Ein Briefwechsel
1932–1958

# Wolfgang Pauli und C. G. Jung

Ein Briefwechsel
1932–1958

Herausgegeben von
C. A. Meier

Unter Mitarbeit von C. P. Enz (Genf)
und M. Fierz (Küsnacht)

Springer-Verlag Berlin Heidelberg GmbH

Professor Dr. C. A. Meier
Steinwiesstraße 37, CH-8032 Zürich, Schweiz

ISBN 978-3-662-30377-1         ISBN 978-3-662-30376-4 (eBook)
DOI 10.1007/978-3-662-30376-4

Die Deutsche Bibliothek – CIP-Einheitsaufnahme
*Pauli, Wolfgang:*
Ein Briefwechsel 1932 – 1958 / Wolfgang Pauli und C.G. Jung.
Hrsg. von C.A. Meier. Unter Mitarbeit von C.P. Enz und M. Fierz. –
Berlin; Heidelberg; New York; London; Paris; Tokyo; Hong Kong; Barcelona; Budapest: Springer, 1992
ISBN 978-3-662-30377-1
NE: Jung, Carl G.; Meier, Carl A. (Hrsg.); Pauli, Wolfgang: [Sammlung]; Jung, Carl G.: [Sammlung]

Dieses Werk ist urheberrechtlich geschützt. Die dadurch begründeten Rechte, insbesondere die der Übersetzung, des Nachdrucks, des Vortrags, der Entnahme von Abbildungen und Tabellen, der Funksendung, der Mikroverfilmung oder der Vervielfältigung auf anderen Wegen und der Speicherung in Datenverarbeitungsanlagen, bleiben, auch bei nur auszugsweiser Verwertung, vorbehalten. Eine Vervielfältigung dieses Werkes oder von Teilen dieses Werkes ist auch im Einzelfall nur in den Grenzen der gesetzlichen Bestimmungen des Urheberrechtsgesetzes der Bundesrepublik Deutschland vom 9. September 1965 in der jeweils geltenden Fassung zulässig. Sie ist grundsätzlich vergütungspflichtig. Zuwiderhandlungen unterliegen den Strafbestimmungen des Urheberrechtsgesetzes.

© Springer-Verlag Berlin Heidelberg 1992
Ursprünglich erschienen bei Springer-Verlag Berlin Heidelberg New York 1992
Softcover reprint of the hardcover 1st edition 1992

Die Wiedergabe von Gebrauchsnamen, Handelsnamen, Warenbezeichnungen usw. in diesem Werk berechtigt auch ohne besondere Kennzeichnung nicht zu der Annahme, daß solche Namen im Sinne der Warenzeichen- und Markenschutz-Gesetzgebung als frei zu betrachten wären und daher von jedermann benutzt werden dürften.

55/3140 - 5 4 3 2 1 0 – Gedruckt auf säurefreiem Papier

# Inhaltsverzeichnis

Vorwort

1

Der Briefwechsel

7

Appendices

171

Chronologisches Verzeichnis der Briefe

243

Index nomium

245

Index rerum

249

> nemo igitur Vir Magnus sine aliquo
> adflatu divino umquam fuit.
> *Cicero, de nat. deor. II, 167* [a]

## Ad benevolum lectorem

Die Rekonstruktion dieses hier publizierten, sich über ein Vierteljahrhundert erstreckenden Briefwechsels war keine ganz einfache Aufgabe. Unsere Sammlung besteht aus 80 Briefen die sich noch auffinden liessen; 39 von Pauli und 41 von Jung. Im Appendix finden sich noch einige Äusserungen unserer Autoren, die sich nicht genau datieren lassen, aber aus unserer Periode stammen. Dass sie fast in Vollständigkeit möglich war, verdanke ich hiemit einer Reihe von Institutionen und Personen herzlich. Dies gilt in erster Linie der "Erbengemeinschaft C.G. Jung" (Zürich) und dem "Pauli-Komitee" am CERN (Genf) für die Erlaubnis zur Publikation. Besonders wertvoll war alsdann die Forschungsarbeit von Herrn Dr. Beat Glaus, Direktor des "C.G. Jung-Archivs" und des "Pauli-Archivs" an der ETH (Zürich), die er mir jederzeit so bereitwillig zur Verfügung stellte. Dank gebührt auch den beiden Fonds an der ETH, dem "Psychologie-Fonds" und dem "Dr. Donald C. Cooper-Fonds", welche einen wesentlichen Beitrag zur Herstellung des Manuskriptes leisteten. Für die gewissenhafte und sorgfältige Arbeit daran bin ich Frau A. Schultze und Frau K. Weinmann zu besonderem Dank verpflichtet, ebenso wie Herrn Prof. J. Fröhlich vom Institut für Theoretische Physik an der ETH, der die Arbeit dieser Damen ermöglichte.

Vor allem möchte ich aber meinen beiden "physikalischen" Ratgebern Charles P. Enz (Genf) und Markus Fierz (Küsnacht) für ihre bereitwillige und geduldige Mitarbeit meinen herzlichen Dank aussprechen.

All diese glücklichen Umstände haben nun also die editio princeps dieses Briefwechsels zwischen zwei der Grössten ihres Faches ermöglicht. Diese Gigantomachie ist auch heute noch höchst eindrucksvoll, insbesondere auch deswegen, weil die beiden Disziplinen, Physik und Psychologie, soweit auseinander zu liegen scheinen, und doch wird gerade hier so deutlich, wie sehr die beiden Wissenschaften in ihren Grundlagen konvergieren. Schon 1935 machte ich auf diese Tatsache aufmerksam in meinem Beitrag zur Festschrift für Jungs 60. Geburtstag [b] und hatte damit das Glück, Jungs Interesse für die theoretische Physik erst so recht geweckt zu haben. Seither ist viel über diese Frage geschrieben worden, aber leider kaum je mit der gleichen wissenschaftlichen Gewissenhaftigkeit wie bei Pauli und Jung. Manche Physiker verfallen hiebei, ohne es zu bemerken, ihrem Unbewussten. Das hat die Folge, dass sie mit ihren Fantasien "die Physik auf den Thron der Metaphysik setzen" (Schopenhauer, Geisterseher). Ein anderer, der beim Studium der "Hintergründe" wissenschaftlicher Forschung einen bemerkenswert klaren Kopf behalten hat, ist der Mathematiker Jacques Hadamard (1865–1963), auf dessen opus "The Psychology of Invention in the Mathematical Fields" (Princeton, 1945) wir hier nachdrücklich hinweisen möchten. Hadamard geht von Vorlesungen Henri Poincarés aus. Er hat Pauli und Jung nicht gekannt, und diese kannten ihn ebenfalls nicht. [c] Pauli ist nun in dieser Hinsicht die grosse Ausnahme, indem er einen klaren Unterschied macht zwischen Bewusstem und Unbewusstem. Seine Bemühungen um ein Verständnis seiner Traumsymbole, immer mit dem Blick auf die Physik, sind geradezu paradigmatisch in ihrer schonungslosen Sauberkeit. Insbesondere ist es bewundernswert, mit welcher Vorsicht Pauli dabei die "Amplifikationsmethode" von Jung verwendet. Man muss dabei seinen Mut, seine Ehrlichkeit und Akribie bewundern. Für diese Arbeit war Pauli in Zürich in einer glücklichen Lage, denn hier hatte er an der Universität und der ETH eine Reihe von kompetenten Ratgebern aus allen Bereichen der Wissenschaft zu seiner Verfügung. Dies hat u.a. auch viel dazu beigetragen, dass Pauli sich hier in Zürich besonders wohlgefühlt und "sein Poly" so heiss geliebt hat, und dass er nach dem Krieg so gerne wieder zu uns zurückkehrte. Später wurde dann sein Friede doch noch gestört durch die Bekanntmachung der Paritätsverletzung. Jetzt fühlte er sich in seiner Liebe zur Symmetrie verraten, doch fand er in mühsamer Arbeit wieder seine Ruhe. [d]

Ich möchte aber nicht versäumen, den Leser zu bitten, immer im Auge zu behalten, dass die Autoren dieses Briefwechsels niemals an dessen Publikation dachten, und dass die Briefe vor durchschnittlich 50 Jahren geschrieben wurden. Wenn wir dies nun trotzdem tun, so geschieht es in erster Linie aus der Überzeugung, dass diese documents humains noch immer, abgesehen von Physik und Psychologie, von grosser Bedeutung sind sowohl für die Geschichte der Wissenschaften, als auch für Philosophie, insbesondere Epistemologie, als auch für die Religionswissenschaften. Man soll auch bedenken, dass Jung 25 Jahre älter war als Pauli und ihm deshalb wohl als "spirituelle Vaterfigur" diente.

Dürfen wir also wohl in "erster Näherung" schreiben

$$\frac{(W+P) \cdot (C+G+J)}{2} = 1\,?$$

In zweiter Linie fühle ich mich in diesem Sinne aus Gründen der Pietät meinen beiden grossen verstorbenen Freunden gegenüber verpflichtet.

Pauli kam erst in Zürich in Kontakt mit der Psychologie. Seine erste grosse Leistung, das Ausschliessungsprinzip, fällt in die Zeit vorher (1925, Nobelpreis 1945). Seine Analyse in Zürich fällt dann in die Jahre 1931–1934, doch hält er bereits seit 1932 regelmässige Diskussionen mit Jung. In die Periode unseres Briefwechsels fällt dann auch die Konzeption der Neutrino-Hypothese (und deren spätere Bestätigung), doch in unserer Korrespondenz verspürt man davon wenig, und seine gewaltige Kreativität verläuft anscheinend völlig unabhängig von der Psychologie ganz innerhalb der Physik.

So dürfte die imponierende Ernsthaftigkeit, mit der er sich seiner psychologischen Probleme gleichzeitig annimmt, auch hierbei nicht ganz ohne Einfluss gewesen sein. Es wird deshalb dem interessierten Leser nicht ganz erspart bleiben, auch die von ihm und Jung im Briefwechsel zitierten Werke des letzteren zur Hand zu nehmen. Das gleiche gilt auch für die Kepler-Arbeit Paulis, [e] die nicht ohne guten Grund zusammen mit der Arbeit von Jung über Synchronizität [f] publiziert wurde. Über das Synchronizitäts-Prinzip fanden reichlich Diskussionen zwischen unseren beiden Autoren statt, wovon der wesentlich von Pauli stammende Quaternio Kausalität $\dashv\hspace{-0.6em}\begin{array}{c}p\\[-2pt]\hline\\[-10pt]q\end{array}\hspace{-0.6em}\vdash$ Synchronizität Zeugnis ablegt.

In diesem Zusammenhang möchte ich hier daran erinnern, dass Jung schon in einem Brief vom 25.2.53 folgendes schreibt:

> "... Prof. Einstein war damals mehrere Male zu Gast, d.h. zum Abendessen bei mir .... Es ist Einstein, der mir den ersten Anstoss gab, an eine mögliche Relativität von Zeit sowohl wie Raum und ihre psychische Bedingtheit zu denken. Mehr als 30 Jahre später hat sich aus dieser Anregung meine Beziehung zu dem Physiker Prof. W. Pauli und zu meiner These der psychischen Synchronizität entwickelt ..." [g]

Also hat die Physik auch hier schon ihren noch milden Einfluss auf Jungs Denken angemeldet. Die Bedeutung von Bohrs Konzept der Komplementarität wird zwar deutlich in der Diskussion, doch dürfte es nützlich sein, sich darüber zu informieren anhand der beiden Artikel Bohrs, in welchen er deren Relevanz für die Biologie und die Psychologie ausführt. [h]

Bei der von Jung so geliebten Formel des "unus mundus" von Gerard Dorn dürfte es sich um ein Synonym für die "allgemeine Synchronizitätsidee" und somit ihren Vorläufer handeln.

Ohne dass dafür ein äusserer Grund bekannt wäre, bricht der Briefwechsel plötzlich ab. Es liegt nahe anzunehmen, dass jeder der beiden Autoren angesichts der erreichten Grenzen im Verständnis der Grundlagen der beiden Disziplinen Physik und Psychologie zum Schluss kam, dass er nun nur noch allein, bei sich selber, weiterkommen kann. In diesem Sinne: Vivant sequentes! [i]

Der Herausgeber
Zürich, 1. Mai 1991

[a] Also war niemand je ein grosser Mann ohne einen gewissen göttlichen Anhauch.

[b] "Moderne Physik — moderne Psychologie", in: "Die kulturelle Bedeutung der Komplexen Psychologie", p. 349 ff. Berlin, Julius Springer, 1935.

[c] Ich verdanke diesen Hinweis Herrn K. von Meyenn.

[d] vgl. dazu seinen Aufsatz in "Experientia" 15/1, Basel 1958, p. 1–5. "Die Verletzung von Spiegelungs-Symmetrien in den Gesetzen der Atomphysik".

[e] W. Pauli, "Der Einfluss archetypischer Vorstellungen auf die Bildung naturwissenschaftlicher Theorien bei Kepler", Zürich 1952, in "Naturerklärung und Psyche", Studien aus dem C.G. Jung-Institut Zürich, IV, hrsg. v. C.A. Meier.

[f] C.G. Jung, "Synchronizität als ein Prinzip akausaler Zusammenhänge", ebenda.

[g] C.G. Jung, Briefe Band II, p. 334, Olten 1972.

[h] Niels Bohr, "Licht und Leben", und "Licht und Leben — noch einmal", in: "Die Naturwissenschaften" 21, 1933, und 50, 1963, Berlin.

[i] Es sei noch vermerkt, dass sich die Originalbriefe sowie die Privatbibliothek Paulis heute im Pauli-Archiv im CERN (Genf) befinden, die Originalbriefe Jungs im Jung-Archiv an der ETH Zürich und seine Bibliothek in Küsnacht.

**WOLFGANG PAULI**

Während des Vortrags
in der Physikalischen Gesellschaft Zürich
anläßlich der Ernennung zum
Foreign Member der Royal Society, 1953

C. G. JUNG
Im Gespräch ca. 1959

# Der Briefwechsel

[1]* JUNG AN PAULI

[Küsnacht] den 4. November, 1932.
[Maschinenschriftlicher Durchschlag]

Sehr geehrter Herr Professor,

Leider habe ich ganz vergessen, dass ich am nächsten Montag nach Wien fahren muss und infolgedessen verhindert sein werde, Sie zu empfangen. Ich habe Sie hingegen auf dieselbe Stunde, 12 Uhr, auf Montag den 14. November vorgemerkt.

Mit bestem Gruss,

Ihr ergebener,

[C. G. Jung]

[2] JUNG AN PAULI

[Küsnacht] den 5. Mai, 1933.
[Maschinenschriftlicher Durchschlag]

Sehr geehrter Herr Professor,

Leider ist die 12 Uhr-Stunde nächsten Montag schon besetzt, so dass ich Sie ausnahmsweise erst am Donnerstag (11. Mai,) um 12 Uhr sehen kann.

Mit vorzüglicher Hochachtung,

Ihr ergebener,

[C. G. Jung]

[3] JUNG AN PAULI

[Küsnacht] den 19. Oktober, 1933.
[Maschinenschriftlicher Durchschlag]

Sehr geehrter Herr Professor,

Ich denke es wird Ihnen am Besten passen, wenn wir unsere gewohnten Montagsstunden wieder aufnehmen. Der erste Montag nach dem 1. November wäre also der 6. November, wo ich Sie wie bisher um 12 Uhr erwarte.

Mit freundlichen Grüssen,

Ihr ergebener

[C. G. Jung]

[4] JUNG AN PAULI

[Küsnacht] den 2. November, 1933.
[Maschinenschriftlicher Durchschlag]

Sehr geehrter Herr Professor,

Beiliegend sende ich Ihnen das Klipping über Niels Bohr [a], um dessen gelegentliche Rückgabe ich bitte. Empfangen Sie meinen besten Dank für die freundliche Zusendung des Bohr'schen Artikels "Licht und Leben". [b]

Mit den besten Grüssen,

Ihr ergebener

[C. G. Jung]

---

[a] Niels Henrik David Bohr. Dänischer Physiker, geboren in Kopenhagen am 7. Oktober 1885, wo sich der grösste Teil seines
Lebens und seiner Laufbahn abspielte und wo er am 18. November 1962 verschied. 1911 promovierte er an der Universität Kopenhagen, nachdem er schon 1908 eine Goldmedaille der Königlich Dänischen Akademie der Wissenschaften und der Literatur erhielt und verbrachte dann 10 Monate in England, vorwiegend bei Rutherford in Manchester. Rutherfords Atommodell mit Plancks Quantenhypothese kombinierend schuf Bohr sein Atommodell (1913), das auch von der modernen Quantentheorie nur unwesentlich verbessert wurde und das ihm 1922 den Nobelpreis für Physik einbrachte. Nach zwei weiteren Jahren in Manchester wurde Bohr 1916 Professor an der Universität Kopenhangen, wo er das berühmte Institut für Theoretische Physik gründete, an welchem alle bedeutenden jüngeren Theoretiker jener Zeit Aufenthalt machten: H.A. Kramers, O. Klein, W. Pauli, W. Heisenberg und viele andere. Bohr erweiterte sein Atommodell durch die Idee der Schalenstruktur, welche 1925 in Paulis Ausschliessungsprinzip eine solide Grundlage fand. Ein für die Entwicklung der neuen Quantentheorie ab 1925 entscheidender Begriff war Bohrs Korrespondenzprinzip, welches besagt, dass die traditionelle klassische Beschreibung atomarer Systeme im Grenzfall grosser Quantenzahlen richtig ist. Bohr nahm an dieser Entwicklung entscheidenden Anteil. Er betonte die Unteilbarkeit und Individualität von Quantenphänomenen und prägte den philosophisch tiefen Begriff der Komplementarität. Dieser bringt die fundamentale Dualität der quantenphysikalischen Beobachtung zum Ausdruck, welche zwischen zwei sich gegenseitig ausschliessenden Aspekten desselben Phänomens wählen muss. Ab 1936 konzentrierte sich Bohr auf Kernreaktionen, die er durch das "Tröpfchen-Modell" zu erklären suchte, welches in der Theorie der Kernspaltung zentrale Bedeutung gewann (Bohr und Wheeler, 1939). 1943 wurde er über Schweden nach England gebracht, um dort und später in Los Alamos in den USA an der Entwicklung der Atombombe teilzunehmen. Er setzte sich vor allem für die volle Publizität der Kernwaffenforschung ein, doch seine Kontakte mit Roosevelt und mit Churchill waren ein Misserfolg. Seine Anstrengungen für eine "offene Welt" kulminierten 1950 in einem offenen Brief an die Vereinigten Nationen. 1957 wurde Bohr der erste "Atoms for Peace" Preis verliehen. Die epistemologischen Konzepte, welche Bohr in der Quantentheorie entwickelt hatte, wendete er seit den 30er Jahren auch auf den Problemkreis "Licht und Leben" an, der ihn bis zu seinem Lebensende beschäftigte. Immer wieder aber drängte es ihn zu den tiefsten Fragen der menschlichen Erkenntnis, welche er in drei Abhandlungen formulierte, "Atomtheorie und Naturbeschreibung" (Springer 1932, Übersetzung Cambridge 1934, 1961), "Atomic physics and human knowledge" (Wiley 1958), "Essays 1958–1962 on atomic physics and human knowledge" (Wiley 1963). Bohr hatte Ehrendoktortitel von über 30 Universitäten und war Mitglied verschiedener Akademien. Seiner Ehe mit Margarethe Norlund, die er 1912 schloss, entsprangen 6 Kinder.

Pauli war mit Bohr lebenslang befreundet und mehrfach an sein Institut zu Kopenhangen eingeladen.

Charles P. Enz

<sup>b</sup> Niels Bohr, "Licht und Leben" in "Die Naturwissenschaften" 21./13, p. 245–250, Berlin 1933. Siehe auch Artikel "Licht und Leben — noch einmal" in "Die Naturwissenschaften" 50./24, 1963, besorgt von Aage Bohr.

[5] JUNG AN PAULI

[Küsnacht] den 28. April, 1934.
[Maschinenschriftlicher Durchschlag]

Sehr geehrter Herr Professor,

Zu Ihrer Vermählung[a] möchte ich Ihnen bestens gratulieren. Ich finde es sehr erfreulich, dass Sie diese Consequenz gezogen haben.

Mit den besten Grüssen,

Ihr stets ergebener

[C. G. Jung]

[a] Mit Franca Bertram, in London.

[6] JUNG AN PAULI

Küsnacht-Zürich, den 22. Mai 1934.
[Maschinenschriftlicher Durchschlag]

Sehr geehrter Herr Professor,

Ich möchte Sie bitten, mir umgehend mitteilen zu wollen, ob es Ihnen am nächsten Montag passt, wenn ich Sie schon um 11 Uhr sehe. Ich muss nämlich um ein Uhr nach Paris verreisen und es wäre mir deshalb unmöglich, Sie noch um 12 Uhr zu empfangen.

Mit besten Grüssen,

Ihr ergebener

[C.G. Jung]

* Wir publizieren die Briefe 1–6 weil sie dokumentieren, dass die beiden Autoren schon ab 1932 miteinander sprachen. Es sei aber betont, dass es sich dabei nicht um Analyse s.s. handelte, denn J. hatte P. zu seiner jüngeren Schülerin, Frau Erna Rosenbaum (†) zur Analyse delegiert. Diese Behandlung dauerte von 1931–34 und war erfolgreich. Jung motivierte P. gegenüber diese Entscheidung mit der Begründung, dass P. Schwierigkeiten mit Frauen habe (cf Brief P's, mit dem er sich bei Frau Rosenbaum anmeldete (im P. Archiv. ETH Zürich)). Mir erklärte J., er habe in Anbetracht der ausserordentlichen Persönlichkeit P's eine Entwicklung haben wollen, die ganz objektiv und ohne seinen persönlichen Einfluss verlaufen sollte.

[7] PAULI AN JUNG

Zürich 7, 26. X. 34
[Handschrift]

Sehr geehrter Herr Dr. Jung,

Nachdem Sie in Ihrem Aufsatz "Seele und Tod"[a] betreffend die Frage der Deutung der sogenannten parapsychologischen Phänomene die Geister der theoretischen Physik beschworen haben, scheinen diese Geister sich nun allmählich einzufinden.

Den Aufsatz, dessen Abschrift beiliegt, sandte mir der Herausgeber[b] der Zeitschrift "Die Naturwissenschaften" zur Begutachtung zu. Er hat gewisse Bedenken gegen dessen Veröffentlichung und zwar nicht wegen seines Inhaltes, sondern weil die Gefahr besteht, dass nun alle möglichen unberufenen Leute sich in die Diskussion einmischen werden. Aber diese Gefahr könnte eventuell durch eine präventive Zusatzbemerkung der Redaktion zum Jordan'schen Aufsatz vermindert werden.

Was zunächst den Autor, P. Jordan,[c] betrifft, so ist er mir persönlich bekannt. Er ist ein sehr intelligenter u. begabter u. unbedingt ernst zu nehmender theoretischer Physiker. Wieso er dazu kam, sich gerade mit den telepathischen u. verwandten Phänomenen zu beschäftigen, weiß ich nicht. Dagegen ist wohl seine Beschäftigung mit psychischen Phänomenen u. dem Unbewußten im allgemeinen auf seine persönlichen Schwierigkeiten zurückzuführen. Diese äussern sich insbesondere in dem Symptom einer <u>Sprachstörung</u> (Stottern), das seine Carriere beinahe verunmöglicht hätte; sodann auch in einer gewissen Zersplitterung seiner geistigen Tätigkeit (er meint sogar, auf dem engeren Fachgebiet von nun an "kein Glück mehr zu haben"). Er scheint zwar einige Schriften von Freud zu kennen, wogegen ihm die Ihrigen unbekannt geblieben sein dürften.

Ich würde gerne Ihre Meinung über den Inhalt des Aufsatzes kennen lernen, zumal mir Jordans Ideen eine gewisse Verwandtschaft mit den Ihrigen zu haben scheinen. Insbesondere ist er Ihrem Begriff des collectiven Unbewußten im letzten Abschnitt des Aufsatzes sehr nahegekommen. — Das Wort "positivistisch" braucht Sie nicht zu stören; mit irgend einem philosophischen System haben J.'s Ideen wohl kaum etwas zu tun u. ich würde ihm vorschlagen, das Wort "positivistisch" durch "phänomenologisch" zu ersetzen. — Gewisse Bedenken habe ich gegen das Bild (S. 12), wonach das Bewußtsein als ein "schmales Grenzgebiet" zum Unbewußten anzusetzen sein soll. — Ob man nicht lieber die Auffassung befürworten sollte, daß Unbewußtes u. Bewußtsein komplementär (d.h. in einem einander ausschließenden Verhältnis zueinander) sind, nicht aber das Eine ein Teil des anderen ist?

Gerne will ich natürlich den Autor auf Ihre Schriften hinweisen. Entschuldigen Sie bitte, die Inanspruchnahme Ihrer Zeit, wenn ich Sie bitte, mir Ihre Meinung über den Aufsatz (kurz) zu schreiben; aber vielleicht ist er Ihnen interessant, auch wenn Sie inhaltlich nichts Neues aus ihm erfahren sollten. (Ich brauche übrigens die Abschrift nicht zurück.)[d]

---

Was mein persönliches Schicksal betrifft, so sind zwar noch einige ungelöste Probleme zurückgeblieben. Ich habe aber ein gewisses Bedürfnis, von Traumdeutung u. Traumanalyse wegzukommen u. möchte nun sehen, was mir das Leben von außen her bringt. Eine Entwicklung meiner Gefühlsfunktion ist natürlich sehr wichtig, aber es scheint mir eben, daß sie nun durch das Leben im Lauf der Zeit allmählich erfolgen könnte u. sich nicht als Resultat von Traumanalysen allein einstellen kann. Nach reiflicher Überlegung kam ich nun also zu dem Entschluß, meine Besuche bei Ihnen zunächst nicht fortzusetzen, falls mir nicht irgend etwas Besonderes zustoßen sollte. — Indem ich Ihnen noch für all Ihre Mühe mit mir von Herzen danke, verbleibe ich

Ihr Ihnen sehr ergebener

W. Pauli

[a] Europäische Revue X. (1934); sodann in "Wirklichkeit der Seele" (Rascher, Zürich 1934) No. IX.

[b] Arnold Berliner: Pascual Jordan, "Über den positivistischen Begriff der Wirklichkeit" in "Die Naturwissenschaften" 22, p. 485–490, Berlin 1934. Der Titel sollte besser heissen "Über den phänomenologischen etc."

[c] P. Jordan, 1902–1980. Theoretischer Physiker, Rostock, Hamburg (als Nachfolger Paulis mit dem er zusammen publizierte.) Planck Medaille 1942. Gauss Medaille. Interessiert in Biologie und Parapsychologie; vgl. sein "Verdrängung und Komplementarität", Hamburg 1947.

[d] Siehe dazu den Brief J's an Jordan v. 10. XI. 34, publiziert in "C.G. Jung, Briefe", ed. A. Jaffé, Bd. 1, p. 229, Olten 1972.

## [8] JUNG AN PAULI

[Küsnacht] den 29. Oktober, 1934.
[Maschinenschriftlicher Durchschlag]

Sehr geehrter Herr Professor,

Empfangen Sie meinen besten Dank für die freundliche Mitteilung von Jordan's Aufsatz. Ich glaube dass dieser Aufsatz veröffentlicht werden sollte, da er den tatsächlichen Umschlag der physikalischen Betrachtungsweise auf das psychologische Gebiet behandelt. Dieser Aufsatz war unvermeidlich. Der consequenten Untersuchung des unbekannten Atominnern, welche zum Schluss gekommen ist, dass das Beobachtete auch eine Störung durch das Beobachten ist, konnte es nicht entgehen, dass das Wesen des beobachtenden Vorganges in der durch die Beobachtung hervorgerufenen Störung wahrnehmbar wird. Einfacher gesagt, wenn man lange genug in ein dunkles Loch hinein schaut, so nimmt man das wahr, was hinein schaut. Dies ist darum auch das Princip des Erkennens im Yoga, welcher aus der absoluten Leere des Bewusstseins alles Erkennen ableitet. Dieser Erkenntnisweg ist also ein Spezialfall der introspectiven Erforschung des Psychischen überhaupt.

Was nun Jordan's Hinweis auf die parapsychischen Erscheinungen anbetrifft, so ist das räumliche Hellsehen natürlich eines der sinnfälligsten Phaenomene, welche die relative Nichtexistenz unseres empirischen Raumbildes dartun. Um dieses Argument zu ergänzen, müsste er notwendigerweise auch noch das zeitliche Fernsehen heranziehen, welches die Relativität des Zeitbildes dartäte. Jordan schaut natürlich diese Phaenomene sozusagen vom physikalischen Standpunkte an, während ich vom psychischen Standpunkte aus gehe, nämlich von der Tatsache des collectiven Unbewussten, wie Sie so richtig bemerkt haben, welches eine Schicht des Psychischen darstellt, in welcher die individuellen Bewusstseinsunterschiede mehr oder weniger ausgelöscht sind.

Werden aber die individuellen Bewusstseine im Unbewussten ausgelöscht, so erfolgt alles Wahrnehmen im Unbewussten sozusagen als wie in einer Person statt. Jordan sagt, dass Sender und Empfänger im gleichen Bewusstseinsraume zu gleicher Zeit denselben Gegenstand betrachten. Man könte diesen Satz ebensogut umkehren und sagen, dass im unbewussten "Raume" Sender und Empfänger ein und dasselbe wahrnehmende Subject sind. Wie Sie sehen, würde ich als Psycholog vom Standpunkt des wahrnehmenden Subjectes aus sprechen, während der Physiker vom Standpunkt des gemeinsamen Raumes in dem sich zwei bis mehrere Beobachter befinden, sich ausdrückt. Die letzte Consequenz der Jordan'schen Anschauung würde zur Annahme eines absoluten unbewussten Raumes führen, in welchem unendlich viele Beobachter denselben Gegenstand beobachten. Die psychologische Fassung würde lauten: im Unbewussten gibt es nur einen Beobachter, der unendlich viele Gegenstände beobachtet.

Wenn Sie Jordan auf meine Schriften aufmerksam machen wollen, so darf ich Ihnen vielleicht empfehlen, ausser dem von Ihnen bereits angeführten Aufsatze auch denjenigen im selben Bande über "Das Grundproblem der gegenwärtigen Psychologie"[b] zu erwähnen (p. 1). Bezüglich des collectiven Unbewussten gibt es im früheren Bande "Seelenprobleme der Gegenwart"[c] einen Aufsatz wo ich dieses Thema ausführlicher behandle, nämlich "Die Struktur der Seele" (pag. 144). Ich bin Ihnen dankbar, wenn ich Jordan's Aufsatz vorderhand noch behalten darf.

Übrigens fällt mir gerade ein, dass in puncto der Zeitrelativität es ein Buch gibt von einem Eddington Schüler, Dunne "An Experiment with Time",[d] in welchem er das zeitliche Fernsehen in ähnlicher Weise behandelt, wie Jordan das räumliche. Er postuliert eine unendliche Anzahl von Zeitdimensionen etwa entsprechend den "Zwischenstufen" Jordan's. Es würde mich sehr interessieren, einmal von Ihnen zu hören wie Sie sich zu diesen Dunn'schen Argumenten verhalten.

Für die Nachrichten über Ihr persönliches Befinden danke ich Ihnen ebenfalls bestens und wünsche Ihnen ferneres Gedeihen.

Mit freundlichen Grüssen,

Ihr stets ergebener

[C. G. Jung]

---

[a] Dieser Brief ist bereits publiziert von A. Jaffé in "C.G. Jung, Briefe", Bd. 1, p. 276 ff. Olten 1972.

[b] in "Wirklichkeit der Seele" Rascher, Zürich 1931, p. 1 ff.

[c] in "Seelenprobleme der Gegenwart" Rascher, Zürich 1931.

[d] J.W. Dunne, 3rd ed., London 1934; 1. Ausgabe 1927, betr. Vieldimensionalität der Zeit; vgl. auch sein Buch "The Serial Universe" London 1934, p. 144 ff.

[9] Pauli an Jung

[Zollikon-Zürich] 22-VI-35
[Handschrift]

Sehr geehrter Herr Dr. Jung,

Im Laufe der Zeit haben sich bei mir verschiedene Aufzeichnungen über Phantasieprodukte angesammelt und ich weiß jetzt keinen besseren Gebrauch davon zu machen als sie Ihnen zu schicken. Einerseits schien es mir zu schade, sie in einer Schublade für immer liegen zu lassen, andrerseits will ich keineswegs Ihre Zeit in Anspruch nehmen, auch fühle ich mich jetzt, zum Unterschied von früher, nicht als einer ärztlichen Konsultation bedürftig. Da Sie aber seinerzeit ein gewisses Interesse geäußert haben, wie meine Entwicklung weiterläuft, und da das Material vielleicht einiges für den Psychologen Interessante enthält, will ich es Ihnen schicken. Natürlich bleibt es ganz Ihnen überlassen, was Sie weiter damit machen wollen, ich erwarte nicht etwa in nächster Zeit besondere Auskünfte von Ihnen darüber.

Sie werden darin einerseits Andeutungen von allerlei weltanschaulichen Konflikten finden — mit denen muß ich schon allein fertig werden, so gut es geht — andrerseits stärkere Beziehungen zu jenem kontroversen und schwer zugänglichen, sogenannten parapsychologischen Gebiete. Dabei nahmen die Phantasien oft einen eigentümlichen Charakter an, indem sie nur sehr geläufige physikalische Fachausdrücke verwenden (wie 'Isotopentrennung', 'Feinstruktur', 'Wechselwirkung zwischen Eigenrotation u. Bahn', 'Resonanzstellen', 'radioaktiver Kern' etc.), um Analogien mit psychischen Tatbeständen auszudrükken, die ich nur sehr dunkel ahnen kann. — Vom vorigen Jahr fehlen noch einige Zeichnungen, die nicht in diesen Umschlag gehen. Falls Sie Interesse dafür haben, könnte ich Ihnen diese gelegentlich auch noch schicken.

---

Zum Schluss möchte ich Ihnen noch sehr danken für alle Plagen, die Sie mit mir gehabt haben. Mein Befinden ist momentan sehr gut u. wenn es immer so bleibt wie jetzt, kann ich schon zufrieden sein. Für das nächste Wintersemester erhielt ich eine Einladung nach Amerika und meine Frau u. ich freuen uns sehr auf diese Reise.

Mit den besten Grüßen

Ihr sehr ergebener
W. Pauli

[10] Jung an Pauli

[Küsnacht] den 24. Juni, 1935
[Maschinenschriftlicher Durchschlag]

Lieber Herr Professor,

Empfangen Sie meinen verbindlichsten Dank für die freundliche Zusendung Ihres Materials, das ich Ihrem Dossier einverleibt habe. Diese Fortsetzung ist mir überaus willkommen, da es mich ganz besonders interessiert, wie der Prozess bei Ihnen weiter verläuft. Wenn Sie mir die Zeichnungen gelegentlich auch zuschicken könnten, so wäre ich Ihnen dankbar.

Im Sommer 1936 muss ich ebenfalls wieder einmal nach Amerika an die Harvard University.[a] Der Winter in Amerika ist ebenso unangenehm wie der Sommer, aber hoffentlich werden Sie eine gute Zeit dort verleben.

Mit den besten Grüssen und Wünschen,

Ihr stets ergebener

[C. G. Jung]

[a] Jungs Vortrag an "Harvard Tercentenary Conference of Arts and Sciences 1936" publiziert als "Psychological Factors determining human behaviour", Cambridge, Mass. 1936. Deutsch in G.W. Band VIII, p. 119–125.

[11] PAULI AN JUNG

[Zollikon-Zürich] 4–VII–1935
[Handschrift]

Sehr geehrter Prof. Jung,

Haben Sie vielen Dank für Ihren letzten Brief. Ich übersende Ihnen also noch zum Material von vorhin gehörende Zeichnungen. Es sind 3 größere Zeichnungen und eine Skizze. Was die letztere betrifft, so liefert sie zugleich ein typisches Beispiel für den Mißbrauch von Terminologien aus der Physik, der mir vom Unbewußten mit einer gewissen Hartnäckigkeit aufgedrängt wird. Es handelt sich wohl um eine Art von freiem Assoziieren in Analogien, das als Vorstufe des begrifflichen Denkens aufzufassen ist.

Mit den besten Grüßen

Ihr sehr ergebener

W. Pauli

[12] JUNG AN PAULI

[vom 21. IX.: fehlt]

[13] PAULI AN JUNG

The Institute for Advanced Study
School of Mathematics
Fine Hall
Princeton, New Jersey 2.X.35.
[Handschrift]

Lieber Professor Jung,

Ihr interessanter Brief vom 21.IX.[a] erreichte mich erst hier; ich war bereits abgereist, als er nach Zürich kam. Ihre Unternehmung ist mir in keiner Weise unangenehm, wenn meine Anonymität so vollkommen gewahrt bleibt, wie Sie schreiben (Man sollte wohl auch nicht erkennen können, daß der Träumer speziell ein Physiker ist.). Es freut mich sehr, wenn meine Träume von wissenschaftlichem Nutzen sein sollten, bin auf Ihren Aufsatz sehr neugierig; ob ich wohl mit Ihren Deutungen auch immer einverstanden sein werde? Eranos Aufsatz; "Psychologie und Alchemie" (Jung, Bd 12), Kapitel II.

Bei Beginn der Arbeit mit Frau Rosenbaum war ich 32 Jahre alt; exakter: ich bin am 25. IV. 1900 in Wien geboren und die Arbeit mit Frau Rosenbaum begann im Februar 1932.

---

Ich möchte diese Gelegenheit benützen, um auf einen Gegenstand zurück zu kommen, den ich in meinem letzten Brief bereits angedeutet habe. Es handelt sich um die Verwendung physikalischer Analogien zur Kennzeichnung psychischer Tatbestände in meinen Träumen. Ich bin darauf über einen konkretistischen Umweg gekommen. Es handelte sich anfangs um Träume, in denen ein physikalischer Kongress einberufen war, zu dem je nach der Situation ganz bestimmte Kollegen einberufen waren. Ich versuchte zuerst, die Analyse der Träume mit meiner persönlichen Beziehung zu diesen Kollegen in Verbindung zu bringen, was einen kompletten Unsinn ergab. Plötzlich sah ich aber, dass es sich dabei immer um Analogien zu denjenigen Themen handelte über welche diese Kollegen hauptsächlich gearbeitet haben und daß ihre Person dabei somit ganz gleichgültig war. Das Ende war der Versuch, eine Art Tabelle (oder Lexikon) aufzustellen, in welchem die Übersetzung der (symbolisch aufzufassenden) physikalischen Ausdrücke in Ihre psychologische Sprache unternommen werden sollte. Da es sich dabei um objektive Sachverhalte handelt, möchte ich mir erlauben, Ihnen davon beiliegend eine kleine Probe zu geben und Sie zu bitten, mir gelegentlich zu schreiben, was Sie davon halten und was Ihnen dazu einfällt. Nicht in allen Fällen nämlich weiß ich die richtige Übersetzung und manchmal scheint die Analogie noch etwas mehr zu enthalten, als das was ich begrifflich formulieren kann.

Hier gefällt es mir recht gut. Die oben stehende Adresse gilt bis Ende April.
Mit den besten Grüßen

Ihr sehr ergebener

W. Pauli

[a] fehlt

[BEILAGE ZU BRIEF 2.X.35.]

| "Physikalische" Symbolik. | Psychologische Fassung. |
|---|---|
| 1.) Abbildung | 1.) "Participation mystique" |

<u>Bemerkung</u>. Die Abbildung erscheint immer durch ein polares Kraftfeld vermittelt derart, daß die abgebildeten Personen auf einander bezogen sind.

Ein spezieller Fall davon ist

2.) Parallel gestellte kleine <u>Dipole</u> (wie sie physikalisch im magnetischen festen Körper vorliegen.)

2.) Viele Personen in unbewußter Identität wie bei einem hypnotischen Versuch.

$$\overset{+}{\rule{1em}{0.4pt}}\overset{-}{\phantom{x}} \quad \overset{+}{\rule{1em}{0.4pt}}\overset{-}{\phantom{x}} \quad \overset{+}{\rule{1em}{0.4pt}}\overset{-}{\phantom{x}} \quad \ldots$$

3.) Die <u>Aufhebung der Abbildung</u> erfolgt in diesem Falle dadurch, daß ein Dipol durch "Eigenwärme" anfängt zu <u>rotieren</u>.

3.) Aufhebung der participation mystique durch individuelle Differenzierung.

In einem anderen Bild wird dasselbe dargestellt durch <u>Isotopentrennung</u>. (Unter "Isotopen" versteht man chemische Elemente, die am selben Platz im natürlichen System stehen und nur mit besonders difficilen Methoden zu trennen sind.)

4.) Ein ähnliches symbolisches Bild ist die <u>Aufspaltung von Spektrallinien in einem Magnetfeld</u>
    Ohne Feld   |
    Mit Feld    | | |
Auch <u>zusammengehörige Gruppen von Linien</u>, sogenannte <u>Dubletts</u>, <u>Triplets</u> oder <u>Multiplets</u> traten oft als Bild auf.

4.) Differenzierungsprozess.
Aber was bedeutet das <u>polare Feld</u> psychologisch? Es muß wesentlich sein als Ursache der Differenzierung. Ich weiß nur, daß <u>dieselbe</u> Polarität auch durch Dominosteine, Spielkarten oder andere Spiele (zu zweit oder zu <u>viert</u>!) dargestellt wird. — Das polare Feld muß eine Art <u>dynamische Gesetzmäßigkeit des kollektiven Unbewußten</u> ausdrücken.

5.) Radioaktiver Kern

5.) "Selbst"
Es ist klar, daß 'Kern' soviel wie individueller Kern bedeutet. Aber was bedeutet die "Radioaktivität" des Kernes psychologisch? Es scheint dies einerseits auf eine allmähliche Umwandlung (Transformation) des Kernes, andererseits auf eine Wirkung nach außen hinzudeuten (Strahlen!).

6.) Resonanzstellen
Jeder Ingenieur weiß, was für katastrophale Wirkungen durch Koinzidenz von 2 Schwingungszahlen eintreten können. Was aber der einfache Arbeiter gewöhnlich nicht weiß, ist, daß man aus der Resonanz auch durch Erhöhung der Tourenzahl herauskommen kann.

6.) Archetypen

= Hineinfallen in den Archetypus durch Identifizierung.

---

Ich könnte diese Beispiele noch um verschiedene Details vermehren, möchte aber zuerst nur gerne Ihren allgemeinen Eindruck davon wissen.

[14] JUNG AN PAULI

[Küsnacht] den 14. Oktober, 1935.
[Maschinenschriftlicher Durchschlag]

Lieber Herr Professor,

Empfangen Sie meinen verbindlichsten Dank für Ihre freundliche Zusage.[a] Sie können, wie ich Ihnen schon sagte, durchaus versichert sein, dass Ihr Incognito in jeglicher Weise gesichert ist. Ich habe ja nur diejenigen Träume ausgewählt, und diese weitaus zum grössten Teil verkürzt, welche Symbole des "Selbst" enthalten. Die Deutung hat auch durchaus keinen persönlichen Charakter, sondern bezieht sich rein auf die Configuration der Ideen, die ich ausserdem historisch parallelisiert habe. Auf diese Weise wird es auch kaum etwas in meinem Aufsatz geben, mit dem Sie nicht einverstanden sein könnten, denn bei der historischen Parallele handelt es sich einfach um Tatsachen, die nur insofern angezweifelt werden könnten, als man die historische Echtheit des Zeugnisses zu bestreiten im Stande wäre. Dem Träumer liegen ja die persönlichen Beziehungen des Traumes immer sehr viel näher, als die reinen, abstracten Ideenverbindungen. Ich werde mir dann erlauben, Ihnen ein Exemplar zuzuschicken, woraus Sie meines Erachtens ohne weiteres ersehen werden, dass ich die persönliche Bezugnahme überall, soweit mir nur irgend möglich, übergangen habe.

Die Idee des polaren Kraftbildes hängt wohl bei Ihnen mit den frühesten Träumen vom Himmelspol zusammen. Der Pol ist das Zentrum eines rotierenden Systems, welches eben das Mandala darstellt. Die zu Grunde liegende Uridee scheint die zu sein, dass die Menschen in diesem Kraftfeld eingeordnet sind. Der "Pol" wird auch, wie es bei Ihnen der Fall zu sein scheint, als emanierender Kern dargestellt. Ich habe eine derartige mittelalterliche Darstellung soeben in London entdeckt. Der Kern wird öfters auch als Lapis bezeichnet, als mediator, als vinculum, und ligamentum elementarum, die Verbindung der Elemente. Die Idee scheint mit der Microcosmos- und Macrocosmosidee des Mittelalters zusammenzuhängen, dass nämlich im Macrocosmos alle Menschen enthalten sind, wobei jeder einzelne als Microcosmos wiederum das Ganze darstellt.

Die Dipole weisen wohl in erster Linie auf das Komplementärverhältnis in einem selbstregulierenden System. Psychologisch also: bewusst - unbewusst, projiziert: Mann und Frau, welche neben der Familie den einfachsten Fall von Partizipation darstellen. Die Rotation des einen Pols ist unzweifelhaft der Beginn der Individuation, daher die vielen Rotationssymbole in Ihren Träumen. (Historisch bezeichnet als circulatio spirituum, ebenso im Chinesischen, die Zirkulation des Lichtes.) Es dürfte sich im Wesentlichen um eine spiralige Rotation handeln mit unendlicher Annäherung an den Kern. Die Darstellung durch Isotopen und durch Spektrallinien bewegt sich auf derselben Linie. Es handelt sich um feststehende Einheiten oder um feste Gruppierungen von Einheiten, welche den Individualfall symbolisieren (= Individuum + darauf bezogenes Individuum oder Reihe von Individuen.)

Man stellt sich das Unbewusste gemeiniglich als einen psychischen Tatbestand in einem Individuum vor. Die Selbstabbildung, die das Unbewusste von seiner zentralen Struktur entwirft, stimmt aber mit dieser Auffasung nicht überein, sondern es weist alles darauf hin, dass die zentrale Struktur des kollektiven Unbewussten nicht örtlich zu fixieren ist, sondern eine überall sich selbst identische Existenz ist, die als unräumlich gedacht werden muss und infolgedessen, wenn auf den Raum projiziert, überall im Raume vorhanden ist. Es scheint mir sogar, als ob dieselbe Eigentümlichkeit auch auf die Zeit bestünde. Die Darstellung des kollektiven Unbewussten besteht in der Regel aus dem sog. quaternium, wie der mittelalterliche Ausdruck lautet, nämlich der vierfachen Emanation oder Ausstrahlung, welche von einem mittelalterlichen Philosophen als das exterius des Kernes bezeichnet wird. Eine biologische Analogie wäre die funktionale Struktur eines Termitenstaates, der nur unbewusste, ausführende Organe besitzt, während das Zentrum, auf das alle Funktionen der Teile bezogen sind, unsichtbar und empirisch nicht nachweisbar ist.

Der radioaktive Kern ist ein ausgezeichnetes Symbol für die Energiequelle des kollektiven Unbewussten, als dessen alleräusserste Schicht, das individuelle Bewusstsein erscheint. Die Selbstdarstellung des Unbewussten benützt dieses Symbol um anzudeuten, dass das Bewusstsein nicht entstehe aus einer ihm innewohnenden Aktivität, sondern vielmehr beständig erzeugt werde durch eine aus dem Innenraume des Unbewussten hervorgehende Energie, deshalb seit alters durch Strahlung dargestellt. Das Zentrum wird deshalb bei den griechischen Gnostikern als Spinthēr bezeichnet (der Lichtfunke), oder als das Phōs archetypon (das archetypische Licht.)

Neben dieser Darstellung der psychischen Struktur findet sich noch eine andere, gerade umgekehrte, nämlich die Seele als Kugelschale um das kugelförmige Weltall, in welchem zu innerst die Erde als das Schwerste und Toteste liegt. In diesem Falle findet die Strahlung von aussen durch das Medium der Gestirne auf die Erde statt. Man könnte also auch hier von einer introvertierten und extravertierten Auffassung sprechen. Ich glaube aber, dass beides wesentlich dasselbe ist, indem diese Gegensätze nur durch die Projektion einer an sich unräumlichen (d.h. transcendenten) Existenz auf den Raum entstehen. Ich habe übrigens diese Dinge in meinem Aufsatz einigermassen darzustellen versucht, ging aber absichtlich nicht auf die physikalischen Parallelen ein, weil ich gerade diese Seite aus begreiflichen Gründen nicht hervorheben wollte. Das Zentrum, oder den Kern, habe ich stets aufgefasst als ein Symbol der Totalität des Psychischen überhaupt, als des Bewussten plus Unbewussten, dessen Zentrum mit dem Ego als Bewusstseinszentrum nicht zusammenfällt und infolgedessen immer als ein ausserhalb befindliches empfunden wurde. Deshalb war es auch immer projiziert in die Vorstellung der Gottheit oder des Einen, der Monas u.s.w.

Hoffentlich gefällt es Ihnen in Amerika. Mit den besten Wünschen verbleibe ich

Ihr stets ergebener

[C. G. Jung]

---

[a] Zur Publikation seines "Materials". Erfolgte später in: C.G. Jung "Traum-Symbole des Individuations-Prozesses. Ein Beitrag zur Kenntnis der in den Träumen sich kundgebenden Vorgänge des Unbewussten." Eranos Jahrbuch 1935, p. 15–133, Rhein-Verlag Zürich 1936 und C.G. Jung "Psychologie und Alchemie" Rascher, Zürich 1944.

[15] JUNG AN PAULI

[Küsnacht] den 14. Februar, 1936.
[Maschinenschriftlicher Durchschlag]

Lieber Herr Professor,

Mit gleicher Post sende ich Ihnen einen Sonderabzug meines Aufsatzes über das Traummotiv, von dem ich Ihnen früher geschrieben habe. Sie werden daraus ersehen, dass der Träumer durchaus incognito geblieben ist und überdies gar nichts in den mitgeteilten Träumen vorkommt, was persönlich unangenehm wirken könnte, wenn auch das Incognito nicht existierte.

Ich hoffe es gehe Ihnen immer gut und Sie geniessen Ihren Aufenthalt in Amerika.

Mit den besten Grüssen,

Ihr stets ergebener

[C. G. Jung]

[16] PAULI AN JUNG

[Princeton] 28-II-36
[Handschrift]

Sehr geehrter Prof. Jung,

Kürzlich erhielt ich Ihren Brief u. Ihren sehr interessanten Aufsatz. Ich freue mich sehr, daß Sie von meinem Material soviel Nutzen gehabt haben. Ihre zahlreichen Belobigungen habe ich mit einem kleinen Schmunzeln eingesteckt u. dachte mir, solche Töne hätte ich doch früher von Ihnen nie gehört.

Persönlich war ich sehr erstaunt, wie viele Parallelen zur späteren Entwicklung bereits in diesen früheren Träumen enthalten sind. Und doch las ich es wie einen Bericht aus sehr fernen Tagen. Als Beitrag zu den erwähnten Parallelen, möchte ich gerne eine Einzelheit aufführen, wo ich das Gefühl hatte, daß Ihnen die Traumdeutung nicht ganz geglückt ist. (Sie sehen: ich lasse mir immer noch "nichts angeben"). Dies ist die Deutung der sieben u. des Treff-Aß in I.13 u. I.16. Diese beiden Träume haben sowohl einen retrospektiven als auch einen prospektiven Sinn. In meinem siebenten Lebensjahr war die Geburt meiner Schwester.[a] Die 7 ist also ein Hinweis auf die Geburt der Anima. (Die dann auch in späteren Träumen eintrat.) Ich kann die Beziehung der 7 zur Anima bei mir auch sonst belegen. In einem sehr viel späteren Traum kam die Spielkarte Caro 7 vor, die so aussah:

$$\begin{array}{ccc} \times & & \times \\ \times & \times & \times \\ \times & & \times \end{array}$$

Und dann erklärt mir der "Weise" im Traum, dies bedeute auch **M** und beziehe sich auf Mutter u. Maria. Und der Schritt von der personifizierten Maria zur Caro 7 gehe eben über den Katholizismus wesentlich hinaus (was zu Ihrer Deutung des 'Verstoßens' als Exkommunication ausgezeichnet paßt.) — NB: Caro enthält Hinweis auf Sonnenfarbe.

Was nun das Treff-Ass betrifft, so haben Sie mit der Beziehung zur Kreuzform sicher Recht, aber eine so direkte Beziehung zum christlichen Gottesbegriff, wie Sie sie annehmen, scheint mir nicht vorhanden. Dagegen ist nach meiner Ansicht dieses Treff-Aß, das vor der sieben kommt, also: Ursache der Animageburt ist, eine Hindeutung auf einen keplerischen Archetypus der Macht, der viel später personifiziert auftritt als "Diocletian", "Danton", oder "der Herzog, der die Dienstmagd treibt". (Nebenbei: diese Deutung paßt auch gut zum retrospektiven Sinn des Traumes — ferner zur dunklen Farbe des Treff.)

Aufgefallen ist mir ferner der Traum II mit der Croquetkugel, die den Spiegel zertrümmert. Der Spiegel ist, glaube ich, nicht nur Intellekt, sondern das Bewusstsein überhaupt. Die Croquetkugel erinnert mich an die vorüberfliegende Wespe u. das Zerbrechen des Spiegels an den Wespenstich (Das Wespengift ist immer inflationistisch, blindmachend gemeint).

Über den kosmischen Aspekt des "Selbst" und das angehörige Raum-Zeitproblem wäre noch sehr viel zu sagen, aber ich will diesen Brief nicht zu lang werden lassen. Statt dessen schreibe ich Ihnen einen Traum, der unmittelbar nach der Lektüre Ihres Aufsatzes erfolgte, auch damit Sie sehen können, wie mein Unbewußtes auf diesen reagiert hat (siehe beiliegendes Blatt).[b] Er hat auch zu tun mit den in meinem letzten Brief erwähnten Problemen. Ich danke Ihnen noch sehr für Ihren letzten Brief (vom 14.-X.-35).[c] Gerne würde ich von Ihnen gelegentlich noch erfahren, was Sie über die Gruppe von Träumen (in dem Material, das ich Ihnen früher schickte) meinen, in denen die dunkle Anima mit einer gewissen Hartnäckigkeit eine "magische" Verbindung zwischen Sexualität u. Erotik einerseits, politischen oder historischen Ereignissen andrerseits behauptet. Es ist dies derjenige Aspekt der Anima, der in den Träumen gerne als "chinesisch" dargestellt wird. Ich glaube, auch diejenige Wirkung des Selbst die im beiliegenden Traum vorkommt u. als "Ablenkung der Molekularstrahlen im polaren Feld" (siehe darüber auch meinen letzten Brief) dargestellt wird, hängt damit zusammen.

Ich hoffe aber, meine Fragen machen Ihnen nicht zu viel Mühe. In letzter Zeit habe ich mich übrigens sehr wenig mit Träumen u. dem Unbewussten beschäftigt u. nur sehr selten pflege ich einen Traum aufzuschreiben. Mein Befinden ist im Allgemeinen recht gut u. scheint jetzt auch ziemlich stabil. Die Ablösung von Ihnen und der Analyse hatte mir eine Zeit lang noch ziemliche Schwierigkeiten gemacht, aber das ist jetzt wohl alles vorüber.

Nochmals vielen Dank für Ihren Aufsatz u. Ihre Mühe. Mit vielen Grüssen,

Ihr sehr ergebener

W. Pauli

[a] Hertha Ashton-Pauli (1909 Wien) Schwester Paulis Schauspielerin und Schriftstellerin, am besten bekannt durch ihr Buch "Der Riss der Zeit geht durch mein Herz" 1970, neu 1990 bei Ullstein, † in N.Y. USA 1973.

[b] fehlt.

[c] Brief 14.

## [17] JUNG AN PAULI

[Küsnacht] den 19. Mai, 1936.
[Maschinenschriftlicher Durchschlag]

Lieber Herr Professor,

Empfangen Sie meinen verbindlichsten Dank für die freundliche Zusendung Ihrer interessanten Arbeit, die ich in der Vortragsform das Vergnügen hatte zu hören.[a] Mit den besten Grüssen,

Ihr ergebener

[C. G. Jung]

[a] Es handelt sich um den Vortrag "Raum, Zeit und Kausalität in der modernen Physik", Philosophische Gesellschaft Zürich, November 1934; publiziert in "Scientia" 59, 05–76 (1936).

## [18] Pauli an Jung

Zürich 7, 16–VI–36
[Handschrift]

Lieber Professor Jung,

Beiliegend erlaube ich mir, Ihnen weiteres Material zuzusenden, das Beobachtungen aus dem vorigen Jahr entstammt — in der Hoffnung, daß es Ihr Interesse finden wird und mit der Bitte, es meinem Dossier einzuverleiben. Spezielle Auskünfte brauche ich im Moment nicht. — Seit dem März dieses Jahres setzte übrigens eine Weiterbildung der Träume ein, die u.a. mit dem Problem der Beziehung des Eros zu politischen Ereignissen zu tun haben — eine Beziehung, die mir außerordentlich überraschend und unerwartet ist. Aber das ist noch zu neu, als daß ich es jetzt schon zusammenfassend darstellen wollte.

Ich hoffe, Sie haben meinen Brief aus Princeton bekommen, in welchem ich mich sehr für Ihren Aufsatz bedankt habe. In diesem Brief habe ich auch darauf hingewiesen, daß das in diesem Aufsatz besprochene Symbol des Treff-Aß auf einen Archetypus hindeutet, der in späteren Träumen personifiziert auftritt als 'Diocletian', 'Danton' oder als der 'Herzog' und eine Art 'Wille zur Macht' darstellt. Ich habe seither eingehend darüber nachgedacht, wie das mit der Kreuzform des Treff-Aß verträglich ist und habe mich schließlich mit der Auffassung zufrieden gegeben, daß das Treff-Aß so ist <u>wie ein Schatten, der vom christlichen Kreuz geworfen wird</u> — also etwa <u>die dunkle Rückseite des Christentums</u> symbolisieren würde. — Halten Sie eine solche Auffassung für möglich und gibt es hiezu historische Parallelen?

In der Hoffnung, Ihre Zeit nicht zu sehr in Anspruch zu nehmen, grüßt Sie bestens — nochmals dankend für den übersandten Aufsatz —

Ihr sehr ergebener
W. Pauli

## [19] Jung an Pauli

[Küsnacht] den 6. März, 1937.
[Maschinenschriftlicher Durchschlag]

Sehr geehrter Herr Professor,

Ihr Brief hat mich sehr gefreut und ich danke Ihnen bestens für Ihre Bereitwilligkeit, mir Ihr weiteres Traummaterial zugänglich zu machen. Wie Sie wissen habe ich mich stets sehr lebhaft für Ihre unbewussten Processe interessiert und ich wäre Ihnen in der Tat aufrichtig dankbar, wenn Sie mir auch fernerhin wenigstens diejenigen Träume zukommen liessen, die den Ihnen wohl bekannten Charakter des Bedeutsamen tragen. Die meisten Träume sind ja wie Sie richtig sagen unwichtig, d.h. sie verlieren, wenn die äussere Situation ändert, bald ihren Wert, der nur für eine gewisse Zeit gilt. Solche Träume gehen ja auch, wenn sie nicht aufgezeichnet werden, rasch verloren, worum es nicht schade ist. Die bedeutsamen Träume hingegen und namentlich die Ihrigen, sind für die wissenschaftliche Motivforschung allerdings von grösstem Werte.

Ich habe mich in letzter Zeit mit Ihren Träumen nicht mehr beschäftigen können, da ich zuerst die antiken und mittelalterlichen Linien auszugraben hatte, welche zu unserer Traumpsychologie führen. Ich werde aber früher oder später wieder an diese Träume herantreten und dann die Untersuchung die sich bis jetzt nur auf etwa 400 Träume erstreckt hat, auch auf die weiteren Träume ausdehnen.

Mit den besten Grüssen,

Ihr stets ergebener

[C. G. Jung]

[20] Pauli an Jung

Zürich 7, 3.V.1937
[Handschrift]

Sehr geehrter Professor Jung,

Ich nehme Bezug auf Ihr freundliches Schreiben vom März dieses Jahres und übersende Ihnen also weiteres Traummaterial, dem noch eine kleine chronologische Tabelle beigefügt ist. Es gehört ferner noch eine Zeichnung zu dem Material, die ich Ihnen dieser Tage auch noch senden will.

Die Träume stammen sämtlich aus dem Jahr 1936, während die hinzugefügten Bemerkungen erst kürzlich (April 1937) geschrieben wurden. Diese Bemerkungen sollen in keiner Weise einer psychologischen Deutung durch den Fachmann vorgreifen, sondern ihr Zweck ist nur, den Kontext herzustellen, insbesondere den kontinuierlichen Zusammenhang mit dem früheren Material. Eine detailliertere wissenschaftliche Deutung müßte ja wohl vor allem einen Vergleich mit anderem Material (eventuell mit historischem) durchführen, was ganz außerhalb meiner Kompetenz und meiner Möglichkeiten liegt.

Indem ich es ganz Ihnen überlasse, ob Sie das Material überhaupt weiter verwenden wollen, verbleibe ich mit den besten Grüßen

Ihr sehr ergebener

W. Pauli

[21] Jung an Pauli

[Küsnacht] den 4. Mai, 1937.
[Maschinenschriftlicher Durchschlag]

Lieber Herr Professor,

Empfangen Sie meinen allerbesten Dank für die freundliche Zusendung Ihres Traummaterials. Sie müssen mir nur noch einige Zeit gönnen, bis ich in der Lage bin, die Sache auch einigermassen gründlich zu studieren.

Mit den besten Grüssen,

Ihr stets ergebener

[C. G. Jung]

[22] PAULI AN JUNG

Zürich 7, 24.V.37
[Handschrift]

Sehr geehrter Prof. Jung,

Ich möchte mich heute nur kurz bedanken für die Zusendung Ihrer Abhandlung über die Alchemie.[a] Diese mußte ja in hohem Maße mein Interesse wecken sowohl als Naturwissenschaftler als auch im Hinblick auf meine persönlichen Traumerfahrungen. Diese haben mir gezeigt, daß auch die modernste Physik geeignet ist, sogar in feineren Details, psychische Prozesse symbolisch darzustellen. Der Gedanke freilich, auf diese Weise hinter die Geheimnisse des Stoffes zu kommen, liegt dem Modernen ferne, der vielmehr diese Symbole oder Analogien dazu benützen möchte, um hinter die Geheimnisse der Seele zu kommen — da ihm die Seele relativ viel weniger erforscht und bekannt erscheint als der Stoff.

Wir können aber vielleicht auch etwas lernen aus dem Fehler der Alchemisten, dem Lapis die Eigenschaft zuzuschreiben, zur wirklichen Herstellung von Gold dienen zu können. Es scheint nämlich auch für uns wichtig zu sein, an das Entstehen des zentralen Symboles keinerlei besondere Erwartungen auf äußere materielle Erfolge zu knüpfen. Dies scheint sehr eng zusammenzuhängen mit den im 'Epilog' Ihrer Abhandlung berührten Fragen der Zurechnung psychischer Inhalte zum Ich und der Gefahr der Inflation des Bewußtseins. Man könnte vielleicht die Idee der Alchemisten mit dem Lapis wirklich Gold machen zu können, als Ausdruck einer solchen Bewußtseins-Inflation ansehen. — Werden andererseits die Erwartungen auf äußere, materielle Erfolge fallen gelassen, die zunächst mit dem Auftreten des zentralen Symboles verbunden werden, so treten im Laufe der Zeit weitere Phantasien auf, die sich mit dem Tod des Individuums und dem Sinn dieses Todes beschäftigen. Und es könnte vielleicht sein, daß die erst im postmortalen Zustand erfolgte Verjüngung des Faust — wenn auch nicht für die allgemeine Kulturgeschichte, so doch für den individuierten Einzelnen — sub specie aeternitatis richtig wäre; insofern nämlich der Tod des Einzelnen in gewisser Hinsicht immer eine zeitgeschichtlich bedingte Notwendigkeit ist, da dieser Einzelne stets auch solchen psychischen Einflüssen unterworfen ist, die zu seinen Lebzeiten nicht vollständig dem Bewußtsein assimiliert werden können. Im gegenteiligen Fall würde ja der Vollständigkeit des Einzel-lebens etwas fehlen.

---

Was einzelne in Ihrer Abhandlung erwähnte Symbole betrifft, so ist mir außer der Christus-Lapis-Parallele noch die Verwertung des Meß-opfers durch die Alchemisten besonders aufgefallen. Die erstere ist ja ganz analog zu meiner Erfahrung, daß das zentrale Symbol sowohl als handelnde Person als auch abstrakt (als 'radioaktiver Kern') dargestellt sein kann. Was die Wandlungs- u. Kommunionssymbolik betrifft, so ist sie mir ebenfalls wohlbekannt als gewisse Stadien der seelischen Wandlung im Individuationsprozess darstellend.

Ich sehe mit großem Interesse Ihren weiteren Untersuchungen über diesen Prozess entgegen und habe eine gewisse Hoffnung, daß sie auch zur Auffindung dynamischer Gesetzmäßigkeiten über die zeitliche Abfolge der verschiedenen Stadien führen könnten.

Nochmals bestens dankend verbleibe ich mit vielen Grüßen

Ihr stets ergebener

W. Pauli

[a] C.G. Jung, "Die Erlösungsvorstellungen in der Alchemie". Eranos Vortrag 1936. Rhein Verlag Zürich 1937, p. 13–111.

[23] PAULI AN JUNG

Zürich 7, 15–X–38
[Handschrift]

Sehr geehrter Herr Jung,

Während des Sommers kam mir Ihr Buch 'Psychology & Religion'[a] in die Hände und ich habe daraus ersehen, daß Sie manchen meiner früheren Träume, besonders aber der Vision mit der 'Welt-uhr', eine gewisse Wichtigkeit zuerkennen. Dies veranlaßt mich nun, Ihnen einen Traum vom Beginn dieses Jahres mitzuteilen, der sowohl seiner Struktur als seinem Inhalt nach eine enge Beziehung zu den in dem zitierten Buch besprochenen Träumen, und namentlich zur Weltuhr-Vision aufweist. Zu meiner Entschuldigung, daß ich Sie damit bemühe, möchte ich noch bemerken, daß der auf dem beiliegenden Blatt[b] nach meinen Notizen genau wiedergegebene Traum zu den relativ wenigen meiner Träume gehört, die ich für bedeutsam und wirksam halte.

Als ein gelehriger Schüler von Ihnen muß ich zuerst kurz etwas sagen über die Einstellung des Bewußtseins, als der Traum erfolgte. Ich war einmal in einer Gesellschaft, in der jemand über das Orakel des I. Ging[c] sprach. Dabei fiel mir auf, daß der das Orakel Befragende dreimal ziehen muß, während das Resultat der Ziehung von der Teilbarkeit einer Menge durch vier abhängt. Dieser Zustand erinnerte mich lebhaft an jene frühere 'Weltuhr-Vision', bei welcher das Motiv der Durchdringung der 3 und der 4 die Hauptquelle des Harmoniegefühls gewesen war. Der Traum erfolgte etwa 2 Wochen später, als mich die Sache nicht mehr bewußt beschäftigt hat und brachte das Thema zu einer Art von vorläufigem Abschluß.

Über den Trauminhalt möchte ich mich nicht in zu weitgehende Spekulationen verlieren und nur einige allgemeine Bemerkungen machen. Nach sorgfältiger kritischer Erwägung vieler Erfahrungen und Argumente kam ich dazu, die Existenz tieferer seelischer Schichten zu acceptieren, die durch den gewöhnlichen Zeitbegriff nicht adäquat beschreibbar sind. Konsequenter Weise hat daher auch der Tod des Einzelindividuums in diesen Schichten nicht den gewöhnlichen Sinn und sie weisen stets über das persönliche Leben hinaus. Infolge Fehlens geeigneter Begriffe werden diese seelischen Bereiche durch Symbole dargestellt; und zwar bei mir besonders häufig durch Wellen- oder Schwingungssymbole (was noch zu erklären bleibt). Die Beziehung zu diesen Bildern ist eine stark affektive und mit einem Gefühl verbunden, das als eine Mischung von Furcht und Ehrfurcht bezeichnet werden kann. (Sie werden vielleicht sagen: die Kurven seien eine 'imago dei'.)

Im hier beschriebenen Traum wird zunächst der Versuch gemacht, auch die beiden tieferen der 3 Schichten auf eine Viereit (Uhr) zu beziehen, was aber nicht gelingt. Im Gegensatz zur früheren Weltuhr-vision fehlt hier deshalb das Harmonie-gefühl.

Der Ausspruch der ekstatischen "Stimme" am Schlusse des Traumes ist vielleicht geeignet, die rätselhaften "Rhythmen" von einer neuen Seite zu zeigen, zu dem diese denjenigen Vorgang zu regeln scheinen, der hier "Bezahlen" genannt wird. Dabei wäre man geneigt, das "gewisse Leben" mit dem ersten (schnellsten) Rhythmus in Verbindung zu bringen, das (zeitlich) unbestimmte Leben mit den beiden anderen.

Es würde mich sehr interessieren zu erfahren, wie Ihnen dieser Traum erscheint, da mir dieser ganze Problemkreis sehr wichtig ist.

Im Voraus bestens dankend für Ihre Mühe, verbleibe ich mit den besten Grüßen

Ihr sehr ergebener

W. Pauli

[a] C.G. Jung "Psychologie und Religion", The Terry Lectures 1937, Yale University Press, New Haven 1938.

[b] siehe Appendix 1

[c] vgl. "I. Ging, das Buch der Wandlungen" übersetzt von Richard Wilhelm Diederichs, Jena 1924.

[24] JUNG AN PAULI

[fehlt]

[25] PAULI AN JUNG

[Zollikon-Zürich] 30. Oct. 1938
[Handschrift]

Sehr geehrter Herr Jung,

Haben Sie vielen Dank für Ihren Brief.[a] Ihr Kommentar zu dem Traum, den Ihr Brief enthält, ist mir eine Bestätigung meiner eigenen Einstellung zu diesen Problemen, die sich im wesentlichen mit Ihrer Auffassung deckt. Ich werde versuchen, die "Anima" weiter über den Zeitbegriff zu Wort kommen zu lassen.

Der erste Versuch der "Anima", ihren Zeitbegriff auszudrücken besteht eben darin, daß sie diese merkwürdigen Schwingungs-Symbole produziert. Zum selben Typus periodischer Symbole müssen wohl auch die abwechselnd hellen und dunklen Streifen gezählt werden sowie auch die Pendel und "Männchen" des früheren Materials. Vielleicht können Sie sie mit irgendwelchem historischem

Material belegen; in der in Ihren Aufsätzen zitierten alchemistischen Literatur habe ich aber bisher nichts Ähnliches finden können. Sie sehen, ich möchte Ihnen gerne auch noch dieses Problem "aufladen".

Auf Ihren Wunsch, ich möge Sie über meine Träume einigermassen auf dem Laufenden halten, will ich gerne zu einem späteren Zeitpunkt wieder zurückkommen. Ich habe noch eine einigermassen zusammenhängende Traumserie aus der ersten Hälfte des Jahres 1937, die den Charakter von Initiationsriten zu haben scheint. Aber es ist immer gut, wenn eine gewisse Zeit verstreicht, ehe ich das Material durcharbeite, da ich dann besser das Wichtige vom Unwichtigen scheiden kann. Ich werde mir vielleicht erlauben, Ihnen im nächsten Frühjahr weiteres Material zu senden.

Von der alchemistischen Literatur hat bei mir speziell das 17. Jahrh. ein gewisses Interesse erweckt, besonders Fludd wegen der von ihm benützten Symbolik. Kennen Sie übrigens Meyrinck's Roman "Der Engel vom westlichen Fenster",[b] der sich mit der Alchemie dieser Epoche (17. Jahrh.) beschäftigt? (Ich erwähne das nur, weil Sie in Ihrem Aufsatz von 1935 speziell Meyrinck zitiert haben.)

Vielen Dank auch noch für Ihren Aufsatz über die "Zosimos-visionen".[c] Mit freundlichen Grüßen

Ihr ergebener

W. Pauli

[a] fehlt.

[b] Gustav Meyrinck, "Der Engel vom westlichen Fenster", Leipzig 1927.

[c] C.G. Jung, "Einige Bemerkungen zu den Visionen des Zosimos", Eranos Jahrbuch 1937, Zürich 1938, p. 15–54.

[26] JUNG AN PAULI

[Küsnacht] den 3. November, 1938.
[Maschinenschriftlicher Durchschlag]

Sehr geehrter Herr Professor,

Für die "Männchen" haben wir schon in der ältesten alchemistischen Literatur Belege, gerade bei Zosimos, wo sich die Anthroparia finden. In Verbindung mit "Pendel" denkt man unwillkürlich an mittelalterliche Uhrwerke, wo Zeitabschnitte durch Männchen dargestellt sind. Die Personifikation der Zeit finden Sie in grossem Maßstabe in der Identität Christi mit dem Kirchenjahr, oder in der Identifikation Christi mit der Zodiakalschlange. (Siehe "Wandlungen u. Symbole d. Libido" pag. 99.)[a] Ueberdies finden sich vielfach Darstellungen der Planeten- resp. Metallgötter als Männchen, resp. Kinder im Bildmaterial, z.B.:

1. Symbolical Scrowle of Sir George Ripley. Ms. British Museum, Addidtional 10302.
2. Berthelot: Alchemistes Grecs. Pat. 1. I. p. 23.
3. Daniel Stolz v. Stolzenberg: Viridarium Chymicum, 1624. Fig. 50.
4. Lacinius: Pretiosa Margarita, 1546. (in "Colloquium nuncupatorium.")

5. Museum Herm. 1678. Liber Alze. pag. 326. ("Quatuor corpora mas et masculus nominantur.")

Inbezug auf periodische Symbolik in der Alchemie kommt mir momentan nichts in den Sinn, ausser dem häufigen Hinweis auf die Wichtigkeit der Zahl, des Gewichtes, der Proportion und der Zeitdauer. Die einzige Regelmässigkeit des alchemischen Ablaufes die ich kenne ist die schon aus griechischer Zeit stammende Vierteilung des Prozesses, entsprechend den vier Elementen. (Quatuor operationes, quatuor gradus caloris.)

Meyrinck's Roman kenne ich sehr wohl. Der von ihm behandelte John Dee ist übrigens ein scheusslicher Spekulant. Ich habe eine Abhandlung über die "Monas Hieroglyphica" von ihm gelesen, die geradezu unerträglich ist. Es gibt übrigens eine englische Biographie von ihm: Charlotte Fell Smith "John Dee".

Mit freundlichen Grüssen,

Ihr stets ergebener

[C. G. Jung]

[a] C.G. Jung, "Wandlungen und Symbole der Libido" Leipzig und Wien 1925, 2. Aufl., erste Auflage 1911.

[27] PAULI AN JUNG

Zürich, 8–XI–38.
[Handschrift, Postkarte]

Sehr geehrter Herr Jung,

Vielen Dank für Ihren Brief vom 3.d. Ihre Literaturangaben sind mir sehr wertvoll. Ich erinnere mich nun auch an ein Bild aus dem Mittelalter, auf dem die 12 Apostel die 12 Monate darstellen.

Im Moment will ich Sie nicht weiter bemühen und inzwischen weiter über den ganzen Problemkreis nachdenken. — Vielleicht komme ich später gelegentlich wieder auf die Sache zurück.

Nochmals besten Dank und freundliche Grüße,

Ihr ergebener

W. Pauli

[28] PAULI AN JUNG

Zürich 7, 11–I–39
[Handschrift]

Sehr geehrter Herr Jung,

Ich habe inzwischen weiter über die Probleme nachgedacht, die in Ihren Briefen vom Oct. und Nov. 1938 angesprochen waren, und möchte mir speziell erlauben, heute nochmals auf die Frage der <u>periodischen</u> Symbole zurückzukommen, von denen sich eines in dem Traum vom 23-I-1938[a] befand, den Sie in Ihrem Brief freundlicherweise kommentiert haben. Ich glaube, die Frage etwas weiter bringen zu können durch eine Rückverweisung auf einen noch früheren Traum, der sich in dem Material befindet, das ich Ihnen bei einer früheren Gelegenheit einmal zugesandt habe. Es handelt sich speziell um den Traum vom 13–III–1936. Dieser gibt einen gewissen Einblick in das Zustandekommen eines periodischen Symbols, indem dort nämlich ein dunkler Mann vorkommt (von mir mit dem Archetypus des "Schattens" in Verbindung gebracht), der aus einem Lichtreich in regelmäßiger Weise Stücke ausschneidet. Obwohl die beiden Träume sich auf sehr verschiedene äußere Situationen beziehen und daher auch einen verschiedenen Sinn haben dürften, scheint es mir doch sehr lehrreich, die beiden Symbole (siehe die dort befindliche Zeichnung) zu vergleichen. Während die "Schwingung" in dem Traum von 1938 horizontal war, ist sie in dem von 1936 vertical; (ich kenne aber auch seltenere Fälle, wo sie schräg ist). — Meine eigene (auf ganz intuitivem Weg zu stande gekommene) Idee dazu ist die, daß diese Symbole eine Beziehung haben zur <u>Einstellung zum Tod</u>, indem nämlich <u>eine</u> Schwingung ein Menschenleben bedeutet, das aber nur als Teil eines größeren Ganzen aufgefaßt werden soll. Für dieses Ganze gilt aber der gewöhnliche Zeitbegriff nicht, sondern hier kommt das ins Spiel, was Sie in Ihrem Brief den "Zeitbegriff der Anima" genannt haben. — Ob diese Idee nun schon definitiv richtig ist oder nicht, jedenfalls ist bei mir durch diese periodische Symbolik ein wesentliches Lebensproblem ausgedrückt.

Trotz Ihrer gegenteiligen Äußerung in Ihrem Brief vom 3.XI.38 vermute ich, daß diese Symbolik sich <u>doch</u> historisch belegen lassen wird, vielleicht durch spät-antike Mysterienkulte. Wenn Ihnen auf Grund des früheren Traumes hiezu noch ein Einfall kommen sollte, wäre ich für eine Mitteilung dankbar.

---

Außerdem erlaube ich mir, Ihnen der Vollständigkeit Ihrer Sammlung halber die angekündigte Ausarbeitung der Traumserie aus der ersten Hälfte von 1937 zu senden. Ich erinnere mich, daß ich dann im Frühjahr 1937 müde wurde und die Sache nicht weiter verfolgt habe. Aber diese Probleme kommen bei mir von Zeit zu Zeit in irgend einer Form inmmer wieder.

Mit den besten Grüßen und Wünschen für das neue Jahr

Ihr ergebener

W. Pauli

[a] siehe Appendix 1

[29] Pauli an Jung

[Zollikon-Zürich] 28/IV (1939)
[Handschrift]

Sehr geehrter Dr. Jung,

Da nun die Ferien abgelaufen sind, möchte ich gerne anfragen, ob wir unsere Montagsstunden im Monat Mai wieder aufnehmen können; der erste Montag im Mai ist der 7.; könnten Sie mich an diesem Tag um 12 Uhr empfangen? Leider muß ich dabei auf Ihr Entgegenkommen in finanzieller Hinsicht hoffen, das Sie mir in so überaus liebenswürdiger Weise, wofür ich Ihnen sehr zu Dank verpflichtet bin, in Aussicht gestellt haben.

Mit großem Interesse habe ich Ihren Aufsatz über "Seele und Tod" im April-Heft der "Europ. Revue"[a] gelesen, namentlich Ihre Ausführungen über "Telepathie" und über die "raumzeitlose Seinsform der Psyche", wobei Sie sogar mein Spezialfach, die theoretische Physik, ausdrücklich erwähnen. Es ist das nämlich eine Sache, die mir einerseits sehr am Herzen liegt, andererseits aber weitgehend unklar ist. Es kommt natürlich alles darauf an, was für Beziehungen der hypothetischen raum-zeitlosen Seinsform der Psyche zu beobachtbaren Erscheinungen man annimmt. (Denn abgesehen von diesen Beziehungen kann man ja, vom wissenschaftlichen Standpunkt aus, etwas beliebig Arbiträres über die raumzeitlose Seinsform annehmen.) — Die allgemeine Einstellung des modernen Physikers zu den Lebensphänomenen ist immer die folgende: Es ist sicher unmöglich, durch irgendwelche Beobachtungen an Lebewesen einen direkten Widerspruch mit den uns bekannten Gesetzen der Physik festzustellen. Die Bedingung aber, bei den Experimenten mit Lebewesen — seien sie biologischer, seien sie psychologischer Art — die letzteren am Leben zu erhalten, bzw. nicht in einer das Phänomen vernichtenden Weise durch das wissenschaftliche Experiment selbst zu stören, machte die Prüfung der Gesetze der Physik im engeren Sinne gerade bei den für die Lebewesen charakteristischen Erscheinungen (wie z. B. Anpassung, Fortpflanzung, Vererbung) eben in einem solchen Maße unmöglich, daß für das Walten u. Eingreifen einer neuen Art von Naturgesetzlichkeit bei den Lebensphänomenen kein Platz bleibt.

Das ist natürlich nur als allgemeiner Rahmen gemeint. Was speziell die "parapsychologischen" Phänomene betrifft, so kenne ich allerdings kein Tatsachen-Material (und selbst wenn ich eines kennen würde, so mag Gott wissen, ob ich auch etwas davon glauben würde). Aber in meinen Traum- u. Wachphantasien treten in wachsendem Maße jene abstrakten Figuren auf; wie Sie sie schon kennen (Kreise oder stilisierte "Männchen" wie Hieroglyphen oder akustische Rhythmen, oder abwechselnd helle und dunkle Streifen) und es wird für mich eine Lebensnotwendigkeit werden, etwas mehr von dem objektiven (mitteilbaren) Sinn dieser Symbole zu verstehen, als es bei mir jetzt der Fall ist. Ich habe gewisse Gründe anzunehmen, daß es mir erst dann wird gelingen können, meinen Anima-Komplex ganz zu "unterwerfen" (gemäß Ihrer Psychologie: in eine Funktion zu verwandeln). Und auch meine Wespenphobie hängt sehr damit zusammen. Meine Beziehung zu jenen für mich so übertrieben wichtigen Tieren hat sich inzwischen insoferne geändert, als das Objekt der Angst sich (wenigstens teilweise) von den Wespen zu lösen beginnt. Ich erkannte, daß sich dahinter die Angst vor einer Art ekstatischem Zustand verbirgt, in welchem Inhalte des Unbewußten (autonome Teilsysteme) herausbrechen könnten, die wegen ihrer Fremdartigkeit nicht ans Bewußtsein assimilierbar wären und daher auf dieses zersprengend wirken würden. Gelänge dagegen infolge allmählicher Gewöhnung des Bewußtseins an derartige Erlebnisse, die sich hinter dem Wort "Parapsychologie" und Symbolen wie den genannten verbergen, eine Assimilation der Inhalte, so wäre die Gefahr abgewendet (u. auch ekstatische Ausbrüche würden sich kaum ereignen).

Darüber und über zugehörige Phantasie-reihen würde ich mich sehr gerne noch näher mündlich mit Ihnen unterhalten.

Im übrigen haben Sie völlig Recht gehabt mit Ihrer Voraussage, dass die Ehe bei mir die "dunkle Seite der Kollektivität" und entsprechende "représentations collectives" konstellieren wird.

Mit vielen Grüßen

Ihr sehr ergebener

W. Pauli

[a] C. G. Jung, "Seele und Tod" in "Europäische Revue X/4", Stuttgart-Berlin, p. 229–238.

[30] Pauli an Jung

[Zollikon-Zürich] 24./V. (1939)
[Handschrift]

Sehr geehrter Dr. Jung,

Ich erhalte eben Ihren Brief und es passt mir sehr gut, Sie Montag schon um 11 Uhr zu sehen.

Darf ich bei dieser Gelegenheit noch ein paar Bemerkungen anfügen? Es ist mir inzwischen die Gefahr, die für mein Leben spezifisch ist und die auf die Wespen projiziert war, sehr weitgehend klar geworden. Die abwechselnd hellen und dunklen Streifen müssen polar entgegen-gesetzte psychische Einstellungen bzw. Dispositionen zu Verhaltensweisen sein. Und zwar haben sie die engste Beziehung zu Ethik, Religion, Gefühlsbeziehung zu anderen Menschen sowie auch zu sinnlichem Empfinden, Erotik, Sexualität. Die spezifische Gefahr meines Lebens war die, daß ich in der zweiten Lebenshälfte <u>von einem Extrem ins andere falle</u> (Enantiodromie). — Ich war in der ersten Lebenshälfte zu anderen Menschen ein zynischer, kalter Teufel und ein fanatischer Atheist u. intellektueller "Aufklärer". — Der Gegensatz dazu wäre einerseits ein Hang zum Kriminellen, zum Raufbold (was bis zum Mörder hätte ausarten können), andrerseits ein weltabgewandter, ganz unintellektueller Eremit mit ekstatischen Zuständen u. Visionen.

Der Sinn meiner Neurose war nun der, mich vor dieser Gefahr des Umschlagens ins Gegenteil zu bewahren. In der Ehe kann nur ein Ausgleich auf mittlerer Linie, das Tao, gefunden werden. (Meine Frau hat ein ähnliches Gegensatzproblem, aber das umgekehrte wie ich. Sie lebte nach außen bisher nur die soziale Beziehung und die Menschenliebe u. hat zu hochgespannte ethische Ansprüche — wie: alle Menschen sollen nur gut sein. — Infolgedessen hat, wie ich durch genauere Beobachtung feststellen konnte, sich der Geltungsanspruch des Bösen in ihrem Unbewußten angehäuft und ihr Animus hat einen ausgesprochen derben, ja sogar gewalttätigen Charakter. Und deshalb hat sie sich eben in meine Schattenseite verliebt, weil sie ihr heimlich imponiert hat. — Damit sind aber, glaube ich, die Voraussetzungen eines Ausgleiches in der Ehe gegeben.

Nun geht die Sache aber weiter: dieses Umschlagen ins Gegenteil ist eine Gefahr, die nicht nur mir persönlich droht, sondern unserer ganzen Kultur. Darauf bezieht sich eben der Traum mit den 3 Riesenpferden; in diesem Moment kann alles in primitive Barbarei umschlagen — oder aber, es tritt Tao und Individuation ein. Deshalb ist mein persönliches Problem auch ein kollektives und andererseits war die Gefahr, die mir persönlich drohte, stark vergrößert durch eine Disposition, die mir vom kollektiven Unbewußten aufgedrängt wurde.

---

Ich war zu Pfingsten im Melchtal und habe die Kapelle des Bruder Klaus eingehend besucht und die dort hängenden Bilder, die seine Visionen darstellen, studiert. Sie haben mich außerordentlich fasziniert und ich hatte sofort eine sehr starke Beziehung dazu. Sein Leben ist ja wirklich ins Gegenteil umgeschlagen, als er von seiner Familie in die Einöde ging. Und er hatte jene eigentümliche Trinitäts-vision, die ihm einen so furchtbaren Schreck eingejagt hat. Meines Wissens ist bisher noch nie versucht worden, diesen Schreck zu erklären.[a] — Ich glaube nun, es muß ein ähnlicher Schreck gewesen sein — nur viel größer und stärker — als der, den mir der Traum mit den 3 Riesenpferden verursacht hat. Nur wußte ja Bruder Klaus nichts von Individuation u. einer anderen Möglichkeit der Kultur als dem Christentum. — Er muß so etwas wie einen Weltuntergang gesehen haben. Und die Beziehung zur Trinität ist mir ganz verständlich, denn ich hatte einmal einen Traum, wo sich die Trinität in die 3 Rhythmen (die "Weltuhr") verwandelt hat. — Und das Zusammenwirken der letzteren soll ja die Gefahr in einem gewissen Zeitpunkt bedingen.

Finden Sie eine solche Ansicht zu phantastisch? Vielleicht. Aber wir müssen ja im Auge behalten, daß es sich um objektiv psychische Sachverhalte handelt, die alle aus dem nämlichen kollektiven Unbewußten kommen.

Ich freue mich also sehr, Sie nächsten Montag um 11 Uhr wieder zu sehen u. verbleibe mit herzlichen Grüßen

Ihr ergebener

W. Pauli

[a] vgl. dazu C.G. Jung, Bruder Klaus, Neue Schweizer Rundschau I./4, Zürich 1933, p. 223–239.

[31] PAULI AN JUNG

Zollikon-Zürich, 3.VI.1940 [besser:
Physik. Inst. der E.T.H., Zürich, Gloriastr. 35
wegen möglicher Abreise.]
[Handschrift]

Sehr geehrter Herr Professor Jung,

Äußere Umstände veranlassen mich, Ihnen das beiliegende Traum-material aus den Jahren 1937–1939 zu senden, damit es nicht verloren geht. Mitte Mai habe ich nämlich plötzlich und überraschend eine Einladung als Gastprofessor nach Princeton erhalten, wo ich ja schon einmal war. Möglicherweise werde ich diese Woche verreisen; dies wird davon abhängen, was in dem Wettlauf der Passvisabürokratie und dem drohenden Mittelmeerkrieg das Schnellere sein wird.

Dies erwähne ich in diesem Zusammenhang, um zu rechtfertigen, daß ich Ihnen das Material ohne weitere Bemerkungen schicke, die ich nämlich gerne noch vorher ausgearbeitet hätte. Mit dem Zeitbegriff (vgl. hiezu besonders den Traum vom 12–III–1939) bin ich inzwischen etwas weiter gekommen durch Studium der Schriften von Wilhelm[a], speziell seine Kommentare zum I Ging (Ausführungen über "Kreislauf des Geschehens", p. 155 ff in "Der Mensch und das Sein"; p. 176 f. über Seelenwanderung. Ferner im Text der "Goldenen Blüte"[b] p. 142, 143 der 1. Aufl. über Möglichkeit der Multiplikation in einem Moment, wo die Gegensatzpaare sich die Waage halten (Beziehung der "Baumreihe" zu meinen periodischen Traumsymbolen). Es scheint das Motiv der Abbildung verschiedener periodischer Abläufe aufeinander im Sinne einer assoziativen Verknüpfung dabei eine wesentliche Rolle zu spielen, zumal ja psychologisch der Zeitbegriff auf dem Gedächtnis, dem Erinnerungs- und Assoziationsvermögen basiert. Diese Abbildung von Zyklen aufeinander wurde bei mir später sogar durch abstrakte mathematische Symbole in Träumen dargestellt. Ich glaube darin ganz mit Ihnen übereinzustimmen, daß eine "metaphysische" Annahme der Seelenwanderung unnötig ist.

Inzwischen ist mir auch durch nochmaliges Durcharbeiten des Materiales von 1934 ein anderer Aspekt der Rhythmen und insbesondere auch der von Ihnen in Ihren Vorträgen von 1935 publizierten "Großen Vision" mit der Welt-uhr deutlich geworden. Dieser Zusammenhang ist durch das dort stehende Wort "Puls" bereits angedeutet und betrifft die Beziehung des Rhythmus zum Herzschlag und zum Blutkreislauf. Leider habe ich jetzt nicht mehr Zeit, das zugehörige Material zusammenzustellen, ich halte aber diese Beziehung für wesentlich. Die Träume scheinen die Idee auszudrücken, daß ein archetypisches Bild des Vier-taktes für einen permanenten, automatischen stabilen Rhythmus mit Selbstregulierung als Ziel sowohl eines körperlich-biologischen als auch eines rein psychischen Ablaufes (vgl. hiezu auch die "ewige Stadt") besteht; und daß dieses Bild der objektiven Psyche auch den Blutkreislauf quasi verursacht. (Die vier Herzkammern scheinen dabei Beziehung zur Quaternität der Mandala zu haben.) Es entstand deshalb bei mir die Fragestellung, ob sich in der vergleichenden Anatomie der Tierreihe oder der Embryologie in der Entwicklung von niederen Tieren mit einzelnen Blutgefäßen bis zur Entstehung des Herzens nicht Parallelen zum Verlauf des Individuationsprozesses (mit seiner Entstehung der "Mitte") ergeben. Ich habe mich darüber öfter mit Herrn Dr. C. A. Meier[c] unterhalten, der mir auch eine interessante Vision aus seinem Material mitgeteilt hat, die mit dieser Frage zu tun zu haben scheint. Die ganze Fragestellung übersteigt aber meine persönliche Kompetenz und Bildung bei weitem.

Haben Sie vielleicht noch ein Exemplar der deutschen Ausgabe von "Psychologie u. Religion" für mich übrig? (Ich habe seinerzeit kein Exemplar der englischen Ausgabe erhalten.)

Mit den besten persönlichen Wünschen für Sie in dieser unangenehmen Zeit

Ihr ergebener

W. Pauli

---

[a] Richard Wilhelm, siehe Anm. zu Brief 23.

b "Das Geheimnis der goldenen Blüte" ed. R. Wilhelm und C. G. Jung, Dorn Verl. München 1929.

c Vgl. meine Darstellung p. 181–83 in "Persönlichkeit" Bd. IV.
Lehrbuch der Komplexen Psychologie C.G. Jungs, Olten 1977

[32] PAULI AN JUNG

[Zollikon-Zürich] 25. Oktober 1946
[Handschrift]

Traum:

Ich erhalte mit der Post eine Schatulle zugesandt. Darinnen sind Apparate für die experimentelle Untersuchung kosmischer Strahlen. Daneben steht ein hochgewachsener blonder Mann. Er scheint etwas jünger als ich (könnte etwa ein Alter zwischen 30 und 40 haben). Er sagt: "Sie müssen das Wasser höher treiben als die Häuser der Stadt, damit Ihnen die Bewohner der Stadt glauben". Da erblicke ich hinter den Apparaten im Kästchen einen Bund von 8 Schlüsseln, kreisförmig angeordnet mit den Schlüsselbärten nach unten stehend.

Bemerkung: Das Wasser und die Stadt sind Anspielungen auf frühere Träume. In diesen spielte eine dunkle, männliche Figur eine Rolle, die als "Perser" erschien, der nicht zum Studium an der technischen Hochschule zugelassen wurde (Gegensatz zur herrschenden wissenschaftlichen Kollektivmeinung). "Der Blonde" und "der Perser" sind vielleicht duale Aspekte derselben Figur (beide kommen nie zugleich vor). Sie hat ausgesprochenen Psychopompos-Charakter und hat eine ähnliche Funktion wie bei den Alchemisten Merkur. Die Figur ist verschieden vom "alten Weisen" (wie aus Träumen ebenfalls wohlbekannt), wobei der Hauptunterschied das jüngere Alter ist.

Es war erst im Juni des folgenden Jahres, daß ich träumte, das Wasser sei nun abgeflossen.

[Zollikon-Zürich] 28. Oktober 1946
[Handschrift]

Traum:

Der "Blonde" steht neben mir. Ich lese in einem alten Buch über die Inquisitionsprozesse gegen die Anhänger der kopernikanischen Lehre (Galilei, Giordano Bruno) sowie auch über Keplers Trinitätsbild.

Da spricht der Blonde: "Die Männer, deren Frauen die Rotation objektiviert haben, sind angeklagt". Durch diese Worte werde ich sehr erregt: Der Blonde verschwindet und zu meiner größten Bestürzung wird das Buch selbst zum Traumbild: ich befinde mich in einem Gerichtssaal mit den anderen Angeklagten. Ich will meiner Frau eine Nachricht schicken und schreibe auf einen Zettel: "Komm schnell hierher, ich bin angeklagt". Es wird dunkel und ich finde lange niemanden, dem ich den Zettel geben kann. Endlich aber kommt ein Neger, der mir freundlich sagt, er würde meiner Frau den Zettel bringen.

Bald nachdem der Neger mit dem Zettel fortgegangen war, kommt wirklich meine Frau und sagt zu mir: "Du hast vergessen mir gute Nacht zu sagen". Nun wird es wieder heller und die Situation ist ähnlich wie am Anfang (mit dem Unterschied jedoch, daß jetzt auch meine Frau anwesend ist): Der "Blonde" steht wieder neben mir und ich lese auch wieder in dem alten Buch. Da spricht der Blonde traurig zu mir (offenbar auf das Buch Bezug nehmend): "Die Richter wissen nicht, was Rotation oder Drehung ist, darum können sie die Männer nicht verstehen". Mit dem eindringlichen Ton eines Lehrers fährt er fort: "<u>Aber</u> <u>**Sie** wissen doch, was Rotation ist</u>!" "Natürlich" sage ich sofort "der Kreislauf und die Zirkulation des Lichtes das gehört doch zu den Anfangsgründen". (Das war offenbar eine Berufung auf Psychologie, dieses Wort fällt aber nicht). Da spricht der Blonde: "Jetzt verstehen Sie die Männer, deren Frauen ihnen die Rotation objektiviert haben". Nun küsse ich meine Frau und sage ihr: "Gute Nacht! Es ist ganz entsetzlich, was diese armen Menschen leiden, die da angeklagt sind!" Ich werde sehr traurig und weine. Aber der Blonde sagt lächelnd: "Nun halten Sie den ersten Schlüssel in der Hand".

---

Daraufhin erwache ich sehr erschüttert. Der Traum war ein Erlebnis von <u>numinosem</u> Charakter, der meine bewußte Einstellung wesentlich beeinflußt hat. Er hat mich dann veranlaßt, die Arbeit an Kepler wieder aufzunehmen. Offenbar war damals (17. Jahrh.) eine Projektion der Mandala- und Rotationssymbolik nach außen eingetreten. Die "Anklage" bezieht sich auch auf den Widerstand von seiten der Kollektivmeinung (siehe oben, Bemerkung zum vorigen Traum). Vom höheren Standpunkt der Bewußtwerdung bezieht sich die Anklage darauf, daß die Männer nicht wußten, wo ihre Frau (= Anima) ist und was <u>ihre</u> Rolle beim Erkenntnisprozess war.

Wie Sie wissen, stieß ich dann auf jenen merkwürdigen Gesellen R. Fludd,[a] dessen Anima ihm die Rotation nicht objektiviert hat, da diese ja noch ihren Ausdruck in den rosenkreuzerischen Mysterien finden konnte. Dort wird ja in der mittleren Sphäre, begleitet von der proportio sesquitertia der Weltenzeit, das infans solaris geboren. Keplers andere Proportionen konnten Fludd gar nicht interessieren, da seine Anima auf den Archetypus, der die moderne Naturwissenschaft hervorbrachte nicht angesprochen hat. Aber <u>Fludd wußte</u>, wo bei Kepler und den anderen Wissenschaftlern <u>die Anima war</u>: sie war aus dem Stoffe ins erkennende Subjekt gewandert, was Fludd höchstes Mißtrauen hervorrief, da sie dann — außerhalb der rosenreuzerischen Mysterien — der Kontrolle durch das Bewußtsein entzogen war.

Es scheint, daß Fludds damals untergegangene Stimme sich mit einem neuen Sinn erfüllt, da für den Modernen die Objektivierung des Raumes nur begrenzte Gültigkeit hat. <u>Die neutrale Sprache des "Blonden"</u> im Traume (er verwendete ja nicht solche Begriffe wie "physisch" und "psychisch", sondern spricht nur von Leuten, die "wissen, was Rotation ist", und anderen die es nicht wissen) scheint jene Zwischenschicht, wo früher das infans solaris war, wieder zu beleben. Das moderne Unbewußte spricht da von einem "radio-aktiven Kern".

ᵃ Robert Fludd (de fluctibus) 1574–1637, Rosenkreuzer, Paracelsianer, Alchemist. M.D. Christ Church Oxford, praktizierte als Arzt in London. Über seine Kontroverse mit Kepler siehe W. Paulis Kepler-Studie (Die Bedeutung archetypischer Vorstellungen für die Bildung naturwissenschaftlicher Theorien, 1952.).

[33] PAULI AN JUNG

Zollikon-Zürich, 23. Dezember 1947
[Handschrift]

Sehr geehrter Herr Professor Jung,ᵃ

In Beantwortung Ihres Briefes vom 9. Dez. möchte ich Ihnen gerne nochmals schriftlich bestätigen, daß ich die Gründung eines Institutes mit dem Zweck, die von Ihnen inaugurierte Forschungsrichtung weiter zu pflegen und zu fördern, sehr begrüße und auch mein Einverständnis damit erkläre, meinen Namen auf die Liste der Stifter zu setzen.

Das Zusammentreffen Ihrer Forschungen mit der Alchemie ist mir ein ernstes Symptom dafür, daß die Entwicklung auf ein engeres Verschmelzen der Psychologie mit der wissenschaftlichen Erfahrung der Vorgänge in der materiellen Körperwelt tendiert. Wahrscheinlich handelt es sich um einen längeren Weg, von dem wir nur den Anfang erleben und der insbesondere mit einer fortgesetzten relativierenden Kritik des Raum-Zeit-Begriffes verbunden sein wird.

Raum u. Zeit sind ja durch Newton quasi zur rechten Hand Gottes gesetzt worden ᵇ (pikanter Weise an die leer gewordene Stelle des von ihm von dort vertriebenen Gottessohnes) und es hat einer außerordentlichen geistigen Anstrengung bedurft, Raum u. Zeit wieder von diesem Olymp herunterzuholen. Hand in Hand damit scheint eine Kritik der Grundidee der klassischen Naturwissenschaft zu gehen, wonach diese so weitgehend objektive Sachverhalte beschreibe, daß sie mit dem Forscher selbst prinzipiell überhaupt nichts zu tun hätten (Objektivierbarkeit der Phänomene unabhängig von der Art, wie sie beobachtet werden). Die moderne Mikrophysik setzt den Beobachter wieder ein als einen kleinen Herrn der Schöpfung in seinem Mikrokosmos, mit der Fähigkeit zu (wenigstens teilweise) freier Wahl und prinzipiell unkontrollierbaren Wirkungen auf das Beobachtete. Wenn aber diese Phänomene davon abhängen, wie (mit welcher Versuchsanordnung) sie beobachtet werden, gibt es dann nicht vielleicht <u>auch</u> Phänomene (extra corpus), die davon abhängen, <u>wer</u> sie beobachtet (d.h. von der Beschaffenheit der Psyche des Beobachters)? Und wenn die Naturwissenschaft, seit Newton dem Ideal des Determinismus nachjagend, schließlich bei dem prinzipiellen "Vielleicht" des statistischen Charakters der Naturgesetze angelangt ist (welche Enantiodromie!) — sollte dann nicht genügend Platz sein für allerlei Merkwürdigkeiten, für welche schließlich die Unterscheidung von "physisch" und "psychisch" ihren Sinn verliert (so etwa wie heute schon die Unterscheidung von "physikalisch" und "chemisch")?

Ich hoffe, daß die Fortsetzung der von Ihnen inaugurierten Forschungsrichtung Beiträge zu diesen Problemen liefern wird und hoffe deshalb auf einen engeren Kontakt dieser Forschungsrichtung mit den Naturwissenschaften als bisher.

Es hat mich sehr gefreut, Sie wieder gesprochen zu haben, besonders, da meine Aufmerksamkeit im Moment stark auf die Rolle der archetypischen Vorstellungen (oder, wie Sie früher gesagt haben, vom "Instinkte des Vorstellens") auf die naturwissenschaftliche Begriffsbildung gerichtet ist. Die beste Weise, mir etwas klar zu machen, war bei mir immer die, eine Vorlesung oder einen Vortrag über das betreffende Thema anzukündigen und in diesem Sinne hoffe ich, daß ein oder zwei Vorträge von mir über Kepler (als Beispiel) im psychologischen Klub[c] ein guter Anfang sein werden.

Den von Ihnen freundlicher Weise genannten Quellen will ich außerdem noch nachgehen. Möge es mir gelingen, auch den Zusammenprall der magisch-alchemistischen mit der (im 17. Jahrhundert neuen) naturwissenschaftlichen Denkweise (von dem ich glaube, daß es sich im Unbewußten des Modernen auf einer höheren Ebene wiederholt!) einem Publikum lebendig zu machen.

Nochmals vielen Dank und herzliche Grüße

Ihr sehr ergebener

W. Pauli

[a] vgl. dazu die beiden Briefe im Appendix 9

[b] vergl. Markus Fierz, "über den Ursprung und die Bedeutung der Lehre I. Newtons vom absoluten Raum" "Gesnerus" 11. (1954) 62–120 (Sauerländer Aarau).

[c] Klub 48, Autoreferat, siehe Appendix 6

[34] PAULI AN JUNG

Zollikon-Zürich, 16. Juni 1948
[Handschrift]

Sehr geehrter Herr Professor Jung,

Als bei der Gründung des C.G. Jung-Institutes[a] jener lustige "Pauli-effekt" der umgestürzten Blumenvase erfolgte, entstand bei mir sofort ein lebhafter Eindruck, ich sollte "innen Wasser ausgießen" (um mich der symbolischen Sprache zu bedienen, die ich von Ihnen gelernt habe). Als sodann die Beziehung zwischen Psychologie und Physik in Ihrer Rede einen verhältnismäßig breiten Raum einnahm, wurde es mir noch deutlicher, was ich tun solle. Das Resultat ist der Aufsatz,[b] den ich Ihnen hiemit sende. Dieser ist weder für eine Publikation, noch für einen Vortrag bestimmt — um so mehr, als ich ihn von meiner Seite nur für den <u>Beginn</u> einer Auseinandersetzung mit diesen Problemen halte — könnte aber als Basis für eine weitere Diskussion dienen. (Sollte es Ihnen in der zweiten Hälfte des Juli möglich sein, an einem ruhigen Abend die hier aufgeworfenen Probleme mit Dr. C.A. Meier [1] und mit mir zu diskutieren, so würde es mich außerordentlich freuen. Vielleicht ziehen Sie aber den schriftlichen Weg vor.

Wenn derselbe Problemkreis von so verschiedenen Seiten her betrachtet wird wie von der Psychologie und von der Physik, dürften Meinungsverschiedenheiten über Einzelheiten allerdings unvermeidbar sein. Neben diesen bleibt

[1] Dieser war so freundlich, mir über die Psychologie der Verdoppelung eines Inhaltes noch nähere Erläuterungen zu geben.

aber als Hauptsache bestehen, daß ich an die Tatsache der Abbildung psychischer Sachverhalte auf Eigenschaften des Stoffes anknüpfe, die zuerst von Ihnen am Beispiel der Alchemie nachgewiesen wurde. Darüber hinausgehend versuche ich zu zeigen, daß es dem Unbewußten hierbei überaus leicht fällt, den alchemistischen Ofen [2] mit einem modernen Spektrographen zu vertauschen. Dies sollte den Psychologen weniger überraschen als den Physiker: während sich dieser leicht die unzutreffende Idee bildet, als Folge der Entwicklung unserer Kenntnisse über die Materie sei eine solche Symbolik nunmehr hinfällig, weiß jener nur zu gut, wie wenig eine technische Entwicklung von 300 Jahren die Struktur und die Tendenz des Unbewußten verändert.

In der Hoffnung, Sie am Samstag im psychologischen Club wiederzusehen, verbleibe ich mit den herzlichsten Grüßen,

Ihr sehr ergebener

W. Pauli

[a] Am 28. II. u. 6. III. hielt Pauli 2 Vorträge im "Psychologischen Club Zürich" über "Der Einfluss archetypischer Vorstellungen auf die Bildung naturwissenschaftlicher Theorien bei Kepler"; siehe Autoreferat p. 37–43. Jahresbericht aus PC.Z, 1948 im Appendix 6.

[b] siehe Appendix 3

[35] PAULI AN JUNG

Zollikon-Zürich, 7. Nov. 1948
[Handschrift]

Sehr geehrter Herr Professor Jung,

Unser gestriges Gespräch über die "Synchronizität"[a] von Träumen und äußeren Ereignissen (Verwenden Sie diesen Terminus "synchron" auch dann, wenn Traum u. äußeres Ereignis etwa 2–3 Monate voneinander liegen?) war mir eine große Hilfe und ich möchte Ihnen nochmals sehr dafür danken.

Da Sie mir erzählt haben, Sie seien jetzt speziell mit Rotations-symbolik zu Mandalas beschäftigt, erlaube ich mir, Ihnen den genauen Text eines meiner Träume zu senden, der etwa vor 2 Jahren stattfand u. wo die Rotation — und damit der Raumbegriff — die zentrale Stelle einnahmen. Vielleicht ist Ihnen dieser ganze Zusammenhang bei den Fragen, die Sie jetzt beschäftigen, nützlich. Natürlich handelt es sich um die Relativität des Raumbegriffes in Bezug auf die Psyche, wäre die Problematik nicht hier und jetzt von Bedeutung, so hätte dieser Traum bei mir damals nicht eine so überwältigende Wirkung hervorgebracht. Der Keplervortrag, die Idee der neutralen Sprache und die weitere Verfolgung des archetypischen Hintergrundes physikalischer Begriffe wurden damals bei mir ausgelöst. Die Objektivität des archetypischen Hintergrundes macht es mir sehr wahrscheinlich, daß die Problematik der Mandalas, die Sie gestern kurz erwähnt haben und diejenige, die dem hier beigefügten Traum zu Grunde liegt, dieselbe sein wird.[b] Über das von Ihnen als synchronistisch

---

[2] Ich kenne auch diesen Ofen aus meinen eigenen Träumen.

bezeichnete Phänomen benütze ich vorläufig eine Art symbolischer Hilfsvorstellung oder Arbeitshypothese, die — als einfachster elementarer Fall der Riemann'schen Fläche — etwa so aussieht: Es soll dies den Querschnitt von zwei (senkrecht zur Zeichenebene fortgesetzt zu denkenden) Blättern darstellen,

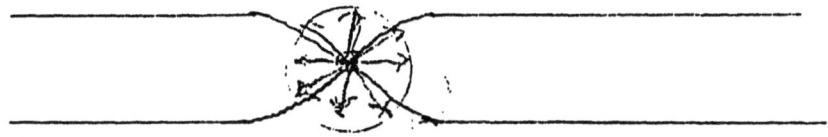

die im allgemeinen getrennt sind, aber in ihrem ausgezeichneten Mittelpunkt (einander durchdringend — Mathematiker sind hierin sehr großzügig) zusammenhängen. Die Zahl der Blätter ist willkürlich, zwei ist nur der einfachste Fall. Das Wesentliche ist, dass man bei Umkreisung des Mittelpunktes (senkrecht zur Zeichenebene) vom unteren ins obere Blatt kommt (und umgekehrt auch).

Der "radioaktive Kern" ist eine vom Unterbewußten gesetzte symbolische Ursache der "synchronistisch" zusammengehörigen Phänomene, von denen z.B. das eine (unteres Blatt) darin besteht, daß ich einen gewissen Traum habe, das andere (oberes Blatt) darin, daß Herr oder Frau X erkrankt oder stirbt. Die von dem in einer Zwischenschicht gelegenen Mittelpunkt ausgehende Wirkung kümmert sich zuerst um die Unterscheidung "Physis" und "Psyche" und stellt eine Ordnung dar, die außerhalb des Raumes und zum Teil auch außerhalb der Zeit verläuft.

Das Vorhandensein dieser Wirkung — welche die mir vom Unbewußten spontan aufgedrängte zentrale Sprache als "Radioaktivität" bezeichnet — ist aber wesentlich an die Bedingung geknüpft, daß archetypische Inhalte (aus einer nicht gezeichneten tieferen, völlig zeitlosen Schicht) in die Nähe des Bewußtseins rücken (Verdoppelungsphänomen), so daß das Problem ihrer Integration ins Bewußtsein aktuell geworden ist. Ist es nicht so, daß bei näherer Betrachtung der Zeichnung der Mandalakreis in zwei übereinander liegende Blätter aufgespalten ist, die sich im Zentrum ("Selbst") gesetzmäßig überschneiden?

Mit vielem Dank

Ihr stets sehr ergebener

W. Pauli

[a] Hier tritt das Stichwort "Synchronizität" zum ersten mal auf. Siehe den folgenden Brief Jungs 22.VI.49. Es darf hier noch bemerkt werden, dass der "Pauli-Effekt", an den die meisten Physiker, und auch Pauli selber, glaubten, ein synchronistisches Phänomen im Sinne Jungs war. (Vergleiche auch M. Fierz, "Naturerklärung und Psyche, ein Kommentar zu dem Buch von C.G.J. und W.P." in Naturwissenschaft u. Geschichte, Vorträge und Aufsätze von M.F. (Birkhäuser 1988), pg. 181–191.)

[b] Siehe Appendix 3

## [36] JUNG AN PAULI

[Küsnacht] 22. Juni 1949
[Maschinenschriftlicher Durchschlag]

Lieber Herr Pauli,

Sie haben mich vor längerer Zeit dazu angeregt, einmal meine Gedanken über Synchronizität zusammenzuschreiben. Es ist mir nun endlich gelungen, dieser Anregung Folge zu leisten und meine Gedanken einigermassen zu versammeln.[a] Ich wäre Ihnen nun zu grossem Dank verpflichtet, wenn Sie die Freundlichkeit hätten, diese Darstellung, die überall von Fragezeichen umgeben ist, einer kritischen Durchsicht zu unterziehen. Die Physiker sind ja die einzigen Leute heutzutage, die sich mit dergleichen Ideen ernsthaft auseinandersetzen. Wenn es Ihnen besser passt, dies mündlich zu tun, so könnte dies vielleicht in der ersten Juliwoche geschehen, wo ich bereits in Bollingen sein werde. Ich bin dort einigermassen ausgeruht und wir würden genügend Zeit zur Verfügung haben. Es würde mich aber freuen, wenn Sie mir schon vorher nur in aller Kürze mitteilen könnten, was Ihr allgemeiner Eindruck ist.

Ich hoffe, dass ich Ihre kostbare Zeit mit diesem Ansinnen nicht zu sehr belaste. Ihr Urteil in dieser Angelegenheit ist mir aber dermassen wichtig, dass ich alle Bedenken in dieser Hinsicht zur Seite gelegt habe.

Mit bestem Dank zum Voraus,

Ihr ergebener
[C. G. Jung]

---

[a] MS. Synchronizität, publiziert, gemeinsam mit P's Kepler-Arbeit in "Naturerklärung und Psyche", Rascher, Zürich 1952.

## [37] PAULI AN JUNG

Zollikon-Zürich, 28. Juni 1949
[Handschrift]

Sehr geehrter Herr Professor Jung,

Ich danke Ihnen sehr für Ihr interessantes Manuskript und Ihren freundlichen Brief. Zunächst möchte ich im Allgemeinen hervorheben, daß mir die Rhine'schen Versuchsreihen Phänomene anderer Art zu sein scheinen als die übrigen, von Ihnen angeführten "synchronistischen" Phänomene. Denn bei ersteren kann ich keine archetypische Grundlage sehen (oder irre ich mich da?). Diese ist mir aber zum Verständnis der in Frage stehenden Phänomene wesentlich, ebenso Ihre frühere Feststellung (Eranos Jahrbuch 1947), daß ihr Auftreten komplementär sei zum Bewußtwerden des archetypischen Inhaltes. Ich bedaure sehr, daß in Ihrer neuen Arbeit dieser Umstand ganz unerwähnt geblieben ist. Vielleicht könnten Sie noch etwas darüber hinzufügen; das Verständnis würde hierdurch nur erleichtert werden. Dadurch erscheint nämlich das Auftreten des synchronistischen Phänomens an eine bestimmte Bewußtseinslage gebunden (dieser Terminus ist absichtlich etwas unbestimmt gewählt).

Das von Ihnen vorgeschlagene statistische Experiment über die Horoskope Verheirateter und Lediger sollte sicher in größerem Maßstab und unter präzisen Bedingungen ausgeführt werden. Wie immer der Ausgang sein wird (ich ziehe auch einen negativen in Betracht) wird er unser Wissen vermehren.[a] Persönlich habe ich eine viel stärkere Beziehung zu solchen Vorkommnissen, wo ein äußeres Ereignis mit einem Traum koinzidiert als zum Verhalten statistischer Reihen. Während ich über erstere einige persönliche Erfahrungen habe, läßt mich meine Intuition bezüglich letzterer im Stich. Ich habe nun ausführlicher über Ihren Bericht über die Koinzidenz des geträumten Scarabäus mit dem wirklichen Insekt nachgedacht und habe versucht, mich in diese Situation einzufühlen. Ich werde unten in geeignetem Zusammenhang darauf zurück kommen.

Im Folgenden will ich zunächst auf die erkenntnistheoretische Seite des Problems etwas eingehen, um sodann die von Ihnen am Ende Ihrer Sendung aufgeworfenen, das Verhältnis von Psychologie und Physik berührenden Fragen zu erörtern. Es gibt mir dies eine Gelegenheit meinen Aufsatz über "Hintergrundsphysik" vom letzten Jahr zu ergänzen durch eine Diskussion des Symbols "Radioaktivität", das damals nur als Stichwort aufgetreten ist. Es ist dies zugleich die zur Zeit beste Antwort auf Ihre Frage, die ich geben kann.

---

Die Idee eines <u>Sinnes im Zufall</u> — das heißt von in der Zeit zusammentreffenden, kausal nicht verbundenen Ereignissen — ist sehr klar von <u>Schopenhauer</u> ausgesprochen worden in seinem Aufsatz "Über die anscheinende Absichtlichkeit im Schicksale des Einzelnen". Er postuliert dort eine "<u>letzte Einheit der Notwendigkeit und der Zufälligkeit</u>", die uns als "Macht" erscheint, "welche alle Dinge — auch die, welche die Kausalkette ohne alle Verbindung miteinander läßt — so verknüpft, daß sie im erforderlichen Moment zusammentreffen". Dabei vergleicht er die Kausalketten mit in der Richtung der Zeit liegenden Meridianen, das Gleichzeitige mit Parallelkreisen — genau entsprechend Ihren "sinngemäßen Querverbindungen". Er sieht "wenn auch nur unvollkommen und aus der Ferne" die <u>Vereinbarkeit</u> des Gegensatzes "zwischen der offenbaren Zufälligkeit aller Begebenheiten im individuellen Lebenslauf und ihrer moralischen Notwendigkeit zur Gestaltung desselben gemäß einer transcendenten Zweckmäßigkeit für das Individuum — oder in populärer Sprache, zwischen dem Naturlauf und der Vorsehung."

Vielleicht wäre ein Hinweis auf diesen Aufsatz Schopenhauers in Ihrer Arbeit angebracht, zumal dieser ja seinerseits durch die ostasiatischen Ideen, die Sie ausführlich zitieren, beeinflußt war. Obwohl Sch.'s Aufsatz nur einer relativ kleinen Anzahl von Physikern bekannt sein dürfte, ist es doch immer angenehm, in einer prinzipiellen Frage an bereits Vorhandenes anknüpfen zu können.

Auf mich hat dieser Aufsatz Schopenhauers eine sehr nachhaltige und faszinierende Wirkung ausgeübt und er schien mir eine künftige Wendung in den Naturwissenschaften vorwegzunehmen. Während jedoch Sch. noch am strengen Determinismus im Sinne der klassischen Physik seiner Zeit unbedingt festhalten wollte, haben wir nunmehr erkannt, daß im Atomaren die physikalischen Ereignisse sich nicht in Kausalketten durch Raum und Zeit verfolgen lassen. Die Bereitschaft zur Annahme der Ihrer Arbeit zu Grunde liegenden Idee des "Sinnes als anordnendem Faktor" dürfte daher heute unter den Physikern beträchtlich größer sein als zur Zeit Schopenhauers.

Persönlich habe ich demnach keine prinzipiellen Bedenken gegen eine solche Idee. Es scheint mir aber in Ihrer Auffassung der Begriff "akausal" einer Präzision und die besondere Verwendung des Zeitbegriffes einer weiteren Erklärung zu bedürfen. Für den Physiker haben die Worte "kausal" und "Kausalität" eine viel weniger feststehende Bedeutung als das Wort "Determinismus". Speziell verstehen unter "akausal" verschiedene Autoren nicht dasselbe. Nach Ihrer Auffassung des "synchronistischen" Phänomens (ich nehme speziell Bezug auf p. 20 und 21 Ihres Aufsatzes) entsteht dieses ja durch <u>duplicatio oder multiplicatio eines unanschaulichen Anordners</u>, dessen äußere Erscheinung eben doppelt oder multipel ist. In <u>diesem</u> Sinne könnte man den Anordner auch als <u>Ursache</u> des synchronistischen Phänomens bezeichnen. Diese Ursache wäre dann allerdings nicht in Raum u. Zeit zu denken. Wenn umgekehrt nur Objekte in Raum u. Zeit als Ursache bezeichnet werden, dann erscheinen in der Tat die synchronistischen Phänomene als "akausal". Ähnlich wie in der Mikrophysik ist das Charakteristische der Situation die Unmöglichkeit, das Prinzip der Kausalität und die Einordnung der Phänomene in Raum u. Zeit zugleich anzuwenden.

Wesentlich schwieriger als diese definitorische Frage betreffend "akausal" ist für mich das Eingeben des Zeitbegriffes in das Wort "synchronistisch". Zunächst werden damit ausdrücklich Phänomene bezeichnet, die für Definitionen im gewöhnlichen physikalischen Sinne <u>gleichzeitig</u> sein sollen. Später (p. 21 oben) wollen Sie aber Phänomene wie das zeitliche Voraussehen miteinbegreifen, die nicht zur selben Zeit stattfinden. Das Wort "synchron" scheint mir dann einigermaßen unlogisch, es sei denn, Sie wollen es auf einen Chronos beziehen, der von der gewöhnlichen Zeit wesentlich verschieden ist. Es scheint mir hier nicht bloß eine formal-logische, sondern auch eine sachliche Schwierigkeit zu bestehen. Denn von vornherein ist nicht ohne weiteres einzusehen, warum Ereignisse, welche "die Gegenwart eines und desselben Bildes, bezw. Sinnes ausdrücken", <u>gleichzeitig</u> sein müssen: der Begriff der <u>Zeit</u> macht mir größere Schwierigkeiten als der Begriff <u>Sinn</u>.

<u>Was ist nun die Beziehung zwischen Sinn und Zeit?</u> Versuchsweise lege ich mir Ihre Auffassung etwa so aus: erstens können sinnverbundene Ereignisse viel <u>leichter</u> wahrgenommen werden, wenn sie gleichzeitig sind. Zweitens ist aber die Gleichzeitigkeit auch die Eigenschaft, welche die Einheit der Bewußtseinsinhalte ausmacht. Insofern also "synchronistische" Ereignisse eine von Ihnen "psychoid" genannte Vorstufe eines Bewußtseins bilden, ist es verständlich, wenn sie (zwar nicht ausnahmslos, aber doch in vielen Fällen) auch bereits diese Einheitseigenschaft der Gleichzeitigkeit aufweisen. Auch liegt die Auffassung nahe, daß der Sinn-zusammenhang als Primäres agens die Zeit als sekundär hervorbringt. (Ich hoffe, daß diese vagen Formulierungen sich bei mündlicher Besprechung mit Ihnen verdeutlichen lassen werden.) Befriedigend scheint mir, daß der anordnende, "aus Sinn bestehende" Faktor, der die Zeit (den chronos) als Spezialfall enthält, als männliches Prinzip dem Weiblich-

Unzerstörbaren (Kausalität im engeren Sinne, Energie, Kollektiv-Psyche) gegenübersteht, wie es analog auch in der Mikrophysik der Fall zu sein scheint.

---

Ich komme nun zu Ihren Fragen, über die Möglichkeit, einige von Ihnen genannte physikalische Tatsachen mit der Synchronizitäts-hypothese in Verbindung zu bringen. Die Frage ist eine sehr schwierige, da sie mit einem Teil meiner persönlichen Erfahrungen über "Hintergrundsphysik", die sich bei mir hauptsächlich in Träumen äußert, zusammenzuhängen scheint. Das Energiequant und die Halbzeit-Perioden des Radiumzerfalles scheinen mir wesentlich besser zur Illustration dieser Zusammenhänge geeignet als die beiden anderen von Ihnen aufgeführten Phänomene, da sie einen elementareren und fundamentaleren Charakter haben. Vielleicht können wir auf das Energiequant noch mündlich zurückkommen, zunächst möchte ich für unseren Zweck das physikalische Phänomen der Radioaktivität herausgreifen.

Um Ihnen meine Vorausschauungen und meine Einstellung zu dieser Frage deutlich zu machen, gestatten Sie mir bitte, daß ich mit Ihnen ein fiktives Gedankenexperiment mache. Stellen Sie sich, bitte, vor, daß Sie am Abend nach dem von Ihnen beschriebenen Ereignis mit dem Scarabäus ein Fremder besucht und dabei etwa so zu Ihnen spricht: "Ich gratuliere Ihnen, Herr Doktor, daß es Ihnen endlich gelungen ist, eine radioaktive Substanz herzustellen. Sie wird dem Gesundheitszustand Ihrer Patientin außerordentlich förderlich sein". Ihre Versicherung, daß sich in Ihrem Hause keinerlei radioaktive Substanzen befinden und auch die Atmosphäre von Radioaktivität völlig frei sei, nimmt der Fremde überhaupt nicht zur Kenntnis. Im Gegenteil wird er Ihnen daraufhin Einzelheiten über die Halbwertzeit der Substanz und über die verbliebene Restaktivität auseinandersetzen.

Diese Art von Spiel, das nach bestimmten Regeln gespielt wird und so viel Methode zu haben scheint, daß man es nicht einfach als Wahnsinn bezeichnen kann, kenne ich nun seit etwa 15 Jahren. Meine anfänglichen Versuche, den Fremden einfach hinauszuwerfen, habe ich bald aufgegeben, denn der seiner Natur nach so freundliche Besucher kann dann sehr ungemütlich werden. Aus Ihrer Frage über die Radioaktivität schließe ich nun sofort, daß Sie mit dem Fremden konspirieren und ich erwarte sogar, daß Sie dieser Schlußfolgerung zustimmen werden.

Was der Fremde meint, kann ich immer nur indirekt erschließen aus seinen Reaktionen auf meine intellektuellen Hypothesen; ganz sicher bin ich dessen nie. Auch kam er keineswegs bei so leicht erkennbaren Gelegenheiten, wie ich sie bei meinem Gedankenexperiment vorausgesetzt habe, mit seinen Bemerkungen über Radioaktivität zu mir. Und bevor ich daran gehen konnte, über den Sinn von "Radioaktivität", wie er es versteht, etwas herauszufinden, mußte ich mir zuerst eine rational annehmbare Idee darüber bilden, wer der Fremde ist.

Die Hypothesen, die ich darüber gegenwärtig für mich selber verwende, sind diese:

1. "Der Fremde" ist der durch das System der wissenschaftlichen Begriffe unserer Zeit konstellierte archetypische Hintergrund.

2. Die aus diesem Hintergrund spontan hervorgehenden Ausdrücke "es ist eine radioaktive Substanz hergestellt worden" bezw. "es besteht Radioaktivität" sind in die Sprache der Ratio zu übersetzen mit: "es ist eine Bewußtseinslage hergestellt worden bezw. einfach vorhanden, die von der multiplen Erscheinungsform des Anordners in sinngemäß verbundenen (gewöhnlich gleichzeitigen) Ereignissen begleitet ist."

Die Sprache des Hintergrundes ist zunächst eine Gleichnissprache. Sie scheint von der Ratio zu verlangen, sie durch bewußte Arbeit in eine ihren Anforderungen genügende, hinsichtlich des Unterschiedes von "Physisch" und "Psychisch" neutrale Sprache zu übersetzen. Diese neutrale Sprache ist heute noch unbekannt, man kann aber versuchen, Fortschritte in Richtung auf ihre Konstruktion zu erzielen durch sorgfältige Analyse der Analogien wie der Unterschiede des in der Gleichnissprache mit denselben Worten Bezeichneten.

In dem in Rede stehenden Beispiel "Radioaktivität" ist mir zunächst von der psychologischen Seite her aufgefallen, daß eine weitgehende Parallele besteht mit dem, was die Alchemisten als "Herstellung der roten Tinktur" bezeichnet haben. Die Erfahrung hat mir nämlich gezeigt, daß das, was Sie einen "Konjunktionsvorgang" nennen, im Allgemeinen günstig ist für das Eintreten des (vom "Fremden" als "Radioaktivität" bezeichneten) "synchronistischen" Phänomens. Und zwar tritt dieses vorzugsweise dann auf, wenn die Gegensatzpaare einander möglichst die Balance halten. Im I Ging ist dieser Moment durch das Zeichen "Dschen" (Erschütterung, Donner) charakterisiert. In dem von Ihnen berichteten Fall des Scarabäus bin ich einigermaßen sicher, daß ein solcher Moment vorlag, da Sie sagen, daß eine langwierige Behandlung vorausging. Aus dem Ihnen zur Verfügung stehenden Material muß sich der Konjunktionsvorgang und sein Stand bei Eintreten des synchronistischen Ereignisses leicht nachweisen lassen. In dieser Verbindung würde es mich sehr interessieren zu hören, in welchem Monat des Jahres das Ereignis stattfand. Die Äquinoktialtage sind nämlich hiefür besonders ausgezeichnet. Ich wäre bereit, etwa 4:1 zu wetten, daß es im September oder März war und etwa 2:1, daß es in der zweiten Monatshälfte war. (Vielleicht werden die Horoskop-gläubigen auf die Idee kommen, auch für den Augenblick eines solchen Ereignisses ein Horoskop zu stellen. — Nach Ihrem Bericht hat ja eine seelische Geburt stattgefunden und das kann gegenüber einer physischen Geburt keinen wesentlichen Unterschied machen.)

Ich halte es nun für den Ausdruck eines Fortschrittes unserer Kenntnis, wenn in diesem Zusammenhang die alchemistische Vorstellung der "roten Tinktur" durch die der "radioaktiven Substanz" ersetzt ist. Es bestehen nämlich zwischen den verglichenen Phänomenen die folgenden weiteren aufschlußreichen Analogien:

1. So wie in der Physik eine radioaktive Substanz (durch "aktiven Niederschlag" aus entstehenden gasförmigen Substanzen) sofort ein ganzes Laboratorium radioaktiv "verseucht", so scheint auch das synchronistische Phänomen die Tendenz zu haben, sich in das Bewußtsein mehrerer Personen auszubreiten.

2. Das physikalische Phänomen der Radioaktivität besteht in dem Übergang eines unstabilen Anfangszustandes der Atomkerne der aktiven Substanz

in seinen stabilen Endzustand (in einem oder mehreren Schritten), wobei die Radioaktivität schließlich aufhört. Analog begleitet das synchronistische Phänomen auf archetypischer Grundlage den Übergang von einer instabilen Bewußtseinslage in eine neue, mit dem Unbewußten sich im Gleichgewicht befindende stabile Lage, in welcher das synchronistische Randphänomen wieder verschwunden ist.

3. Der für mich schwierigste Umstand ist auch hier wieder der Zeitbegriff. Physikalisch kann man bekanntlich die Menge einer radioaktiven Substanz (etwa durch Wägung feststellbar), bezw. dessen Logarithmus als Uhr benützen: In einem bestimmten (hinreichend klein gewählten) Zeitintervall verfällt stets derselbe Bruchteil der vorhandenen Atome und zwei Zeitintervalle können umgekehrt als gleich definiert werden, wenn derselbe Bruchteil der anfangs vorhandenen Atome in ihnen verfällt. Aber hier kommt der statistische Charakter der Naturgesetze wesentlich ins Spiel: Um dieses durchschnittliche Resultat finden stets unregelmäßige Schwankungen statt, die nur dann relativ klein sind, wenn die Auswahl der vorhandenen aktiven Atome genügend groß ist; die radioaktive Uhr ist ein typisches Kollektiv-phänomen. Eine nur aus wenigen (sagen wir 10) Atomen bestehende radioaktive Substanzmenge läßt sich nicht mehr als Uhr gebrauchen. Die Zeitmomente des Zerfalles der Einzelatome sind überhaupt nicht naturgesetzlich determiniert und nach moderner Auffassung existieren sie gar nicht unabhängig von ihrer Beobachtung in geeigneten Experimenten. Die Beobachtung (in diesem Fall: des Energieniveaus) des Einzelatoms löst diesen aus dem Zustands- (d.h. Sinn-)zusammenhang mit den übrigen Atomen und verknüpft es statt dessen (sinngemäß) mit dem Beobachtenden und seiner Zeit.

Daraus ergibt sich folgende Analogie mit den synchron. Phänomenen auf archetypischer Grundlage: Der Fall, wo vom Einzelatom einer radioaktiven Uhr nicht festgestellt ist, ob es sich im Anfangs- oder Endzustand des radioaktiven Zerfalles befindet, entspricht der Verbundenheit des Einzelindividuums mit dem kollektiven Unbewußten durch einen ihm unbewußten archetypischen Inhalt. Die Feststellung der Bewußtseinslage des Individuums, die es aus diesem kollektiven Unbewußten heraushebt und die das synchron. Phänomen zum Verschwinden bringt, entspricht der Bestimmung des Energieniveaus des Einzelatoms durch ein besonderes Experiment.

---

So weit bin ich bis jetzt gekommen. Ich freue mich sehr darauf, mit Ihnen diese Fragen weiter zu besprechen sowie auch noch andere Beispiele zu diskutieren als speziell die Radioaktivität.

Ich habe mit C.A. Meier besprochen, daß Do. der 14. Juli ein geeigneter Tag für uns beide wäre, um Sie in Bollingen zu besuchen. Er wird sich noch mit Ihnen in Verbindung setzen, um zu hören, ob Ihnen dieser Tag paßt.[b] Mit vielen Entschuldigungen für meinen Mangel an Kürze und vielen Grüßen,

Ihr sehr ergebener

W. Pauli

ᵃ Vgl. dazu C.G. Jung: "The Interpretation of Nature and the Psyche", Pantheon Books, N.Y. 1955 mit Commentar v. M. Fierz, F.N. 10, p. 81 und p. 93–94.

ᵇ fand statt.

[38] PAULI AN JUNG

Zollikon-Zürich, 4. Juni 1950
[Handschrift]

Sehr geehrter Herr Professor Jung,

Als Folge unseres gestrigen Gespräches übersende ich Ihnen den Text zweier Träume, die stattfanden, nachdem ich voriges Jahr Ihr Manuskript über das synchronistische Phänomen gelesen hatte. Diese Träume beschäftigen mich immer noch im Zusammenhang mit meiner Einstellung zu diesen Phänomenen. Ich möchte hier noch einige kommentierende Bemerkungen zu allen Träumen hinzufügen (die für Sie mit zum "Material" gehören werden).

1) Der Zeitbegriff, von dem im ersten Traum die Rede ist, ist nicht derjenige der Physik, sondern derjenige der "dunklen Anima". Es ist eine intuitive Beurteilung des Charakteristikums einer äußeren Situation, die allerdings auch mit den Jahreszeiten in Verbindung gebracht wird. Was für den Physiker die Zeigerstellung einer Uhr ist, das ist für diesen intuitiven Zeitbegriff die "Lage der Gegensatzpaare", nämlich welche bewußt und welche unbewußt sind. Als ich Ihnen z. B. damals, als der Traum stattfand, schrieb, das von Ihnen geschilderte Ereignis mit dem Skarabäus hätte wahrscheinlich im März oder September stattgefunden, da hat — in der Sprache des Traumes — "das dunkle Mädchen eine kleine Reise gemacht, um die Zeit zu bestimmen". Dieser Zeitbegriff kann sowohl auf äußere Situationen angewendet werden als auch auf Traum-situationen.

2) Angewandt auf den ersten Teil des zweiten Traumes (bevor "der Fremde" erscheint) würde er aussagen "Es ist Sommer". Das Fehlen des dunklen Mädchens (in späteren Träumen trat es auf) in diesem Traum — oder, was dasselbe ist, der Umstand, daß nur drei und nicht vier Kinder da sind — bedingt ein Überwiegen des Lichten auf der weiblichen (d.h. gefühlsmäßig-intuitiven) Seite. Das Lichte-weibliche ist das Erotisch-geistige und tritt oft als Vorstufe einer Begriffsbildung auf, während das Dunkle-weibliche oft auf die Realisierung einer Situation in der materiellen Körperwelt (in der äußeren Natur) tendiert. Das Fehlen des Letzteren ist ein gewisser Symmetrie-mangel in der Anfangssituation des zweiten Traumes. Der Sommer ist zwar eine angenehme Zeit, aber er ist einseitig-unvollständig. Übrigens haben im Herbst 1948 andere Träume mit vier Kindern stattgefunden.

3) Das muß offenbar in sehr direkter Beziehung stehen zu dem — auf rationaler Basis offenbar unlösbaren — Konflikt zwischen meiner bewußten Einstellung und dem Unbewußten (der Anima) über die Beurteilung der beiden Knaben. Ich weiß leider nicht was die beiden Knaben sind. Eingefallen ist mir zur Kritik des jüngeren Knaben allerdings meine sehr ablehnende bewußte Haltung zu Horoskopen und Astrologie, aber wahrscheinlich hat dieses Traumstück eine allgemeinere Bedeutung als diese.

4) Die entstandene Situation "konstelliert" nun offenbar den Archetypus, der mir wohlbekannt ist und als "der Fremde" in Erscheinung tritt. Er hat einen ausgesprochenen Psychopompos-Charakter und dominiert stets die ganze Situation, auch die "Anima". Früher hatte er zwei Erscheinungsformen eine helle und eine dunkle (letzterer erschien bisweilen als "Perser" im Traum). Aber im Jahr 1948 hat mit ihm eine weitere Verwandlung stattgefunden, die eine Annäherung der beiden Pole des Gegensatzpaares gebracht hat, so daß er dann als blond, aber mit einem dunklen Gewand oder umgekehrt, aber deutlich als ein und derselbe Mann erschien. (Er ist übrigens kein alter Mann und nicht weißhaarig, sondern eher jünger). Ich habe viel zum Verständnis dieser Figur aus Ihrem Aufsatz "Der Geist Merkurius"[a] gelernt, da er nämlich eine ähnliche Rolle spielt wie bei den Alchemisten der Merkur. In meiner Traumsprache wäre er mit dem "radioaktiven Kern" zu identifizieren.

5) In dem hier angeführten zweiten Traum macht er nun wichtige Aussagen über das Buch, das das lichte Mädchen hat (er sagt auch, er habe ihr das Buch gegeben).

Zu diesem Buch fiel mir gleich beim Erwachen die Wilhelm'sche Übersetzung des I-Ging ein. (Die gotischen Buchstaben sind ein Hinweis auf Deutschland, wo diese gedruckt ist). Ich ziehe diesen gerne zur Deutung von Traumsituationen heran. "Gewöhnliche" Mathematik ist für mich Algebra und vor allem der Differential- und Integralkalkül; das gibt es im I-Ging natürlich nicht. Wohl aber kommt mehrfach elementare Arithmetik drinnen vor (wie Teilbarkeit durch 4), auch haben die 64 Zeichen schon Leibnizens mathematische Phantasie angeregt. Man kann den I-Ging also wohl in diesem Sinne als "populäres Mathematikbuch" bezeichnen. Der "Fremde" hat auch sonst die Tendenz — neben seinem Anknüpfen an physikalische Begriffe — den heutigen Anwendungsbereich der Mathematik als unzureichend hinzustellen. Die Unterscheidung von "physisch" und "psychisch" kennt er überhaupt nicht und er wendet Mathematik auch auf das an, was wir "die hermetische Welt der Psyche" nennen. Der Einwand, daß dieses qualitativ und nicht quantitativ sei, ist nicht unbedingt zwingend, da einerseits viele Teile der Mathematik (wie die Topologie) auch qualitativ und nicht quantitativ sind und da andererseits auch in der Psyche ganze Zahlen eine wesentliche Rolle spielen. Interessant ist, daß "der Fremde" im Allgemeinen nicht Begriffe verwendet, die direkt Ihrer analytischen Psychologie entnommen sind. Er pflegt dafür physikalische Begriffe zu substituieren, die er dann in einem unkonventionell erweiterten Sinne gebraucht.

In dem vorliegenden Traum impliziert er nun, das kleine lichte Mädchen sollte eigentlich ebenso Mathematik können wie ich und stellt als eine Art Forderung auf längere Sicht auf, daß sie diese erlernen soll. Das "populäre Mathematikbuch" dagegen stellt er als Provisorium hin.

Das wäre also das Material. Ich glaube, daß ich einen wichtigen Schritt betreffend meine Einstellung zum Synchronizitäts-phänomen weiterkommen würde, wenn es mir gelingen würde, die beiden Knaben des Traumes (und den Konflikt betreffend den jüngeren der beiden) richtig zu deuten. Vielleicht fällt Ihnen noch mehr dazu ein. Es liegt wohl nahe, die Kinder — es sollen ja eigentlich vier sein, waren es zuweilen auch — mit Ihrem Funktionenschema in

Verbindung zu bringen. Aber ich möchte mich hier nicht in zu wenig begründete Spekulationen verlieren.

In Princeton hatte ich — unerwarteter Weise — Gelegenheit, öfters über das Synchronizitäts-phänomen zu diskutieren. Dabei gebrauchte ich gerne den Terminus "Sinn-korrespondenz" statt "Synchronizität", um den Akzent mehr auf den Sinn als auf die Gleichzeitigkeit zu legen und um an die alte "correspondentia" anzuknüpfen. Ferner betonte ich gerne den Unterschied zwischen dem spontanen Auftreten des Phänomens (wie in Ihrem Bericht über den Skarabäus) und dem (durch eine Vorbehandlung oder einen Ritus) induzierten Phänomen wie bei der Mantik (I Ging oder 'ars geomantica'). Ob vielleicht die beiden Knaben mit dieser Unterscheidung zu tun haben?

Ihrem Vortrag am 24. Juni sehe ich mit großer Spannung entgegen und ich hoffe, daß es zu einer lehrreichen Diskussion (z.B. über den Begriff "Naturgesetze" in der Physik und den Begriff "Archetypus" in der Psychologie) kommen wird.

Inzwischen verbleibe ich mit herzlichen Grüssen,

Ihr stets dankbarer

W. Pauli

[a] C.G. Jung, "Der Geist Mercurius" Eranos Vortrag 1942, Rhein Verlag Zürich 1943.

[39] JUNG AN PAULI

[Küsnacht] den 20. Juni 1950
[Handschrift]

Lieber Herr Pauli,

Leider musste mein Vortrag über Synchronizität doch wieder verschoben werden.[a] Es geht mir jetzt wieder besser, und ich habe Musse gefunden, über Ihre Träume nachzudenken. Hier folgen einige Einfälle:

Traum 1. Flugzeug = Intuition. Fremde Leute: noch nicht assimilierte Gedanken. Kann man sagen, dass Sie mit dem Zeitbegriff bewusste Schwierigkeiten hatten hinsichtlich der Möglichkeit seiner Relativität in Synchronizitäts-Fällen? Die Anima muss "eine kleine Reise machen" d.h. ihren Ort verändern, um bestimmte Zeit zu erreichen. Sie hat also vermuthlich keine bestimmte Zeit, d.h. sie lebt im Unbewussten. Muss sich daher ins Bewusstsein verpflanzen, um Zeit bestimmen zu können.

Traum 2.

|  | Mutter |  |  |
|---|---|---|---|
| Knabe älterer | — | Knabe jüngerer | = Ganzheit, aber vorwiegend = weiblich (mütterlich) |
|  | Tochter |  |  |

Älterer Knabe vermuthlich = Ego; jüngerer = Schatten. Das Bewusstsein wäre demnach zu männlich-knabenhaft, d.h. zu positivistisch eingestellt. Wird daher von der mütterlichen Ganzheit compensiert. Der naturwissenschaftlich-positivistische Standpunkt vermittelt keine Ganzheitsauffassung der Natur, da das Experiment immer nur eine durch bestimmte Frage erzwungene Antwort der Natur ist. Dadurch entsteht ein intellektuell zu sehr beeinflusstes oder praejudiziertes Bild der Natur. Ein mögliches ganzheitliches Walten derselben wird dadurch am Erscheinen verhindert. Die sog. mantischen Zufallsmethoden stellen daher möglichst keine Bedingungen, um Synchronizität, d.h. sinngemässe Coinzidenz einzufangen.

Der Schatten wird vom Bewusstsein unter- und vom Unbewussten überschätzt. Der "Fremde" will die Anima d.h. die weiblich empfindsame und empfindliche Seite der Persönlichkeit veranlassen, Mathematik zu studieren und zwar via "archetypische" Mathematik, wo die ganzen Zahlen noch (qualitative) <u>Archetypen der Ordnung</u> sind. Mit ihrer Hilfe lässt sich nämlich das Synchronizitätsphaenomen einfangen (mantische Methoden!) und ein einheitlicheres Weltbild herstellen.

$$\text{Causalität} \overset{\text{Raum}}{\underset{\text{Zeit}}{\rule{2cm}{0.4pt}|\rule{2cm}{0.4pt}}} \text{Correspondentia}$$

Mit den besten Grüssen,

Ihr ergebener

C G J

[a] Der Vortrag Jungs "Über Synchronizität" fand dann im Psychologischen Club, Zürich statt in zwei Teilen: 1. Teil 20.I.51, 2. Teil 3.II.51.

[40] PAULI AN JUNG

Zollikon-Zürich, 23. Juni 1950
[Handschrift]

Sehr geehrter Herr Professor Jung,

Ich möchte mich noch sehr bedanken für Ihren Brief. Besonders interessiert hat mich darin Ihre Auffassung, daß von den beiden Knaben des Traumes der ältere als "Ego", der jüngere als "Schatten" zu deuten sei. Ich halte das für durchaus plausibel, aber es ist vielleicht schwierig, eine solche Annahme über jeden Zweifel sicherzustellen. Bekannt ist mir das Motiv von zwei (jüngeren) Männern, von denen nur einer mit mir spricht; es kam wiederholt in früheren Träumen vor.

Was meine bewußten Schwierigkeiten mit dem Zeitbegriff betrifft, so bezogen sie sich darauf, wie weit und wie genau eine zeitliche Koinzidenz überhaupt nötig sei, damit von einer 'sinngemäßen Koinzidenz' gesprochen werden kann. Ist es nicht so, daß die 'Anima' 'Kenntnis' von sinngemäßen Ganzheiten hat eben deshalb, weil sie außerhalb der physikalischen Zeit (d.h. im Unbewußten) lebt? Die Paradoxie, daß die Anima einerseits als inferiore Funktion am meisten mit dem Unbewußten "kontaminiert" ist, andererseits infolge ihrer Nähe zu den Archetypen superiore Kenntnisse zu haben scheint, hat mich immer sehr fasziniert.

Daß es das Ziel des "Fremden" ist, eine (im gewöhnlichen naturwissenschaftlichen Standpunkt nicht ausgedrückte) Ganzheitsauffassung der Natur zu vermitteln, daran habe ich keinen Zweifel. Die Auffassung der heutigen Physik im engeren Sinne halte ich zwar für richtig innerhalb der Grenzen ihres Anwendungsbereiches, aber für wesentlich <u>unvollständig</u>. Mein Widerstand gegen den Archetypus und seine Tendenzen nimmt entsprechend ab. Letzten Herbst hatte ich einen Traum, daß "er" mir ein dickes Manuskript gebracht hat, ich habe es aber noch nicht gelesen, sondern erst mußten es fremde Leute im Hintergrund ansehen. Nach meiner Erfahrung ist es in einem solchen Fall das beste, einfach abzuwarten. An "noch nicht assimilierten Gedanken" ist bei mir jedenfalls kein Mangel.

Mit den besten Wünschen für Ihre Gesundheit und Ihrem wenn auch verschobenen Vortrag über Synchronizität weiter entgegensehend

Ihr stets dankbar ergebener

W. Pauli

[41] JUNG AN PAULI

Küsnacht-Zürich, 26. Juni 1950
[Handschrift]

Lieber Herr Professor!

Soeben entdecke ich, dass ein Brief an Sie, den ich am 2. März diktierte, liegen geblieben ist. Ich dankte Ihnen darin für Ihre Mühewaltung und den exacten Nachweis der reinen Zufallsnatur der astrologischen Zahlen. Die bei grösseren Zahlen sich einstellende Annäherung an einen Mittelwerth ist mir schon vorher verdächtig vorgekommen. Es thut mir leid, dass dieses Versehen meiner Secretärin Ihnen den Ausdruck meiner Dankbarkeit für Ihre werthvolle Hilfe vorenthalten hat.

Ich hatte in der Zwischenzeit Anderes zu thun und war auch eine Zeitlang krank.

[C. G. Jung]

[42] PAULI AN EMMA JUNG

[Zollikon-Zürich] Okt. 1950
[Maschinenschriftlicher Durchschlag]

Sehr geehrte <u>Frau</u> Professor,[a]

In meiner Arbeit über Kepler[b] stiess ich wieder auf den Archetypus der unteren chthonischen Trinität (vgl. das nach unten gespiegelte Dreieck bei Fludd, das ich damals projiziert habe), der mir auch aus früheren und späteren eigenen Träumen bekannt ist (in Form der Spielkarte 'Treffass' und in Form von drei einfachen Hölzern). Seitdem ist stets mein Interesse stark geweckt, wenn ich ihn irgendwo antreffe.

Diesen Sommer las ich nun die französische Neuausgabe der 'Romans de la Table Ronde [1], die mir Herr M. Fierz im Frühjahr in Paris gezeigt hatte. Da

---

[1] Redigiert von Jacques Boulanger, Paris 1941, édition Plon.

war zugleich meine Aufmerksamkeit gefesselt durch die drei hölzernen Spindeln (trois fuseaux de bois), die in Merlins Erzählung auftreten (l.c., p.65). Diese Erzählung (pp. 56–78) ist ein interessanter Mythos in sich selbst. Die Spindeln, von denen die eine weiss, die zweite rot und die dritte grün ist, werden auf einer geheimnisvollen, sich drehenden Insel aufgefunden. Der Abschnitt über diese Insel beginnt übrigens mit den vier Elementen wie viele alchemistische Traktate. Die Spindeln werden sodann zurückgeführt auf einen Baum, der einem Zweig entstammt, den Eva direkt vom Paradiesesbaum auf die Erde mitnehmen durfte. Dieser irdische Doppelgänger des paradiesischen Baumes war nacheinander weiss, rot und grün. Aus ihm lässt Salomons Frau diesem Mythos zufolge die Spindeln anfertigen und fügt sie dem Schwerte Davids bei. Das Schwert und die Spindeln machen dann jahrhunderte lange Fahrten auf einem Schiff, bis sie schliesslich auf jener Insel gefunden werden.

Für die Auffassung, dass es sich bei den Spindeln wieder um den Archetypus der chthonischen Trinität handle — der auf diese Weise, allerdings in einer besonderen Form, in eine direkte Beziehung zur Graalsgeschichte gebracht wäre — lässt sich anführen: Die Zahl 3 wird in dem zitierten Buch öfter direkt mit der Trinität in Verbindung gebracht (siehe z.B. p. 78) und von dem Schiff, das die Spindeln und das Schwert trägt, wird später (p. 364) behauptet, es sei die Kirche. Die Spindeln haben einen chthonischen Ursprung (Baum) und sind (wie auch Herr Fierz betont hat) ausgesprochen weibliche Instrumente. Sie verhalten sich demnach zum Schiff wie die Trinität zur Kirche.

Dass dieser Archetypus hier nicht durch drei gewöhnliche Hölzer, sondern durch 3 Spindeln dargestellt wird, ist aber eine Besonderheit, die mir neu war. Zu den Spindeln gehören eigentlich Spinnerinnen, die aber in dem Mythos fehlen. Diese fehlenden Spinnerinnen dürften mit den Parzen (Moiren) zu identifizieren sein (in den Lexica sind beim Wort 'fuseau' die Parzen erwähnt). Man hat das Gefühl, dass im Mythos diese Spinnerinnen einer Art christlicher "Zensur" zum Opfer gefallen sind — mit "Zensur" meine ich nicht notwendig eine äussere Instanz, sondern eine Tendenz der ursprünglichen Erzähler der Graalsgeschichte, alle heidnischen Motive als nicht assimilierbar zu unterdrücken. (Mit der Diana sind sie allerdings an anderen Stellen nicht weit gegangen). Dazu passt auch, dass die Spindeln in der späteren Erzählung keine plausible Verwendung haben. Es wird nur gesagt, dass Galahad im Bett mit den 3 Spindeln schläft, bevor er das Geheimnis des Graals schaut und stirbt (siehe p. 379 f.). Herr Fierz machte mich aber darauf aufmerksam, dass die sich drehende Insel bei Plato vorkommt und zwar am Ende des "Staates", wo die 3 Moiren um die "Spindel der Notwendigkeit" sitzen. Durch den (wenn auch unausgesprochenen) Zusammenhang mit den Parzen wird das Schicksalhafte des Archetypus betont.

Da Sie über die Graalslegende eingehend gearbeitet haben, während ich ja nur dieses _eine_ Buch gelesen habe, möchte ich Sie fragen, ob und wie die drei Spindeln auch in anderen Versionen der Graalslegende auftreten. Natürlich wird es mich ausserordentlich interessieren, ob Ihnen die hier versuchte Deutung der Spindeln durch den Archetypus der "unteren Drei" genügend plausibel und durch das Material gestützt erscheint.

Mit bestem Dank im Voraus und vielen Grüssen, auch an Prof. Jung

Ihr sehr ergebener

[W. Pauli]

ᵃ bezieht sich auf: Emma Jung und M.L.v.Franz: Die Graalslegende in psychologischer Sicht. Rascher, Zürich 1960. (Bd. 12 der Studien aus dem Junginstitut).

ᵇ Später publiziert in "Naturerklärung und Psyche" unter dem Titel "Der Einfluss archetypischer Vorstellungen auf die Bildung naturwissenschaftlicher Theorien bei Kepler". Rascher, Zürich 1952.

[43] JUNG AN PAULI

[Küsnacht] den 8. November 1950.
[Maschinenschriftlicher Durchschlag]

Lieber Herr Pauli,

In der Anlage erlaube ich mir Ihnen meine Arbeit über die Synchronizität zu schicken. Ich hoffe, dass sie jetzt einigermassen im Blei ist. Ich bin Ihnen dankbar, dass Sie sie kritisch durchsehen wollen und bin Ihnen für jeden Ratschlag verpflichtet.

Mit den besten Grüssen,

Ihr ergebener

[C. G. Jung]

[44] PAULI AN EMMA JUNG

[Zollikon-Zürich] 16. November 1950
[Maschinenschriftlicher Durchschlag]

Sehr geehrte Frau Professor Jung,

Ich habe nun Ihre beiden Arbeiten über die Graalssage soweit studiert, dass ich auch Ihren sehr aufschlussreichen Brief beantworten kann. Sogleich möchte ich betonen, dass ich nicht nur Ihren eigenen Auffassungen über die Graalssage völlig zustimme, sondern dass ich den allgemeinen Typus einer gewissen Gruppe meiner eigenen Träume, und bis zu einem gewissen Grade schon meine Faszination durch die Graalslegende überhaupt gerne als eine Bestätigung Ihrer Auffassungen ansehen möchte. Wesentlich ist mir hierbei: Die Beziehung des Graals zur Quaternität (Teil I, Schluss und Teil II, p. 51 f.), wobei sich die Lösung in der Version von Wolfram als die mehr psychologische erweist, während in den französischen Versionen die Geschichte mit dem Verschwinden des Graals tragisch endet; das Spiegelungsmotiv Christus — Judas bezw. Sitz des Christus — siège périlleux, das den Gegensatz zwischen der oberen und unteren Region darstellt [1]; die Auffassung der Graalslegende als Ausdruck für die Rezeption des Christentums (Assimilationsprozesse) durch das Unbewusste. Man kann wohl sagen, dass bei diesem Prozess zunächst die Archetypen der unteren Region (auch die "untere Trinität") angesprochen haben,

---

[1] Die Deutung der Geschichte des Lebens von Perceval als Individuationsweg (II, p. 84), d.h. zugleich als Versuch eines Weges zur Quaternität.

dass dann aber versucht wurde, dieses "Untere" durch Allegorien im Sinne des traditionellen Christentums mehr oder weniger zu eliminieren. Der helldunklen Gestalt des Merlin habe ich meine besondere Aufmerksamkeit zugewendet. Sie selbst heben ja dessen "Zweischichtigkeit", nämlich "halb christlich-menschlich", "halb teuflisch-heidnisch" hervor (II, p. 76), weiter betonen Sie auch seine Erlösungsbedürftigkeit (II, p. 95). Auch war es mir sehr wertvoll, von Geoffroy's abweichender Schilderung Merlins mehr als Naturwesen zu hören.

Ich möchte nun, im Zusammenhang mit dieser von Ihnen formulierten allgemeinen Auffassung der Graalslegenden nochmals auf die besondere Frage der 3 Spindeln und damit direkt Zusammenhängendes zurückkommen. Sie waren ja so freundlich, diese Frage in Ihrem Brief zu behandeln, was dann in unserem letzten, kurzen Gespräch noch ergänzt wurde. Ich glaube, wir sind ganz einig, dass die "fuseaux" nicht notwendig etwas mit Spinnen (und damit mit den Parzen) zu tun haben müssen, dass sie aber als von Menschen bearbeitete prima materia und vermöge ihres Zusammenhanges mit dem Weiblichen (Salomons Frau) doch der unteren Region angehören. Ich fühle mich nun doch verpflichtet, Ihnen den früheren Traum von mir mitzuteilen, der mich überhaupt veranlasst hat, Ihnen wegen der 3 Spindeln zu schreiben (siehe beiliegendes Blatt).[a] In diesem Traum kommen in einer offenbar archetypischen Bedeutung 3 Hölzer vor und als ich diesen Sommer bei Boulanger von den 3 Spindeln las, fühlte ich mich unmittelbar in die Stimmung des Traumes zurückversetzt. Der Fluss im Traume entspricht offenbar dem Mutterschoss und in diesem hat für mich ein Archetypus eine bis jetzt endgültige Form bekommen, nämlich die hell-dunkle, "zweischichtige". Er ist übrigens schon vorher zusammen mit Holz aufgetreten, u.a. brachte er mir einmal eine kreisrunde Holzscheibe. Es ist immer das von Menschen bearbeitete Holz, das in meinen Träumen "magische" Wirkung hat im Gegensatz zum Naturzustand der prima materia. Dieser Sachverhalt sowie auch das unten geschilderte weitere Traumerlebnis machen es mir wahrscheinlich, dass es sich nicht nur um eine äussere Analogie zwischen meinen Träumen und dem Graalsmythos handelt, sondern um eine weitergehende Identität der Beziehung der Archetypen zum Bewusstsein, trotz aller Unterschiede der jeweils zeitbedingten Problematik. So wie man einen Traum durch Vergleich mit einem Mythos deuten kann, lässt sich ebensogut ein Mythos durch Heranziehen von Träumen besser verstehen. In welcher Richtung man vorgeht, scheint dadurch bedingt, was von beiden gerade zufällig das Vertrautere ist.

In diesem Sinne möchte ich nun versuchen, Ihnen zunächst jene Gestalt des "Fremden" (der in dem besprochenen Traum aus dem Fluss stieg, aber in anderer Form schon da war) zu schildern, wie wenn er ein Charakter in einer Geschichte wäre, wobei ich sowohl früheres, bis 1946 zurückgehendes, als auch späteres Traummaterial berücksichtige. Es ist offenbar der Archetypus der "Manapersönlichkeit", oder des "Magiers" (ich spreche nur deshalb nicht vom "alten Weisen", weil meine Figur nicht als alt erscheint, sie ist eher jünger als ich). Sehr gut passt auf ihn alles, was Prof. Jung vom "Geist Merkurius" sagt. Bei der Lektüre Ihrer Arbeit habe ich aber gesehen, dass auch eine wesentliche Analogie dieser Gestalt zu Merlin vorhanden ist (besonders mit der Fassung von Robert de Boron). Auch meine Traumgestalt ist "zweischichtig";

einerseits eine geistige Lichtgestalt von superiorem Wissen, andererseits ein chthonischer Naturgeist. Aber jenes Wissen führt ihn immer wieder in die Natur zurück, und sein chthonischer Ursprung ist auch die Quelle seines Wissens, so dass sich schliesslich beides als zwei Aspekte derselben "Persönlichkeit" herausgestellt hat. Er ist der Wegbereiter der Quaternitas, die ihm stets nachfolgt. Seine Handlungen sind stets durchschlagend, seine Worte abschliessend, wenn auch oft unverständlich. Frauen und Kinder folgen ihm gern und er versucht öfters, sie zu belehren. Ueberhaupt hält er seine ganze Umgebung (besonders mich) für vollkommen unwissend und ungebildet verglichen mit ihm selbst. Die alten Schriften über Magie lehnt er nicht ab, hält sie aber nur für eine populäre Vorstufe für ungebildete Leute (z.B. für mich) [2]. Aber nun kommt erst das eigentlich Merkwürdige, nämlich die Analogie zum "Antichrist": er ist kein Antichrist, aber er ist in gewissem Sinne ein "Antiscientist", wobei unter "science" hier speziell die naturwissenschaftliche Betrachtungsweise zu verstehen ist, besonders diejenige, die heute in Hochschulen und Universitäten gelehrt wird. Diese letzteren empfindet er als eine Art von Zwinguri,[b] nämlich als den Ort und das Symbol seiner Unterdrückung, an das er (in meinen Träumen) zuweilen auch Feuer anlegt. Wird er zu wenig beachtet, so macht er sich mit allen Mitteln bemerkbar, z.B. durch synchronistische Phänomene (die er aber "Radioaktivität" nennt) oder durch Depressionszustände oder unverständliche Affekte. Ihre Feststellung (II, p. 86) "dass — das krankmachende oder ungünstig wirkende Moment in dem Nichtübernommenwerden von bewusstseinsreifen Inhalten besteht", pflegt dann wörtlich zuzutreffen. Der "Fremde" verhält sich zur heutigen Naturwissenschaft sehr ähnlich wie Ahasver zum Christentum: Jener "Fremde" ist ein Stück, das vor etwa 300 Jahren das naturwissenschaftliche Weltbild nicht angenommen hat und nun wie ein abgesprengter Teil im kollektiven Unbewussten autonom herumagiert, und hierbei mehr und mehr mit "Mana" aufgeladen wird (besonders dann, wenn "oben" meine Wissenschaft, nämlich die Physik, ein wenig stecken geblieben ist). Man kann dasselbe auch mit etwas anderen Worten ausdrücken: wenn die rationalen Methoden in der Wissenschaft nicht weiterführen, "beleben" sich diejenigen Inhalte, die etwa seit dem 17. Jahrhundert aus dem Zeitbewusstsein abgedrängt wurden und ins Unbewusste untergesunken sind. Im Lauf der Zeit bemächtigen sie sich dort des stets vorhandenen Urbildes der "Manapersönlichkeit", welche letztere von diesen Inhalten schliesslich so stark eingehüllt wird, dass dieses einst aus dem Bewusstsein abgesprengte Teilstück die Physiognomie der "Manapersönlichkeit" bestimmt. Aber des "Fremden" Beziehung zur Naturwissenschaft ist letzten Endes keine destruktive, ebensowenig wie Merlins Beziehung zum Christentum: er benützt durchaus die Begriffe der heutigen Wissenschaft, sowohl der Physik (Radioaktivität, Spin) als auch der Mathematik (Primzahlen), er tut dies nur in einer unkonventionellen Weise. Insofern er letzten Endes verstanden werden will, aber in unserer heutigen Kultur noch keinen Platz gefunden hat, ist er erlösungsbedürftig wie Merlin. Es scheint mir, dass für ihn die "Höhenfeuer"[c] der Befreiung erst in einer Kulturform brennen werden, welche die Quaternität

---

[2] Vgl. dazu Ihre Ausführungen über magische und mystische Einstellung, II, p. 25.

gültig ausdrücken wird. Darüber, wann und wie dies im Einzelnen geschehen wird, ist aber, scheint mir, vorläufig noch nichts ausgemacht. Es ist aber wohl eine solche Erwartung, die für uns an die Stelle derjenigen des "dritten Reiches" durch Gioacchino da Fiore (II, p. 41) tritt.

Durch das Voranstehende hoffe ich die Uebereinstimmung der Lage der Archetypen zum Bewusstsein, einerseits in der Graalslegende, andererseits in meinen Träumen so weit deutlich gemacht zu haben, dass meine weitere "aventure" mit Ihrem Brief wenigstens nicht mehr ganz unerwartet sein wird.

Zunächst hat die in Ihrem Brief aus den Texten zitierte Beschreibung der Anordnung der fuseaux [3] mich in eigentümlicher Weise fasziniert und erregt. Es entstand eine affektive Beziehung und eine emotionale Situation. Ich begann mir zu überlegen, dass es doch merkwürdig sei, dass die "Spindeln" nicht rotieren, auch wenn sie nichts mit Spinnen zu tun haben. Das ganze erschien mir wie ein Mechanismus, um die Rotation der Spindeln zu verhindern; die Rotation blieb vielmehr der Insel, als der aus den vier Elementen hervorgegangenen, von Menschen unberührt gebliebenen Urform der prima materia vorbehalten. Ich besprach sodann Ihren Brief und speziell diese Frage mit C.A. Meier, der auf die Idee kam nachzusehen, welche Rolle die Spindel in der Folklore spielt. Er fand die Angabe, dass dem Drehen der Spindeln zuweilen eine schädliche "magische" Wirkung zugeschrieben wurde, weshalb sie bei gewissen Gelegenheiten untersagt war (z.B. während des Einbringens der Ernte). Auf diese Weise entstand bei mir die Assoziation "Rotation der Spindel — magische oder sympathetische Wirkung". Etwa 2 Nächte später fand dann der auf beiliegendem Blatt[d] verzeichnete Traum statt, in welchem sich in so überraschender Weise die in Ihrem Brief beschriebene Anordnung der fuseaux in eine Waage verwandelt hat. Der Sinn des Traumes hat sicher sehr viel zu tun mit den von Prof. Jung in seiner neuen Abhandlung über Synchronizität diskutierten Problemen. Ich möchte aber nochmals betonen, dass der Traum nicht durch Prof. Jungs neuen Text beeinflusst sein kann, den ich erst ganz kürzlich erhalten habe. Der Traum fand beträchtlich früher statt, ist also als Folge der Lektüre Ihres Briefes aufzufassen.

Ich möchte ausdrücklich sagen, dass ich die Träume Ihnen nicht deshalb schicke, weil ich irgend welche Deutungen von Ihnen erwarte. Im Gegenteil bin ich bei Träumen dieser Art gegenüber "Deutungen" überhaupt recht skeptisch. Am besten haben sich mir einerseits ein möglichst weites "Ableuchten" des Kontextes, verbunden mit Nachdenken über die zum Kontext gehörenden Probleme im Allgemeinen, andererseits ein Beobachten der Träume über Zeitstrecken von mehreren Jahren bewährt. Auf diese Weise kommt eine gewisse Bekanntschaft mit dem "Standpunkt" des Unbewussten und zugleich eine langdauernde und langsame Standpunktsverschiebung des Bewusstseins zustande. Ich wollte Sie aber doch über die eigentlichen Gründe meines Interesses für die Graalslegende informieren, sowie auch über die Wirkungen, die Sie ausgelöst

---

[3] "Eine davon war an der vorderen Bettseite befestigt, so dass sie aufrecht in die Höhe stand, die zweite auf dieselbe Art an der hinteren Bettseite, die dritte lag quer oben drüber über die ganze Breite des Bettes und war in den zwei anderen eingeschraubt oder verzapft."

haben. (Ob Sie diese beiden Träume auch Prof. Jung zeigen wollen oder nicht, überlasse ich ganz Ihnen).

Haben Sie nochmals herzlichsten Dank für Ihre schöne Arbeit (die ich bitte, noch ein wenig behalten zu dürfen). Mit vielen freundlichen Grüssen an Sie selbst und auch an Prof. Jung (dem ich alsbald schreiben werde nach genügendem Studium seiner neuen Arbeit über Synchronizität)

Ihr [W. Pauli]

[a] fehlt.

[b] Ein Habsburger Kastell in Silenen, zur Dominierung der Urner Bevölkerung.

[c] Signalfeuer bei der Befreiung der Urkantone (Uri, Schwyz und Unterwalden) am 1. VIII. 1291.

[d] fehlt

[45] PAULI AN JUNG

[Zollikon-Zürich] 24. November 1950
[Maschinenschriftlicher Durchschlag mit handschriftlichen Zusätzen]

Sehr geehrter Herr Prof. Jung,

Ich habe mit dem grössten Interesse die neue Fassung Ihrer Arbeit über "Synchronizität" studiert. Ueber die Möglichkeit und Nützlichkeit, und im Hinblick auf die Rhine'schen Experimente auch über die Notwendigkeit eines weiteren, vom Kausalprinzip verschiedenen Prinzipes der Naturerklärung bestand schon früher eine prinzipielle Uebereinstimmung zwischen uns. Nach der Wendung, die Ihr Kap. II "Das astrologische Argument" nunmehr genommen hat, scheint eine weitere Annäherung unserer Standpunkte erfolgt zu sein.

1. In zahlreichen Diskussionen im letzten Herbst und Winter (die mir übrigens auch Gelegenheit gaben, an von mir unerwarteten Orten ein grosses Interesse für Ihren Begriff "Synchronizität" festzustellen), habe ich wiederholt meine Hoffnung geäussert, dass eine solche Wendung eintreten würde. Z.B. sagte ich damals zu M. Fierz und C.A. Meier "es ist doch paradox, dass Physiker jetzt den Psychologen sagen müssen, dass sie bei ihren statistischen Untersuchungen nicht das Unbewusste ausschalten dürfen!" Nun ist aber das Unbewusste wieder hineingekommen in Gestalt des "lebendigen Interesses der V.P., bzw. des psychischen Zustandes des Astrologen" [1] wodurch Ihre Konstatierung "des ruinösen Einflusses der statistischen Methode auf die zahlenmässige Feststellung der Synchronizität" (p. 35) als das wesentliche Resultat Ihrer ganzen statistischen Untersuchung erscheint. Dieser "ruinöse Einfluss" besteht in der Elimination des tatsächlichen Einflusses des psychischen Zustandes der Beteiligten durch statistische Mittelwertbildungen, indem diese eben ohne Rücksicht auf diesen Zustand vorgenommen werden. Es scheint mir in der Tat eine allgemeine und wesentliche Eigenschaft der synchronistischen

---

[1] Siehe hierzu die für mich entscheidenden p.p. 33 bis 35 Ihrer Arbeit.

Phänomene zu sein, die ich sogar in die Definition des Begriffes "Synchronizität" aufnehmen möchte, das heisst, wenn immer eine Anwendung statistischer Methoden ohne Berücksichtigung des psychischen Zustandes der beim Experiment beteiligten Personen einen solchen "ruinösen Einfluss" nicht zeigt, dann ist etwas wesentlich anderes als die Synchronizität im Spiel gewesen [2]. Ich komme auf diesen Gesichtspunkt in Verbindung mit den Diskontinuitäten in der Mikrophysik weiter unten zurück.

Das genannte Ergebnis Ihrer Untersuchung, wonach das stets erneute Interesse der V.P. entscheidend ist, lässt sogar die Astrologie als sekundär für das Zustandekommen dieses Ergebnisses erscheinen und setzt für die traditionelle Astrologie günstige Resultate in Analogie zu den "Treffern" beim Rhineschen Experiment.

(Hier eine kleine Zwischenfrage: beim Rhineschen Experiment wären auch solche V.P. denkbar, die einen "negativen" Effekt zeigen, d.h. die stets weniger Treffer finden als es der statistischen Erwartung entspricht. Gibt es bei Ihrem statistischen Experiment über den Vergleich der Horoskope Verheirateter und Unverheirateter auch V.PP., welche z.B. die Sonne-Mond Konjunktionen gerade umgekehrt vorzugsweise bei den Unverheirateten finden, und zwar deshalb, weil ihr psychischer Zustand einen besonderen Widerstand gegen die Astrologie aufweist? "Vorzugsweise" soll hier heissen, öfter als die Zufallsstatistik es erwarten lässt. Dass der astrologische Fall und Rhines ESP Experiment sich auch in dieser Hinsicht analog verhalten werden, dessen bin ich einigermassen sicher; es könnte aber auch sein, dass das Hereinspielen der Archetypen in beiden Fällen die Möglichkeit "negativer" V.PP. verhindert.)[a] Die Statistik der Tabellen I bis V habe ich nicht im Einzelnen nachgeprüft, da mich dies viel Zeit und Mühe kosten würde und da, wenn ich nicht irre, dieses ganze Material von Herrn M. Fierz, der in dieser Materie schon einige Uebung besitzt, ohnedies bereits nachgeprüft wurde. (Sollte dies, entgegen meiner Annahme, nicht der Fall sein, so würde ich sehr empfehlen, ihn auch diesmal wieder heranzuziehen. Seine gegenwärtige, voraussichtlich bis etwa Ende April 1951 gültige Adresse ist: The Institute for Advanced Study, Princeton, N.J.) [b] Jedenfalls entspricht Ihr Resultat nunmehr vollkommen meinen Erwartungen. Ein vom psychischen Zustand der Astrologen unabhängiges positives Resultat wäre dagegen mit der uns bekannten Kausalität der Vorgänge im Widerspruch. In Wahrheit ist die Natur eben so beschaffen, dass — analog zur Bohr'schen "Komplementarität" in der Physik — ein Widerspruch zwischen der Kausalität und der Synchronizität niemals feststellbar ist.

2. Dies führt mich nun zu der Frage, deren Diskussion einen Hauptteil dieses Briefes bildet. — Wie verhalten sich die in der modernen Quantenphysik zusammengefassten Tatsachen zu jenen anderen Phänomenen, die von Ihnen

---

[2] Die von Ihnen allerdings nur als Möglichkeit vermutungsweise angedeutete Auffassung des Verhältnisses von Körper und Seele als Synchronizitätsbeziehung (p. 52, Note 1 und p. 57) erscheint mir aus eben diesem Grunde bedenklich. Eine solche Auffassung würde übrigens mit der alten "Zwei Uhren Theorie" von GEULINCX im wesentlichen identisch sein. Ich bin aber ganz einig mit Ihnen, dass der "psychophysische Parallelismus" "völlig undurchsichtig" ist.

mit Hilfe des neuen Prinzips der Synchronizität gedeutet werden. Sicher ist zunächst, dass beide Arten von Phaenomenen den Rahmen des "klassischen" Determinismus überschreiten. Damit allein ist aber diese Frage, die an mehreren Stellen der Kap. I und IV Ihrer Arbeit berührt wird, noch nicht beantwortet. Naturgemäss ist mir diese Frage als Physiker von besonderer Wichtigkeit; seit einem Jahr habe ich viel darüber diskutiert und nachgedacht.

Die in jeder experimentellen Naturwissenschaft an ein Naturgesetz gestellte Anforderung, sich auf wenigstens im Prinzip reproduzierbare Vorgänge zu beziehen (von Ihnen ebenfalls auf p. 2 angegeben), erscheint mir von fundamentaler Wichtigkeit. In der Atomphysik hat sich nämlich herausgestellt, dass der statistische Charakter dieser Naturgesetze der Preis ist, der für die Erfüllung dieser Forderung nach Reproduzierbarkeit bezahlt werden muss. Nun hat sich nämlich in der Physik das wesentlich Einmalige (für das in den physikalischen Naturgesetzen niemals ein Platz vorhanden war) an einer unerwarteten Stelle manifestiert. Diese Stelle ist die Beobachtung selbst, die deshalb einmalig (wenn Sie wollen, ein "Schöpfungsakt") ist, weil es unmöglich ist, den Einfluss des Beobachters durch determinierbare Korrekturen zu eliminieren. Der so entstandene Typus des nicht weiter auf Aussagen über Einzelfälle reduzierbaren statistischen Gesetzes, der zwischen dem Diskontinuum der Einzelfälle und dem erst in einer grösseren statistischen Gesamtheit (annähernd) realisierten Kontinuum vermittelt, kann als "statistische Korrespondenz" bezeichnet werden.[3] (Das Gesetz der Halbwertszeit beim radioaktiven Zerfall ist ein Spezialfall dieser Art.) Wenigstens die <u>statistischen</u> Regelmässigkeiten der Naturgesetze der Mikrophysik sind jedoch (unabhängig vom psychischen Zustand der Beobachter) <u>reproduzierbar</u> (z.B. eben die genannte Halbwertszeit). Dies scheint mir (vgl. hiezu das oben formulierte Kriterium des "ruinösen Einflusses" der statistischen Methode auf die Synchronizität) ein so fundamentaler Unterschied auch der akausalen physikalischen Phänomene (wie z.B. Radioaktivität oder irgend eine andere unter die "Korrespondenz" der Physik fallende Diskontinuität) von den "synchronistischen" Phänomenen im engeren Sinne (wie z.B. ESP Experiment oder mantische Methoden) zu sein, dass ich vorschlagen möchte, sie als <u>Phänomene bezw. Effekte auf verschiedenen Stufen</u> aufzufassen.[4] Es handelt sich bei diesen verschiedenen Stufen um einen Unterschied ähnlich dem zwischen einem einmaligen Paar und einer fortlaufenden Reihe (wobei für die letztere wenigstens die statistischen Eigenschaften reproduzierbar sind). Obwohl es sich auch im zweiten Falle um etwas von der alten, deterministischen Form des Naturgesetzes nicht mehr Erfassbares handelt, habe ich aber als Physiker den Eindruck, dass die "statistische Korrespondenz" der Quantenphysik, vom Standpunkt der Synchronizität aus betrachtet, als eine

---

[3] Es hat mich sehr gefreut, dass Sie meine Bemerkung über Bohr's Gebrauch des Begriffes "Korrespondenz" zitieren. (Ich habe darüber auch in meiner Veröffentlichung in "Experientia"[c] 1950 auf p. 8 noch eine Anmerkung hinzugefügt.)

Vielleicht würde Ihre diesbezügliche Note statt auf p. 42a besser auf p. 61 stehen, wo von den physikalischen Diskontinuitäten die Rede ist.

[4] Dies schliesst nicht aus, dass Vergleiche zwischen beiden möglich sind. Auch Affekte auf verschiedenen Stufen haben neben den Unterschieden ihre Analogien.

sehr schwache Verallgemeinerung der alten Kausalität erscheint. Dies kommt auch darin zum Ausdruck, dass die Mikrophysik zwar Platz schafft für eine akausale Art der Betrachtungsweise, aber dennoch für den Begriff "Sinn" keine Verwendung hat.[5] Ich habe also grosse Bedenken dagegen, die physikalischen Diskontinuitäten und die Synchronizität auf dieselbe Stufe zu stellen, wie Sie es z.B. p. 58 tun. Falls Sie meinen Bedenken nicht zustimmen können, wird es mich sehr interessieren zu hören, was Ihre Gegenargumente sind.

Um den Unterschied zwischen dem Fall der Mikrophysik und allen Fällen, wo das Psychische involviert wird, zu betonen, habe ich in einem unpublizierten Aufsatz über "Hintergrunds-physik"[d] von 1948 ein quaternäres Schema vorgeschlagen, in welchem diesen beiden Fällen verschiedene Gegensatzpaare entsprechen sollen. — Zur Physik gehörte das Gegensatzpaar:

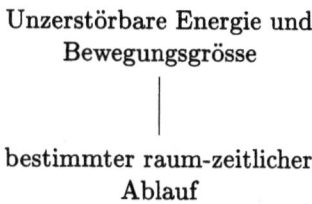

zur Psychologie der andere:

 Zeitloses
  kollektives Unbewusste ———— Ich-Bewusstsein, Zeit.

Natürlich kann ich nicht behaupten, dass die ganze damals vorgeschlagene Vierheit ein wirklich passender Ausdruck für die "Synchronizität" ist. Eine weitere, mir wichtige Eigenschaft dieses Schemas ist jedoch die, dass Raum und Zeit einander nicht gegenübergestellt werden, was einem modernen Physiker nämlich besonders widerstrebt.

Ich gebe zu, dass diese Gegenüberstellung des dreidimensionalen Raumes und der eindimensionalen Zeit in der Newton'schen Physik (von der man sagen kann, sie habe schon bei Kepler begonnen) natürlicher erscheint als in der modernen Relativitäts- und Quantenphysik und ich bin mir auch bewusst, dass Zeit und Raum psychologisch insofern verschieden sind, als die Existenz eines Gedächtnisses (Erinnerung) die Vergangenheit vor der Zukunft auszeichnet, wofür es beim Raum kein Analogon gibt. Dennoch scheint mir die Gegenüberstellung von Raum und Zeit in Ihrem Schema auf p. 59 kaum annehmbar. Erstens bilden diese kein wirkliches Gegensatzpaar (da ja Raum und Zeit ohneweiteres zugleich auf die Phänomene anwendbar sind) und zweitens fallen auch Ihre eigenen, auf p. 17a formulierten Gründe [6] für die wesentliche Identität von Raum und Zeit sehr ins Gewicht.

---

[5] Es scheint mir jedoch die Auffassung diskutabel (wenn auch nicht beweisbar), daß die Akausalität in der Mikrophysik eine Art "Vorstufe" zu Ihrem Begriff der "Synchronizität" darstellt. Es wäre dann der Begriff "Zustand" oder "physikalische Situation" in der Quantenphysik eine Vorstufe zu Ihrem allgemeineren Begriff "Sinn-Zusammenhang".

[6] Dort heisst es: "Raum und Zeit sind wohl im Grunde eines und dasselbe, darum spricht man von "Zeiträumen" und schon Philo Judaeus sagt: "tempus est spatium motus" ".

Deshalb möchte ich hier den folgenden Kompromissvorschlag für ein quaternäres Schema zur Diskussion stellen, der die Gegenüberstellung von Zeit und Raum vermeidet und vielleicht die Vorteile Ihres Schemas und meines früheren Schemas von 1948 verbindet.

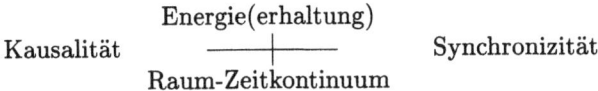

Auf p. 61, wo vom "triadischen Weltbild" die Rede ist, könnte man dann statt "mittels Raum, Zeit und Kausalität" (Zeile 8 von unten) sagen, "und der Kausalität". Das würde auch besser zum Wort "Dreiprinzipienlehre" passen, da die Kontinuität (natura non facit saltus) sehr wohl als ein für das (klassische) naturwissenschaftliche Zeitalter charakteristisches Prinzip angesehen werden kann.

3. Oft, wenn Sie physikalische Begriffe anwenden, um mit ihnen psychologische Begriffe oder Tatbestände zu erläutern, habe ich den Eindruck, dass es sich bei Ihnen um traumartige Vorstellungsbilder [7] handelt; dieser Eindruck pflegt dann von dem Gefühl begleitet zu sein, dass Ihre zugehörigen Sätze eben dort aufhören, wo sie anfangen sollten. So heisst es z.B. auf p.9: "Die physikalische Analogie hierzu" (zu einem Zusammenfallen in der Zeit) "ist die Radioaktivität oder das elektromagnetische Feld". Und p.10 heisst es von den Archetypen: "Sie stellen eine Art Kraftfeld dar, das man mit der Radioaktivität vergleichen kann." Solche Sätze kann kein Physiker verstehen, da er nämlich überhaupt niemals ein Kraftfeld (weder das elektromagnetische noch ein anderes) mit der Radioaktivität vergleichen wird.

Der Begriff des physikalischen Kraftfeldes fusst ursprünglich auf der anschaulichen Idee eines Spannungszustandes des den Raum durchdringenden "Aethers". Dieser Zustand wurde als Vermittler von "ponderomotorischen" Wirkungen zwischen Körpern (z.B. elektrischen und magnetischen) gebraucht. Der Feldbegriff hat sich (seit Faraday) verselbständigt, indem dem Spannungszustand eine reale Existenz auch dann zugeschrieben wurde, wenn er nicht gerade mit Probekörpern sichtbar gemacht wird. Später hat man das konkretmechanistische Bild des Spannungszustandes und des Aethermediums verlassen zu Gunsten der abstrakten Auffassung, dass der betreffende physikalische Zustand einfach durch geeignete kontinuierliche Funktionen der Raum- und Zeitkoordinaten mathematisch beschrieben wird, unter Verzicht auf anschauliche Bilder. Aufgabe der "Feldphysik" war es dann, die Gesetze anzugeben, denen diese Funktionen genügen, so wie die Vorschriften, wie diese Funktionen mit Hilfe von Probekörpern im Prinzip wenigstens ausgemessen werden können. (Ueber die Analogien dieses physikalischen Feldbegriffes zum psychologischen Begriff des Unbewussten und über die Parallelen in dem zeitlichen Verlauf der Entwicklung dieser beiden Begriffe, habe ich selbst einige Ideen, will aber Ihr Urteil hier nicht präjudizieren.)

---

[7] Die Berechtigung für eine solche Annahme gründe ich darauf, dass ich in Ihren Bildern oft Motive aus eigenen Träumen wiedererkennen kann.

An der Radioaktivität ist das Wesentliche die Transmutation eines chemischen Elementes, die mit der Aussendung von Energie transportierenden Strahlen (eventuell von verschiedener Art) verbunden ist. Diese Strahlen sind "aktiv", d.h. sie erzeugen weitere chemische und physikalische Wirkungen, wo sie auf Materie treffen.

Solche Analogien wie

$$\text{oder} \begin{cases} \text{Synchronistisches Zusammenfallen} \\ \text{von Archetypen} \end{cases} \quad \text{oder} \begin{cases} \text{Kraftfeld} \\ \text{Radioaktivität} \end{cases}$$

können sehr interessant sein, aber nur unter der Voraussetzung, dass angegeben wird, was das tertium comparationis ist (eventuell auch, was die Unterschiede sind). Mein persönlicher Wunsch ist, dass Sie die angeführten Sätze nicht streichen, sondern erweitern und erläutern werden.

---

4. Wie Sie selbst sagen, steht und fällt Ihre Arbeit mit den Rhine'schen Experimenten. Auch ich bin der Ansicht, dass die empirischen Resultate dieser Experimente recht gut begründet sind.[8] Angesichts der Wichtigkeit der ESP Experimente für Ihr Prinzip der Synchronizität würde ich es begrüssen, wenn Sie speziell erläutern würden, wie nach Ihrer Auffassung die sogenannten PK ("Psychokinese") Experimente zu interpretieren sind, die Sie auf p. 8 erwähnen. Hat hier die den Wunsch betreffend die Resultate des Würfelns äussernde Person ein präfiguriertes Bild der kommenden Bewegungen der Würfel? Sie erwähnen zwar in diesem Zusammenhang eine psychische "Relativität der Masse", sagen aber nicht, was Sie darunter verstehen und wie eine solche Annahme die P.K. Experimente erklärt. Auch in diesem Fall besteht bei mir ein Verdacht auf "traumartige Vorstellungsbilder" bei Ihnen, der von dem zugehörigen Wunsch nach weiteren Erläuterungen begleitet ist.

Es gibt noch andere interessante Details in Ihrer Arbeit (z.B. den Zusammenhang der mantischen Methoden mit der Psychologie des Zahlbegriffes), über die ich noch weiter nachdenken will, über die ich aber zur Zeit nichts für Sie Neues weiss.

Für jetzt will ich mit diesem langen Schreiben zu einem Schluss kommen und der Hoffnung Ausdruck geben, dass die noch offen gebliebenen Fragen und alle noch vorhandenen Unterschiede unserer beiderseitigen Auffassungen sich bereinigen lassen werden angesichts der am Anfang dieses Briefes hervorgehobenen Uebereinstimmung über das Prinzipielle.

Mit vielen freundlichen Grüssen

Ihr sehr ergebener

[W. Pauli]

---

[a] Über "psi-missing" besteht heute bereits eine ganze Literatur.

[8] Kürzlich wurde mir eine Arbeit von R.A. McConnell (Scientific Monthly, 69, 121, 1949) zugesandt. Der Autor hat die Rhineschen Versuche im Dept. of physics (!) der University of Pittsburg wiederholt, bestätigt und erweitert. Auch diese Arbeit machte mir einen recht guten Eindruck.

ᵇ In der Amerikanischen Ausgabe vorhanden (s.o.)
ᶜ "Die philosophische Bedeutung der Idee der Komplementarität" in Experientia VI/2, Basel 1950.
ᵈ Siehe Appendix 3

[46] JUNG AN PAULI

z.Zt. Bollingen, 30.Nov.1950
[Maschinenschriftlicher Durchschlag mit
handschriftlichen Korrekturen]

Sehr geehrter Herr Professor!

Empfangen Sie meinen besten Dank für Ihren freundlichen Brief, sowohl wie für die gütige Aufmerksamkeit, die Sie meinem MS geschenkt haben. Ihre Kritik ist mir äusserst wertvoll, materiell sowohl wie hinsichtlich der Verschiedenheit des Gesichtspunktes.

Ad 1. Ihre Frage nach einem eventuell "negativen" synchr. Effekt kann ich dahin beantworten, dass RHINE eine Reihe von Beispielen gibt, in denen die anfangs positive Trefferzahl sich in ein auffälliges Gegenteil verkehrt. Ich könnte mir leicht denken, dass bei der astrologischen Versuchsanordnung ähnliche Dinge vorkommen. Bei der Kompliziertheit der Situation sind sie aber weit schwieriger festzustellen, indem ich die V.P. bin, deren Interesse sich in einen Widerstand verkehren müsste. Zu diesem Zwecke müsste ich noch einige Hundert Horoskope sammeln und bearbeiten, d.h. so lange, bis mir die Sache ad nauseam verleidet ist. Erst dann wären negative Zahlen zu erwarten.

Ad 2. Was Sie sehr treffend als "statistische Korrespondenz" bezeichnen, charakterisiert z.B. die Radioaktivität, nicht aber, wie Sie richtig sagen, die Synchronizität, indem in ersterem Fall die Regelmässigkeit der Halbwertszeit nur bei einer grossen Anzahl von Einzelfällen, in letzterem nur bei einer geringen Anzahl der synchr. Effekt feststellbar ist, bei einer grösseren Zahl aber verschwindet. Hierin ist in der Tat keine Beziehung zwischen dem Phänomen der Halbwertszeit und der Synchronizität zu erkennen. Wenn ich die beiden Phänomene aber trotzdem in Beziehung bringe, so geschieht dies auf Grund einer anderen Analogie, die mir sehr wesentlich erscheint: man könnte die Synchronizität nämlich auch als eine Anordnung verstehen, vermöge welcher "Aehnliches" koinzidiert, ohne dass eine "Ursache" dafür feststellbar wäre. Ich frage mich nun, ob nicht jedes "So-sein", das keine denkbare (und daher auch nicht potentiell feststellbare) Ursache besitzt, unter den Begriff der Synchronizität fällt. Mit andern Worten ich sehe keinen Grund, warum die Synchronizität immer nur eine Koinzidenz zweier psychischer Zustände oder eines psychischen Zustandes mit einem nicht-psychischen Ereignis sein soll. Möglicherweise gibt es auch Koinzidenzen dieser Art zwischen nicht-psychischen Ereignissen. Ein solches könnte z.B. das Phänomen der Halbwertszeit sein. Für die Beziehung von psychischen Zuständen zu einander oder zu nicht-psychischen Ereignissen verwende ich den Terminus "Sinn" als eine psychisch adaequate Umschreibung des Begriffes "Aehnlichkeit". Man würde bei Koinzidenzen nicht-psychischer Ereignisse natürlich eher letzteren Begriff verwenden. (Eine Zwischenfrage: Könnte das merkwürdige Ergebnis der RHINE'schen Würfelexperimente, dass nämlich bei kleiner Würfelzahl die Resultate schlecht, bei grosser (20–40) aber positiv sind, hier in Betracht kommen? Ein rein synchronistischer Effekt wäre bei kleiner Würfelzahl ebenso denkbar, wie bei einer grossen. Weist aber nicht das positive Resultat bei grosser Zahl auf einen additionellen synchron. Faktor zwischen den Würfeln selber hin? Könnte nicht bei der grossen Anzahl von Radiumatomen eine ähnliche Zusammenstimmung eintreten, die man bei einer kleinen Anzahl vermisst?)

Insofern die Synchronizität für mich ein blosses Sein in erster Linie darstellt, so bin ich geneigt, alle Fälle, bei denen es sich um ein kausal nicht denkbares So-Sein handelt, unter den Begriff der Synchronizität zu subsumieren. Die psychischen und halb-psychischen Synchronizitätsfälle wären die eine Unterabteilung, die nicht-psychischen die andere. Insofern nun die physikalischen Diskontinuitäten sich als kausal nicht weiter reduzierbar erweisen, so stellen sie ein "So-sein" dar, resp. eine einmalige Anordnung, oder einen "Schöpfungsakt", so gut wie jeder Fall von Synchronizität. Ich pflichte Ihnen durchaus bei, dass diese "Effekte" auf verschiedenen Ebenen liegen und begrifflich differenziert werden sollten. Mir lag es eben zunächst nur einmal daran, das allgemeine Bild der Synchronizität zu skizzieren.

Was nun den Weltbildquaternio anbetrifft, so scheint unsere Divergenz auf der Verschiedenartigkeit des Gesichtspunktes zu beruhen (worauf ich schon eingangs hingewiesen habe). Die "Traumhaftigkeit" meiner physikalischen Begriffe beruht im Wesentlichen darauf, dass sie bloss anschaulich sind, während sie bei Ihnen abstrakt-mathematischen Charakter haben. Die moderne Physik kann des Begriffes eines Raumzeitkontinuums nicht entbehren, da sie ja in ein Jenseits von Vorstellbarkeit vorgestossen ist. Insofern die Psychologie ins Unbewusste eindringt, kann sie nicht wohl anders, als die "Undeutlichkeit" bezw. Ununterscheidbarkeit von Zeit und Raum, sowie deren psychische Relativität erkennen. So wenig die Welt der klassischen Physik aufgehört hat zu existieren, so wenig hat auch die Welt des Bewusstseins ihre Gültigkeit gegenüber dem Unbewussten verloren. Räumliche und zeitliche Massbestimmungen bleiben verschieden, trotzdem sie zugleich auf die Phänomene angewendet werden. Meter, Liter, sind und bleiben inkommensurable Begriffe, und kein Schüler wird je behaupten, dass die Schulstunde 10 Km lang gewesen sei. So sind auch Raum und Zeit Anschauungsbegriffe, die in einem anschaulichen Weltbild ewig getrennt und gegensätzlich sind. Man muss hier psychologische Kriterien in Betracht ziehen, wo es sich um Anschauungs- und nicht um abstrakte Begriffe handelt. Raum und Zeit sind hier Gegensätze, insofern der Raum ruhend und 3-dimensional, die Zeit fliessend und 1-dimensional ist, trotz ihrer hintergründlichen Identität. Ebenso ist die Kausalität eine glaubwürdige Hypothese, weil sie beständig verifiziert werden kann. Trotzdem wimmelt die Welt von "Zufällen", welche Tatsache aber dartut, dass es schon fast Laboratorien braucht, um den notwendigen Zusammenhang von Ursache und Wirkung auch wirklich zu demonstrieren. "Kausalität" ist ein Psychologem (und ursprünglich eine magische virtus), welches die Gebundenheit der Ereignisse formuliert und diese als causa und effectus veranschaulicht. Eine andere (inkommensurable)

Anschauung, welche dasselbe in anderer Art tut, ist die Synchronizität. Beide sind mit einander identisch im höheren Begriffe des "Zusammenhangs" oder der "Gebundenheit". Empirisch und praktisch aber (d.h. in der anschaulichen Welt) sind sie inkommensurabel und gegensätzlich wie Raum und Zeit.

Ihr Kompromissvorschlag ist sehr willkommen, denn er macht den kühnen Versuch, die Anschaulichkeit zu transzendieren und das anschauliche Weltbild durch das hintergründliche zu ergänzen, ist also nicht bloss vordergründlich wie mein Schema. Ihr Vorschlag hat mich sehr angeregt, und ich halte ihn im Sinne eines totaleren Weltbildes für durchaus geeignet. Wie Sie die Beziehung Raum-Zeit ersetzen durch Energieerhaltung-Raumzeitkontinuum, so möchte ich vorschlagen, statt "Kausalität" zu setzen: "(Relativ) konstanter Zusammenhang durch Wirkung", und statt Synchronizität: (Relativ) konstanter Zusammenhang durch raumzeitliche Kontingenz, bezw. Aehnlichkeit oder "Sinn", also durch folgenden Quaternio:

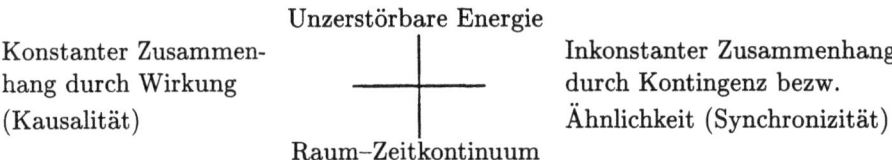

Während mein Vordergrundsschema die anschauliche Bewusstseinswelt genügend zu formulieren scheint, befriedigt letzteres einerseits die Postulate der modernen Physik, anderseits diejenigen der Psychologie des Unbewussten. Der mundus archetypus letzterer ist wesentlich charakterisiert durch die Kontingenz der Archetypen, welche zum einen Teil deren Undeutlichkeit, zum anderen deren Nicht-Lokalisierbarkeit bedingt. (Die Archetypen begehen beständig "Rahmenüberschreitungen", d.h. sie stören den Wirkungsbereich einer bestimmten Ursache, indem sie, vermöge der Autonomie ihres (nicht kausalen) Zusammenhanges, kontingente Faktoren einem bestimmten Kausalablauf beigesellen.)

Ad 3. Den Satz p. 9 (ebenso p. 10) über Radioaktivität und Feld muss ich wohl streichen, da ich ihn nicht genügend erklären kann. Ich müsste dazu wirkliche physikalische Kenntnisse besitzen, was leider nicht der Fall ist. Ich kann Ihnen nur andeuten, dass Strahlungsenergie und Feldspannung zwar physikalisch als inkommensurabel erscheinen, aber psychologisch eine Entsprechung zur "Rahmenüberschreitung" durch Kontingenz bei den Archetpyen besitzen, bezw. deren physikalische Korrespondenz bilden. Vielleicht weiss ich auch psychologisch zu wenig, um diesen Gedanken weiter entwickeln zu können.

Ad 4. Die psychische "Relativität der Masse" geht eigentlich logisch aus der psychischen Relativität von Zeit und Raum hervor, insofern eine Masse ohne Raumbegriff nicht definiert werden kann, und, wenn sie bewegt ist, nicht ohne Zeitbegriff. Sind diese beiden Begriffe elastisch, so wird die Masse undefinierbar, d.h. psychisch relativ, oder man könnte ebenso gut sagen, die Masse benehme sich willkürlich, d.h. mit dem psychischen Zustande kontingent. Von präfigurierenden Vorstellungen der V.P. ist nichts bekannt. Nach meiner Erfahrung sind keine vorhanden. Wo solche vorkämen, würden sie m.E. das Experiment bloss stören.

Mit dem Begriff der Relativität der Masse ist nichts erklärt, so wenig als mit der Relativität von Zeit und Raum. Es ist eine blosse Formulierung.

Es ist nicht abzusehen, was unter "Relativität der Masse" genauer zu verstehen ist. Innerhalb der Zufälligkeit der Würfelbewegung entsteht eine "psychische" Anordnung. Beruht diese Modifikation darauf, dass die Würfel schwerer oder leichter werden, dass ihre Geschwindigkeit beschleunigt oder verlangsamt wird? Der Rahmen des Wahrscheinlichen wird von der Masse (d.h. dem Würfel) genau so überschritten, wie das "Wissen" der V.P. Unwahrscheinlichkeit erlangt. Die Erklärung hiefür suche ich bei der eigentümlichen Natur des Archetypus, welche zeitweise die Konstanz des Kausalprinzips aufhebt und durch Kontingenz einen physischen und einen psychischen Vorgang einander assimiliert. Man kann dieses synchronistische Ereignis als eine Eigenschaft der Psyche oder der Masse beschreiben. In ersterem Fall würde die Psyche die Masse bezaubern, in letzterem würde umgekehrt, die Masse die Psyche behexen. Es ist daher wahrscheinlicher, dass beide die gleiche Eigenschaft haben, dass sie beide hintergründlich kontingent sind und, unbekümmert um ihre eigenen kausalen Bestimmungen, in einander übergreifen. Eine andere Möglichkeit ist, dass weder die Masse noch die Psyche eine derartige Eigenschaft besitzen, sondern dass ein dritter Faktor, dem sie zugeschrieben werden muss, vorhanden ist; ein Faktor, der im Bereiche der Psyche und von dieser aus beobachtet werden kann, nämlich der (psychoide) Archetypus, welcher vermöge seiner habituellen Undeutlichkeit und "Transgressivität" zwei inkommensurable Kausalabläufe plötzlich (in einem sog. numinosen Moment) einander assimiliert, ein gemeinsames Spannungsfeld (?) erzeugt oder sie beide "radioaktiv" (?) macht.

Hoffentlich ist es mir gelungen, mich deutlich auszudrücken.

Mit nochmaligem besten Dank für Ihre anregende Kritik

Ihr sehr ergebener

C G J

P.S. Dürfte ich Sie vielleicht bitten, mir die Arbeit von R.A. McConnell leihweise zu überlassen?

[47] PAULI AN JUNG

[Zollikon-Zürich] 12. Dezember 1950
[Maschinenschriftlicher Durchschlag mit
handschriftlichen Korrekturen]

Sehr geehrter Herr Prof. Jung,

Ihr längerer Brief hat mich nicht nur gefreut, weil mir nun Vieles klar geworden ist, sondern auch zu weiterem Nachdenken angeregt.

Ad 2. Während ich im letzten Brief vorgeschlagen habe, die Synchronizität in einem engeren Sinn zu definieren, so dass sie nur die bei einer kleineren Anzahl von Einzelfällen zu Tage tretenden, bei einer grösseren Anzahl aber verschwindende Effekte umfasst, gehen Sie nun den umgekehrten Weg mittels einer Definition der Synchronizität, die in einem weiteren Sinn jede akausale und, wie ich hinzufügen möchte, ganzheitliche Anordnung umfasst. Sie tun dies, damit die nicht-psychischen unter diesen Anordnungen, nämlich die in der Quantenphysik zusammengefassten Tatsachen der "statistischen Korrespondenz", mit unter den allgemeinen Begriff fallen.

Was mich bisher davon abgehalten hat, den weiter gefassten Begriff zu gebrauchen, ist die Befürchtung, dass beim allgemeiner definierten Begriff zu viel für die psychische und halb-psychische Synchronizität Spezifisches verloren gehen könnte. Nicht nur handelt es sich in der Quantenphysik um Effekte, die bei grossen Zahlen zu Tage treten statt bei kleinen und ist der Begriff "Sinn" hier nicht der passende (worüber Sie ja ausführlich geschrieben haben) — sondern auch der Begriff des (psychischen oder psychoiden) Archetypus kann bei den Akausalitäten der Mikrophysik nicht ungezwungener Weise angewendet werden. Will man also die weitergehende Definition von Synchronizität gebrauchen, so muss man sich mit der Frage auseinandersetzen, welches der allgemeinere Fall ist, der den des Archetypus als anordnenden Faktor als Sonderfall umfasst. In der Quantenphysik trifft der Beobachter eine seinem Bewusstsein unterstellte Auswahl (die stets ein Opfer in sich schliesst) zwischen einander ausschliessenden Versuchsanordnungen. Auf diese Anordnung des Menschen antwortet die Natur in einer solchen Weise, dass das Resultat im Einzelfall nicht voraussagbar und vom Beobachter auch nicht beeinflussbar ist, dass aber bei wiederholter Ausführung des gleichartig angeordneten Experimentes eine reproduzierbare statistische Regelmässigkeit entsteht, die selbst wieder eine ganzheitliche Anordnung in der Natur ist. Die Versuchsanordnung bildet dabei ein Ganzes, das nicht in Teile geteilt werden kann, ohne die Resultate wesentlich zu stören und zu verändern, sodass in der Atomphysik in die Definition des Begriffes "Phänomen" stets die Angabe der ganzen Versuchsanordnung, bei der es entsteht, mit eingeschlossen werden muss [1]. Die allgemeinere Frage scheint mir also die nach den verschiedenen Typen ganzheitlicher, akausaler Anordnungen in der Natur und den Bedingungen ihres Auftretens. Dieses kann entweder spontan, oder "induziert", d.h. die Folge eines von Menschen ersonnenen und ausgeführten Experimentes sein. Letzteres ist auch bei den mantischen Methoden der Fall, doch ist das Resultat des "Experimentes" (z.B. des Werfens einer Münze beim Orakel) hier nicht voraussagbar, es wird nur angenommen, dass überhaupt ein "Zusammenhang durch Aehnlichkeit" (Sinn) zwischen dem Resultat des physischen Vorgangs und dem psychischen Zustand der Person, die ihn ausführt, besteht. Bei der nicht-psychischen Akausalität ist dagegen das statistische Resultat als solches reproduzierbar, weshalb man hier von einem "Wahrscheinlichkeitsgesetz", statt von einem "anordnenden Faktor" (Archetypus) spricht. So wie die mantischen Methoden auf das Archetypische im Zahlbegriff hinweisen, so liegt das Archetypische in der Quantenphysik beim (mathematischen) Wahrscheinlichkeitsbegriff, d.h. bei der tatsächlichen Übereinstimmung der mit Hilfe dieses Begriffes berechneten Erwartung mit den empirisch gemessenen Häufigkeiten. In dieser Verbindung ist zu bemerken, dass das Spezialgebiet "Grundlagen der Mathematik" sich momentan in einem Zu-

---

[1] Bohr wendet auf den akausalen Einzelfall auch den Begriff "Individualität" an, wobei er absichtlich auf den etymologischen Zusammenhang dieses Wortes mit "Unteilbarkeit" anspielt (englisch: individuality and indivisibility).

stand grosser Konfusion befindet als Rückschlag nach einem grossangelegten, aber einseitig-naturfernen und deshalb missglückten Versuch, diese Fragen zu meistern. In diesem Gebiet der mathematischen Grundlagenforschung bildet wiederum die "Grundlage der mathematischen Wahrscheinlichkeitsrechnung" einen besonderen Tiefpunkt. Nach Lektüre eines diesem Problem gewidmeten Heftes einer Fachzeitschrift war ich vollkommen konsterniert über die Divergenz der Meinungen und später hörte ich, dass die Fachleute Diskussionen über diesen Gegenstand möglichst vermeiden mit der Begründung, dass man sich darüber "bekanntlich" nicht einigen könne! Eine psychologische Betrachtungsweise dürfte hier daher nicht nur angebracht, sondern überaus nützlich sein.

Es scheint mir unbedingt nötig, dass Sie diese begrifflichen Differenzierungen zwischen den nicht-psychischen akausalen Anordnungen einerseits und den halb-psychischen und psychischen Synchronizitäten andererseits deutlich ausführen, wenn Sie in Ihrem Kapitel IV von den physikalischen Diskontinuitäten sprechen. Sie haben dies ja selbst in Ihrem Brief bereits in Aussicht gestellt.

Unter dieser Voraussetzung habe ich nun nochmals sorgfältig die Vor- und Nachteile der engeren und der weiteren Definition von "Synchronizität" gegeneinander abgewogen. Die reine Logik lässt uns freie Hand, entweder die eine oder die andere Definition einzuführen. In einem solchen Fall gibt die in die Zukunft weisende Intuition den Ausschlag, aber das ist Psychologie und zwar die mich besonders interessierende Psychologie der naturwissenschaftlichen Begriffsbildung. Bei mir hat nun die intuitive Funktion eine so starke Tendenz zur Erfassung ganzheitlicher Strukturen, dass schliesslich trotz aller Gegengründe auch bei mir ein gewisses Uebergewicht zu Gunsten Ihrer weiteren Definition vorhanden ist: In Verbindung mit der Unmöglichkeit einer direkten Anwendung des Begriffes Archetypus in der Mikrophysik bin ich eher geneigt zu glauben, das der heutige Begriff "Archetypus" noch ungenügend sei, als dass Ihre weitere Definition an und für sich unzweckmässig sei. Seit Ihrem Aufsatz im Eranos-Jahrbuch 1946 scheint mir nämlich der Begriff "Archetypus" in einer starken Veränderung befindlich zu sein und rein intuitiv möchte ich weitere Umwandlungen dieses Begriffes in Zukunft erwarten. Dabei fällt auch sehr ins Gewicht, dass mehrere andere wichtige Begriffe in der Psychologie und in der Physik zugleich angewendet werden, ohne dass dies besonders beabsichtigt worden ist, wie Gleichartigkeit (Aehnlichkeit), Akausalität, Anordnung, Korrespondenz, Gegensatzpaar und Ganzheit.

Wenn man sich also nunmehr zur weiteren Fassung des Gegenprinzips zur Kausalität entschliesst, dann zweifle ich nicht, dass Ihre neue Formulierung des "Weltbildquaternios" (S. 4 Ihres Briefes), die überdies meinen früheren Wünschen sehr weitgehend entgegenkommt, dafür genau der passende Ausdruck ist. Ihr in dieser Weise ergänztes Kap. IV wäre dann etwas anderes und in gewisser Hinsicht mehr als eine blosse "Zusammenfassung"; es wäre ein naturphilosophischer Ausblick in die Zukunft.

Ad 3. Ich war ein wenig überrascht über die resignierte Stimmung, in der Sie sich in Ihrem Brief über Ihre Sätze betreffend Radioaktivität und Feld geäussert haben, denn es scheint mir zu einer solchen Resignation gar kein objektiver Grund vorhanden zu sein. Um aber bei der Erläuterung meines eigenen Standpunktes hierzu nicht an allem Wesentlichen vorbeizureden, muss ich selbst nun notgedrungen psychologisch werden; gerne setze ich mich bei dieser Diskussion mit vertauschten Rollen dem vollen Gewicht Ihrer Kritik aus.

Was zunächst die "Traumhaftigkeit" Ihrer physikalischen Begriffe bezw. Vorstellungen im Allgemeinen betrifft, so scheinen Sie mir nur sehr bedingt das Richtige zu treffen, wenn Sie in Ihrem Brief sagen, dass sie auf dem Fehlen des abstrakt-mathematischen Charakters und auf ihrer "Anschaulichkeit" beruhe. Ich kenne viele Leute (wie Chemiker oder medizinische Röntgenologen), die sich von der experimentellen Seite her der Physik nähern und die mir alle versichern, dass sie sich die physikalischen Begriffe "anschaulich" vorstellen müssen, da ihnen der mathematische Formelapparat unzugänglich sei. Bei keinem von diesen würde ich aber von einer "Traumhaftigkeit" ihrer Vorstellungen reden, vielmehr würde ich ihre Bilder "konkretistisch" nennen. Die "Anschaulichkeit" Ihrer physikalischen Vorstellungen ist vielmehr im Sinne einer introvertierten Anschauung zu verstehen, welche psychische Hintergrundsvorgänge im Subjekt, die den bewussten Gebrauch der physikalischen Vorstellungen begleiten, mit zur Darstellung bringt. Das ist es, was m.E. den traumartigen Charakter Ihrer Vorstellungen bedingt, der Analogien hervorhebt und Unterschiede ausser Acht lässt. Gewöhnlich werden diese Hintergrundsvorgänge nicht wahrgenommen, ich glaube aber, dass sie im Unbewussten stets vorhanden sind. Ich selbst kenne sie sehr wohl aus "physikalischen" Träumen und deshalb meine ich, dass Ihre physikalischen Vorstellungen nicht nur interessant, sondern auch einer sinnvollen, vernünftigen Deutung zugänglich sind, wenn man sie einfach wie Traumsymbole behandelt. Dabei will ich meine (von Ihnen in so freundlicher Weise zitierte) Idee der (sowohl psychologisch als auch physikalisch deutbaren) neutralen Sprache heranziehen, um auf diese Weise die "psychologische Entsprechung" der physikalischen Vorstellungen zu ermitteln.

Im Falle von Feld und Radioaktivität, die (wie ich in meinem letzten Brief bemerkte) von Physikern im Allgemeinen nicht mit einander verglichen werden, scheinen Sie nun eine besondere Schwierigkeit zu haben, die darin besteht, dass einer Verschiedenheit der physikalischen Begriffe eine Gleichheit ihrer psychologischen Entsprechung gegenüber steht. Ich glaube aber, dass diese Schwierigkeit nur scheinbar ist und daher rührt, dass in den Aeusserungen Ihres Briefes bei der psychologischen Entsprechung zu Radioaktivität ein wesentliches Stück fehlt. In Wirklichkeit scheinen mir auch die psychologischen Entsprechungen zu Feld und zu Radioaktivität von einander verschieden zu sein.

Ausgedrückt in der neutralen Sprache ist beiden Begriffen gemeinsam die Idee einer Vermittlung von Zusammenhängen zwischen räumlich (und vielleicht auch zeitlich) distanten sichtbaren Erscheinungen durch eine unsichtbare Realität. Dabei sind sichtbar und unsichtbar im Sinne des Alltagslebens zu verstehen. Für dieses sind sowohl elektromagnetische Felder als auch die von radioaktiven Substanzen emittierten Strahlungen unsichtbar, nur deren mechanische oder chemische Wirkungen auf materielle Körper sind sichtbar. Beim Auffinden der psychologischen Interpretation der neutral formulierten

Idee muss man berücksichtigen, dass anschauliche Vorstellungen immer der kausalen Auffassung folgen, auch dann, wenn akausale Zusammenhänge gemeint sind. Die unsichtbare Realität kann daher das kollektive Unbewusste, die sichtbaren Erscheinungen können auch bewusste Vorstellungen (diese sind ja dem vorstellenden Subjekt "sichtbar") und der "vermittelte" Zusammenhang kann ein synchronistischer sein.

Gehen wir nun zur Vorstellung der Radioaktivität über, so fällt als das unterscheidende Merkmal vom (statischen) Feldbegriff sogleich der Prozess der chemischen Transmutation des radioaktiven Kernes ins Auge. Der Kern ist das Zentrum des Atoms, die radioaktiven Strahlen erzeugen im Allgemeinen neue radioaktive Zentren, wo sie Materie treffen. Versuchen wir also folgenden Ausdruck für "Radioaktivität" in der neutralen Sprache: Ein schliesslich zu einem stabilen Zustand führender Prozess der Umwandlung eines aktiven Zentrums ist begleitet von sich vervielfältigenden ("multiplizierenden") und ausbreitenden, mit weiteren Umwandlungen verbundenen Erscheinungen, die durch eine unsichtbare Realität vermittelt werden.

Um nun die psychologische Interpretation dieses neutralen Ausdrucks zu finden, braucht man gar nicht weit zu suchen. Der mir als Traumsymbol bekannte "aktive Kern" hat eine weitgehende Verwandtschaft zum Lapis der Alchemisten, ist also in Ihrer Terminologie ein Symbol des "Selbst"[2]. Der Wandlungsprozess ist als psychischer Prozess auch heute derselbe, wie der im alchemistischen opus dargestellte und besteht im Uebergang des "Selbst" in einen bewussteren Zustand. Dieser Prozess ist (wenigstens in gewissen Stadien) von der "multiplicatio" begleitet, d.h. von der multiplen Erscheinungsform eines Archetypus (dieser ist die "unsichtbare Realität"), was wieder dasselbe ist wie die "Rahmenüberschreitung durch Kontingenz" oder "Transgressivität" des Archetypus in Ihrem Brief.

Der Wandlungsprozess ist also das in Ihrem Brief bei der psychologischen Entsprechung zur Radioaktivität fehlende Stück. Der psychische Prozess ist derselbe wie bei den Alchemisten, aber beim physikalischen Prozess der Radioaktivität ist nicht nur die Umwandlung des chemischen Elementes nun Wirklichkeit geworden, sondern in unsereren bewussten naturwissenschaftlichen Ideen ist die Akausalität hinzugekommen. Die Symbolik scheint also gegenüber den Alchemisten differenzierter und fortgeschrittener zu sein. Ob Sie nun die Sätze über Radioaktivität und Feld auf p. 9 und 10 Ihrer Arbeit streichen oder erläutern wollen, ist eine technische Frage, vielleicht würde eine Erklärung zu weitläufig werden.

Ad 4. Was Sie über die "Relativität der Masse" und die P.-K. Experimente sagen, scheint mir noch sehr dunkel, aber vielleicht können wir beim heutigen Stand unseres Wissens eben nicht mehr darüber sagen. Mit dem präfigurierten Bild der V.-P. habe ich übrigens keine bewusste Vorstellung, sondern ein unbewusstes und vom Umbewussten her wirkendes präfiguriertes Bild gemeint. Was

---

[2] Für meinen eigenen Gebrauch pflege ich gar nicht "Selbst" zu sagen, sondern eben "aktiver Kern". Es wird Sie nicht überraschen, dass mir als einem Physiker die Alchemisten näher stehen als die Sanskrit-philologen.

Ihre Zwischenfrage über das positive Resultat der Rhine'schen Experimente bei grosser Würfelzahl betrifft, so weiss ich die Antwort nicht.

---

Ich bin sehr froh über diesen Briefwechsel, denn ich habe das Gefühl, dass es nun zu einer wirklichen Aussprache über alle diese Grenzprobleme von zwei Seiten her gekommen ist.

Anbei die Arbeit von McConnell. Bitte lassen Sie es mich wissen, wenn Sie Ihr Manuskript zurückbrauchen.

Mit vielen freundlichen Grüssen

Ihr sehr ergebener

W. P.

## [48] JUNG AN PAULI

[Küsnacht] den 18.Dezember 1950.
[Maschinenschriftlicher Durchschlag]

Sehr geehrter Herr Professor,

Leider bin ich mit der Zusammenstellung meiner Antwort auf Ihren freundlichen Brief noch nicht bereit. Ich glaube aber, es wäre mir von Vorteil, wenn ich einmal über die ganze Sache sprechen könnte.

Wäre es Ihnen möglich, sich nächsten Samstag (23.XII) auf 6 Uhr Abends nach Küsnacht zu bemühen? Es würde mich freuen, Sie dann nachher zum Nachtessen da behalten zu dürfen.

Für Ihren eingehenden Brief bin ich Ihnen sehr dankbar. Die gegenseitige Annäherung der Standpunkte ist mir äusserst willkommen.

Mit den besten Grüssen,

Ihr ergebener

[C. G. Jung]

## [49] JUNG AN PAULI

z.Zt.Bollingen, den 13. Januar 1951.
[Maschinenschriftlicher Durchschlag mit
handschriftlichen Zusätzen]

Sehr geehrter Herr Professor!

Sie haben mich zu besonderem Dank verpflichtet dadurch, dass Sie mir Mut gemacht haben. Wenn ich in den Bereich des physikalischen bezw. mathematischen Denkens sensu strictiori komme, dann hört für mich die Fassbarkeit des Begriffes auf; es ist wie wenn ich in einen bodenlosen Nebel träte. Dieses Gefühl rührt natürlich daher, dass ich die physikalische resp. mathematische Beziehung meines Begriffes nicht sehe, die Ihnen aber wohl sichtbar ist. Ich könnte mir denken, dass Ihnen aus ähnlichen Gründen der psychologische Begriff undeutlich erscheint.

Was nun den engeren und weiteren Sinn des Synchronizitätsbegriffes, den Sie mir so richtig auseinandergelegt haben, anbelangt, so erscheint es mir, als ob die $\Sigma$ (Synchronizität in Abkürzung) im engeren Sinn nicht nur durch den Aspekt der archetypischen Bedingung, sondern auch durch den der Akausalität charakterisiert sei. Wohl kennzeichnet der Archetypus die psychischen und halbpsychischen $\Sigma$-fälle, aber ich frage mich, ob nicht die "Anomalie" des sog. Kausalgesetzes, eben die Akausalität, nicht ein allgemeineres Kennzeichen oder eine superordinierte Bestimmung sei als die in psychischen und halbpsychischen $\Sigma$-fällen eruierbare archetypische Grundlage. Letztere kann ja nur durch Introspektion als vorhanden festgestellt werden, bleibt aber dem Aussenstehenden verborgen, solange ich ihm meine Beobachtung nicht mitteile. Ersterer kann, wenn ich ihm meine Einsicht vorenthalte, nur ein akausales So-sein feststellen, dies namentlich in jenen Fällen, wo das archetypische tertium comparationis nicht auf der Hand liegt (wie z.B. im Scarabaeusfall). Wie ich nämlich seinerzeit mit der Psychologie des Wandlungssymbols in der Messe, von der Alchemie herkommend, beschäftigt war, ereignete es sich, dass eine Schlange einen Fisch zu verschlucken suchte, der zu gross für sie war. Sie erstickte infolgedessen. Fisch ist die andere eucharistische Speise, deren sich in diesem Fall nicht ein Mensch, sondern der chthonische Geist, der serpens mercurialis, bemächtigt. (Fisch = Christus. Schlange = Christus und weibliches Dunkelheitsprinzip.) Ich war damals in der Lage des aussenstehenden Beobachters, der nur die Koinzidenz, nicht aber die gemeinsame archetypische Grundlage feststellen konnte, d.h. ich verstand nicht, wieso die Schlange mit der Messe korrespondierte. Ich empfand aber den Fall aufs stärkste als sinngemässe Koinzidenz, d.h. als ein keineswegs belangloses So-sein. In diesem Fall ist das einzige Kennzeichen das akausale Vorhandensein und eben dieses hat mich in solchen und ähnlichen Fällen auf den Gedanken gebracht, dass die Akausalität die allgemeinere Bestimmung sei, während der Archetypus ein Kennzeichen darstelle, das man sozusagen gelegentlich dort konstatieren kann, wo, fast zufälligerweise, eine Einsicht möglich ist. Wenn es nun sogar im psychischen Bereich "undurchsichtige" $\Sigma$-fälle gibt, so sind sie im halbpsychischen oder im physischen Bereich noch wahrscheinlicher. M.a.W. es dürfte sich dann herausstellen, dass der allgemeine Fall das akausale So-sein ist, während die $\Sigma$ den casus particularis eines "durchschauten" So-seins darstellt.

Ich kann das Argument aber auch umdrehen und sagen: die Introspektion belehrt mich, dass für die $\Sigma$ der Archetypus kennzeichnend ist, d.h. die $\Sigma$ ist derjenige besondere Fall der Akausalität, in welchem der Archetypus als die (transzendentale) Grundlage erkannt werden kann. Diese Erkenntnis ist darum möglich, weil sich der akausale Fall (zufälligerweise) im psychischen Bereich ereignet, wo durch Introspektion etwas von innen erkannt werden kann, was im halbpsychischen Bereich weniger und im physischen überhaupt nicht möglich ist. Bei der nur psychoiden (d.h. transzendentalen) Natur des Archetypus ist sein bloss physisches Vorkommen keineswegs ausgeschlossen. Er kann daher ebensowohl die Grundlage der rein psychischen, wie halbpsychischen $\Sigma$ und der physischen Akausalität überhaupt sein. Die alte Lehre der creatio continua und der correspondentia erstreckte sich ja über die ganze Natur und be f keineswegs nur das Psychische.

Ich stimme durchaus mit Ihnen überein, dass die $\Sigma$ des psychischen Bereiches von den Diskontinuitäten der Mikrophysik begrifflich getrennt werden muss. Die Frage steht aber offen, ob man den Tatbestand der psychischen $\Sigma$, d.h. das archetypische Kennzeichen einer allgemeinen Akausalität subsumieren, oder letztere der universalen Geltung des Archetypus unterordnen soll. In letzterem Falle entstünde ein platonisches Weltbild mit einem mundus archetypus als Vorbild; in ersterem Falle erschiene die $\Sigma$ mit ihrem archetypischen Kennzeichen als eine psychische "Anomalie" der allgemeinen Kausalität, wie auch die Akausalität als physische Anomalie derselben gelten müsste.

Ihr Gedanke, dass dem Archetypus der Wahrscheinlichkeitsbegriff der Mathematik entspricht, war mir sehr erleuchtend. Tatsächlich stellt der Archetypus nichts anderes als die Wahrscheinlichkeit des psychischen Geschehens dar. Er ist gewissermassen das bildlich vorausgenommene Resultat einer psychischen Statistik. Man sieht dies wohl am besten in der Tendenz des Archetypus, sich immer wieder herzustellen und zu bestätigen. (Vergl. die Wiedereinsetzung einer Göttin im christlichen Olymp!)

Ich bin natürlich sehr erfreut darüber, dass Sie Neigung bekunden, die Erweiterung des $\Sigma$-begriffes ernstlich in Betracht zu ziehen. Sie haben unter diesen Umständen alles Recht für sich, wenn Sie eine neue Fassung des Archetypus-Begriffes fordern. Mir scheint, dass der Weg zu diesem Ziel über die Analogie Archetypus-Wahrscheinlichkeit führt. Physisch entspricht die Wahrscheinlichkeit dem sog. Naturgesetz, psychisch dem Archetypus. Gesetz und Archetypus sind beides modi und abstrakte Idealfälle, welche in der empirischen Wirklichkeit jeweils nur in modifizierter Weise vorkommen. Dieser Auffassung entspricht meine Definition des Archetypus als "pattern of behaviour". Während nun aber in den Naturwissenschaften das Gesetz ausschliesslich als aus der Erfahrung abgeleitete Abstraktion erscheint, begegnen wir in der Psychologie einem schon fertigen, nach allem Ermessen a priori vorhandenen Bild, das spontan z.B. in Träumen auftritt und eine autonome Numiosität besitzt, wie wenn Jemand schon im Voraus mit Autorität erklärt hätte: "Was jetzt kommt, ist von grosser Bedeutung." Dies scheint mir in eklatantem Gegensatz zu dem a posteriori-Charakter des Naturgesetzes zu stehen. Wäre dem nicht so, so müsste man annehmen, dass schon immer das Bild z.B. der Radioaktivität vorhanden gewesen wäre, und dass die wirkliche Entdeckung derselben nur ein Bewusstwerden dieses besonderen Bildes darstellen würde. Die Art und Weise, wie Sie das Bild des Lapis handhaben, legt mir die Frage nahe, ob nicht am Ende die den Lapis begleitenden Symbole, wie z.B. die multiplicatio tatsächlich auf eine dem Physischen wie dem Psychischen gemeinsame, transzendentale Grundlage hinweisen. Obschon also es allen Anschein hat, als ob die Radioaktivität und ihre Gesetze ein a posteriori Erkanntes wäre, so besteht doch eine prinzipielle Unmöglichkeit, zu beweisen, dass das Naturgesetz im Grunde genommen auf etwas toto coelo Anderem als auf dem, was wir in der Psychologie als Archetypus bezeichnen beruht. Denn schliesslich ist ja das Naturgesetz, unbeschadet seiner offenkundigen empirischen Herleitung immer auch eine psychische Gestaltung und hat nolens volens seinen Ursprung ebensosehr in den psychischen Voraussetzungen. Unter diesen Umständen würde die Analogie zwischen dem

Archetypus und den von ihm ausgehenden Konstellationswirkungen einerseits und den Wirkungen des aktiven Kerns auf seine Umgebung andererseits etwas mehr bedeuten als eine blosse Metapher, und der psychische Wandlungsprozess wäre, wie Sie hervorheben, die eigentliche Entsprechung zur Radioaktivität.

Ich werde nun daran gehen, mein Ms. im Sinne unserer Vereinbarungen zu ergänzen und hoffe, dass es mir gelingen wird, mich verständlich auszudrücken.

Indem ich Ihnen nochmals meinen besten Dank für Ihr freundliches und hilfreiches Interesse ausspreche, verbleibe ich

mit freundlichen Grüssen

Ihr ergebener

C G J

[50] Pauli an Jung

Zollikon-Zürich, 2.II.1951
[Handschrift]

Sehr geehrter Herr Prof. Jung,

Haben Sie sehr vielen Dank für die Zusendung der redigierten Fassung Ihres Manuskriptes. Ich habe insbesondere die neue Form des Schlußkapitels IV sorgfältig gelesen und fand, daß sie den jetzigen Stand der Probleme gut wiedergibt und, vom Standpunkt der modernen Physik aus betrachtet, nunmehr unangreifbar ist.

Ein wenig überrascht war ich über den verhältnismäßig breiten Raum, den Ihre Auseinandersetzung mit A. Speiser[a] nunmehr einnimmt. Im Gegensatz zu Ihren eigenen Ideen sind mir diejenigen von Speiser, wie ich gestehen muß, oft schwer verständlich. Sie scheinen mir auch zum Teil überholt, insbesondere entspricht der "Anfangszustand, der allein durch das Gesetz nicht bestimmt ist" und dann "völlig gesetzmäßig durch die Zeit hindurchgetragen wird" dem Standpunkt der klassischen Physik und nicht dem der modernen Atomphysik. In letzterer ist ja im Prinzip jede Beobachtung ein Eingriff, der den kausalen Zusammenhang der Erscheinungen unterbricht. — Ist es nicht ferner ein Rückfall in den extremen "Nominalismus" (im Sinne der mittelalterlichen Polemik zwischen "Nominalismus" u. "Realismus"), einen Begriff überhaupt für ein "Nichts" zu erklären?

Aber das ist natürlich nur ein kleineres Detail im Ganzen Ihres neuen Kap. IV, dem ich nochmals sehr lebhaft zustimmen möchte.

Ich freue mich, Sie Samstag vortragen hören zu können und verbleibe bis dahin mit vielen freundlichen Grüßen

Ihr sehr ergebener

W. Pauli

[a] Andreas Speiser 1885–1970, ein, ähnlich wie Pauli sehr vielseitig gebildeter und interessierter Mann. Mathematiker (Gruppentheorie) der sich auch für Kunst (Musik) und Philosophie (Plato, Plotin) interessierte. Zuerst Prof. f. Mathematik in Strassburg, dann 1917–44 in Zürich, später in Basel.

[51] A. JAFFÉ AN PAULI

[Küsnacht] den 14. März 1951
[Maschinenschriftlicher Durchschlag]

Sehr verehrter, lieber Herr Professor,

Herzlichen Dank für die Rücksendung der Synchronizitätsarbeit. Herr Prof. Jung hat in der letzten Zeit nicht mehr daran gearbeitet, obschon er wieder eine Einschaltung in petto hat. Soviel ich weiss hat diese aber nichts mit Physik zu tun.

Beiliegendes Separatum (samt Brief) hätte ich Ihnen schon vor einiger Zeit mit Prof. Jung's bestem Dank zurückschicken sollen. Bitte entschuldigen Sie die Verspätung. Ich komme in letzter Zeit wieder nirgends nach.

Mit herzlichen Grüssen und Wünschen für die Ostertage,

Ihre
A.J.

[52] JUNG AN PAULI

[Küsnacht] den 27. März 1951.
[Maschinenschriftlicher Durchschlag]

Lieber Herr Pauli,

Entschuldigen Sie, wenn ich Sie mit einem Briefe störe. Ich bin aber in einiger Verlegenheit, da mich Prof. Gonseth angefragt hat, ob ich nicht diesen "Gesprächen von Zürich" (bezw. dem Internationalen Forum Zürich) beitreten möchte. Es scheint sich wesentlich darum zu handeln, dass er meinen Namen anführen möchte. Ich bin nun ganz und gar unfähig, an solchen philosophischen Unterhaltungen teilzunehmen und würde also am liebsten nein sagen. Aber ich möchte mich Gonseth gegenüber nicht unfreundlich zeigen und erlaube mir deshalb, Sie um Rat zu fragen, da er erwähnt, dass Sie auch dabei seien.

Für eine kurze Auskunft und einen guten Rat wäre ich Ihnen dankbar.

Mit den besten Grüssen,

Ihr ergebener
[C. G. Jung]

[53] PAULI AN JUNG

Zürich, 17.IV.1951
[Handschrift]

Lieber Herr Professor Jung,

Ihr Brief vom 27. März ist leider etwas lange liegen geblieben, weil ich etwa drei Wochen lang in Süditalien und Sizilien in Ferien war.[1] Heute habe ich gleich

---

[1] Eine weitere Komplikation ("Pauli Effekt"?) des Schicksals dieses Briefes ist dadurch eingetreten, daß die Couverts eines Briefes von Ihnen an Herrn Quispel und des anderen Briefes an mich vertauscht worden sind. Dadurch hat erstens Ihr Brief an mich einen Besuch in Holland gemacht und wird zweitens Herr Quispel etwas verspätet zu seinem Brief kommen, da ich ihn erst gestern nach meiner Rückkehr weiterschicken konnte. Zu diesem Zusatz viele freundliche Grüsse an Frl. Schmid.[a]

mit Gonseth [b] telefoniert, der mir sagte, er würde es sehr begrüßen, wenn Sie dem Patronat des "Internationalen Forum Zürich" beitreten könnten. Damit sind keinerlei Verpflichtungen verbunden und schon gar nicht die Teilnahme an philosophischen Unterhaltungen. Diese Lösung würde also sowohl Ihren als auch Gonseths Wünschen Genüge leisten.

Die Kepler-arbeit hoffe ich nun in wenigen Tagen fertigstellen zu können.
Mit vielen Grüssen

Ihr sehr ergebener

W. Pauli

[a] Frl. Marie-Jeanne Schmid, s.Z. Sekretärin Jungs (später Frau M.-J. Boller-Schmid † 1984).

[b] Ferdinand Gonseth, 1890–1975, Mathematiker, 1929–60, Prof. für höhere Mathematik an der ETH, gleichzeitig Professor für Philosophie der Wissenschaften an der ETH seit 1947. Da Pauli und er an der ETH waren, trafen sie sich häufig und diskutierten persönlich oder telefonisch miteinander, so dass kein Briefwechsel entstand. Gonseth war der Begründer der Zeitschrift "Dialectica", wo Pauli auch publizierte. Es besteht heute noch eine "Association F. Gonseth" in Biel.

[54] PAULI AN A. JAFFE

[Zürich] 3.XII.1951
[Maschinenschriftlicher Durchschlag]

Liebe Frau Jaffé,

Vielen Dank für die Zusendung der Buchbesprechung von Hoyle; ich habe sie schnell durchgesehen und finde, dass sie ein sehr gutes Bild von Hoyle und seinem Buch gibt. Ich kenne Hoyle recht gut und war auch in seinem Vortrag in Zürich. Seine Mischung von Phantastik und Wissenschaft scheint mir schlechter Geschmack (ich halte das für weiblich — d.h. präziser, ich halte Hoyle für einen Gefühlstyp). Seine "Materie des Hintergrundes" und seine continuous creation der Materie aus Nichts halte ich für reinen Unsinn. Ich sehe keinen Grund an der Erhaltung der physikalischen Energie zu zweifeln. Ich bin mir darüber klar, dass diese Art von Kosmogonien gar keine Physik, sondern Projektionen des Unbewussten sind. Und damit sind wir wieder beim Thema meines alten Aufsatzes über "Hintergrundsphysik" angelangt.

In einem gewissen Zusammenhang hiemit möchte ich erwähnen, dass ich in letzter Zeit weiter über "Symbole des Kernes" (nach C.G. Jung Symbole des "Selbst" oder "imagines Dei") nachgedacht und auch A. Huxley's "Perennial Philosophy" wieder vorgenommen habe. Sie scheint mir ähnliche Mängel zu haben wie die (von Huxley übrigens sehr geschätzte) "Theologia Deutsch", die ich kürzlich gelesen habe: Man sieht nicht ein, warum der "Ground" den Schöpfung genannten "Fall in die Zeit" gemacht hat und wieso er ein Bedürfnis haben kann, von einem menschlichen Bewusstsein erkannt zu werden. Mit anderen Worten, Huxleys Voraussetzungen sind mir zu geradlinig-buddhistisch-platonisch und enthalten nichts von Cues's coincidentia oppositorum oder gar von der Paradoxie komplementärer Gegensatzpaare.

Ich kenne bis jetzt nur zwei logisch widerspruchsfreie religionsphilosphische Systeme: das eine ist das statisch-taoistische (Lao-tse), das andere ein evolutionistisches, das wesentlich auf einer angenommenen Rückwirkung des menschlichen (bezw. bereits des vormenschlichen) Bewusstseins auf den "Kern" (Sie können sagen: auf das "Gottesbild") beruht.[1] In letzterem Fall stelle ich mir das gerne so vor, dass in diesem mann-weiblichen Symbol (Vergl. hiezu die Aufsätze von Frau A. Jaffé) gerade der weibliche Teil (Materie, Energie — siehe meinen Aufsatz über Hintergrundsphysik) der zeitlos-unveränderliche, der männliche Teil aber möglicherweise veränderliche, im "Chronos" verhaftete ist.

Nun will ich Sie zu letzterem fragen: Meinen Sie, dass dies objektiv richtig ist oder halten Sie eine solche Idee mehr für charakteristisch für einen männlichen Denktypus und seine besondere Psychologie?

Stets Ihr

W. Pauli

[55] PAULI AN JUNG

Zollikon, 27. Februar 1952
[Maschinenschriftlicher Durchlag mit handschriftlichem Zusatz]

Lieber Herr Professor Jung,

Es ist schon lange her, dass ich Sie ausführlicher gesprochen habe und inzwischen hat sich allerlei Stoff angesammelt, den ich Ihnen gerne mitteilen und zugänglich machen möchte. Mit dem Aufhören meiner Vorlesungen am Semesterende kann ich nun daran gehen, diesen lange gehegten Plan zur Ausführung zu bringen. Es handelt sich um verschiedene Erwägungen und Amplifikationen, die Ihr Buch "Aion"[a] bei mir ausgelöst hat. Auch abgesehen von der Astrologie, über die wir wohl nicht dieselbe Ansicht haben, bleibt noch sehr viel, das mein Interesse gefesselt hat, und zwar handelt es sich einerseits um das Thema des Kap. V,[b] andererseits um das der Kap. XIII und XIV.[c] Vielleicht interessiert es Sie, die dort behandelten Probleme einmal auch von einer anderen Seite her betrachtet zu sehen als es gewöhnlich geschieht.

Wie Sie ja wohl wissen, komme ich in religiöser und philosophischer Hinsicht von Lao-tse und Schopenhauer her (wobei ich die zeitbedingten deterministischen Ideen des letzteren im Sinne der modernen Physik leicht durch die Idee der komplementären Gegensatzpaare und das Akausale ergänzen könnte). Während mir von dieser Grundlage aus Ihre analytische Psychologie — und, wie ich glaube, auch Ihre persönliche geistige Einstellung im Allgemeinen — immer gut zugänglich zu sein schien, muss ich gestehen, dass mir die speziell christliche Religiosität, insbesondere deren Gottesbegriff, bis heute sowohl gefühlsmässig wie intellektuell recht unzugänglich geblieben ist. (Gegen die Idee eines launischen Tyrannen wie Jahwe habe ich zwar <u>keine gefühlsmässigen</u>

---

[1] Ich halte die Annahme einer solchen Evolution des "Gottesbildes" für <u>möglich</u>, aber nicht für bewiesen. — Im Buddhismus wird der "Wille zum Leben" als "Irrtum" betrachtet. Es ist mir aber schwierig, zu denken, dass als blosse Folge eines Versehens Leben dann überhaupt möglich sein soll.

Widerstände, jedoch scheint mir die übergrosse Willkür im Kosmos, die diese Idee impliziert, als ein naturphilosophisch unhaltbarer Anthropomorphismus). Im Weltbild Lao-tses gibt es wohl kein Problem des Bösen, wie insbesondere aus Taoteking Nr. 5 ("Nicht Liebe nach Menschenart hat die Natur....") hervorgeht. Aber Lao-tse's ganze Konzeption passt besser zum intuitiven Weltbild der Chinesen, während ihr die abendländische Naturwissenschaft und ihre Erkenntnisse fremd gegenüberstehen. Ich möchte daher nicht zu behaupten wagen, dass Lao-tse's Standpunkt, so befriedigend er mir auch erscheint, für das Abendland bereits das letzte Wort in diesen Fragen ist. Anderseits ermöglichte mir Schopenhauers's Philosophie — auch deshalb, weil sie zwischen dem Abendland und Ostasien vermittelt — einen wesentlich leichteren Zugang zu ihrem Buch "Aion". Denn ich war immer der Meinung, dass gerade die privatio boni der Stein des Anstosses war, der Schopenhauer zur Verwerfung "des $\vartheta\varepsilon\acute{o}\varsigma$" (wie er sich ausdrückte) geführt hat. [1] Schopenhauer verwirft also "ihren $\vartheta\varepsilon\acute{o}\varsigma$", weil das Uebel auf ihn zurückfallen müsste. Es war gerade dieser Punkt, der mich an Schopenhauer stets gefühlsmässig angezogen hat.

Kritisch möchte ich jedoch selbst dazu sagen, dass das, was hier verworfen wird, nur die Idee eines menschenähnlichen Bewusstseins Gottes ist. Ich bin in der Tat geneigt, Schopenhauer's sogenannten "Willen" (die Weise, wie er dieses Wort gebrauchte, hat sich ja auch gar nicht eingebürgert) mit dem $\vartheta\varepsilon\acute{o}\varsigma$ $\dot{\alpha}\nu\varepsilon\nu\nu\acute{o}\eta\tau o\varsigma$ der Gnostiker zu identifizieren, von dem p. 278–282 des "Aion" die Rede ist. Ein solcher "nicht wissender Gott" bleibt unschuldig, kann nicht moralisch zur Verantwortung gezogen werden; gefühlsmässig und intellektuell entfällt dann die Schwierigkeit, ihn mit der Existenz der Sünde und des Uebels in Einklang zu bringen.

Ich kann mich gern Ihrer Meinung anschliessen, dass die gefühlsmässige und intellektuelle Auseinandersetzung mit dem "Problem des Bösen" gerade für den modernen Menschen wieder eine dringende Notwendigkeit geworden ist. Dies gilt sogar in besonderem Masse für einen Physiker, nachdem die Möglichkeit, die Ergebnisse der Physik zu Zwecken gigantischer Zerstörungen zu gebrauchen, in

---

[1] Vgl. hiezu a) "Die Welt als Wille und Vorstellung", Bd. 2, Kap. 50, Epiphilosophie. Sch. kritisiert hier speziell Scotus Eriugena, als ausgesprochenen Vertreter der privatio boni: "Skotus Eriugena erklärt, im Sinne des Pantheismus ganz konsequent, jede Erscheinung für eine Theophanie: dann muss aber dieser Begriff auch auf die schrecklichen und scheusslichen Erscheinungen übertragen werden: saubere Theophanien!" Sodann anschliessend über den Pantheismus im Allgemeinen ".. 2) Dass ihr $\vartheta\varepsilon\acute{o}\varsigma$ sich manifestiert animi causa, um seine Herrlichkeit zu entfalten oder gar sich bewundern zu lassen. Abgesehen von der ihm hiebei untergelegten Eitelkeit, sind sie dadurch in den Fall gesetzt, die kolossalen Uebel der Welt hinwegsophisticieren zu müssen: aber die Welt bleibt in schreiendem und entsetzlichem Widerspruch mit jener phantasierten Vortrefflichkeit stehen."

b) Parerga, Bd. 1. Fragmente zur Geschichte der Philosophie, ¶ 9 Scotus Eriugena: "... Der Gott soll Alles, Alles und in Allem Alles gemacht haben; das steht fest: — folglich auch das Böse und das Uebel." Diese unausweichbare Konsequenz ist wegzuschaffen und Eriugena sieht sich genötigt, erbärmliche Wortklaubereien vorzubringen. Da sollen das Uebel und das Böse gar nicht sein, sollen also nichts sein. — Den Teufel auch!.... "Die "erbärmlichen Wortklaubereien" sind nichts anderes als die in Ihrem Kap. V kritisch erläuterte Doktrin der privatio boni, die Eriugena von den nicht christlichen Neuplatonikern (über Proklus und Dionysius Areopagita) bezogen hat.

handgreifliche Nähe gerückt ist. Auch dann, wenn keine <u>direkte</u> Beschäftigung mit diesen Anwendungen der Physik vorhanden ist, kann die Unterlassung dieser Auseinandersetzung unter Umständen eine gewisse Stagnation in der Physik zur Folge haben, weil dann im Unbewussten ein Abströmen der Libido und damit des Interesses von der Physik im engeren Sinne eintreten kann).[d] Bei der zentralen Bedeutung, welche die Doktrin der privatio boni hierbei spielt (ich glaube, dass heute sehr Viele — ebenso wie Sie oder ich — geneigt sein werden, sie abzulehnen), bin ich zunächst dem historischen Ursprung dieser Lehre weiter nachgegangen.

Meine Arbeit über Kepler hatte mich dazu geführt, mich eingehender auch mit dem Neuplatonismus zu beschäftigen (da Kepler von Proklus, Fludd — als Alchemist sich allerdings viel stärker an Aristoteles als an Plato oder die Neuplatoniker anlehnend — von Jamblichus stark beeinflusst war). Da habe ich nun nicht nur gesehen, wie (der meinem Gefühl nach nur sehr schwach christliche) Scotus Eriugena ein prominenter Verkünder der privatio boni war, sondern dass auch Plotin (den ich im letzten Sommer in Uebersetzung gelesen habe) diese als einigermassen durchgebildete Doktrin vertritt. Zugleich bekommt man bei diesem den Eindruck des Vorhandenseins einer mächtigen Opposition von seiten der Gnostiker gegen diese Lehre.[2] Es fiel mir auf, dass auch die Materie ($ὕλη$) nach Plotin eine blosse privatio und ausserdem "absolut böse" sein soll; ferner, dass das Böse, offenbar im Sinne des Parmenides, als "nicht seiend" bezeichnet wird. Als ich nun kürzlich Herrn Prof. Howald [f] in einer Gesellschaft traf und ihn über den Neuplatonismus befragte, wies er mich freundlicher Weise darauf hin, dass Herr Dr. H.R. Schwyzer [g] gerade eine überaus sorgfältige Arbeit über Plotin verfasst habe.[3] Mit diesem fand dann auch ein Briefwechsel [h] statt, in welchem ich meine Kenntnisse über die Geschichte der privatio boni noch wesentlich erweitern konnte: Während bei Plato weder das Wort $ὕλη$ noch das Wort $στέρησις$ steht,[i] polemisiert schon Aristoteles [4] (und zwar in Verbindung mit Parmenides und seiner Schule) gegen die Gleichsetzung von $ὕλη$ und $στέρησις$. Es muss also schon damals die Idee, dass die $ὕλη$ kein quale, eine blosse $στέρησις$ der "Ideen" sei, namhafte Vertreter gehabt haben. (Man kann in der Tat, den Plato, wenn man will, so auslegen *, was mir allerdings als wesentliche Vergröberung von Plato erscheint). Ich bin geneigt <u>in dieser Gleichsetzung von $ὕλη$ und $στέρησις$ das ältere naturphilosophische Modell zu erblicken</u> (für mich als Physiker auch an sich interessant), <u>das der späteren</u>

---

[2] Alle Gelehrten scheinen sich nun darüber einig zu sein, dass es sich hierbei um heidnische, nicht um christliche Gnostiker handelt. Später, etwa im Herbst, war ich erfreut, feststellen zu können, dass <u>G. Quispel</u>,[e] in seinem Buch "Gnosis als Weltreligion" die privatio boni bei Plotin (siehe p. 23 oben) ausdrücklich erwähnt.

[3] Real-Encyclopaedie d. klassischen Altertumswissenschaft (Pauly-Wissowa etc. Artikel <u>Plotinos</u>, Band XXI, Spalte 471–592. erschienen 1951, sowie Supplement Bd. XV, Spalte 310–328 (1978).

[4] Siehe seine "Physik" A 9, p. 192 a. — Bei Aristoteles ist zwar die $ὕλη$ verglichen mit der Form (männlich) als weibliches Prinzip <u>zweitrangig</u>, aber nicht nur eine blosse privatio. Die Materie sehnt sich bei ihm nach der Form, wie das Weibliche nach dem Männlichen.

* Die sichtbaren Körper sind bei Plato eine Mischung von "Hyle" und "Ideen". Die Hyle ist $ὑποδοχή$ (Aufnehmerin), $χώρα$ (Raum für die Ideen) $τιθήνη$ (Amme).

privatio boni zu Grunde lag. Später wurde sodann von den Neupythagoräern die ὕλη als τὸ κακόν bezeichnet. [5] Es scheint, dass — im Einklang mit der Idee Ihres Buches "Aion" — damals alle Gegensatzpaare auf das eine, nunmehr überaus wichtig werdende Gegensatzpaar "gut — böse" bezogen wurden. Parallel damit geht die Identifizierung des "Einen" mit dem "Guten", die auch schon bei den frühen Plato-Auslegern anfängt. Diese halte ich für das Modell der von Ihnen erwähnten theologischen Formel, deus summum bonum. [6] Bei Plotin ist das alles zu einer Doktrin verarbeitet [7], bereichert durch die Unterscheidung des νοῦς vom ἕν. (Diese letztere Unterscheidung gibt Anlass zur plotinischen "Trinität" τὸ ἕν, νοῦς, ψυχή, deren Glieder aber übereinander geordnet und nicht wie bei der christlichen Trinität gleichberechtigt sind.)

Während sich alle darüber einig sind, dass Plotin, der die Christen nie erwähnt, die Bibel nicht kannte und dass kein Einfluss der Christen auf ihn vorhanden war, lässt sich umgekehrt ein Einfluss des Plotin auf die christliche Theologie, insbesondere auf Augustin (und auch auf Basilius, den Sie zitieren) leicht nachweisen. Man hat den Eindruck, dass den frühen christlichen Theologen die intellektuellen Formulierungen des Neuplatonismus wie eine reife Frucht in den Schoss fielen. Sie mussten nur ein wenig redigieren, um sie mit der Bibel und deren Gottesbegriff in Einklang zu bringen.

Hier möchte ich nun die Frage zur Diskussion stellen, was diese ganze Entwicklung der antiken Philosophie seit Parmenides psychologisch bedeutet, worüber mich Ihre Ansichten sehr interessieren würden. Ich selbst habe den Eindruck, dass insbesondere die Geschichte der Plato-Auslegung bereits der Dissoziation eines frühen einheitlichen Archetypus in einen lichten (Neuplatoniker) und einen dunklen (Gnostiker) entspricht. [8] Diese Teilung ist wohl dieselbe, die etwas später im Christentum als "Christ" und "Antichrist" erscheint. Ich habe ferner den Verdacht, dass die "seienden" und "nicht seienden" Dinge bei Parmenides psychologisch den "sein sollenden" (gewünschten) und "nicht sein sollenden" (unerwünschten) entsprechen. Parmenides war die Reaktion auf Heraklit. Für letzteren gibt es nur das "Werden", als ewig lebendes Feuer dargestellt, die Gegensatzpaare werden symmetrisch behandelt und Gott ist eine coincidentia oppositorum (wie später in christlicher Form bei Nikolaus Cusanus). Bei Parmenides gibt es kein Werden (über das "Nicht-Seiende", d.h. auch über das "Werden", kann nicht gedacht werden, da es keine Eigenschaften hat), die Gegensatzpaare werden unsymmetrisch (schief) zu Gunsten des "Sei-

---

[5] Dies erfolgt spätestens bei Moderatos (1. Jahrhundert post Chr.), über dessen Lehren der Aristoteles-Kommentator Simplicius berichtet. (Kommentar zur aristot. Physik, A 7 p. 230 f.)

[6] Die entsprechende Formel bei Plotin lautet (II 9, I, Zeilen 5–6) ὅταν λέγωμεν τὸ ἕν, καὶ ὅταν λέγωμεν τἀγαθόν, τὴν αὐτήν δεῖ νομίζειν τὴν φύσιν καὶ μίαν λέγειν. ʲ

[7] Siehe insbesondere I 8 (πόθεν τὰ κακά). (Das Böse ist "nicht-seiend", "gestaltlos", ein "Schatten" des Seienden, ein "Mangel"; er ist aber aussermenschlichen Ursprungs. Die Materie ist "böse, sofern sie keine Qualität hat", sogar das "absolut Böse". Als privatio kann dieses durch Denken nicht erfaßt werden. Siehe ferner II 9 ("gegen die Gnostiker").

[8] Die böse Weltseele in Platos Gesetzen 896 e, tritt bei den Gnostikern wieder auf. Bei den Neuplatonikern ist sie aber ebenso verschwunden wie die Stelle ὑπεναντίον γάρ τι τῷ ἀγαθῷ ἀεὶ εἶναι ἀνάγκη im Theätet 176 a.¹

enden" behandelt, das als ruhende Kugel vorgestellt wird. Psychologisch ist das die Sehnsucht nach Ruhe und Frieden (Konfliktlosigkeit) gegenüber dem Streit (Krieg) des Heraklit, der "nicht zweimal in denselben Fluss steigen" konnte. Die folgende ausserordentlich starke Entwertung der Materie halte ich für eine Art rationalisierte Weltflucht. Es scheint mir psychologisch bedeutungsvoll, dass es gerade die Leugner des Werdens waren, die mit ihrer statischen "Wunschwelt" im Lauf der Zeit die Auffassung der Materie, dann des Bösen als einer blossen "Ermangelung" verbunden haben.

Ich verstehe wohl, dass diese philosophischen Ideen gefühlsmässig zu einer "Provokation", gedanklich zu einem logischen Widerspruch verschärft werden, wenn sie sich mit der biblischen Idee eines Schöpfergottes verbinden, der dann obendrein noch "allmächtig", "nur gut" und "allwissend" zugleich sein soll.[9] Sie sehen, dass mich Ihr Kap. V ziemlich weit zurück in die Antike (und zu den klassischen Philologen) geführt hat. Nach diesem historischen Exkurs kehren wir nun wieder zu dem Punkt zurück, wo ich Schopenhauer's "Willen" und den "nicht wissenden Gott" der Gnostiker als dasselbe festgestellt habe. Kann nun diese "Agnosie" des Gottes, die es diesem Gott erlaubt, seine Unschuld zu bewahren, dem modernen Menschen philosophisch und gefühlsmässig weiterhelfen?.[10] Es ist dies eine wesentliche und schwie-

---

[9] Plato war in dieser Hinsicht in einer viel besseren Lage, da sein Demiurg als Handwerksmeister die Welt mit ihm vorgegebenem Material bauen muss, so gut er es eben kann. Für eventuelle Diskrepanzen zwischen den Ideen und der χώρα, dem "materiellen" Raum, ist daher bei Plato niemand verantwortlich.

Plotin dagegen muss bereits "die kolossalen Uebel der Welt hinwegsophisticieren", da sein τὸ ἕν = ἀγαθόν alle Eigenschaften eines Schöpfergottes hat (nach V 1 ist es nicht nur Ursache der Dinge, sondern hat sie auch erschaffen). Die geistige Situation wird bei ihm jedoch dadurch etwas unklar, als er an anderen Stellen über das "Eine" eine sogenannte "negative Theologie" entwickelt, wonach Positives über das Eine gar nicht ausgesagt werden kann und dieses sogar ὑπεράγαθον ist (VI 9). Diese andere Betrachtungsweise Plotins erinnert sehr an Meister Eckhart. (Ich habe protestantisch-christliche Freunde, die sich ebenfalls gerne auf diesen Standpunkt der "negativen Theologie" zurückziehen und bereit sind, auf die oben angeführten Attribute Gottes als "eigentlich bedeutungslos" zu verzichten. Gemäss diesem Standpunkt wäre Gott auf einer ethischen Basis nicht erreichbar.* Aber die neuplatonische "negative Theologie" des Einen (und ebenso die analoge "negative Theologie" des christlichen Gottes) hat die andere Schwierigkeit, dass dann kaum zu verstehen ist, warum das Eine (bezw. Gott) nicht allein geblieben ist und noch die Theophanieen (und gar erst den Menschen) nötig hatte. (Diese Schwierigkeit entspringt aus der neuplatonischen Voraussetzung einer exakten Unveränderlichkeit Gottes, bezw. des "Einen".)

* Mit dieser Gruppe unter den Protestanten komme ich persönlich am besten aus. Sie würden Ihnen betreffend Ihre Polemik gegen die Formel deus = summum bonum ganz recht geben, indem sie sagen: "Das Gute ist ein abstrakter Begriff aus der Ethik und 'Gott ist Gott'. Zwischen beiden besteht keine direkte Verbindung. Zwar sagen noch etwa 80% der Pfarrer, daß Gott auch auf einer ethischen Basis erreichbar sei, aber das ist natürlich nicht so."

Psychologisch scheint mir bei dieser Minorität die Sache so zu liegen, daß bei ihr die Beziehung "Gott-Mensch" selbst eine 'privatio' geworden ist. Das, was ihr und mir gemeinsam ist, ist das Gefühl, daß beim Modernen hier eine Leere vorhanden ist, die nach Ausfüllung verlangt.

[10] Ich möchte an dieser Stelle über den Bewusstseinsbegriff im Allgemeinen sagen, dass ich es vorziehe, ihn auf das Ich-bewusstsein zu beschränken u. nicht solche paradoxen Termino-

rige Frage, zu der ich nicht direkt Stellung nehmen kann, da ich keine Metaphysik treibe. Wenn ich aber die Frage psychologisch zu betrachten versuche, muss ich mir statt dessen die andere Frage vorlegen, ob meine eigene Gefühlsbeziehung zum Unbewussten (und insbesondere zu dessen superioren männlichen Figuren, wie dem "Fremden")[11] ähnlich ist wie diejenige Schopenhauers's zu seinem "Willen". Da finde ich alsbald, dass wesentliche Unterschiede bestehen. Schopenhauer's Gefühlshaltung zum "Willen" ist negativ-pessimistisch. Meine eigene Gefühlshaltung zum "Fremden" ist aber die, dass ich ihm helfen will, da ich ihn als erlösungsbedürftig empfinde. Was er anstrebt, ist seine eigene Transformation, wobei das Ich-bewusstsein so mitwirken muss, dass es sich zugleich erweitert. Was die letzten Ziele und die Gesetze dieser Transformation sind, muss ich offen lassen, aber dieses Problem hängt eng zusammen mit den Fragen, die im Kap. XIV des "Aion" behandelt werden.[12] Im Frühjahr 1951 flog mir in einem Traum das (der Mathematik entnommene) Wort "Automorphismus" zu. Es ist dies ein Wort für die Abbildung eines Systems auf sich selber, eine Spiegelung des Systems in sich selber, für einen Prozess also, in welchem sich die innere Symmetrie, der Beziehungsreichtum (Relationen) eines Systems offenbart. In der abstrakten Algebra gibt es auch "den Automorphismus erzeugende Elemente" (wie ich hier nicht weiter ausführen kann) und diesen entsprechen in der Analogie wohl die "Archetypen" als anordnende Faktoren, wie Sie diese 1946 definiert und aufgefasst haben. Ich habe den damaligen Traum (es war ein regelrechtes Examen, mit dem "Fremden" als Examinator, in dem das Wort "Automorphismus" wie ein "Mantra" gewirkt hat) so aufgefasst, dass ein Oberbegriff gesucht wurde, der sowohl Ihren Begriff der Archetypen als auch den des physikalischen Naturgesetzes umfassen sollte.

Ich habe daher mit dem grössten Interessse Ihre Formel auf p. 370 des "Aion" betrachtet, als dieses Buch erschien. Einem Mathematiker würde es sehr nahe liegen, den Begriff "Automorphismus" auf die Beziehung der kleinen Vierecke zum grossen anzuwenden. Ferner fiel mir gleich dazu ein, dass man den Quaternio auf p. 96 Ihrer Synchronizitätsarbeit[m] (auf den wir uns geeinigt hatten) auch so schreiben kann:

---

logien wie ein "Bewusstsein im Unbewussten" zu gebrauchen. Das für das Ich-Bewusstsein Charakteristische ist die Unterscheidung, für das Unbewusste charakteristisch ist die Ununterschiedenheit (z.B. der 4 Funktionen oder der Gegensatzpaare). Es mag Zwischenstufen geben, wie die Unterscheidung zwischen "licht" und "dunkel" im Unbewussten. Ihr Ausdruck "multiples Bewusstsein" (1946) für die Luminositäten scheint mir aber Missverständnissen ausgesetzt, wenn damit ein "Bewusstsein" ausserhalb des Ich-bewusstseins gemeint sein sollte.
[11] Diese Figur hat als "hell und dunkel" einerseits eine Beziehung zum Merlin der Gralsgeschichte (worüber ich am 16.XI.1950 ausführlich an Frau Prof. Jung geschrieben habe), andererseits zum Merkurius der Alchemie.
[12] Die Figur des Unbewussten erfährt während der Transformation oft eine Verdoppelung oder sogar Multiplikatio.

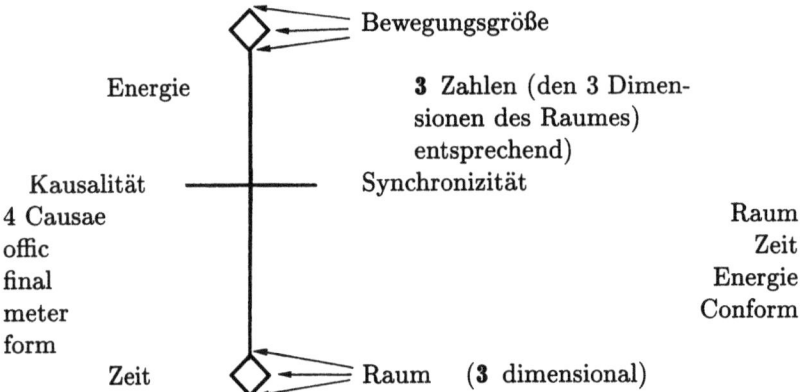

insofern der 3-dimensionale Raum zur eindimensionalen Zeit und entsprechend die (ebenfalls unzerstörbare) Bewegungsgrösse (3 Komponenten den 3 Raumdimensionen entsprechend) zur (einkomponentigen) Energie gehört. Die kleinen Vierecke entsprechen dann der Vierdimensionalität des Raum-Zeit-Kontinuums und den 4 Zahlen für Energie und Bewegungsgrösse.

So erscheint mir in dem Oberbegriff "Automorphismus" hier die Möglichkeit eines weiteren Fortschrittes zu liegen, besonders da er einer (in Bezug auf Physis und Psyche) neutralen Sprache angehört und da er auch eine Komplementarität von Einheit und Vielheit (bezw. von Einzigartigkeit und Allgemeinheit, vgl. Aion p. 99) andeutet.

Insofern nun auch jene Bilder des "Selbst" (oder des Gottessohnes) den Gesetzen oder dem Schicksal oder der Notwendigkeit ($\dot{\alpha}\nu\dot{\alpha}\gamma\kappa\eta$) jener Transformationen unterworfen sind, erscheinen sie als erlösungsbedürftig und es entsteht eine psychologische (auch gefühlsmässige) Beziehung zwischen ihnen und dem Menschen (bezw. seinem Ich-bewusstsein).[13] Wir wissen nicht, ob diese Transformationen alle wieder in sich selbst zurücklaufen, oder ob sie eine Evolution[14] nach ungekannten Zielen darstellen. (Letzteres haben Sie im Zusammenhang mit Ihrer Formel auf p. 370 angedeutet durch die Erwähnung einer "höheren Ebene", welche durch den Wandlungs- bezw. Integrationsprozess erreicht wird.)

Was dies nun im praktischen Leben für die Einstellung zu ethischen oder moralischen Problemen bedeutet, darüber würde ich mich gerne einmal mündlich mit Ihnen unterhalten.

Der Schluss dieses Briefes führt mich wieder zu dem historischen Exkurs zurück. Es waren die Leugner des Werdens (die "Statiker"), welche die Idee der "privatio" produziert haben. Es wundert mich daher nicht, dass diejenigen unter den Modernen, die sich, wie Sie, heute wieder für eine symmetrische Behandlung der Gegensatzpaare einsetzen, auch wieder dem Werden näher stehen[15] als dem statischen Sein (der ruhenden Kugel des Parmenides). Es

---

[13] Dass diese Note bei Schopenhauer fehlt, dürfte mit dem Fehlen einer Gefühlsbeziehung zu Frauen bei ihm sehr eng zusammenhängen. Ich hatte immer den Eindruck, dass sein Pudel seine Anima exteriorisiert und habe später auch tatsächlich gelesen, er habe einen von seinen Pudeln "Atma" (die Weltseele) genannt.
[14] Jede evolutionistische Idee ist diametral entgegengesetzt zu Lao-tse.
[15] In China ist Dschuang-Dsi ausgesprochen auf der Seite des Werdens.

ist das <u>Feuer des Heraklit</u>, das Ihnen nunmehr "auf einer höheren Ebene" als "Dynamik des Selbst" wieder erscheint.

Zur Entschuldigung für die Länge dieses Briefes kann ich nur anführen, dass ich etwa ein Jahr gebraucht habe, bis ich ihn heute schreiben konnte und verbleibe mit den besten Wünschen

Ihr sehr ergebener

W. Pauli

<sup>a</sup> J.G. Jung, Aion, Untersuchungen zur Symbolgeschichte, Rascher, Zürich, 1951.

<sup>b</sup> Christus ein Symbol des Selbst.

<sup>c</sup> 'Gnostische Symbole des Selbst' und 'Die Struktur und Dynamik des Selbst'.

<sup>d</sup> Hiezu soll daran erinnert werden, dass Pauli während des Krieges in seinem Aufenthalt in Princeton sich aus Gewissensgründen absolut geweigert hat, am "Manhattan-Projekt" mitzuarbeiten.

<sup>e</sup> Gilles Quispel, * 1916, Die Gnosis als Weltreligion, Zürich, 1951, Prof. für die Geschichte der alten Kirche, Utrecht.

<sup>f</sup> Ernst Howald, 1887–1967, Prof. für klassische Philologie an der Universität Zürich, auch Rector.

<sup>g</sup> H.R. Schwyzer, 1905, Zürich, Graecist, Spezialist für Plotin. Seine Gesamtausgabe der Werke Plotins ist heute massgebend: Opera Plotini, mit Paul Henry, 3 Bde. Bruges 1951; siehe auch seinen Artikel s.v. in Pauly-Wissowa, jetzt auch separat "Plotinos", Druckenmüller, München 1978.

<sup>h</sup> siehe Appendix 3.

<sup>i</sup> im philosophischen Sinne.

<sup>j</sup> Es muss immer, wenn wir das "Eine" und das "Gute" sagen, darunter ein und dieselbe Wesenheit verstanden werden (Harder, Bd. III). <sup>k</sup>

<sup>k</sup> Plotins Schriften, übersetzt von Richard Harder, Neubearbeitung mit griechischem Lesetext und Anmerkungen, begonnen von Harder, fortgeführt von Rudolf Beutler und Willy Theiler, 6 Bände, Felix Meiner Verlag, Hamburg 1956–71.

<sup>l</sup> Der Satz steht aber bei <u>Plotin</u> I 8, 6, 16–17 (H.R. Schwyzer).

<sup>m</sup> C.G. Jung, Synchronizität als ein Prinzip akausaler Zusammenhänge, publiziert mit Paulis Kepler Arbeit in "Naturerklärung und Psyche", Bd. IV des "Studien aus dem C.G. Jung Institut" Zürich, herausgegeben von C.A. Meier, Rascher, Zürich 1952. Ich möchte dazu bemerken, dass sich sowohl Pauli wie Jung leicht dazu bewegen liessen, ihre Arbeiten gemeinsam publizieren zu lassen.

[56] PAULI AN JUNG

Zollikon, 17.V.1952
[Handschrift]

Lieber Herr Professor Jung,

Ich möchte Ihnen gerne nochmals danken für den schönen Abend, den ich mit Ihnen verbringen konnte. Über Vieles, was Sie gesagt haben, werde ich noch lange nachdenken, um es gründlich zu verdauen. Am eindrucksvollsten war mir die zentrale Bedeutung, den der Begriff "Inkarnation", als naturwissenschaftliche Arbeitshypothese gefaßt, in Ihrem Gedankensystem einnimmt. Dieser Begriff ist mir besonders interessant, weil er erstens überkonfessionell ist ("Avatara" im Indischen) und weil er zweitens eine psycho-physische Einheit ausdrückt. Mehr und mehr sehe ich im psycho-physischen Problem den Schlüssel zur geistigen Gesamtsituation unserer Zeit und die allmähliche Auffindung einer neuen ("neutralen") psycho-physischen Einheitssprache, die symbolisch eine unsichtbare, potentielle, nur indirekt durch ihre Wirkungen erschließbare Realität zu beschreiben hat, erscheint mir auch als eine unerläßliche Voraussetzung für das Eintreten des neuen von Ihnen vorausgesagten ἱερός γαμός.

Ich habe auch wohl gesehen, wie Sie den Begriff der Inkarnation mit der Ethik in Verbindung gebracht haben, die Sie im übrigen ganz wie Schopenhauer (in seiner Schrift über die Grundlagen der Moral) auf die Identität des Ich mit dem Mitmenschen in tieferen psychischen Schichten begründet haben ("was man dem anderen antut, das tut man auch sich selbst an" etc.). Kann man Ihren Standpunkt als "incarnatio continua" bezeichnen?

Über die psychische Evolution (zu unterscheiden von der biologischen) gibt es zwei wesentlich verschiedene Meinungen: Die eine von der periodischen Wiederkehr, die sich z.B. in Indien findet, [die sich stets wiederholenden 4 Weltalter (Yugas)] aber auch bei Heraklit, nach dem die Welt stets aus dem "Feuer" wieder entsteht, um von diesem schließlich wieder verschlungen zu werden. Die andere christlich-abendländische, von der nur einmaligen Entstehung der Welt, die schließlich in einem permanenten Ruhezustand endet. Ich sehe vorläufig keine Möglichkeit, zwischen beiden Auffassungen objektiv zu entscheiden.

Das Feuer des Heraklit habe ich übrigens schon in meinem letzten Brief auch deshalb erwähnt, weil es damals, in der Antike, psycho-physisch einheitlich, sowohl ein physikalisches Energiesymbol, als auch ein psychisches Libidosymbol war (das Feuer sollte ja nach Heraklit "vernunftbegabt" sein). Nun scheint das Problem der psycho-physischen Einheit "auf einer höheren Ebene" zurück zu kehren.

---

Über die "fliegenden Teller" werde ich noch weitere Erkundigungen einziehen. Im Juni muß ich zu einem Physiker-Kongress nach Kopenhagen fahren und will mich dort auch mit Leuten aus Amerika darüber unterhalten. Hier stehen sich zwei einander widersprechende Meinungen "gegenüber" nach der einen, die besonders unter Experimentalphysikern auch jetzt noch Anhänger hat, ist es eine Halluzination (wie die "Seeschlange" und ähnliche "Seeungeheuer"); nach der anderen, die mehr von militärischen Stellen verbreitet wird, ist das Phänomen real und es handelt sich um amerikanische Erfindungen mit militärischem Zweck, entweder um besondere Flugzeuge oder um Ballone (daher "Säcke").

Als ich von Ihnen nach Hause kommend, vom Bahnhof Zollikon den Berg hinaufstieg, sah ich zwar keine "fliegenden Teller", wohl aber ein besonders schönes, großes <u>Meteor</u>. Es flog verhältnismäßig langsam (das hat gewöhnlich perspektivische Gründe) in der Richtung von Westen nach Osten und zerplatzte schließlich, ein eindrucksvoll-schönes Feuerwerk produzierend. Ich nahme es als ein geistiges "Omen", daß unsere allgemeine Einstellung zu den geistigen Problemen unserer Zeit im Sinne des καιρός, d.h. eher eine "sinngemäße" ist.

Nochmals herzlichen Dank

Ihr ergebener

W. Pauli

[57] Jung an Pauli

Küsnacht-Zch. 20.V.52
[Maschinenschriftlicher Durchschlag mit handschriftlichem Zusatz]

Lieber Herr Pauli,

Ihren freundlichen Brief habe ich mit viel Interesse gelesen. Den Ausdruck "Incarnatio" habe ich wie zufällig gewählt, allerdings, wie ersichtlich, in Anlehnung an die religiöse Symbolik. Als "incarnatio continua" ist er synonym mit "creatio continua" und bedeutet eigentlich die Verwirklichung einer potentiell vorhandenen Realität, eine Actualisierung des "mundus potentialis" des ersten Schöpfungstages, bezw. des "Unus Mundus", in welchem noch keine Unterschiede vorhanden sind. (Dies ist ein Stück alchemistischer Philosophie.) Eine ähnliche Idee findet sich bei Ch'uang-tze.

Ich sehe in der Tat auch keine genügende Möglichkeit, die Frage zu entscheiden, ob die "Rotation", d.h. der Verlauf der Ereignisse zyklisch in sich selber oder spiralig verläuft. Wir haben nur die Erfahrung im psychischen Bereich, dass der Anfangszustand unbewusst, der Endzustand aber bewusst ist. Im biologischen Bereich haben wir die Tatsache, dass neben dem Weiterbestehen niederer Organismen allmählich hochkomplizierte Lebewesen entstanden sind, zuletzt die einzigartige Tatsache des reflektierten Bewusstseins (d.h. "ich weiss, dass ich bewusst bin"). Diese Tatsachen deuten wenigstens die Möglichkeit einer "analogia entis" an, d.h. dass diese Teilaspekte des Seins wohl einer allgemeinen Eigenschaft des Seins entsprechen.

Das psychologische Problem scheint mir wirklich im Brennpunkt der heutigen Problematik zu liegen. Ohne dass wir diesem Stein des Anstosses zu Leibe rücken, wird keine einheitliche Naturbeschreibung oder -erklärung möglich sein.

Inbetreff der "flying discs" war ich bislang der Ansicht, dass es sich um "Massenhalluzination" handelt (was immer das sein mag). Nun scheint aber das Phänomen von den in Frage kommenden höheren Militärinstanzen in Amerika ernst genommen zu werden — daher meine Neugier.

Das Meteor war gut, in der Tat ein καιρός: ἐν τῷ καιρῷ πάρεστι πάντα τὰ καλά. (Alles Gute liegt am καιρός).

Mit den besten Grüssen und vielem Dank für Ihre allzeit ungemein anregende Unterhaltung,

Ihr ergebener

C.G. Jung

[58] PAULI AN JUNG

[Zürich] 27. Februar 1953
[Maschinenschriftlicher Durchschlag]
Motto: "to be" or "not to be", this is the question.

Lieber Herr Professor Jung,

Es ist nun ein Jahr vergangen, seit ich Ihnen zum letzten Mal einen Brief geschrieben habe und jetzt scheint mir der Zeitpunkt richtig, meinen bereits längere Zeit gehegten Plan, Ihnen wieder zu schreiben, zur Ausführung zu bringen. Das Thema, das ich mir diesmal hierzu ausgesucht habe, kann ich etwa nennen: "Betrachtungen eines Ungläubigen über Psychologie, Religion und Ihre Antwort auf Hiob".[a] Ich zweifle nicht, dass Sie sehr viele Zuschriften erhalten haben, die sich auf Ihr Buch "Antwort auf Hiob" beziehen (besonders von Theologen, die bewusst oder unbewusst von starken Zweifeln geplagt sind und denen Ihre Psychologie willkommen sein dürfte, um diese Zweifel zu beschwichtigen). Wahrscheinlich wird Ihnen aber diese Zuschrift trotz Ihrer reichen Erfahrung etwas ungewöhnlich erscheinen. Mein Thema soll weder die ganze historische Entwicklung des jüdisch-christlichen Gottesbildes, noch allzu allgemein weltanschauliche Fragen betreffen. Sondern ich möchte gerne die letzten vier Kapitel Ihres zitierten Buches besonders herausgreifen, wo das Problem der Anima, damit von selbst der Gegensatz Katholizismus-Protestantismus, und der Individuationsprozess wesentlich in Ihre religionspsychologischen Betrachtungen hineinspielen. Dadurch ergibt sich nämlich eine Beziehung dieser Kapitel Ihres neuen Buches zu Ihrem früheren Buch "Psychologie und Religion",[b] worauf ich in der gewählten Ueberschrift absichtlich angespielt habe. Es liegt in der Natur der Sache, dass ich auf ein so persönliches Buch wie das Ihre, wenn überhaupt, so nur persönlich reagieren kann. Dieser Brief kann daher nicht rein wissenschaftlich gehalten sein und um auch die emotionale Seite und das Unbewusste zum Wort kommen zu lassen, benütze ich auch Träume. Ich habe hierbei solche ausgesucht, die insofern sehr typisch sind, als deren Motive bei mir in Zeiträumen, die sich über viele Jahre erstrecken, mit Variationen immer wiederkehren.

Wenn auch meine Reaktion und mein Standpunkt zu diesen Problemen persönlich individuell ist, so bin ich mir darüber klar, dass wir alle — der Psychologe, der am Ende eines Buches und am Abend eines arbeitsreichen Lebens einen neuen Hierosgamos herankommen sieht, der Physiker, der die Einseitigkeiten kompensieren muss, die auf die naturwissenschaftlichen Pionierleistungen des 17. Jahrhunderts gefolgt sind und der Papst, der einen alten Volksglauben sanktionierend ein neues Dogma verkündet — als Kinder des 20. Jahrhunderts im Unbewussten vom gleichen archetypischen Geschehen ergriffen sind, wie verschieden auch unsere bewusste Einstellung sein mag. So schreibe und berichte ich das Folgende in der Hoffnung, dass trotz aller Unterschiede in der Schattierung der Meinungen eine genügend breite Basis für ein Verständnis zwischen uns in diesen ebenso schwierigen wie lebenswichtigen Problemen vorhanden ist.

## I.

Zur Lektüre Ihres Buches "Antwort auf Hiob" hatte ich mir, übrigens nach Ueberwindung einiger Widerstände, die Aequinoktialzeit des letzten Herbstes ausgesucht. Am Abend des 19. September hatte ich die ersten 12 Kapitel (d.h. bis ausschliesslich zur Apokalypse) gelesen. Meine Einstellung war gar nicht kritisch, ich hatte im Gegenteil diese Kapitel mit ihren verstreuten Sarkasmen wie eine angenehme Unterhaltungslektüre auf mich wirken lassen und war in einer vergnügten, aber einigermassen oberflächlichen Stimmung. In der unmittelbar auf diese Lektüre folgenden Nacht hatte ich jedoch diesen Traum:

"Erst fahre ich in einem Zug mit Herrn Bohr. Dann steige ich aus und befinde mich allein in einer Landschaft mit kleinen Dörfern. Nun suche ich einen Bahnhof, um nach links zu fahren. Ich finde ihn auch bald. Der neue Zug kommt von rechts, es ist offenbar eine kleine Lokalbahn. Als ich einsteige, sehe ich im Wagon sofort "das dunkle Mädchen", umgeben von fremden Leuten. Ich frage, wo wir sind und die Leute sagen: "Die nächste Station ist Esslingen, wir sind gleich dort". Sehr ärgerlich erwache ich, weil wir in einen so gänzlich uninteressanten und langweiligen Ort gefahren sind."

So war das Vergnügen am Abend in Aerger am Morgen umgeschlagen. Offenbar war im Traum "die Dunkle" gesucht worden. Ihr Wohnort scheint als Gegend im Zürcher Oberland und speziell als Esslingen, d.h. ausserordentlich provinziell in recht loser Verbindung mit der Hauptstadt Zürich, wo auch meine Haupttätigkeit, theoretische Physik (vertreten durch Bohr) stattfindet. Der Grund des Aergers ist offenbar der, dass ich mich in eine so abgelegene provinzielle Gegend begeben muss, um die Dunkle zu finden.

Was hat das aber nun mit Ihrem Buch zu tun? Nun, es hat sehr viel damit zu tun und ich habe auch sogleich einen Zusammenhang gesehen. Die Dunkle war für mich immer der Gegenpol zum Protestantismus, jener "Männerreligion, die keine metaphysische Repräsentation der Frau kennt".[1] Das Gegensatzpaar Katholizismus — Protestantismus plagte mich durch lange Zeit in Träumen[2]. Es ist der Konflikt zwischen einer Einstellung, welche die ratio nicht, oder zu wenig, annimmt und einer anderen Einstellung, welche die anima nicht annimmt. Dieses Gegensatzpaar erschien später immer wieder in vielen Formen, z.B. als

    Fludd — Kepler

    Psychologie — Physik

    intuitives Fühlen — naturwissenschaftliches Denken

    Holland — Italien[3]

    Mystik — Naturwissenschaft

Es ist ein Gegensatzpaar, das offenbar nach Ueberwindung durch eine Coniunctio verlangt.

---

[1] Antw. auf H. p. 160.
[2] Es erscheint übrigens in einem Traum, der in "Psychologie und Religion" p. 45 f. von Ihnen kommentiert wird.
[3] Diese Zuordnung entspricht dem auf einem "Länder-Mandala" abgebildeten projizierten Funktionsschema meiner Träume.

Nun wusste ich vorher, dass das neue katholische Dogma von der Aufnahme des Körpers der Madonna in den Himmel im Buch "Antw. auf Hiob" gegen Schluss zur Sprache kommt. Die Verkündigung dieses Dogmas hatte auch mich aufhorchen gemacht, in einem bestimmten Zusammenhang und in einem bestimmten Lichte, in dem es mir persönlich von Anfang an erschienen war und auch heute noch erscheint.

Meine Quelle darüber war hauptsächlich der (protestantische) College Gonseth,[c] der in Rom mit katholischen Intellektuellen (besonders Thomisten) darüber (in Verbindung mit der von ihm vertretenen Richtung der Philosphie) Diskussionen hatte. Er berichtete, dass diese Intellektuellen wegen der Konkretismen des Papstes in einiger Verlegenheit seien und das neue Dogma als Konzession an das einfache Volk und zugleich als "metaphysischen Schachzug" gegen den Kommunismus betrachteten.

Insofern nun die Politik seit jeher eine Prärogative des princeps huius mundi gewesen ist, insofern weiter jeder Politik Treibende (und das trifft für den grössten Teil des katholischen Klerus zu), psychologisch gesprochen im intimen "Umgang mit dem Teufel" steht, wäre also die Initiative zum neuen Dogma (in der Terminologie Ihres Buches "Antw. auf H." ausgedrückt) vom Teufel ausgegangen; es handelt sich um eine Gegenmassnahme gegen den Teufel. Natürlich kann ich im 20. Jahrhundert nicht mehr direkt verstehen, was der Papst mit "Himmel" meint (und es interessiert mich auch gar nicht, was er meint). Es ergibt sich aber ein mir zugänglicher Sinn, wenn ich "Himmel" hier mit dem "überhimmlischen Ort", dem nicht-physikalischen Raum, identifiziere, in welchem sich gemäss der platonischen Philosophie die "Ideen" befinden sollen. Dies dürfte insofern nicht ganz willkürlich sein, als ja historisch das Christentum viel Worte und Begriffe von Plato und den Platonikern übernommen hat. Der "Schachzug" würde dann darin bestehen, dass eine Konzession an die Materie gemacht werden soll, die seit den Tagen des Neuplatonismus nur als privatio der Ideen und als das Böse, bzw. christlich der Teufel gegolten hat. Man kann darüber im Zweifel sein, ob diese Konzession genügt, da es sich im neuen Dogma immerhin um eine stark "desinfizierte" Materie handelt. Es erscheint mir aber jedenfalls eine Auffassung sehr sinnvoll und akzeptabel, bei der ein Abgleiten in den Materialismus (politisch: in den Kommunismus) dadurch vermieden wird, dass die Materie nicht in ihrer anorganischen Form, sondern nur in Verbindung mit der Seele, der "metaphysischen" Repräsentation der Frau, in die Ideenwelt aufgenommen wird. In dieser Form erscheint mir der "Schachzug" ganz folgerichtig. In die soziale Praxis umgesetzt, wäre das Vermeiden der Entstehung seelenloser Irrenhäuser eine sehr segensreiche Folge.

Als Symbol der monistischen Vereinigung von Materie und Seele hat aber jene "assumptio" für mich noch eine tiefere Bedeutung. Jede tiefere Wirklichkeit, d.h. jedes "Ding an sich", ist für mich ohnehin symbolisch, nur die "Erscheinung" ist konkret (siehe p. 17). In der empirischen Welt der Phänomene muss es zwar immer den Unterschied von "physisch" und "psychisch" geben, und es war der Irrtum der Alchemie, auf die konkreten chemischen Prozesse eine monistische (neutrale) Sprache anzuwenden. Nachdem aber auch die Materie für den modernen Physiker eine abstrakte, unsichtbare Realität geworden ist, sind die Aussichten für einen psychophysischen Monismus viel günstiger geworden.[4] Insofern ich nun an die Möglichkeit einer gleichzeitigen religiösen und naturwissenschaftlichen Funktion des Auftretens archetypischer Symbole glaube[5], war und ist mir die Tatsache der Verkündigung des neuen Dogmas ein sicheres Zeichen dafür, dass das psychophysische Problem nun auch im wissenschaftlichen Bereich auf's Neue konstelliert ist. Der Hierosgamos, dessen Morgenröte Sie von ferne bereits sehen, muss auch die Lösung dieses Problems bringen.

Ich werde sogleich darauf zu sprechen kommen, dass mir auch die von Ihnen hervorgehobene Parallele des Neuen Dogmas zu einem bestimmten Stadium des Individuationsprozesses[6] eine starke Stütze für diese Auffassung zu sein scheint. Zunächst möchte ich aber noch über meine weitere emotionale Reaktion, als ich Ihr Buch zu Ende las, kurz berichten.

Natürlich las ich mit der gespannten Erwartung, was Sie über die Materie und über das psychophysische Problem sagen werden, wenn Sie zum neuen Dogma kommen. Ich fand aber, zunächst zu meiner grössten Enttäuschung, dass über letzteres nichts gesagt wurde, und die Materie nur schwach angedeutet war in den Ausdrücken "kreatürlicher Mensch" und "Inkarnation Gottes", aber doch im wesentlichen ausser Betracht blieb. Ich dachte mir "Was der Papst mit 'Himmel' meint, das weiss ich nicht; es ist aber sicher nicht dieses Buch, denn in dieses ist die Materie nicht aufgenommen worden". Die Unterlassung der Erwähnung des Zusammenhanges mit dem psychophysischen Problem führte ich übrigens auf Ihre Bestrebung zurück, eine Diskussion mit den Theologen in Gang zu bringen, was mir aber von vornherein aussichtslos zu sein schien. Jetzt scheinen mir aber dafür noch andere Gründe vorzuliegen (siehe unter Note 28).

## II.

Nachdem ich den Aerger habe sprechen lassen, erkannte ich ihn sogleich als denselben, der beim Erwachen nach dem bereits angeführten Traum schon früher vorhanden war. Einerseits war dieser Traum also eine Antizipation meiner Reaktion nach dem vollständigen Lesen Ihres Buches, andererseits führte er mich nun auf die Subjektstufe zurück. In diesem Moment sah ich, dass "zufällig" auf meinem Schreibtisch auch eine Arbeit von McConell[d] über ESP Phänomene lag, und ich erinnerte mich sogleich, dass Sie mit Absicht Ihre beiden Schriften "Antw. auf Hiob" und über die Synchronizität etwa gleichzeitig haben erscheinen lassen. Die ESP-Phänomene spiegeln nun auch eine Seite des psychophysischen Problems wieder (wo hört im Materiellen die Psyche eigentlich auf?) und nahm man beide Schriften zusammen, so ergab sich bereits eine wesentlich weniger "provinzielle" Atmosphäre.

Auf der Subjektstufe war nun seit langem in Träumen und Phantasien als das tertium, jenseits des Gegensatzes katholisch-protestantisch (oder der analogen Gegensätze der angeführten Liste) eine besondere Form der "Dunklen" erschienen, nämlich die Chinesin (oder Exotin), mit den so charakteristi-

---

[4] Vgl. hiezu meine Idee der "neutralen Sprache" und Ihr Buch "Aion", p. 372 und 373.
[5] Siehe den Schluss meines Aufsatzes über Kepler.
[6] Antw. auf H. p. 147.

schen Schlitzaugen. Diese weisen auf eine besondere ganzheitliche Anschauung hin, die aber in einem noch ungenügenden Zusammenhang mit meinem rationalen Ego steht. Als weibliche (Anima-) Figur ist sie jedoch mit dem emotionalen Interesse verbunden, das von einer Belebung oder Anregung der Gegensatzpaare begleitet ist. Sie sieht andere Zusammenhänge als die gewöhnliche Zeit, doch scheint mir immer eine "Gestalt" [7], welche die Tendenz hat, sich zu reproduzieren ("Automorphismus"), den Wahrnehmungen der "Chinesin" zu Grunde zu liegen. Diese "Gestalt" (man kann sie in einem gewissen Sinne auch "Archetypus" nennen, siehe unten pag. 12) ist psychisch und physisch und deshalb erschien die Chinesin zuerst als die Trägerin "psychophysischer Geheimnisse" von der Sexualität bis zu den subtilen ESP-Phänomenen. Ich glaube, dass auch den ESP-Phänomenen immer eine Belebung von Gegensatzpaaren zugrunde liegt (ebenso wie der Mantik des I-Ging).

Nun war meine Aufmerksamkeit auf die fremden Leute[8] gerichtet, von denen die Dunkle im erwähnten Traum umgeben war. Sie schienen mir auf noch ungenügend verstandene, d.h. vorbewusste Ideen hinzuweisen, die mit jenem "chinesischen" (ganzheitlichen) Aspekt der Dunklen zu tun haben. Dies wurde durch folgenden Traum bestätigt:

Traum, 28. September 1952

"Die Chinesin geht voran und winkt mir zu folgen. Sie macht eine Falltür auf und geht, diese hinter sich offen lassend, eine Treppe hinunter. Ihre Bewegungen sind eigentümlich tänzerisch, sie spricht nicht, sondern drückt sich stets pantomimisch aus, etwa so wie in einem Ballett. Ich folge ihr und sehe, dass die Treppe in einen Hörsaal führt. In diesem warten "die fremden Leute" auf mich. Die Chinesin winkt mir weiter, ich solle auf das Podium steigen und zu den Leuten sprechen, ihnen offenbar eine Vorlesung halten. Während ich nun noch warte, "tanzt" sie fortwährend rhythmisch von unten wieder die Treppe hinauf, durch die offene Tür in's Freie und dann wieder hinunter. Dabei hält sie immer den Zeigfinger der linken Hand mit dem linken Arm in die Höhe, den rechten Arm und den Zeigefinger der rechten Hand nach abwärts. Die wiederholte Anwendung dieses Rhythmus hat nun eine starke Wirkung, indem allmählich eine Rotationsbewegung (Zirkulation des Lichtes) entsteht. Der Unterschied zwischen den beiden Stockwerken scheint sich hierbei in einer "magischen" Weise zu vermindern. Während ich nun wirklich auf's Podium des Hörsaals steige, erwache ich."

Mit diesem mir eindrucksvollen Traum war nun ein gewisser Fortschritt erreicht. Da ist zunächst das Motiv des Hörsaals [9] mit fremden Leuten, vor denen ich Vorlesungen halten soll. Dieses kam bereits in früheren Träumen vor

---

[7] Ich habe mich sehr gefreut zu sehen, dass Sie selbst in dieser Verbindung das Wort "Gestalt" schon verwendet haben in "Aion", p. 260, wo Sie sagen: "Es ist daher keinerlei Anlass vorhanden, unter dem Archetypus irgend etwas anderes zu verstehen, als die Gestalt des menschlichen Instinktes".

[8] Als Sie freundlicher Weise einmal einen früheren Traum von mir kommentiert haben, in welchem "fremde Leute" vorkamen, haben Sie diese als "noch nicht assimilierte Gedanken" gedeutet. (Ihr Brief vom 20. Juni 1950.)

[9] Der Hörsaal ist auch ein Ort der "Sammlung". Vg. hiezu den Traum in Psych. u. Rel., p. 65.

und ist eng verbunden mit Träumen, ich hätte eine Berufung an eine neue Professur, hätte aber diese Berufung noch nicht angenommen. Als ich z.B. auf der Reise nach Indien längs Spanien und Portugal nach Süden fuhr, hatte ich einen Traum, dass ich nach Holland fahre, um einer Berufung dorthin als Professor zu folgen. Der "Fremde" erwartete mich dort. Ueber Holland als Gegenposition zur Naturwissenschaft siehe die Tabelle oben.[e] Die indische Einstellung entspricht ungefähr dieser Gegenposition. Das Motiv der noch nicht angetretenen Professur scheint mir sehr wichtig, denn es zeigt die Widerstände des Bewusstseins gegen die "Professur". Das Unbewusste spricht einen Tadel gegen mich aus, ich hätte der Oeffentlichkeit etwas Bestimmtes, etwas wie ein Bekenntnis, vorenthalten, ich sei da meiner "Berufung" aus konventionellen Widerständen nicht gefolgt.

Diese Widerstände sind manchmal in einer Schattenfigur quasi kondensiert. Dieser Schatten war früher bei mir auf den Vater[f] projiziert [10] ich lernte aber später, ihn vom wirklichen Vater zu unterscheiden, wobei sich die Traumfigur übrigens zusehends verjüngte. Dieser Schatten ist stets intellektuell-gefühllos und geistig strikt konventionell.

Es ist dabei zu berücksichtigen, dass die mathematische Naturwissenschaft für mich, wie für jeden anderen, der sie betreibt, eine überaus starke Bindung an eine Tradition bedeutet, überigens an eine typisch abendländische Tradition — eine Stärke und eine Fessel zugleich! Bekehrungen zum Taoismus wie bei R. Wilhelm oder zum indischen Mystizismus, wie bei A. Huxley können einem Naturwissenschaftler, glaube ich, kaum zustossen. Im Sinne dieser Tradition und meiner bewussten Einstellung war alles, was zur Gegenposition der Naturwissenschaften gehört, weil mit Gefühl verbunden, eine private Angelegenheit. Dagegen erwarten die Leute im Hörsaal einen Professor, der sowohl die Naturwissenschaften doziert, als auch ihre gefühlsmässig-intuitive Gegenposition, vielleicht sogar einschliesslich ethischer Probleme. Die Leute im Hörsaal haben entgegen meinen Widerständen den Standpunkt, dass auch dieser erweiterte Gegenstand der "Vorlesung", obwohl persönlich, doch für die Oeffentlichkeit interessant sei.

Dann enthält der Traum das Motiv des Tanzes. Auf Grund von Erfahrungen, die sich über längere Zeiträume erstrecken, kam ich zum Resultat, dass das rhythmische Empfinden, das hier ausgedrückt wird, auf einer inneren Wahrnehmung archetypischer Sequenzen [11] beruht. Da das Ordnungsprinzip der Gegensatzpaare nicht primär ein zeitliches ist, ist das Zeitmass willkürlich und scheint sowohl als schneller, als auch als langsamer Rhythmus. [12] Nachdem ich die Götterfiguren auf der Insel Elephanta bei Bombay gesehen habe, bin ich einigermassen überzeugt, dass die rhythmischen Vorstellungen der Seelenwanderung und der Weltzeitalter in Indien und insbesondere Siva's Tanz auf

---

[10] Vgl. hierzu den Traum 15, in Psychologie und Alchemie, p. 108 f.
[11] Vgl. Hierzu Ihr Buch "Psychologie d. Uebertragung" und Frau A. Jaffé "Der gold. Topf".[g]
[12] Vgl. die "Weltuhr" in "Psychologie und Religion", Kap. III.

ähnlichen Erlebnissen beruhen [13]. Es erscheint jedoch dem Abendländer, nachdem er durch das naturwissenschaftliche Zeitalter gegangen ist, als naiv und irrig, das rhythmische Erlebnis konkretistisch in rhythmische Vorgänge in der Physis zu projizieren.

Die "Chinesin" ist zwar jenseits der Gegensatzpaare Katholizismus — Protestantismus, Mystik — Naturwissenschaft etc., sie ist selbst jene ganzheitliche Einheit von Psyche und Physis, die dem menschlichen Geist noch als Problem erscheint, sie ist in besonderer Weise sehend. Aber, frei von irgendwelchen Rationalisierungen, ist sie auch nicht der rationalen Fähigkeiten meines Bewusstseins fähig, wie logisches Denken, Mathematik etc. Sie sucht daher den Logos (bzw. mich) als Bräutigam und ist noch keine letzte Entwicklungsstufe. In der späteren Entwicklung erscheint daher als übergeordnete Instanz eine neue, hell-dunkle männliche Figur: der "Fremde". Diese weitere Entwicklung kommt z.B. in folgendem Traum zum Ausdruck:

Traum, 20. Dezember 1952, in Bombay

"Es ist ein grosser Krieg. Auf meiner Seite ist ein chinesisches Ehepaar. Ich dränge im Handgemenge die Gegenpartei zurück. Als ich endlich mit den Chinesen allein bin, erblicke ich den Fremden. Ich verlange von ihm einen formellen Anstellungsvertrag für das chinesische Paar. Zur grossen Freude der Chinesen erklärt er sich damit einverstanden."

Es scheint, dass hiermit ein weiteres Stadium der fortgesetzten Auseinandersetzung mit dem Unbewussten erreicht war. Ich bin aber noch weit davon entfernt, die als "fremde Leute" und als "chinesisches Paar" erscheinenden Inhalte des Unbewussten dem Bewusstsein assimilieren zu können, was wohl die eigentliche Aufgabe der neuen "Professur" wäre. Ich konnte erst nur vorläufig den mit diesen Inhalten verbundenen Kontext etwas abtasten.

III.

Ich bin immer noch und immer wieder überrascht über diese Insistenz des Unbewussten auf der neuen Professur mit ihren Vorlesungen in Hörsälen und über meine Berufung, und ich frage mich nun, was ein solcher Professor wohl sagen könnte, der nicht nur "den Schwanz hält — aber den hält er in der Hand" [14] (nämlich die theoretische Physik), sondern noch obendrein "das Haupt umfasst" [15] ohne aber von diesem verschlungen zu werden und ohne "nur zu träumen".[14]

Die neue Coniunctio, den neuen Hierosgamos, den diese Situation verlangt, kann ich nicht vorwegnehmen, ich will aber versuchen, noch etwas deutlicher zu sagen, was ich mit dem Schlussteil meines Kepleraufsatzes eigentlich sagen wollte: das feste in der Hand halten des "Schwanzes", das heisst der Physik, gibt mir unverhofft Hilfsmittel, die sich vielleicht auch bei dem grösseren Unternehmen, das "Haupt zu umfassen", verwerten lassen. Es scheint mir nämlich in der Komplementarität der Physik mit ihrer Ueberwindung des Gegensatzpaares "Welle — Teilchen" eine Art Modell oder Vorbild für jene andere, umfassendere

---

[13] Im Abendland erscheinen Rhythmen im Feuer des Heraklit (Enantiodromie) und in der Sphärenmusik der Pythagoräer.
[14] Worte von Kepler, siehe meinen Artikel p. 151 oben.
[15] Worte von Fludd, l.c.p. 152.

Coniunctio vorzuliegen [16]. Die kleinere "Coniunctio" im Rahmen der Physik, die von Physikern konstruierte Quanten- oder Wellenmechanik, weist nämlich, ganz ohne die Absicht ihrer Erfinder, gewisse Merkmale auf, die auch für die Ueberwindung der anderen, p. 3 angegebene Gegensatzpaare verwertbar sein dürften.

Die Analogie ist etwa:

| Quantenphysik | Psychologie des Individuationsprozesses und des Ubw. überhaupt. |
|---|---|
| einander ausschliessende komplementäre Versuchsanordnungen zur Messung des Ortes einerseits, der Bewegungsgrösse andererseits. | naturwissenschaftliches Denken — intuitives Fühlen. |
| Unmöglichkeit, die Versuchsanordung zu unterteilen, ohne das Phänomen wesentlich zu ändern. | Ganzheitlichkeit des aus Bewusstem und Unbewusstem bestehenden Menschen. |
| Unberechenbarer Eingriff bei jeder Beobachtung. | Veränderung des Bewusstseins und des Unbewussten bei jeder Bewusstwerdung, speziell beim Vorgang der Coniunctio. |
| Das Resultat der Beobachtung ist eine irrationale Aktualität des Einmaligen. | Das Resultat der Coniunctio ist das infans solaris, die Individuation. |
| Die neue Theorie ist die objektive, rationale und eben deshalb symbolische Erfassung der Möglichkeiten des Naturgeschehens, ein genügend weiter Rahmen, um auch die irrationale Aktualität des Einmaligen aufzunehmen. | Die objektive, rationale und eben deshalb symbolische Erfassung der Psychologie des Individuationsprozesses, weit genug, um die irrationale Aktualität des einmaligen Menschen aufzunehmen. |
| Zu den Hilfsmitteln der Theorie gehört ein abstraktes mathematisches Zeichen $\psi$, komplexe Zahlen (Funktionen) in Abhängigkeit vom Raum (oder von noch mehr Veränderlichen) und von der Zeit. | Das Hilfsmittel der Theorie ist der Begriff des Unbewussten. Man soll nicht vergessen, dass das "Unbewusste" unser symbolisches Zeichen ist für die Möglichkeiten des Geschehens im Bewusstsein, gar nicht so unähnlich jenem $\psi$. |

---

[16] Ich hatte über diese Fragen interessante Diskussionen mit Herrn M. Fierz, dem ich hierfür sehr zu Dank verpflichtet bin.

| | |
|---|---|
| Die zur Anwendung kommenden Naturgesetze sind statistische Wahrscheinlichkeitsgesetze. Der Wahrscheinlichkeitsbegriff enthält wesentlich das Motiv "das Eine und die Vielen". | Es wird eine Verallgemeinerung des Naturgesetzes vorgenommen durch die Idee einer sich selbst reproduzierenden "Gestalt" des psychischen oder psychophysischen Geschehens, auch "Archetypus" genannt. Die hierdurch zu Stande kommende Struktur des Geschehens kann als "Automorphismus" bezeichnet werden. Sie ist psychologisch gesprochen "hinter" dem Zeitbegriff. |
| Das Atom bestehend aus Kern und Hülle. | Die menschliche Persönlichkeit bestehend aus "Kern" (oder "Selbst") und "Ich". |

Ich möchte diesem sehr provisorischen Schema nur noch einige erkenntnistheoretische Bemerkungen hinzufügen. Durch die Zulassung von Ereignissen und Verwendung von Möglichkeiten, die sich nicht mehr als prädeterminiert und unabhängig vom Beobachter existierend auffassen lassen, kommt die für die Quantenphysik charakteristische Art der Naturerklärung in Konflikt mit der alten Ontologie, die einfach sagen konnte "Physik ist die Beschreibung des Wirklichen"[17], etwa im Gegensatz zu "Beschreibung dessen, was man sich bloss einbildet."[17] "Seiend" und "Nicht-seiend" sind keine eindeutigen Charakterisierungen von Eigenschaften, die nur kontrolliert werden können durch statistische Versuchsreihen mit verschiedenen Anordnungen, die einander unter Umständen ausschliessen.

Auf diese Weise erfährt die in der antiken Philosophie begonnene Auseinandersetzung über "seiend" und "nicht seiend" ihre moderne Fortsetzung. In der Antike bedeutete "nicht seiend" nicht etwa schlechthin nicht vorhanden, sondern diese Charakterisierung weist stets auf eine Denkschwierigkeit hin. Nicht seiend ist, das, worüber nicht gedacht werden kann, was sich der Erfassung durch den denkenden Verstand entzieht, was sich nicht in Begriffen einfangen und bestimmen lässt. In diesem Sinne, will es mir scheinen, war für die antiken Philosophen Sein oder Nichtsein die Frage.[18] In diesem Sinne erschien

---

[17] Worte von Einstein.
[18] Sie sind in diese alte Diskussion quasi eingedrungen, als Sie auf die neuplatonische Formulierung stiessen, das Böse sei "nicht seiend", eine blosse privatio boni. Ihre Charakterisierung dieser Aussage als "Unsinn" (Antw. auf Hiob, p. 39, Note 6) beziehe ich noch mehr auf die schlechte Gewohnheit der heutigen Theologen, sehr alte Worte zu gebrauchen, deren Sinn sie längst nicht mehr verstehen, als auf die ursprüngliche Aussage selbst. Mir persönlich sind die heutigen Theologen gänzlich uninteressant, dagegen erscheint es mir in solchen Diskussionen unerlässlich, auf die antiken Wurzeln der benützten Worte und Begriffe zurückzukommen.

In dem Sinne, in welchem die Alten "nicht seiend" gesagt haben, sagen wir heute zutreffender "irrational" oder "dunkel".

Nun wurde seit Sokrates und Plato das Gute, als das Rationale empfunden und betrachtet (die Tugenden sind sogar lehrbar!), im Gegensatz zum Bösen, das keiner begrifflichen Bestimmung fähig ist — eine grosse Idee, will mir scheinen. Letzteres verhält sich dabei

insbesondere das Werden und das Veränderliche, daher auch die Materie, einer gewissen Psychologie als nicht seiend, eine blosse privatio der "Ideen". Demgegenüber hat Aristoteles, dem Konflikt ausweichend, den wichtigen Begriff "der Möglichkeit nach seiend" aufgestellt und auf die Hyle angewandt. Die Hyle sei zwar actu "nicht seiend" und eine blosse privatio der Form (wie er statt "Idee" sagte), aber potentia doch "seiend" und nicht eine blosse privatio. Hierdurch setzte eine wichtige Differenzierung des wissenschaftlichen Denkens ein. Des Aristoteles weitere Aussagen über Materie (er blieb ganz bei der platonischen Auffassung der Materie als etwas Passivem, Aufnehmendem stehen) lassen sich in der Physik kaum verwerten und vieles Konfuse bei Aristoteles scheint mir daher zu rühren, dass er, als der bei weitem schwächere Denker, von Plato überwältigt gewesen ist. Er konnte seine Absicht, das Mögliche zu erfassen, damals nicht wirklich durchführen und sein Versuch blieb in den Anfängen stecken. Auf Aristoteles fusst die peripatetische Tradition, sowie zu einem wesentlichen Teil die Alchemie (vide Fludd). Die heutige Wissenschaft ist nun, glaube ich, an eine Stelle gelangt, wo sie den von Aristoteles (wenn auch in noch recht unklarer Weise) begonnenen Weg weitergehen kann. Die komplementären Eigenschaften des Elektrons (und der Atome) (Welle und Teilchen) sind in der Tat "der Möglichkeit nach seiend", aber eine von ihnen ist stets "der Aktualität nach nicht seiend". Deshalb kann man wohl sagen, die nicht mehr klassische Naturwissenschaft sei zum ersten Mal eine wahre Theorie des Werdens und nicht mehr platonisch. Dazu passt sehr gut, dass mir der prominenteste Vertreter der neueren Physik, Herr Bohr, als einziger wirklich nicht-platonischer Denker erschien:[19] schon am Anfang der 20er Jahre (noch vor Aufstellung der jetzigen Wellenmechanik) demonstrierte er mir das Gegensatzpaar "Klarheit — Wahrheit" und lehrte mich, dass jede wahre Philosophie mit einer Paradoxie gleich beginnen müsse. Er war und ist (im Gegensatz zu Plato) ein Meister des antinomischen Denkens, ein dekranos [20] kat exochen.

Als Physiker mit diesem Entwicklungsgang und an diese Denkweise gewöhnt, sind mir daher die Herren mit den ruhenden Kugeln [21] ebenso suspekt

---

dieser Auffassung gemäss zum Guten wie die Materie zum idealen ("Seienden") mathematischen Objekt. Die Materie ist bei Plato geradezu definiert als das, was den Unterschied des empirischen Objektes vom idealen geometrischen Objekt ausmacht. Was beiden gemeinsam ist, ist das Verstehbare, das Positive, das Gute am empirischen Körper; das was sie unterscheidet, die Materie, ist das Unverständliche, später das Böse. Die Materie hat daher nur die passive Funktion, die als "seiend" hypostasierten geometrischen Ideen aufzunehmen (sie ist die "Aufnehmerin" oder "Amme" für die letzteren.) Die privatio boni im späteren Platonismus bedeutet daher: Das Böse lässt sich rational, in allgemeinen Begriffen ausgedrückt, von der "einen", wie die euklidische Geometrie unveränderlich "seienden" Idee aus erfasst, nur als das Fehlen des Guten charakterisieren, so wie die Materie nur als das Fehlen der Ideen.

(Es ist merkwürdig, wie stark mich das Lesen Ihrer Bücher immer in die Antike hineindrängt. Es ist offenbar eine persönliche Wirkung von Ihnen auf mich; vor dem Lesen Ihres "Aion" hat mich die Antike gar nicht so interessiert.)

[19] Der englische Philosoph A.N. Whitehead sagte irgendwo, dass die ganze europäische Philosophie nur aus Fussnoten zu Plato bestünde.

[20] Doppelkopf — Spitzname für die Anhänger des Heraklit von Seiten der Anhänger des Parmenides.

[21] Ich habe dabei Parmenides und Kepler im Auge.

wie "seiende" metaphysische Räume oder "Himmel" (seien sie nun christlich oder platonisch), oder "das Supreme" oder "Absolute" [22] Die bei allen diesen Gebilden nicht ausgedrückte wesentliche Paradoxie der menschlichen Erkenntnis (Subjekt-Objekt-Relation) kommt dann an irgend einer späteren, ihren Autoren unerwünschten Stelle doch an den Tag!

Aus diesen Gründen möchte ich vorschlagen, den aristotelischen Ausweg aus dem Konflikt zwischen "seiend" und "nicht seiend" auch auf den Begriff des Unbewussten anzuwenden. Viele sagen heute noch, das Unbewusste sei "nicht seiend", eine blosse privatio des Bewusstseins.[23] (Dazu gehören wohl auch alle diejenigen, die Ihnen "Psychologismus" vorwerfen). Die Gegenposition dazu ist die, das Unbewusste und die Archetypen, wie die Ideen überhaupt, an überhimmlische Orte und in metaphysische Räume zu verlegen. Diese Auffassung erscheint mir aber ebenso bedenklich und dem Gesetz des Kairos zuwider. In dem angeschriebenen Analogieschema habe ich deshalb den dritten Weg beschritten, das Unbewusste (ebenso wie die Eigenschaften des Elektrons und der Atome) als "der Möglichkeit nach seiend" [24] aufzufassen: Es ist eine legitime Bezeichnung des Menschen für Möglichkeiten des Geschehens im Bewusstsein und gehört als solche der echten symbolischen Wirklichkeit der "Dinge an sich" an. Wie alle Ideen ist das Unbewusste <u>zugleich im Menschen und in der Natur</u>; die Ideen haben <u>keinen</u> Ort, auch keinen <u>himmlischen</u> [25] Man kann gewissermassen von <u>allen</u> Ideen sagen "cuiuslibet rei centrum, cuius circumferentia est nullibi" (was Fludd nach alten alchemistischen Texten von Gott sagt; siehe meinen Keplerartikel, p. 174). Solange man Quaternitäten fern von Menschen "im Himmel" aufhängt (so erfreulich und interessant solche Versuche, als Anzeichen bewertet, auch sein mögen), werden keine Fische gefangen, der Hierosgamos unterbleibt und das psychophysische Problem bleibt ungelöst.

Beim psychologischen Problem handelt es sich um die begriffliche Erfassung der Möglichkeiten der irrationalen Aktualität des einmaligen (individuellen) Lebewesens. Wir werden an dieses Problem nur herankommen, wenn wir auch das Gegensatzpaar "Materialismus — Psychismus" in der Naturphilosophie synthetisch überwinden können. Ich meine mit "Psychismus" nicht etwa Psychologismus und nicht etwas der Psychologie eigentümliches [26], sondern einfach das Gegenteil von Materialismus. Ich hätte auch "Idealismus" sagen können, was aber

---

[22] Letzteres ist eine Anspielung auf die indische Philosophie. Auch diejenigen unter den indischen Philosophen, die wie Prof. <u>S. Radhakrishnan</u> die Anwendung des Wortes "Illusion" auf die empirische Welt vermeiden, wissen über das "Mysterium" des Zusammenhanges der "letzten Realität" mit der empirischen Welt nichts anders auszusagen, als es eben "Maya" zu nennen.

Das "Absolute" hat stets die Tendenz, sich unendlich weit von Mensch und Natur zu entfernen. Gerne zitiere ich hier Ihre eigenen Worte (Antw. auf H. p. 167): "Nur das, was auf mich wirkt, erkenne ich als wirklich. Was aber nicht auf mich wirkt, kann ebenso gut nicht existieren."

[23] Vgl. hierzu auch Psych. u. Rel. p. 153.
[24] Vgl. Psych. u. Rel., p. 186 unten: Archetypen als <u>formale Möglichkeit</u>.
[25] Diesen Standpunkt vertrat auch Herr <u>Fierz</u> in der zitierten Diskussion.
[26] Sie haben als Psychologe allerdings eine begriffliche Scheu vor allen Realitäten, die nicht nur psychisch sind. Und so wie alles zu Gold wurde, was König Midas berührt hat, so schien mir manchmal alles psychisch und nur psychisch zu werden, was Sie betrachtet haben. Diese

zeitlich auf die bekannten, seit Kant im 19. Jahrhundert herrschenden philosophischen Strömungen beschränkt bliebe. Diese (auch Schopenhauer), ebenso die ganze indische Philosophie fallen unter diesen Begriff "Psychismus".

Aber wie die Alchemisten schon richtig geahnt haben, geht die Materie wohl ebenso tief wie der Geist und ich bezweifle, ob das Ziel irgend einer Entwicklung eine absolute Vergeistigung sein kann. Von Menschen gemachte Wissenschaften werden — ob wir es wollen und beabsichtigen oder nicht und auch dann, wenn es Naturwissenschaften sind — immer auch Ausagen über den Menschen [27] enthalten. Eben das wollte ich auch mit dem Analogieschema dieses Abschnitts ausdrücken.

Das Ziel der Wissenschaft und des Lebens wird daher letzten Endes der Mensch bleiben, mit dem ja auch Ihr Buch "Antwort auf Hiob" schliesst: In ihm ist das ethische Problem des Gut und Böse, in ihm ist Geist und Materie und seine Ganzheit wird mit dem Symbol der Quaternität bezeichnet.

Es ist heute der Archetypus der Ganzheit des Menschen, von dem die nun quaternär werdende Naturwissenschaft ihre emotionale Dynamik bezieht. Dem entspricht es, dass dem Wissenschaftler von heute — anders als zur Zeit des Plato — das Rationale sowohl gut als auch böse erscheint. Hat doch die Physik ganz neue Energiequellen von früher ungeahntem Ausmass erschlossen, die sowohl zum Guten wie zum Bösen verwendet werden können. Dies hat zunächst zu einer Verschärfung der moralischen Konflikte und aller Gegensätze geführt, sowohl bei den Völkern wie beim Individuum.

Diese Ganzheit des Menschen [28] scheint in zwei Aspekte der Wirklichkeit hineingestellt: Die symbolischen "Dinge an sich", die der Möglichkeit nach seiend sind und die konkreten "Erscheinungen", die der Aktualität nach seiend sind. Der erste Aspekt ist der rationale, der zweite der irrationale [29] (wobei ich diese Adjektiva analog verwende, wie das von Ihnen in der Typenlehre bei der Charakterisierung der verschiedenen Funktionen geschehen ist). Das Zusammenspiel der beiden Aspekte ergibt das Werden.

---

Scheu vor dem Nicht-Psychischen war wohl auch ein Grund, warum Sie im Buch "Antw. auf H." das psycho-physische Problem nicht erwähnt haben.

In der bereits zitierten Stelle im Aion (p. 372) vertraten Sie aber einen Standpunkt über die letzte Einheit von Physis und Psyche, der sich mit dem meinen deckt. Siehe auch Note 28), folgende Seite.

[27] Vgl. meinen Kepleraufsatz Nr. 7, p. 163.)
[28] Hier entsteht die sehr eng mit dem psychophysischen Problem zusammenhängende Frage: Ist der Archetypus der Ganzheit auf den Menschen beschränkt oder manifestiert er sich in der Natur auch ausserhalb des Menschen? Siehe hierzu Ihren Aufsatz "Der Geist der Psychologie", Eranos-Jahrbuch 1946, p. 483 f., wo Sie die Archetypen als nicht nur psychisch annehmen.
[29] Die älteren antiken Philosophen seit Parmenides haben dementsprechend die konkreten Erscheinungen als "nicht seiend" bezeichnet. Schlechthin "seiend" dagegen waren allgemeine Begriffe und Ideen mit unveränderlichen Eigenschaften (bei Aristoteles die "Form"), insbesondere die geo metrischen Begriffe. Es gibt antike astronomische Arbeiten, die sich die Aufgabe gestellt haben, die Erscheinungen zu "retten" σώζειν τὰ φαινόμενα. Man hat damals offenbar nicht gesagt "erklären". Auf die Fragen der reinen Mathematik gehe ich hier nicht ein.

Ist es im Sinne des Kairos und der Quaternität, diese Fragmente einer Philosophie "kritischer Humanismus" zu nennen?

---

Dieses lange Schreiben ist eine Art Abhandlung, doch ist es eine persönliche und in Briefform Ihnen persönlich gewidmet, um sie Ihrer Kritik von der Seite der analytischen Psychologie her zu unterbreiten. Namentlich im Abschnitt II habe ich ja hierzu einiges Material geliefert. Ich glaube keineswegs, dass diese Arbeit schon alles enthält, was jene "fremden Leute" von mir hören wollten, es ist eher eine vorbereitende Klarstellung meines Standpunktes, um mich mit diesem weiter auseinandersetzen zu können.

Wenn Sie gelegentlich auf dieses Schreiben zurückkommen könnten, würde mich das ganz besonders freuen, doch hat das ja nicht die geringste Eile. Seine Länge ist zum Teil ein Einfluss von Indien. Während sich dieses Land auf den Gesundheitszustand meiner Frau sehr schlecht ausgewirkt hat, wirkte es — selbst ein Ort extremster Gegensätze — durch Belebung aller Gegensätze in mir ausserordentlich anregend auf mich: Dieses ist, den Anforderungen des "Schwanzes" und des "Hauptes" entsprechend, schon die zweite Arbeit, die ich seit meiner Rückkehr aus Indien geschrieben habe.

Mit den allerbesten Wünschen für Ihr Wohlergehen

Ihr sehr ergebener
W. Pauli

[a] C.G. Jung, Antwort auf Hiob, Rascher, Zürich 1952.

[b] C.G. Jung, Psychologie und Religion, Rascher, Zürich 1940. Deutsche Übersetzung der Terry-Lectures.

[c] Gonseth s.o.

[d] Robert A. McConell, "ESP-Fact or Fancy" in The Scientific Monthly, Vol. 69, August 1949.

[e] p. 9–10.

[f] Wolf Pascheles, geb. in Prag 1869, Vater Paulis, lässt sich kath. taufen, nimmt in Wien 1898 den Namen Wolfgang Pauli an, (weshalb unser Pauli seine früheren Arbeiten mit "Wolfgang Pauli jun." signierte), Dr. med. Prag, in Wien Privatdozent, bekannter Kolloidchemiker. Hat später noch auf diesem Gebiet gearbeitet bei Prof. Karrer in Zürich. Hier gestorben am 4.XI.55. Erste Gattin Bertha Camilla Schütz, Mutter Paulis, genannt "Maria" 1878–1927.

[g] in C.G. Jung, "Gestaltungen des Unbewussten", in "Psychologische Abhandlungen", Band VII p. 239 ff, Rascher, Zürich 1950.

## [59] Jung an Pauli

Küsnacht, den 7. März 1953
[Maschinenschriftlicher Durchschlag mit handschriftlichen Zusätzen]

Lieber Herr Pauli!

Es hat mich sehr gefreut, wieder einmal von Ihnen zu hören! Es war mir eine grosse Ueberraschung, dass Sie sich gerade mit "Hiob" beschäftigen und ich bin Ihnen sehr zu Dank verpflichtet, dass Sie sich die grosse Mühe genommen haben, mir so ausführlich darüber zu berichten. Es ist in der Tat ein ungewöhnliches Ereignis, wenn ein Physiker zu einem so ausgesprochen theologischen Problem Stellung nimmt. Sie können sich denken, mit welcher Spannung ich Ihren Brief las. Aus diesem Grund beeile ich mich auch, Ihnen in entsprechender Vollständigkeit zu antworten! Da Ihr Brief sehr viele Fragen berührt, so tue ich vielleicht am besten daran, wenn ich Ihren Ausführungen Punkt für Punkt folge.

Ich begrüsse es sehr, dass Sie in grosszügiger Weise dem Archetypus des Weiblichen den Kredit geben, auf die Psychologie und die Physik und — last not least — auf den Papst selber einzuwirken. Ihre anfängliche Reaktion auf "Hiob" hat offenbar, wie der Traum ausweist, nicht alles enthalten bzw. bewusst gemacht, was durch die Lektüre zum Bewusstsein hätte kommen können. Sie landen infolgedessen im Traume an einem unbedeutenden und nicht beabsichtigten (inadaequaten) Orte (Esslingen), finden aber dort das in Ihrer Reaktion fehlende Stück, nämlich die <u>dunkle Anima</u> und die <u>fremden Leute</u>. Wie Sie unten sehen werden, reicht dieses Uebersehen noch weiter, nämlich bis zu der von Ihnen vermissten physischen Hinterseite [1] der Assumpta. "Esslingen" ist in der Tat inkommensurabel mit der theoretischen Physik, die Sie in Zürich vertreten, daher anscheinend zusammenhanglos, zufällig, sinnlos und négligible. So sieht der Ort der dunklen Anima aus, wenn vom Bewusstsein her gesehen. Hätten Sie vorher gewusst, dass die dunkle Anima in Esslingen wohnt oder anzutreffen wäre, so würde Ihnen die Forchbahn wohl in einem anderen Lichte erscheinen. Was aber kann von "Nazareth" ( -Esslingen) schon Gutes kommen? Dahingegen wohnt die Physik in der grossen Stadt und oben am Zürichberg an der Gloriastrasse.ᵃ Es ist klar, dass ein Uebergewicht auf der Seite des Bewusstseins liegt, und dass die dunkle Anima sich in unwillkommenen provinzialen Gegenden aufhält, die unten am und hinter dem Pfannenstiel liegen ... animula vagula blandula ...!

Diese Sachlage wirft ein Licht auf Ihr Verhältnis zur dunklen Anima und zu allem, wofür sie steht, wozu ich auf Ihre Liste verweise, welcher ich noch den Gegensatz <u>Psychologie-Philosophie</u> anfügen möchte.

Die dunkle Anima steht insofern in einem direkten Zusammenhang mit dem Dogma der Assumptio, als die Madonna eine einseitig helle Göttin ist, deren Leib in wunderbarer Weise spiritualisiert erscheint. Die emphatische Hervorhebung einer solchen Figur bewirkt eine Konstellation des dunklen Gegenüber im Unbewussten. Das neue Dogma hatte auf Viele eine abschreckende Wirkung und veranlasste sogar gläubige Katholiken (von den Protestanten ganz zu schweigen!), an einen <u>politischen</u> Schachzug zu denken. Hinter diesem Gedanken steht der Teufel, wie sie mit Recht hervorheben. Er ist der Vater dieser entwertenden Deutung. Die Einseitigkeit der lichten Gestalt hat ihn dazu gereizt, diese Deutung zu insinuieren. Wäre das neue Dogma tatsächlich nichts anderes als ein politisches Manoeuvre, dann müsste man allerdings den Teufel als dessen Instigator bezeichnen. Es ist aber nach meiner Ansicht kein poli-

---

[1] in Analogie zu den kabbalistischen "posteriora Dei"!

tischer Schlich, sondern ein genuines Phaenomen, d.h. die Offenbarung jenes Archetypus, der schon viel früher die Assumption der Semele durch ihren Sohn Dionysos veranlasst hat.

Allerdings ist das Dogma der Assumption <u>implicite</u> eine Konzession an den Teufel und zwar erstens, weil es das Weibliche, das dem Teufel verwandt ist (als <u>binarius</u>) erhöht und zweitens, weil die Assumption des Körpers die der <u>Materia</u> bedeutet. Das Weibliche ist zwar jungfäulich, und der Stoff ist spiritualisiert, wie Sie mit Recht kritisieren, aber die ewigerneute Virginität einerseits ist ein Attribut der Liebesgöttin und der Stoff andererseits ist beseelt. Ich habe diese weitreichenden Folgerungen im Hiob <u>nicht explicite</u> dargestellt, sondern durch Symbole bloss angedeutet, und zwar deshalb, weil im Rahmen des Hiob das Problem der Materie nicht wohl erörtert werden konnte. Ich habe aber darauf hingewiesen bei der apokalyptischen <u>Steinsymbolik</u> und bei der Parallelisierung des Messiassohnes als <u>Sonne-Mondkind</u> d.h. als <u>filius Philosophorum und Lapis</u>.

Meines Erachtens muss die Diskussion des Stoffes von einer naturwissenschaftlichen Basis ausgehen. Ich habe darum darauf gedrungen, dass "Hiob" und "Sychronizität" gleichzeitig erscheinen, denn in letzterer Schrift habe ich versucht, einen Weg zur "Beseeltheit" des Stoffes zu erschliessen, indem ich die Annahme einer "Sinnbegabtheit des Seienden" machte (d.h. Ausdehnung des Archetypus in das Objekt).

Als ich "Hiob" schrieb, habe ich mir von den Theologen <u>gar nichts</u> versprochen — ich habe von solchen, wie vorausgesehen, auch nur sehr wenige Reaktionen bekommen — sondern ich habe vielmehr an alle jene gedacht, die sich von der Sinnlosigkeit und Unüberlegtheit der kirchlichen "Verkündigung", des sog. Kerygma, abschrecken lassen. Von diesen habe ich auch die meisten Reaktionen erhalten.

In Ihrem II. Teile ziehen Sie selber alle diese Schlüsse. Die "Chinesin" repräsentiert eine "ganzheitliche" Anima, denn die klassische chinesische Philosophie beruht auf der Anschauung eines Zusammenspiels von psychophysischen Gegensätzen. ESP gehört sicherlich in diesen Zusammenhang, denn, soweit sich in diesem Gebiet überhaupt etwas erkennen lässt, beruht sie auf dem "psychoiden" Archetypus, der sich erfahrungsgemäss <u>sowohl psychisch wie physisch</u> äussern kann.

Die Chinesin verbindet im Traume offenbar Gegensatzpositionen, woraus "Zirkulation" d.h. <u>Rotation</u> entsteht. Mit letzterer ist eine <u>Veränderung des Raumes</u> im Sinne einer <u>Kontraktion</u> verbunden. Daraus ergibt sich auch eine <u>Veränderung der Zeit und der Kausalität</u>! Also ein durch den Archetypus bewirktes ESP-bzw. synchronistisches Phaenomen. Das ist ein tangibles Stück der Lehre, die Sie als "Professor" zu vertreten hätten. Auf den Gegenstand der Physik angewendet, würde sich daraus die Definition derselben als einer <u>Wissenschaft von den als materiell</u> (oder physisch) <u>etikettierten Vorstellungen</u> ergeben. (Siehe dazu unten!)

Insofern die Chinesin als Anima eine autonome Figur darstellt und die Idee der Vereinigung repräsentiert, ist der mittlere Grund, auf dem sich die coniunctio oppositorum vollzieht, noch nicht mit Ihnen selber identisch, sondern liegt ausserhalb, eben in der Anima. Das heisst soviel, als dass er noch nicht integriert ist. Das Prinzip, das der Anima ihre besondere Bedeutung und Intensiät verleiht, ist der Eros, die Attraktion und die Bezogenheit. (Wie ein alter Sabaeer sagt: "Attraxit me Natura et attractus sum".) Wo der Intellekt vorherrscht, handelt es sich vorzüglich um Gefühlsbezogenheit resp. das Annehmen der Beziehungsgefühle. Das ist auch die wesentliche Bedeutung der Assumptio B.V. Mariae im Gegensatz zur trennenden Wirkung des nur männlichen Logos. Die Vereinigung der Gegensätze ist keine nur intellektuelle Angelegenheit. Darum sagten die Alchemisten: "Ars totum requirit hominem!" Denn nur aus seiner Ganzheit kann der Mensch ein Modell des Ganzen erschaffen.

Es ist wohl unzweifelhaft, dass das Unbewusste einen "periodischen" Charakter hat; es sind Wellen und Dünungen, welche oft Symptome wie Seekrankheit verursachen oder zyklische Wiederkehr von Zuständen oder Träumen. Ich habe bei mir selber während 3 Jahren von Mitte Dezember bis Mitte Januar gleichartige sehr eindrucksvolle Träume beobachtet.

Ihre Zusammenstellung physikalischer und psychologischer Aussagen ist sehr interessant und einleuchtend. Ich möchte nur anfügen:

| Die kleinste Massenpartikel besteht aus Korpuskel und Welle. | Der Archetypus (als Strukturelement des Unbewussten) besteht einerseits aus statischer Form, andererseits aus Dynamis. |
|---|---|

Bezüglich "Sein" und "Nichtsein" ist es klar, dass sozusagen alle, die mit dem Begriff des Nichtseins operieren, darunter einfach ein anderes Sein verstehen, wie z.B. beim Nirvāna-Begriff. Ich rede darum nie von "Sein", sondern von feststellbar und nichtfeststellbar und zwar hic et nunc. Weil das Nichtfeststellbare unheimlich ist, so hat die Antike (wie die Primitivität) es gefürchtet, und weil es, wenn es sich verwirklicht, immer anders ist als erwartet, so ist es gar böse. Diese Erfahrung hat Plato bei den beiden Tyrannen Dionys von Syracus gemacht (siehe Symbolik des Geistes, p. 341).[b] Die inkommensurable Vermischung von "gut" und "sein" und von "böse" und "nichtsein" erscheint mir wesentlich als ein Ueberbleibsel primitiver Indiscrimination.

Das potentielle Sein der Materie bei Aristoteles bedeutet demgegenüber einen grossen Fortschritt. Sein und Nichtsein sind m.E. unzulässige metaphysische Urteile, die nur Verwirrung stiften, während "feststellbar" und "nichtfeststellbar" hic et nunc das Bezogensein des Aktuellen und Nichtaktuellen auf den unabdingbaren Beobachter mit in Rechnung setzen.

Ohne die Originalität Bohrs irgendwie antasten zu wollen, möchte ich doch bemerken, dass bereits Kant die notwendige Antinomie aller metaphysischen Aussagen dargetan hat. Selbstverständlich gilt dies auch für Aussagen betr. das Unbewusste, indem letzteres ein An-sich-Nichtfeststellbares ist. Insofern es ein solches ist, kann es sowohl "ein der Möglichkeit nach Seiendes" oder "Nichtseiendes" sein. Ich würde aber diese beiden letzteren Begriffe noch der Kategorie der metaphysischen Urteile einreihen, in die nun einmal alle Seinsbegriffe gehören. Aristoteles konnte sich eben dem platonischen Einfluss nicht genügend entziehen, um den blossen Postulatscharakter des Seinsbegriffes einzusehen.

Indem "Spiritualismus" und "Materialismus" Aussagen über das Sein sind, stellen sie metaphysische Urteile dar. Sie sind nur zulässig als Notwendigkeiten des Apperceptionsvorganges, nämlich als Etikettierung von Vorstellungskategorien, wie: "das ist geistigen (bzw. ideellen) Ursprungs" oder "das ist physischen (bzw. materiellen) oder physiologischen Ursprungs". Das metaphysische Urteil dagegen versetzt immer ein Stück Psychisches in ein Ausserhalb, wodurch eine Vereinigung von Idee und Stoff jeweils verhindert wird. Die Verbindung der beiden Bereiche kann nur in einem dritten Medium (im τρίτον εἶδος des Platon, siehe Symbolik des Geistes p. 339 ff.) stattfinden, wo Idee sowohl als Materie ihrem hypothetischen An- und Fürsichsein entzogen und dem Dritten, nämlich der Psyche des Beobachters, angeglichen sind. Nirgends anders als in der Psyche des Individuums kann die Vereinigung vollzogen und die Wesenseinheit von Idee und Materie erlebt und erkannt werden. Ich betrachte metaphysische Urteile — verzeihen Sie diese Ketzerei — als Reste der primitiven participation mystique, welche das Haupthindernis gegen das Zustandekommen eines individuellen Bewusstseins bildet. Ueberdies verführen metaphysische Urteile zu Einseitigkeiten wie Vergeistigung oder Verstofflichung, indem sie ein mehr oder weniger grosses oder wichtiges Stück der Psyche entweder in den Himmel versetzen oder in die irdischen Dinge, als welches sie dann unter Umständen den ganzen Menschen nach sich zieht und damit seiner mittleren Stellung beraubt.

Wenn wir in erkenntnistheoretischer Selbstbeschränkung den Geist und die Materie an und für sich als nicht feststellbar bezeichnen, so ist damit an deren metaphysischen Sein nichts abgestrichen, denn wir können es ja gar nicht erreichen! Wir haben damit aber die Projektion vom Psychischen in ein Ausserhalb verhindert und damit die Integration der Ganzheit des Menschen gefördert.

Die Psyche als τρίτον εἶδος und als Medium hat an beiden Anteil, am Geist und an der Materie. Ich bin überzeugt, dass sie (die Psyche) z.T. stofflicher Natur ist. Die Archetypen z.B. sind einerseits Ideen (im platonischen Sinn), andererseits direkt mit physiologischen Vorgängen verknüpft und in Fällen von Synchronizität erscheinen sie gar als Arrangeure physischer Umstände, sodass man sie auch als eine Eigenschaft des Stoffes (als eine "Sinnbehaftetheit" desselben) betrachten kann. Es gehört zur Nichtfeststellbarkeit ihres Seins, dass sie nicht lokalisiert werden können. Dies gilt in ganz besonderem Masse vom Archetypus der Ganzheit d.h. vom Selbst. Er ist der Eine und die Vielen, ἓν τὸ πᾶν. Die Ganzheit des Menschen hält, wie Sie mit Recht sagen, die Mitte und zwar zwischen dem mundus archetypus, der wirklich ist, weil er wirkt, und der Physis, die ebenso wirklich ist, weil sie wirkt. Das Prinzip beider jedoch ist unbekannt und daher nicht feststellbar. Ueberdies gibt es Gründe zur Vermutung, dass beide nur verschiedene Aspekte eines und desselben Prinzipes sind, daher einerseits die Möglichkeit identische oder parallele physikalische und psychologische Sätze aufzustellen und andererseits die psychologische Deutbarkeit religiöser Offenbarungen. (Die Theologen haben dieselben Widerstände gegen die Psychologen wie die Physiker, nur glauben erstere an den Geist und letztere an den Stoff.)

Die Tatsache, dass unsere Auffassungen im Grossen und Ganzen parallel gehen, ist mir sehr erfreulich, und ich bin Ihnen dankbar, dass Sie mir Ihre

Ansichten so ausführlich dargelegt haben. Mir scheint, dass Sie bereits eine grosse Gedankenarbeit geleistet und eine lange Wegstrecke zurückgelegt haben, von denen Sie den "fremden Leuten" schon Einiges mitteilen könnten. Wenn man zu weit voran ist, kann man sich oft nicht mehr in das eindenken, wie es vordem war, und dann wird man dem Publikum unverständlich.

Wenn ich hier in Kürze meine Anschauungen dargestellt habe, so klingt vielleicht Vieles etwas apodiktisch, was aber keineswegs so gemeint ist. Ich bin mir vielmehr bewusst, wie vorläufig und behelfsmässig meine Formulierungen sind, und wie sehr ich auf Ihr wohlwollendes Verständnis angewiesen bin.

Mit meiner Gesundheit steht es noch nicht zum besten. Ich leide noch immer an zeitweisen Anfällen von Tachycardie und Arrhythmie und muss mich namentlich vor geistigen Anstrengungen in acht nehmen. Dieser Brief war ein Excess, den ich sobald nicht wiederholen dürfte. Das Problem der coniunctio gehört der Zukunft und übersteigt meine Kräfte, daher mein Herz jeweils nachgibt, wenn ich eine so grosse Anstrengung in dieser Richtung unternehme. Mein Aufsatz über den "Geist der Psychologie" von 1946 [c] hat mir damals eine schwere Erkrankung an Tachycardie eingebrockt, und die Synchronizität hat mir den Rest gegeben.

Es würde mich sehr interessieren, gelegentlich etwas über Ihre indischen Eindrücke zu vernehmen. Ich muss nur noch etwas warten, bis mein Gesundheitszustand etwas verlässlicher ist. Ich konnte bis jetzt nur am Morgen Besucher empfangen, weil ich Nachmittags rasten muss. Ich muss mich in Geduld üben und Andere damit zu derselben Tugend zwingen.

Mit besten Grüssen

Ihr ergebener

[C.G. Jung]

---

[a] damaliger Sitz des Physikgebäudes der ETH.
[b] C.G. Jung, Symbolik des Geistes, Rascher Zürich 1948.
[c] C.G. Jung, "Der Geist der Psychologie" Eranos Vortrag 1946, Rhein Verlag, Zürich 1947.

---

[60] PAULI AN JUNG

[Zürich] 31. März 1953
[Maschinenschriftlicher Durchlag mit handschriftlichen Zusätzen]

Lieber Herr Professor Jung,

ich möchte Ihnen noch sehr danken für Ihren ausführlichen und so aufschlussreichen Brief, in welchem Sie Ihre Ansichten eingehend dargelegt haben. Auf vieles darin, wie z.B. auf die Deutung der Assumptio Mariae, brauche ich gar nicht mehr zurückzukommen, da diese Frage nun in einer für mich völlig genügenden Weise geklärt ist. Zu Fragen erkenntnistheoretischer Natur möchte ich aber gerne noch einige Bemerkungen machen, insbesondere auch, um klarzustellen, daß mir an den von Ihnen zu den metaphysischen Urteilen gerechneten

Seins-aussagen gar nichts gelegen ist [1] und ich mit den von Ihnen verwendeten Termini "feststellbar" und "nicht feststellbar" sogar viel besser sagen kann, was ich meine. Deshalb möchte ich zunächst ausführen, wie mir von diesem Standpunkt aus die erkenntnistheoretische Sachlage zu liegen scheint. Dabei ergibt sich mir eine natürliche Gelegenheit zu berichten, woher ich geistig komme, während im zweiten Abschnitt dieses Briefes mehr davon die Rede sein wird, wohin ich gehen möchte. Dort will ich die Diskussion der mir sehr am Herzen liegenden Frage der Beziehung von Geist, Psyche und Stoff unter Zugrundlegung Ihres Briefes nochmals aufnehmen. Dabei wird implicite auch deutlich werden, wieso ich als Physiker dazu kam, "zu einem so ausgesprochen theologischen Problem" wie das Ihrem Buch "Hiob" zu Grunde liegende, überhaupt Stellung zu nehmen: Zwischen den Theologen und mir als Physiker besteht die (archetypische) Beziehung der feindlichen Brüder. Wie Sie p. 6 Ihres Briefes schon angedeutet haben, fehlt daher auch nicht die bekannte "heimliche (unbewusste) Identität" zwischen diesen. In der Tat hat mir das Unbewusste in einer rein physikalischen Sprache Bilder und Worte vorgeführt, deren Deutung, auch von einem antimetaphysischen Standpunkt aus, nicht unähnlich wird zu manchen theologischen Aussagen. Dies will ich im zweiten Teil dieses Briefes an einem Beispiel erläutern und dabei auch meine eigene Einstellung zur Relation Geist — Psyche — Stoff mit der Ihren vergleichen.

1. Die Karte im Becher

Ihre Etikettierung von Vorstellungen,[2] entweder als vom geistigen (ideellen), oder als vom physischen (oder physiologischen) Ursprung und Ihre entsprechende Definition der Physik als einer Wissenschaft von den Vorstellungen der zweiten Art erweckt in mir alte Jugenderinnerungen zu neuem Leben:

Unter meinen Büchern befindet sich ein etwas verstaubtes Etui, in diesem ist ein Silberbecher im Jugendstil und in diesem wiederum ist eine Karte. Nun scheint mir aus diesem Becher ein ruhiger, wohlwollender und stets heiterer Geist aus dem bärtigen Zeitalter aufzusteigen. Ich sehe, wie er Ihnen freundlich die Hand schüttelt, Ihre Definition der Physik als erfreuliches Anzeichen einer wenn auch etwas späten Einsicht begrüsst, noch hinzufügt, wie gut die Etiketten in sein Laboratorium passen und schliesslich seine Befriedigung darüber ausdrückt, dass die metaphysischen Urteile ganz allgemein (wie er zu sagen pflegte) "ins Reich der Schatten eines primitiven Animismus verwiesen haben" [3]. Dieser Becher nun ist ein Taufbecher, und auf der Karte steht in altmodisch verschnörkelten Buchstaben: "Dr. E. Mach, Professor an der Universität Wien".[a] Es kam so, dass mein Vater sehr mit seiner Familie befreundet war,

---

[1] Im Anschluß an bereits vorhandene, nicht metaphysische Richtungen der Erkenntnistheorie bin ich daher recht gerne bereit, diese Seins-aussagen fallen zu lassen. Dem entspricht ja auch psychologisch, daß das Zentrum des Mandala bei mir leer ist.

[2] Sie ist mir schon früher in Ihrem Vortrag "Das Grundproblem der gegenwärtigen Psychologie" (Siehe "Wirklichkeit der Seele", Nr. 1) aufgefallen. Damals hatte sie auch schon einen ähnlichen Effekt.

[3] Siehe p. 5 Ihres Briefes. Sie werden verstehen, dass ich bei Ihren Worten "verzeihen Sie diese Ketzerei" ein gewisses Lächeln nicht unterdrücken konnte. — Es ist übrigens nur die Orthodoxie, die ich oft schwer verzeihen kann, "Ketzerei" stimmt mich von vornherein eher milde.

damals geistig ganz unter seinem Einfluss stand und er (Mach) sich freundlicher Weise bereit erklärt hatte, die Rolle des Taufpaten bei mir zu übernehmen. Er war wohl eine stärkere Persönlichkeit als der katholische Geistliche, und das Resultat scheint zu sein, dass ich auf diese Weise antimetaphysisch statt katholisch getauft bin. Jedenfalls bleibt die Karte im Becher und trotz meiner grösseren geistigen Wandlungen in späterer Zeit bleibt sie doch eine Etikette, die ich selber trage, nämlich: "von antimetaphysischer Herkunft". In der Tat betrachtete Mach die Metaphysik, etwas vereinfachend, als die Ursache alles Bösen auf Erden — also psychologisch gesprochen: als den Teufel schlechtweg — und jener Becher mit der Karte darin blieb ein Symbol für die aqua permanens, welche die bösen metaphysischen Geister verscheucht.

Ich brauche Ihnen Ernst Mach nicht näher zu schildern, denn wenn Sie Ihre eigene Beschreibung des extravertierten Empfindungstypus lesen, so kennen Sie auch E. Mach. Er beherrschte virtuos das Experiment und in seiner Wohnung wimmelte es von Prismen, Spektroskopen, Stroboskopen, Elektrisiermaschinen etc. Wenn ich ihn besuchte, zeigte er mir jedesmal einen hübschen Versuch, ausgeführt, um das stets unzuverlässige, Täuschungen und Irrtümer verursachende Denken teils zu eliminieren, teils korrigierend zu stützen. Seine eigene Psychologie als allgemein voraussetzend, empfahl er allen, jene inferiore Auxiliärfunktion möglichst "sparsam" zu verwenden (Denkökonomie). Sein eigenes Denken folgte eng den Sinneseindrücken, Werkzeugen und Apparaten.

Dieser Brief soll ja nicht die Geschichte der Physik behandeln, auch nicht den klassischen Fall des Typengegensatzes E. Mach und L. Boltzmann, [b] der Denktyp. [4] Vor dem ersten Weltkrieg sah ich Mach zum letzten Mal, er starb 1916 in einem Landhaus bei München.

Im Zusammenhang mit Ihrem Brief interessant ist Mach's Versuch, auch innerhalb der Physik auf die psychischen Gegebenheiten (Sinnesdaten, Vorstellungen) zurückzugreifen und insbesondere den Begriff "Materie" möglichst zu eliminieren. Er hielt diesen "Hilfsbegriff" für ungeheuer überschätzt von seiten der Philosophen und Physiker und für eine Quelle von "Scheinproblemen". Seine Definition der Physik deckte sich im wesentlichen mit der von Ihnen vorgeschlagenen und er betonte immer wieder, dass Physik, Physiologie und Psychologie "nur der Untersuchungsrichtung nach, nicht aber dem Gegenstande nach verschieden" seien, der Gegenstand sei ja in allen Fällen die stets psychischen "Elemente" (Er übertrieb etwas deren Einfachheit, in Wirklichkeit

---

[4] Aber eine Anekdote möchte ich doch hier anführen, weil sie Ihnen sicher besonderes Vergnügen machen wird. Mach, gar nicht prüde und sehr interessiert an allen geistigen Richtungen seiner Zeit, gab einmal auch über die Psychoanalyse Freuds und seiner Schule ein Urteil ab. Er sagte "Diese Leute wollen die Vagina als Fernrohr benützen, um die Welt durch sie zu betrachten. Das ist aber nicht ihre natürliche Funktion, dazu ist sie zu eng." Dies wurde eine Zeit lang ein geflügeltes Wort an der Wiener Universität. Es ist sehr charakteristisch für Mach's instrumentelles Denken. Die Psychoanalyse weckt in ihm sogleich das lebhafte konkrete Bild des unrichtig angewandten Instrumentes, nämlich jenes weiblichen Organs vor dem Auge, wo es nicht hingehört.

sind diese stets sehr komplex). ⁵ Ich war überrascht, dass trotz Ihrer vielfachen Kritik dessen, was man später "Positivismus" (Mach gebrauchte diesen Terminus viel) genannt hat, doch auch fundamentale Uebereinstimmungen zwischen Ihnen und dieser Richtung bestehen: In beiden Fällen handelt es sich um eine absichtliche Elimination von Denkprozessen. Es ist ja auch gar nichts gegen diese Etiketten für die Vorstellungen und die entsprechende Definition der Physik einzuwenden, zumal sie auch im besten Einklang ist mit der idealistischen Philosophie Schopenhauers, der bewusst "Vorstellung" und "Objekt" synonym verwendet. Es kommt aber alles darauf an, wie man dann weitergeht. Was Mach wollte, was sich aber nicht durchführen lässt, war das totale Eliminieren alles dessen aus der Naturerklärung, was "nicht feststellbar hic et nunc" ist. Man sieht dann aber wohl bald, dass man nichts mehr versteht: weder, dass man auch den Anderen eine Psyche zuordnen muss (feststellbar ist ja immer bloss die eigene), noch dass verschiedene Leute je vom gleichen (physischen) Objekt reden ("Fensterlosigkeit" der "Monaden" bei Leibniz). Man muss deshalb, um den Forderungen sowohl des Instinktes wie des Verstandes zu genügen, irgend welche Strukturelemente der kosmischen Ordnung einführen, die "an sich nicht feststellbar" sind. Mir scheint, dass bei Ihnen hauptsächlich die Archetypen diese Rolle spielen.

Es ist richtig, dass es dann bis zu einem gewissen Grade Geschmacksache bleibt, was man "Metaphysik" nennt und was nicht. Dennoch bin ich ganz Ihrer Meinung, dass die Forderung des Vermeidens metaphysischer Urteile praktisch einen hohen Wert behält. Man meint damit, dass die eingeführten "an sich nicht feststellbaren" Grössen (Begriffe) sich nicht der Kontrolle durch die Erfahrung gänzlich entziehen und dass nicht mehr von ihnen eingeführt werden dürfen als nötig: sie dienen dazu, Aussagen über die Möglichkeit von Feststellungen hic et nunc zu machen. In diesem Sinne war der Begriff "Möglichkeit" gemeint und in diesem Sinne nannte ich solche Begriffe "symbolische Dinge an sich" und den "rationalen Aspekt der Wirklichkeit". Seinsaussagen im metaphysischen Sinne braucht man über diese "Dinge an sich", wie Sie ganz mit Recht bemerkten, gar nicht zu machen. In den Naturwissenschaften macht man über sie die pragmatische Aussage der Brauchbarkeit (zum Verstehen der Ordnung des Feststellbaren), in der Mathematik nur die formallogische Aussage der Widerspruchsfreiheit (consistency). In der Psychologie gehört zu jenen "an sich nicht feststellbaren" Begriffen das Unbewusste und die Archetypen, in der Atomphysik die Gesamtheit der Eigenschaften eines atomaren Systems, die nicht alle zugleich "feststellbar hic et nunc" sind.

Das, was aktuell "hic et nunc festgestellt" ist, nannte ich in meinem letzten Brief "konkrete Erscheinung" und den "irrationalen Aspekt der Wirklichkeit". Es ist immer in der Psyche eines Beobachters, wie auch sonst die "Etikette der Herkunft" sein mag. An dieser Stelle tritt nun aber die Frage auf, ob die Charakterisierung "psychisch" oder der Begriff "Psyche" denn weiter reichen kann als das "feststellbare hic et nunc". Ich bin geneigt, diese Frage vernei-

---

⁵ Machs Hauptleistung in der Physik ist seine Kritik des absoluten Raumes. In der Frage der Kontraktion des Raumes durch Archetypen besteht daher eine weitere Verbindung von Mach mit dem Inhalt Ihres Briefes, worauf ich aber nicht mehr eingehen konnte.

nend zu beantworten und den "an sich nichtfeststellbaren" Strukturen, die als begriffliche Zeichen für Möglichkeiten des feststellbaren eingeführt werden, die Marke "neutral" und nicht die Marke "psychisch" zu geben.

Diese Meinung scheint mir auch gestützt durch Platos Ausdrücke meson (Mittleres) und tritoneidos (dritte Form), die beide meine Forderung nach "Neutralität" (= Mittelstellung) erfüllen, ja sie anscheinend geradezu betonen. Plato hatte doch das Wort Psyche zur Verfügung und wenn er statt dessen ein anderes gebraucht hat, so muss dem ein tieferer Sinn innewohnen, der Berücksichtigung verlangt. Dieser Sinn scheint mir in der Notwendigkeit zu bestehen, deutlich zu unterscheiden zwischen dem Erleben des Individuums, das als hic et nunc feststellbar in dessen Psyche stattfindet, und den allgemeinen Begriffen, die als "an sich nicht feststellbar" geeignet sind, eine Mittelstellung einzunehmen. Ihre Identifizierung Psyche = tritoneidos scheint mir daher gegenüber Plato einen Rückschritt, einen Verlust an begrifflicher Differenzierung zu bedeuten.

Mit meiner Forderung nach "neutralen" allgemeinen Begriffen befinde ich mich auch im Einklang mit Ihrem von mir als so fundamental empfundenen Artikel "Der Geist der Psychologie", wo Sie sagen: [6] "Die Archetypen haben ... eine Natur, die man nicht mit Sicherheit als psychisch bezeichnen kann. — Obwohl ich durch rein psychologische Ueberlegungen dazu gelangt bin, an der nur psychischen Natur der Archetypen zu zweifeln, etc." Es scheint mir, dass Sie diese Zweifel unbedingt ernst nehmen und nicht doch wieder das "psychische" zu weit ausdehnen sollten. Wenn Sie sagen, dass "die Psyche z.T. stofflicher Natur" [7], ist, so hat das für mich als einem Physiker die Form einer metaphysischen Aussage. Ich ziehe es vor zu sagen, dass Psyche und Stoff durch gemeinsame, neutrale "an sich nicht feststellbare" Ordnungsprinzipien beherrscht werden. (Anders als dem Psychologen fällt es dem Physiker sehr leicht, statt "das Unbewusste" z.B. zu sagen "das U-Feld", womit die "Neutralität des Begriffes" schon hergestellt wäre.)

Es liegt mir jedoch sehr daran zu betonen, dass meiner Hoffnung, Sie könnten diesem allgemeinen Gesichtspunkt zustimmen, der Eindruck zu Grunde liegt, dass eine Entlastung Ihrer analytischen Psychologie nötig ist. Diese erscheint mir wie ein Fahrzeug, dessen Maschine mit überlasteten Ventilen läuft (Expansionstendenz des Begriffes "Psyche" = Ueberdruck); deshalb möchte ich Gewichte wegnehmen und Dampf herauslassen. (Ich komme hierauf weiter unten p. 10 noch zurück).

Möge eine Klarstellung der Tragweite des Begriffes Psyche, auch Ihre de iure Anerkennung des Sachverhaltes einschliessen, dass das Herz nicht nur ein psychologisches Symbol ist, sondern auch eine Vorstellung mit der Etikette "von physischer Herkunft". Sparsamkeit mit der inferioren Funktion nach E. Mach ist oft zweckmässig, auch wenn sie nicht gerade das Denken ist!

---

[6] Eranos-Jahrbuch 1946 p. 483 unten und 484 oben.

[7] Ihr Brief p. 6 — Diese Aussage scheint sich mir auch bedenklich der bestimmt inhaltsleeren Aussage zu nähern "alles ist psychisch"! Damit "psychisch" einen Sinn bekommt, muß auch irgend etwas nicht-psychisches angenommen werden und hierfür scheint mir das "an sich nicht feststellbare" als neutral geeignet.

## 2. Homo-usia

Ich glaube in der Tat, nicht als Dogma aber als Arbeitshypothese, an die Wesenseinheit (Homo-usia) des mundus archetypus und der Physis, wie Sie das p. 6 Ihres Briefes formuliert haben. Wenn diese Hypothese zutrifft — und die Möglichkeit paralleler physikalischer und psychologischer Sätze spricht dafür — so muss sie aber begrifflich zum Ausdruck gebracht werden. Dies kann m.E. nur durch solche Begriffe geschehen, die in Bezug auf den Gegensatz Psyche — Physis neutral sind.

Nun gibt es schon solche Begriffe und zwar sind das die mathematischen: Die Existenz mathematischer Ideen, die sich auch in der Physis anwenden lassen, scheint mir nur als Folge jener Homousia des mundus archetypus und der Physis möglich. An dieser Stelle setzt immer der Archetypus der Zahl ein, und so erkläre ich mir auch die ausgesprochen neupythagoräische Mentalität meines Unbewussten (besonders der Figur des "Fremden"). Man wird doch wohl nicht sagen, der Gegenstand der Mathematik sei psychisch, [8] denn man muss unterscheiden zwischen den mathematischen Begriffen und den Erlebnissen der Mathematiker (welch letztere sicherlich in ihrer Psyche stattfinden). Anderseits scheint es mir wichtig, dass der archetypische Hintergrund des Zahlbegriffes nicht vergessen wird. (Unter den Mathematikern selber war eine Zeit lang eine merkwürdige Tendenz vorhanden, die mathematischen Aussagen zu blossen Tautologien zu degradieren. Dieser Versuch scheint aber nun gescheitert, da es nicht möglich war, auf diese Weise die Widerspruchsfreiheit der Mathematik einzusehen). Es ist dieser Zahl-archetypus, welcher die Anwendung der Mathematik in der Physik letzten Endes ermöglicht. Andererseits hat der gleiche Archetypus eine Beziehung zur Psyche (vgl. Trinität, Quaternität, Mantik etc.), so dass mir hier ein wesentlicher Schlüssel für einen begrifflichen Ausdruck der Homousia von Physis, Psyche und auch vom Geist (Ideen etc.) zu liegen scheint. So erkläre ich mir die Betonung der Zahl und der Mathematik überhaupt in meinen Träumen.

Die richtige Begriffssprache, um diese Wesenseinheit auszudrücken, scheint mir noch nicht bekannt. Am Beispiel eines Traumes aus dem Jahre 1948 [9] möchte ich aber noch verschiedene, wenn auch nicht gleich vollständige Ausdrucksweisen für gleiche oder doch sehr verwandte Sachverhalte miteinander vergleichen.

a) Physikalische Symbolsprache meines Traumes

Mein erster Physiklehrer (A. Sommerfeld) [d] erscheint mir und sagt: "Die Aenderung der Aufspaltung des Grundzustandes des H-Atoms ist fundamental. In eine Metallplatte sind eherne Töne eingraviert." Dann fahre ich nach Göttingen.

---

[8] Eine solche Aussage hielte ich für inhaltsleer.

[9] Dieser befindet sich, gefolgt von einem weiteren sehr wichtigen Traum, der einen Weg zur quaternären Ganzheit vorzeichnet, in einem Aufsatz vom Juni 1948 betitelt "Moderne Beispiele für Hintergrunds-physik".[c] Sie waren seinerzeit schon so freundlich, diese Träume ausführlich mit mir zu besprechen, so dass ich Sie nun gar nicht mehr damit zu bemühen brauche.

(Die "Aufspaltung" besteht, wie der folgende Traum zeigte, aus einer Art von Spiegelung. In anderen Träumen heisst es statt "Aufspaltung" auch "Isotopentrennung" und statt Spiegelung "Ausfallen des schwereren Isotops".)

b) <u>Theologisch-metaphysische Sprache</u> [10] Am Anfang war ein Gott, der eine complexio oppositorum ist (Heraklit, Niklaus Cusanus). Dieser spiegelt sich unten nochmals in der dunklen Welt, die das Abbild des Gottes (Hermes Trismegistos), ja sogar ein zweiter Gott ist (Plato).

Dieses Bild Gottes lässt sich, "ähnlich wie ein Menschenbild in einem Spiegel erblicken" (Fludd). Die fundamentale Aenderung ist die Menschwerdung Gottes, die zur Folge hat, dass sich die complexio oppositorum als forma (Idee) — materia auch im Menschen wiederfindet und immer wieder in der mittleren Sphäre das infans solaris erzeugt.

c) <u>Sprache der Psyche, bezw. der analytischen Psychologie</u>

Es handelt sich in dem Traum um eine psychische Realität, den Individuationsprozess, der bei jedem Menschen einsetzen kann. Der Vorgang hat grosse Aehnlichkeit mit dem im Timaios [11] dargestellten. Der Anfangszustand ist ein dyadischer Archetypus (H-Atom), dessen Proton dem "Selbigen", dessen Elektron dem "Anderen" entspricht. [12] Durch "Reflexion" des Bewusstseins [13] entsteht hieraus eine Quaternität. Die Metallplatte entspricht als Symbol des Weiblich-Unzerstörbaren und der Physis dem körperlich "Teilbaren" [14] des Timaios, die Töne als flüchtig — geistig, dem männlichen Prinzip und dem "Unteilbaren". Das hier in der Gestalt des Physiklehrers auftretende "Selbst" teilt mit, dass die Physis das Bild (eidolon) der Töne (eides) unvergänglich in sich trägt, dass also eine Wesenseinheit (Homousia) beider besteht. Die Reise nach Göttingen, der Stadt der Mathematik, am Ende des Traumes bedeutet, dass auf die Töne sogleich pythagoreisch die Zahlen und mathematischen Formeln (Symbole) folgen, was sich im nächsten Traum bestätigt.

Die Reflektion oder Bewusstwerdung <u>verdoppelt</u> den ursprünglichen Archetypus in einen (zeitlosen) Aspekt, der dem Bewusstsein nicht assimilierbar

---

[10] Ich denke dabei nicht so sehr an <u>heutige</u> Theologen, die mir besonders uninteressant scheinen, sondern ich fasse Theologie hier als überkonfessionell, aber als "metaphysisch" auf. Als Vorbild des hier sprechenden Theologen dient mir einerseits <u>Plato</u>, andererseits <u>Fludd</u> (Vgl. hiezu meinen Kepler-Aufsatz p. 148). Die Theologie hat im allgemeinen auch eine Beziehung zum Stoff, nur im "Fischzeitalter" ist sie so stark spiritualisiert. Die ältere Stoa hatte einen körperlichen theos (Vgl. dazu auch <u>Pneuma</u> als feiner <u>Stoff</u>) und im Christentum gab es immer materiefreundliche, häretische Unterströmungen: im Mittelalter die Alchemie, die ja auf das antike "Increatum" für die Materie zurückgreift, heute wieder der Kommunismus, der Vielen (auch mir) als häretische christliche Sekte erscheint (besonders auch wegen der eschatologischen Erwartungen, die ihm anhaften).

[11] Siehe hierzu "Symbolik des Geistes" p. 334 ff. — Durch Ihren Brief veranlasst, habe ich diesen Abschnitt 3 nun nochmals sorgfältig gelesen. — Platos Briefe, welche seine Beziehung zu den beiden Tyrannen Dionys enthalten, habe ich in <u>Howalds</u> ᵉ neuer Ausgabe vor zwei Jahren gelesen und zwar an Ort und Stelle, nämlich in Sizilien: ein wahres Andachtsbuch für Politik treibende Kollegen!

[12] Es scheint mir wichtig, dass in der spätantiken neupathygoräischen Spekulation, die ausdrücklich auf den Timaios Bezug nimmt, die ungeraden Zahlen (als Gesamtheit) mit dem "Selbigen", die geraden Zahlen mit dem "Anderen" identifiziert werden.

[13] Vgl. hierzu Symbolik des Geistes p. 387, besonders Note 8).

[14] Ebenda, p. 343 unten.

bleibt und einen anderen Aspekt, der als Spiegelbild des neuen Bewusstseinsinhaltes sich in grösserer Nähe des Ich (und der Zeit) befindet. Daher ist die "Aufspaltung" ebenso wie die "Isotopentrennung" (mit ihrem Ausfallen des schwereren Elementes) ein Symbol der Inkarnation des Archetypus, was auch den numinosen Charakter dieses Symbols erklärt. Dies wären, kurz skizziert, die drei Sprachen: die metaphysische, die psychologische und die physikalische Traumsprache. Ich zweifle nicht, dass in der psychologischen Sprache ein bedeutender Wahrheitsgehalt steckt, und ich zweifle auch nicht, dass Sie selbst diese Sprache noch viel besser handhaben könnten als ich.

Dennoch bin ich der Ansicht, dass auch diese noch nicht die endgültige Wahrheit ist. Sie drückt nicht alles aus, was die Traumsymbole ausdrücken, z.B. nicht die Tatsache, dass die Atome getrennter isotoper Elemente durch Zahlen charakterisierte Massen (Atomgewichte) haben.

Nun bedeutet die Schwere im Traum oft das energetische Gefälle der unbewussten Inhalte zum Bewusstsein hin (z.B. ruhiges Schweben = Aufhören dieses Gefälles und dementsprechendes Losgelöstsein des Bewusstseins). Das Unbewusste hat also die Tendenz, dieses energetische Gefälle des Archetypus quantitativ durch eine Zahl zu charakterisieren, so dass der (momentane) Massenwert die jeweilige Attraktion oder Affinität zwischen Archetypus und Bewusstsein (also auch zu Raum und Zeit!) ihrem Grad nach messen würde. Es handelt sich aber bei Zahlen im Traum nicht einfach um eine Skala wie in der Physik, sondern solche Zahlen sind auch Individuen, bestehend aus einzelnen Ziffern, die auch wieder eine Summe haben. Kurz, solche Zahlen sind noch mit weiteren unbewussten Inhalten geladen. Hier sind neupythagoräische Elemente des Unbewussten im Spiel, die sich vielleicht noch weiter erforschen liessen.

Ausschlaggebend für mich ist aber der Umstand, dass die Träume fortfahren, die physikalische Symbolsprache zu gebrauchen und nicht die psychologische. Ich muss gestehen, dass dies meiner rationalen Erwartung widerspricht. Da ich am Tag doch ein Physiker bin, hätte ich erwartet, dass die Träume der Nacht, sich kompensatorisch verhaltend, psychologisch zu mir sprechen würden. Wenn sie es täten, würde ich es sogleich akzeptieren, aber sie tun es eben nicht. Sie haben vielmehr die Tendenz, die Physik in's Unbestimmte auszudehnen, die Psychologie aber liegen zu lassen. [15] Es besteht also final die Tendenz meines Unbewussten, von der Psychologie etwas wegzunehmen, sie zu entlasten. Da meine Träume nun bereits durch viele Jahre so aussehen, wie wenn ein Rückstrom von Physik aus der analytischen Psychologie her stattfände (Richtung des Gefälles: Abfluß aus der Psychologie), wage ich folgende diagnostische und prognostische Konjektur: der "Dampf" von p. 6 erweist sich als unbewusste Physik, die sich ohne Ihre Absicht in Ihrer analytischen Psychologie im Lauf der Zeit angesammelt hat. Die zukünftige Entwicklung muss unter dem Einfluss des von der Psychologie weggerichteten Stromes unbewusster Inhalte eine solche Erweiterung der Physik, vielleicht zusammen mit Biologie, mit sich bringen, dass die Psychologie des Unbewussten in ihr aufgenommen werden

---

[15] Es war ja auch ein Physiker, der in dem zitierten Traum die entscheidenden Worte sprach, nicht ein Psychologe!

kann. Dagegen ist diese aus eigener Kraft, allein aus sich selbst nicht entwicklungsfähig. (Ich vermutete, daß die Herzsymptome Ihre Arbeiten immer dann begleiten, wenn Sie, ohne es zu wissen, gegen diesen Strom schwimmen).

Im Sinne dieser Einstellung und gedrängt durch das Unbewusste, begann ich bereits, die beiden Sprachen, nämlich die physikalische Traumsprache des Unbewussten und die psychologische des Bewusstseins, auch in umgekehrter Richtung in Beziehung zu bringen. Hat man einmal ein zwischen zwei Sprachen vermittelndes Lexikon, so kann man ja nach beiden Richtungen übersetzen. Um mich mit Ihnen zu verständigen, versuche ich gerne (meinen Fähigkeiten entsprechend) die Sprache meiner Träume in diejenige Ihrer Psychologie zu übersetzen. Für mich allein mache ich es aber oft umgekehrt. Ich sehe dann besser wo mir in den (in meinen Träumen niemals gebrauchten) Begriffen Ihrer Psychologie noch etwas zu fehlen scheint. Hier scheinen mir Probleme auf längere Sicht für die Zukunft.

Die Situation mit den drei Sprachen erinnert mich lebhaft an die berühmte, aus der Folklore stammende und von Boccaccio (später von Lessing) verwendete und ausgestaltete Geschichte von den drei gleichen Ringen,[16] während aber der wirklich echte Ring, der "eine als vierte" einmal vorhanden gewesen, aber verloren gegangen und noch aufzufinden ist. Ursprünglich erfunden, um die Beziehung von 3 Konfessionen zu symbolisieren, habe ich den Eindruck, dass wir sie nun mit Geist — Psyche — Stoff (Physis) und ihren Sprachen auf einer höheren Ebene wieder erleben.

Es gibt hier eine interessante Möglichkeit, wo der vierte echte Ring sein könnte, nämlich in der menschlichen Beziehung (und gar nicht intellektuell-begrifflich), wie Sie das so überzeugend in Ihrem Brief (p. 3 unten, p. 4 oben) dargelegt haben. Wo das Weibliche wirkt, handelt es sich ja immer um Eros und Beziehung; die "Inkarnation" eines Archetypus ("Isotopentrennung") ist daher stets auch ein Beziehungsproblem. Solche Probleme sind bei mir in der Tat verschiedentlich vorhanden und in die Aeusserungen meines Unbewussten miteinbezogen. Wie ich schon in meinem letzten Brief angedeutet habe, besteht z.B. ein Beziehungsproblem zu meiner Frau, die seit der indischen Reise verschiedene körperliche Beschwerden hat, die sich nur langsam bessern.

Es besteht aber wohl auch ein Beziehungsproblem zu Ihrer Psychologie, die von Ihrer Person kaum ganz zu trennen ist.[17] Gerne schließe ich diesen Brief mit der Versicherung, dass ich mich auch darin weiter vom Unbewussten leiten lassen werde (sei es nun "psychisch" oder "neutral"). Es schien mir gut, Ihnen alle meine Ansichten, die mit Ihrem letzten Brief zusammenhängen, offen mitzuteilen. Mit Rücksicht auf Ihren Gesundheitszustand möchte ich Sie aber sehr bitten, diesen Brief, der ja als ein Ideenaustausch auf längere Sicht gemeint

---

[16] Quellenangaben über die Geschichte bei J. Burckhardt, Kultur der Renaissance, Bd. 2, Kap. 3. Siehe auch Anm.

[17] P.S. Ich bin nun ganz sicher, daß die allgemeine Beziehung der "Homousia" — die zwischen den 3 Ringen und zwischen Menschen — bereits der eine, echte Ring ist, der das "Zentrum der Leere" umschließt. Es ist mir, wie wenn ich so meinen eigenen Mythos gefunden hätte!

ist, zunächst nicht zu beantworten. Vielleicht ergibt sich später einmal eine Gelegenheit zur Fortsetzung dieses Gespräches.

Mit vielem Dank für all Ihre freundlichen Bemühungen und allen guten Wünschen

Ihr sehr ergebener

W. Pauli

[a] Ernst Mach, 1838–1916, bedeutender Physiker, Professor an den Universitäten Prag (1867–1895) und Wien. Der Taufbecher befindet sich heute im "Paulizimmer" am CERN, Genf.

[b] Ludwig Boltzmann, Wien 1844–1906, Nachfolger Machs, Begründer der statistischen Wärmemechanik.

[c] siehe Appendix 3.

[d] Arnold Sommerfeld, 1868–1951, München. Von Pauli zeitlebens hoch verehrt, er nennt ihn gerne seinen "ersten Physiklehrer". Hauptwerk "Atombau und Spectrallinien".

[e] Ernst Howald. Die Briefe Platons, Zürich, Seldwyla Verlag 1923.

[61] JUNG AN PAULI

[Zürich] den 4. Mai 1953.
[Maschinenschriftlicher Durchschlag]

Lieber Herr Pauli!

Die ausführliche Schilderung Ihrer Beziehung zu Mach hat mich sehr interessiert. Haben Sie dafür meinen besten Dank! Es ist selbstverständlich, dass man sich nie mit dem Feststellbaren allein begnügen kann, weil man dann nämlich, wie Sie richtig sagen, überhaupt nichts mehr versteht. Zudem wird unser Denken vor Allem vom Nichtfeststellbaren herausgefordert, wie auch die wissenschaftliche Neugierde und Abenteuerlust. Das eigentliche Leben der Erkenntnis spielt sich auf der Grenzlinie des Feststellbaren und des Nichtfeststellbaren ab. Es ist nur bei dieser Sachlage etwas schwer verständlich, wo ich "positivistisch" sein soll und infolgedessen "Denkprozesse eliminiere". Damit, dass ich Physik als Wissenschaft von den als materiell etikettierten Vorstellungen bezeichne, ist der materielle Herkunftsort dieser Vorstellungen ebensowenig geleugnet, wie die Ursprungsstelle der "geistigen" Vorstellungen. Mit dieser Ueberlegung ist bloss eine erkenntnistheoretische Definition gemeint, aber nichts Praktisches. Man wird nach wie vor über das Reich des Nichtfeststellbaren spekulieren und intuieren und man wird daraus Feststellbares herausziehen wie bisher. Man soll dabei nur nie vergessen, dass zwischen dem Erkannten und dem hic et nunc nicht Feststellbaren das Gebiet der Psyche liegt. Dass ich als Psycholog mich mehr mit Archetypen beschäftige, ist so natürlich wie die Beschäftigung des Physikers mit Atomen. Ich dehne den Begriff des Psychischen nicht bis ins Nichtfeststellbare aus. Dort brauche ich den spekulativen Begriff des <u>Psychoiden</u>, der insofern eine Annäherung an die <u>neutrale</u> Sprache darstellt, als er das Vorhandensein einer nichtpsychischen Wesenheit andeutet. Es steht frei, diese "Wesenheit" mit dem Begriff "Stoff" auszufüllen. Man kann vom logischen Standpunkt aus das $\tau\rho\acute{\iota}\tau o\nu$ $\epsilon\tilde{\iota}\delta o\varsigma$ des Platon als den neutralen Begriff auffassen, für den ich, wie gesagt, den Begriff Psyche nicht verwenden würde, obschon ich der Psyche eine vermittelnde "dritte" Stellung zuerkenne, wie etwa — in etwas anderem Sinne — die Alchemisten die Anima als ligamentum corporis et spiritus betrachteten. Psyche ist ja das "Medium", (eben das "Dritte"), in welchem Vorstellungen von körperlicher oder geistiger Herkunft stattfinden. Die platonischen Begriffe des Dasselbigen und des Anderen haben mit seiner Psyche, die ein metaphysischer Begriff ist, nichts zu tun, deshalb hätte er auch gar keinen Anlass das τρίτον εἶδος mit der Psyche zu identifizieren. Für uns ist allerdings τρίτον und εἶδος eine psychologische Angelegenheit. Auch ist für uns die Psyche kein metaphysischer, sondern ein Erfahrungsbegriff. Wenn wir nun dieses Dilemma des "Dritten" aufklären wollen, so müssen wir feststellen, dass Materie und Geist zwei verschiedene Begriffe, die Gegensätzliches bezeichnen, und als Vorstellungen verschiedener Provenienz, psychisch sind. Ihre Intention ist aber, Nichtpsychisches zu bezeichnen. Insofern die Psyche die beiden metaphysischen d.h. unmittelbar nicht feststellbaren Wesenheiten als Begriffe vorstellt, vereinigt sie die beiden gegensätzlichen Wesenheiten, indem sie beiden psychische Existenzform verleiht und dadurch ins Bewusstsein erhebt. Insofern kann man die Psyche metaphorisch als τρίτον εἶδος bezeichnen, und das ist das, was ich ursprünglich gemeint habe. Nehmen wir nun aber den eigentlichen platonischen Begriff dieser Sache, dann handelt es sich um eine metaphysische Angelegenheit, mit der sich der Demiurg beschäftigt. Anbetrachts dieser Sachlage, muss die psychologische Erklärung die Aussage des Timaios auf einen Hintergrundsvorgang beziehen, in welchem der Demiurg den "Bewusstmacher" und die vier zu mischenden Eigenschaften einen zur Bewusstwerdung nötigen Unterscheidungsquaternio darstellen. Der Bewusstmacher kann unbestimmt als Bewusstwerdungstendenz und der quaternio als vier funktionale Aspekte aufgefasst werden. Die Feststellung ist notwendigerweise unbestimmt, weil es sich um metaphysische Grössen bzw. um Postulate handelt. Sie sind damit ausdrücklich weder in etwas Psychisches verwandelt, noch ihrer metaphysischen Existenz beraubt worden. Diese Erklärung wird dem eigentlichen Begriff des τρίτον εἶδος gerecht.

Die zuerst erwähnte metaphorische Auffassung des Dritten entspricht dem, was Sie als Erleben des Individuums von den allgemeinen Begriffen unterscheiden wollen. Letztere entspricht dem metaphysischen Begriff des Dritten.

Ich muss Ihnen durchaus Recht geben, wenn Sie sagen, dass meine Bemerkung betr. stofflicher Natur der Psyche ein metaphysisches Urteil ist. Es ist natürlich nicht als solches gemeint und nicht wörtlich zu nehmen. Die Bemerkung will nur darauf hinweisen, dass die Natur der Psyche Teil hat an den beiden hypothetischen Anschauungen, Geist und Stoff und, wie diese, nicht feststellbar sei. Der Zweck des Hinweises besteht darin, anzudeuten, dass, wenn etwas Stoffliches existiert, auch die Psyche z.T. dazu gehört. Im Gesamturteil muss das ergänzt werden durch den Satz: Insofern es Geistiges gibt, hat die Psyche daran Anteil. Diese Anteilnahme ist feststellbar, insofern es Vorstellungen gibt, welche teils als geistigen, teils als materiellen Ursprungs etikettiert sind. Wie diese Teilnahme aber in Wirklichkeit beschaffen ist, kann nicht festgestellt werden, weil Stoff, Psyche und Geist an sich unbekannter Natur und daher metaphysisch bzw. postuliert, sind. Ich stimme also ganz überein damit, wenn Sie sagen, "dass Psyche und Stoff durch gemeinsame, neutrale etc. Ordnungsprinzipien beherrscht werden". (Ich füge bloss noch den "Geist" dazu.)

Es ist mir unter diesen Umständen beim besten Willen nicht möglich zu sehen, wieso die Psychologie bei mir überlastet sein, oder worin eine Expansionstendenz meines Begriffes von Psyche bestehen sollte.

Wir können von einem Gegenstand sagen, er sei psychisch, wenn er nur als Vorstellung feststellbar ist. Wenn er aber Eigenschaften hat, die auf seine nichtpsychische Eigenexistenz hinweisen, dann werden wir natürlicherweise geneigt sein, ihn als nichtpsychisch gelten zu lassen. Dies tun wir mit allen Sinneswahrnehmungen, insofern sie nicht z.B. als Illusion "rein" psychisch sind. Dies gilt, wie Sie hervorheben, auch von den Zahlen und den Archetypen überhaupt. Sie sind nicht bloss psychisch, sonst wären sie Erfindungen. Es sind aber in Wirklichkeit an sich seiende geistige (bzw. psychoide) Existenzen, deren Eigenexistenz derjenigen des stofflichen Gegenstandes entspricht.

Alle diese Aussagen, welche den stofflichen bzw. geistigen Aspekt der Psyche oder die Eigenexistenz der Gegenstände betreffen, sind von grosser heuristischer Bedeutung, die ich keinesfalls unterschätze. Gewiss ist die Psyche unser einziges Instrument der Erkenntnis und deshalb unerlässlich für jedwede Feststellung. Aber die Gegenstände ihrer Erkenntnis sind nur zum allergeringsten Teil psychische. Man stellt zwar alle Gegenstände in und durch das Medium der Psyche vor, wodurch diese aber nicht substanzhaft derselben integriert werden und so ihre Existenz einbüssen.

Bis dahin, glaube ich, befinden wir uns in guter Uebereinstimmung. Wenn Sie das Thema der überlasteten Psychologie erörtern und dabei von der nichtpsychologischen Tendenz Ihrer Träume ausgehen, so muss zunächst festgestellt werden, dass es sich hier um eine subjektive Situation handelt, die verschieden erklärt werden kann.

1. Sie träumen physikalisch, weil dies Ihre natürliche Sprache ist, nach dem Grundsatz: "canis panem somniat, piscator pisces", aber der Traum meint etwas anderes.

2. Das Unbewusste hat die Tendenz, Sie bei der Physik festzuhalten, bzw. Sie von der Psychologie abzuhalten, weil aus irgendwelchen Gründen Psychologie unpassend ist.

Ich träume nie physikalisch, sondern meistens mythologisch, d.h. ebenfalls unpsychologisch. Wie Ihre Träume symbolische Physik, so enthalten meine symbolische Mythologie, d.h. Jung'sche Individualmythologie. Diese meint, wenn genauer betrachtet, archetypische Theologie oder Metaphysik. Dies wird aber erst deutlich, wenn ich die Anstrengung mache, herauszufinden, worauf die archetypischen Symbole hinweisen. In diesem Fall übersetze ich die Traumfigur in meine Bewusstseinsprache und reduziere damit den Traumsinn auf meine subjektive Situation. Ich könnte aber auch, als Metaphysiker, die Traumaussage auf ihren objektiven Sinn, also von der Psychologie weg, untersuchen und käme dabei in das Gebiet des sog. Geistes bzw. Sinnes, von wo aus ich die archetypische Physik vielleicht erahnen möchte.

Das Unbewusste erzeugt zwar Psychologie, aber je mehr man solche betreibt, desto mehr ist es dagegen, was bei Ihnen sowohl wie bei mir der Fall ist. Psychologische Neigungen im Unbewussten findet man nur dort, wo psychologische Einsichten dringend nötig wären. Der Bewusstwerdungsprozess ist eben eine sehr anspruchsvolle und in der Natur keineswegs populäre Angelegenheit. Man zieht daher meist die Physik oder die Metaphysik vor, wobei in beiden Fällen das Fascinosum in den konstellierten Archetypen besteht. Diese befreien uns gleichsam von der Psychologie d.h. letztere wird "entlastet". So wichtig und interessant die Beschäftigung mit dem Nichtpsychischen, insbesondere mit der archetypischen Stufe desselben sein mag, so besteht doch die Gefahr, dass man sich in der reinen Anschauung verliert. Damit aber verschwindet die schöpferische Spannung, die nur dadurch entsteht, dass die Anerkennung des Nichtpsychischen mit dem Anschauenden in Beziehung gesetzt wird. Ich meine damit z.B., dass das Produkt nicht nur hinsichtlich seiner objektiven, sondern auch seiner subjektiven Beziehungen kritisch betrachtet wird. In der Physik bedeutet dies die Feststellung der Rolle, die der Beobachter spielt, oder der psychologischen Voraussetzungen einer Theorie. Was bedeutet es, wenn Einstein eine Weltformel aufstellt, von der er nicht weiss, welcher Realität sie entspricht? So hätte z.B. C.A. Meier [a] wohl daran getan, sich die Frage vorzulegen, was der Mythus und Cultus des Asklepios psychologisch bedeuten, d.h. was für eine psychische Realität diesen entspricht. Sie haben mit der Erkenntnis der archetypischen Voraussetzungen in Kepler's Astronomie und der Gegenüberstellung der Fludd'schen Philosophie zwei Schritte getan und jetzt scheinen Sie am dritten zu sein, nämlich an der Frage, was Pauli dazu sagt.

Wenn die Fragestellung partiell ist, wie bei Asklepios, so genügt zur Antwort die Selbstreflektion des Arztes. Wenn die Fragestellung aber die Prinzipien der physischen Naturerklärung betrifft und daher kosmisch-universal ist (wie im Falle Einstein's), dann wird im Antworter der Microcosmos herausgefordert, d.h. die natürliche Ganzheit des Individuums. Daher stellt sich Ihnen das Problem der dunkeln Anima auf der anderen Seite des Zürichbergs, und "Meister"-figuren erscheinen in Ihren Träumen.

Ich bin infolge meiner professionellen Beschäftigung mit Psychologie mehr mit dem mythologischen Aspekt der Natur konfrontiert, d.h. also mit dem sog. Geiste (oder Sinne). Infolgedessen habe ich eindrucksvolle Träume von Tieren (Elephanten, Stieren, Kamelen, etc.) die jeweils nicht beobachtet sein wollen und, wenn ich mich einmische, mir einen Tachycardieanfall verursachen. (Der Zusammenhang meiner Herzstörung mit Synchronizität ist indirekt. Es handelt sich um eine nichtspezifische Ermüdung. Es gibt daher noch viele andere Ursachen für Anfälle, z.B. der Austausch von kontinentalen mit maritimen Luftmassen, Digitalispraeparate, geistige Anstrengungen, etc.)

Ich sollte die Tiere eigentlich bewusst machen und integrieren, und das ist eben unmöglich, denn die Tiere sind unbewusst und nicht bewusstseinsfähig. Nach meinen Träumen bauen diese Tiere anscheinend an einer Strasse durch den Urwald und wollen dabei nicht gestört sein. Ich muss daher auf Psychologie verzichten und warten, ob das Unbewusste selber etwas produziert.

Ihr Sommerfeldtraum (Ihr Brief p. 7 ff.) ᵇ ist ebenfalls eine gute Illustration dessen, das ich meine. Die physikalische Feststellung des Traumes (a) ist kurz und bündig. Die "theologisch-metaphysische" Fassung (b) ist schon etwas ausführlicher und die psychologische (c) fasst alles sinngemäss zusammen. "Dennoch" sind Sie, wie Sie schreiben, "der Ansicht, dass auch diese noch nicht die endgültige Wahrheit ist." Gewiss nicht, denn Sie enthält bloss das psychisch Fass- und Darstellbare. Im Vergleich mit der ganzen Wahrheit ist das psychische Bild ebenso unvollständig, wie das Ich im Vergleich zum Selbst, aber es ist die Vorstellung der Wirklichkeit, die wir besitzen. Es ist, wie gesagt, evident, dass potentielle Wirklichkeiten jenseits unserer Vorstellung liegen, denn die Erfahrung zeigt, dass unser Weltbild anscheinend unbegrenzter Erweiterung fähig ist, und die Naturwissenschaft besteht sozusagen aus lauter Beweisen dafür, dass unsere Vorstellung dem Ding an sich in hinreichendem Masse entspricht. Nirgends aber können wir eine vollständigere Wahrheit erreichen, als eben das vorgestellte Bild. Darum, sage ich, seien wir in der Psyche so gut wie eingeschlossen, obschon wir unser Gefängnis zur Weltweite auszudehnen vermögen. Diese Ueberlegung hat Leibniz auf die Idee der fensterlosen Monade gebracht. Ich billige allerdings die Fensterlosigkeit nicht, sondern glaube, dass die Psyche Fenster hat, durch welche wir immer weitere wirklichkeitsgetreue Kulissen wahrnehmen können.

Aus diesen Gründen bin ich der Ansicht, dass der psychische Aspekt der Wirklichkeit praktisch der wichtigste sei. Wir haben es hier offenkundig wieder mit einem klassischen Quaternio zu tun:

$$\text{Wirklichkeit} = \text{Materiell} \underset{\text{psychisch}}{\overset{\text{Transzendental}}{\vrule width 0pt \text{────────}}} \text{geistig}$$

also wie gewöhnlich 3+1, wobei das Vierte die Einheit und das Ganze ausmacht.

Ihre Erklärung des Bewusstseinsquaternio ist interessant und, wie mir scheint, richtig. Hier liegt wahrscheinlich auch der "Ursprung" oder die "Urheimat" der Zahl. Auf alle Fälle fängt sie hier zu wirken an. Mit den vier στοιχεια oder Elementen beginnt die Welt der diskreten Dinge.

Insofern die Zahl ein Archetypus ist, darf man von vornherein vermuten, dass sie 1. substanzhaft ist, d.h., 2. eine individuelle Gestalt hat, 3. sinnhaft ist und 4. Verwandschaftsbeziehungen zu anderen Archetypen besitzt. Ich habe bereits vor etwa einem Jahr angefangen, die Eigenschaften der Grundzahlen in verschiedenen Hinsichten zu untersuchen, bin aber stecken geblieben. (Gibt es eigentlich keine systematische Zusammenstellung der mathematischen Eigenschaften der Zahlen 1–9?) Die mythologischen Ansätze sind interessant, erfordern aber leider sehr viel Arbeit an vergleichender Symbolforschung, die ich nicht mehr leisten kann.

Sie erinnern sich passenderweise an "Nathan den Weisen". Aber es scheint mir, als hätten Sie nicht drei, sondern nur zwei Ringe in der Hand: nämlich die Physik einerseits und die Psychologie andererseits (vide p. 10 Ihres Briefes). Der dritte Ring ist der Geist, der für theologisch-metaphysische Erklärungen verantwortlich ist. Im Sinne Lessing's vermuten Sie im vierten Ringe die menschliche

Beziehung, welche als viertes mit den Drei die Einheit herstellt. Auf der psychologischen Ebene ist dies sicher richtig als Lösung aller Probleme durch die agape resp. caritas christiana (allerdings losgelöst von den giftigen Einflüssen der christl. Konfessionen!). Aber die Synthese der Vielen durch die caritas ist im Grunde genommen Spiegelung der transzendentalen Einheit, eine harmonia praestabilita, deren Verwirklichung in unserer sublunaren Welt alle christlichen Tugenden herausfordert und deshalb das moralische Vermögen leicht übersteigt. Sie fordert vor Allem die Individuation und damit die Anerkennung des Schattens, die Herauslösung der Anima aus der Projektion, die Auseinandersetzung mit derselben, etc. Eine Aufgabe, die wir ohne psychologische Belastung nicht leisten können, denn der Strom fliesst immer von der Psychologie weg in die Gegensätze, was aber nur im Moment eine Erleichterung bedeutet. Dadurch wird die Psychologie schon ganz natürlicherweise "entlastet". Auch würde nichts von ihr abzustreichen sein, wenn sie im Rahmen der Physik und der Biologie aufgenommen wäre. Das Weltbild ist immer und überall eine Vorstellung d.h. psychisch.

Die grosse Schwierigkeit, über welche das Denken öfters stolpert, besteht darin, dass der Gegensatz nicht lautet: Physis versus Psyche, sondern Physis versus Pneuma, während die Psyche das Medium zwischen den beiden darstellt. Man hat in der neueren Geschichte den Geist in die Psyche einbezogen und ihn mit der Funktion des Intellektes identifiziert. Dadurch ist der Geist sozusagen aus unserem Gesichtsfeld verschwunden und durch die Psyche ersetzt und es fällt uns schwer, dem Geiste eine Autonomie und Wesenheit zuzuerkennen, wie wir sie dem Stoffe ohne Zögern erteilen. Ich weiss nicht, ob meine Neigung zu symmetrischen Anschauungen ein blosses Vorurteil ist, aber es scheint mir unerlässlich, komplementär zu denken: zu Stoff gehört Nichtstoff, zu oben unten, zu Kontinuität Diskontinuität etc. Das Eine ist die Bedingung des Anderen.

Mit besten Grüssen

Ihr ergebener

[C.G. Jung]

[a] vgl. C.A. Meier "Antike Incubation und moderne Psychotherapie", Rascher, Zürich 1948, heute Neuauflage "Der Traum als Medizin", Zürich 1988.

[b] Brief 60.

## [62] Pauli an Jung

[Zürich] 27. Mai 1953
[Maschinenschriftlicher Durchschlag mit handschriftlichen Zusätzen]

Lieber Herr Professor Jung,

1. Haben Sie vielen Dank dafür, dass Sie meinen letzten Brief doch noch einmal beantwortet haben. Ihr neuer Brief hat wieder Vieles abgeklärt, insbesondere Ihre Anerkennung der Notwendigkeit des Nichtfeststellbaren (p. 1), Ihre Klarlegung der Annäherung an die neutrale Sprache durch Ihren Begriff des Psychoiden, "der das Vorhandensein einer nicht psychischen Wesenheit andeutet"

(p. 1), Ihre Zustimmung zu meiner Formulierung, "dass Psyche und Stoff durch gemeinsame, neutrale an sich nicht festellbare Ordnungsprinzipien beherrscht werden", wozu Sie den Geist noch hinzufügen (p. 2 unten), Ihre (mir ganz neue) Gegenüberstellung des Psychischen und des Transzendentalen (im Quaternio auf p. 5). All das scheint mir nun so weit geklärt, dass es mir nicht mehr nötig scheint, auf diese Fragen zurückzukommen.

Was die Beziehung von Geist und Psyche betrifft, so mache ich ebenso wie Sie eine strenge Unterscheidung von Geist und Intellekt. Dagegen habe ich noch keine endgültige Meinung darüber, wie weit man Psyche und Geist trennen kann. Da ist es wohl am besten, auf archetypische Bilder zurückzugreifen. Eines davon ist der Mutter-Sohn-Inzest und mit diesem sehr verwandt, das Bild einer Mutter des Geistes, die aber zugleich seine Tochter ist.[1]

Meine Traumfigur des "Fremden" (Meisterfigur)[i] diesen Bildern entsprechen, wie sie überhaupt weitgehend Analogien mit dem alchemistischen Merkur hat. Er ist einerseits einmal wie Merkur "aus dem Flusse gestiegen", wobei im Traum ganz deutlich wurde, dass der Fluss auch die Mutter war. Andrerseits hat er einmal "im Sturm" aus seinem Körper eine Frau abgespalten, ähnlich wie im Mythos die Athene aus dem Haupte des Zeus entspringt. Es ist dies der Archetypus der mutterlosen Frau, die aber selbst Mutter ist. Solche Bilder scheinen mir ganz instinktiv gute Modelle für die Beziehung Psyche — Geist zu liefern.

Der Mutterarchetypus scheint mir auch einer instinktiv-unbewussten menschlichen Beziehung zu entsprechen, wozu als innere Realität das unbewusste Leben überhaupt gehört. In diesem Fall wäre wohl Ihr psychoider Archetypus ein spezieller Aspekt des Mutterarchetypus, nämlich das unbewusste, körperliche, zweckhafte oder sinnhafte Wesen (Leben).

Ich freue mich also, zu sehen, dass sich unser Briefwechsel keineswegs im Kreise dreht, sondern eine fortschreitende Linie einhält. Eben das veranlasst mich aber, doch noch einmal ausführlicher zu schreiben, und zwar über den ganzen Fragenkomplex der Beziehung von Physik und Psychologie und das durch diese hervorgerufene Problem der Ganzheit. Ich stimme völlig mit Ihnen darin überein, dass "nur aus der Ganzheit heraus der Mensch ein Modell des Ganzen erschaffen kann" (Ihr Brief vom 7. März, p. 4), dass die Produkte des Unbewussten, "sowohl hinsichtlich ihrer objektiven, wie auch ihrer subjektiven Beziehung kritisch betrachtet werden müssen" und dass "die Anerkennung des Nichtpsychischen mit dem Anschauenden in Beziehung gesetzt werden muss" (p. 4 Ihres Briefes). Wie in meinem Fall das Problem der Ganzheit in der Naturerklärung sehr eng und sehr direkt mit dem Problem der Ganzheit der Individualpsyche (Mikrokosmos), d.h. mit dem Individuationsprozess zusammenhängt, darauf will ich am Schluss dieses Briefes noch zurückkommen.

Es besteht jedoch eine Meinungsverschiedenheit zwischen uns über die Deutung meiner physikalisch-symbolischen Träume. (Diese Träume haben etwa im Jahre 1934 begonnen und machen schätzungsweise etwa ein Drittel aller meiner

---

[1] Vgl. hiezu Ihren Artikel "Der Geist Mercurius" in "Symbolik des Geistes", insbesondere p. 112, wo zu meiner besonderen Befriedigung auch die Grallegende zitiert ist. (Note 131).

[i] *Randbemerkung C.G. Jung:* uralter Sohn der Mutter.

Träume aus). Wenn Sie darüber sagen (p. 3 Ihres Briefes), "dass es sich hier um eine subjektive Situation handelt" und hinzufügen:

"1. Sie träumen physikalisch, weil dies Ihre natürliche Sprache ist, nach dem Grundsatz 'canis panem somniat, piscator pisces', aber der Traum meint etwas anderes.

2. Das Unbewusste hat die Tendenz, Sie bei der Physik festzuhalten, bezw. Sie von der Psychologie abzuhalten, weil aus irgend welchen Gründen Psychologie unpassend ist."

so scheint mir dies allerdings das Wesen der Sache nicht gut zu treffen. Ihre erste Aussage hat mir sogar einigen Kummer bereitet. Die sprachliche Anwendung der physikalischen und mathematischen Begriffe in meinen Träumen schien mir ja anfangs als das genaue Gegenteil von natürlich, das meist Vertraute erschien geradezu als ein äusserst Fremdes, und ich habe mich einige Jahre hindurch bemüht, den physikalischen Teil der Träume als uneigentlich wegzuerklären. Aber die Reaktionen meines Unbewussten darauf waren ungünstig und instistent, so dass ich schliesslich alle meine reduktiven Erklärungen verwerfen und anerkennen musste, dass eine Beziehung der Träume zur Physik tatsächlich existiert. Allerdings meinen die Träume nicht einfach die heutige gewöhnliche Physik, sondern sie bauen mir synthetisch eine Art correspondentia auf zwischen psychologischen und physikalischen Sachverhalten. Dabei werden die physikalischen und mathematischen Begriffe symbolisch ausgedehnt bis in das Unbewusste im Allgemeinen und in die Individualpsyche im Besonderen.[2] Ich möchte hier nach wie vor die Ansicht vertreten, dass es sich hierbei um eine objektive Situation handelt, wenn sich diese auch in einer subjektiven Form präsentiert.

Was Ihre zweite Aussage betrifft, so kommt alles darauf an, welches jene Gründe sind, aus denen "die Psychologie unpassend ist". Zunächst ist diese zweite Aussage so allgemein gehalten, dass meine eigene Ansicht auch darunter fällt, nach der diese Gründe folgende sind: Das Begriffssystem der Mathematik und Physik ist das weitere, differenziertere und tragfähigere, verglichen mit dem der Psychologie, während andererseits meine Beziehung zu letzterer gefühlsmässig lebendig bleiben muss und nicht ins bloss Intellektuelle abgleiten darf.

Wenn ich mir die Arbeitshypothese gebildet habe, dass ein Einfliessen psychologischer Inhalte in die Physik und Mathematik stattfindet, die so lange weitergehen muss, bis die Psychologie in die Physik (eventuell zusammen mit der Biologie) aufgenommen werden kann, so war ich mir dabei stets klar darüber, dass — wie Sie mit vollem Recht auf p. 6 Ihres Briefes sagen — dadurch von der Wirklichkeit der Psychologie "nichts abzustreichen wäre". Es schwebt mir hier vielmehr z.B. die Chemie als Modell vor, von der man ja sagen kann, dass sie im Prinzip schon heute in die Physik aufgenommen ist.[3] Das bedeutet

---

[2] Der Zwecksinn dieser Träume ist vielleicht der, die naturwissenschaftliche Betrachtungsweise als voraussetzungsbedingten Sonderfall (siehe unten p. 6) des Transzendentalen überhaupt erscheinen zu lassen.

[3] In einem kleineren Maßstabe fand eine solche Fusion im letzten Jahrhundert innerhalb der Physik statt, als die Optik in die allgemeinere Elektrodynamik aufgenommen wurde.

natürlich keineswegs, dass es deswegen heute keine Chemiker mehr gebe (im Gegenteil!) oder dass an der Wirklichkeit der Chemie seitdem etwas abgestrichen wäre.[4] Dennoch kann man im Falle einer solchen begrifflichen Fusion zweier vorher getrennter wissenschaftlichen Disziplinen <u>eine aufgenommene und eine aufnehmende</u> unterscheiden. Die aufnehmende ist diejenige von beiden, welche das weiterreichende und verallgemeinerungsfähigere Begriffssystem hat, es ist aber immer auch diejenige, welche die einschneidendere, stärkere Veränderung erleidet, und zwar eben dadurch, dass sie erweitert wird. So musste die Physik sich nach der Entdeckung des Planck'schen Wirkungsquantums durch die Entwicklung von der klassischen Physik zur heutigen Quantenphysik grundlegend wandeln, ehe die Chemie aufgenommen werden konnte. Meine Arbeitshypothese ist, dass im Falle der Beziehung Psychologie — Physik sich die erstere in Richtung auf die aufgenommene, die zweite dagegen in Richtung auf die aufzunehmende entwickelt. Im zweiten Teil dieses Briefes will ich versuchen, dies näher zu begründen.

Zunächst noch einige Bemerkungen über Ihre Träume, die Sie freundlicherweise in Ihrem Brief erwähnen, und die mich sehr interessiert haben. (Ich bin mir bewusst, dass ich mich mit den folgenden Konjekturen noch mehr Ihrer Kritik aussetze als mit dem Rest meines Briefes). Es ist mir sofort aufgefallen, dass das Bauen einer Strasse im Urwald durch Tiere eine <u>zielgerichtete</u> Aktiviät ist, dass ferner insbesondere Elefanten eine <u>Dynamis</u> darstellen, der sich der Mensch nicht ungestraft entgegenstellen darf. Meine erste Konjektur ist daher, dass Ihre Träume eine überpersönliche, objektive, psychische oder geistige Entwicklung im kollektiven Unbewussten darstellen, die aber die Oberfläche das allgemeinen Bewusstseins noch nicht erreicht hat. Meine zweite Konjektur ist, dass sich Ihre Bilder auf genau die <u>gleiche</u> Entwicklung beziehen, die mir als Einfliessen von Inhalten aus der Psychologie in die Physik erscheint. Auch ein Strom ist eine Dynamis, welcher sich der Mensch nicht ungestraft entgegenstellen darf, allerdings kann man mit dem Strom schwimmen, während man kaum mit wilden Elefanten gehen kann. Die gleiche objektive Situation ist nur entsprechend dem Umstand, dass Sie ein Psychologe, ich aber ein Physiker bin, in sehr zweckmässiger Weise subjektiv verschieden dargestellt. Natürlich hätte ich nie gewagt, daraus für Sie eine Schlussfolgerung abzuleiten. Wenn Sie aber selber den Schluss ziehen, dass die Tiere von Ihnen nicht beobachtet sein wollen und dass Sie einfach passiv zuwarten müssen, so schliesse ich mich Ihrem eigenen Urteil gerne an. Dies scheint mir nämlich ausserordentlich gut zu passen zu meinem Bilde, dass die Psychologie sich in Richtung auf eine aufzunehmende Wissenschaft entwickelt. In einem solchen Falle würde ich gerade a priori erwarten, dass ein Psychologe mythologisch träumen wird, weil er sich hierbei passiv und abwartend verhalten soll, ein Physiker aber weder psychologisch noch mythologisch, sondern physikalisch, weil er aktiv an eine Erweiterung der Begriffe seiner Wissenschaft herangehen soll.

---

[4] <u>Dieselbe</u> Wirklichkeit wird nur anders <u>benannt</u>. Statt von Valenzstrichen spricht man z.B. von Elektronenpaaren und ihrer räumlichen Dichteverteilung etc.

2. Zum Zweck der Diskussion meiner physikalischen Traumsymbolik scheint es mir gut, die Zeit ihrer Entstehung zurückzurufen mit ihrer so charakteristischen Konstellation von objektiv geistiger Problematik in der Physik und von subjektiver Problematik in meinem persönlichen Leben. Diese Erinnerungen kamen mir nun sehr lebhaft wieder in besonderer Verbindung mit dem Namen Einstein, den Sie mir in Ihrem Brief (p. 4) gleichsam zugeworfen haben.

Als im Jahre 1927 die neue Theorie der Wellenmechanik vollendet wurde, die eine Lösung der alten Widersprüche betreffend Wellen und Teilchen im Sinne eines neuen komplementären Denkens brachte, wollte Einstein sich mit dieser Lösung nicht recht zufrieden geben. Er vertrat seither immer wieder mit sehr geistreichen Argumenten die These, dass die neue Theorie zwar richtig, aber unvollständig sei. Demgegenüber zeigte Bohr, dass die neue Theorie alle Gesetzmässigkeiten enthielt, die innerhalb ihres Gültigkeitsbereiches überhaupt sinnvoll formulierbar sind. Dem objektiven Aspekt der in der Wellenmechanik angenommenen physikalischen Realität und ihrer statistischen Naturgesetze war dabei mit Hilfe folgender Voraussetzungen Rechnung getragen worden, die allen Physikern als selbstverständlich erschienen:

1. Individuelle Eigenschaften des Beobachters kommen in der Physik nicht vor.
2. Die Messresultate sind vom Beobachter nicht beeinflussbar, nachdem er einmal die Versuchsanordnung gewählt hat.

Die physikalische Theorie hatte allerdings auch einen subjektiven Aspekt, insofern ein Zustand der mikrophysikalischen Objekte, der davon unabhängig ist, wie (mit welcher Anordnung) diese Objekte gemessen werden, nicht mehr definiert werden kann. Bohrs Argumente waren überzeugend und ich war sogleich auf seiner Seite, da ich Einsteins Widerstreben als eine regressive Tendenz erkannte, wieder zum alten Ideal des losgelösten Beobachters [5] zurückzukehren. Ich sagte damals zu Bohr, Einstein halte für eine Unvollständigkeit der Wellenmechanik innerhalb der Physik, was in Wahrheit eine Unvollständigkeit der Physik innerhalb des Lebens sei. Diese Formulierung hatte Herr Bohr sofort akzeptiert. Ich hatte damit allerdings zugegeben, dass irgendwo doch eine Unvollständigkeit vorhanden war, wenn auch ausserhalb der Physik, und Einstein hat seither immer wieder versucht, mich auf seine Seite zu bringen.

Heute weiss ich, dass es sich hier um das Gegensatzpaar Vollständigkeit versus Objektivität handelt, und dass man allerdings nicht, wie Einstein will, beides zugleich haben könne. Hier ist wieder die Situation "das Opfer und die Wahl" wie bei der Unsicherheitsrelation in der Quantenphysik selber. Wenn auch nicht in regressiver Richtung wie Einstein stand ich doch selber unter diesem Dilemma. Dass eine prinzipiell statistische Beschreibungsweise der Natur komplementär nach einer Erfassung auch des Einzelfalles verlangt, konnte ich auch nicht leugnen; aber zugleich sah ich ein, dass die Wahrscheinlichkeitsgesetze der neuen Theorie das äusserste waren, was innerhalb eines objektiven (d.h. hier nicht-psychologischen) Rahmens der Naturgesetze überhaupt erhofft werden konnte.

---

[5] Vgl. meinen Kepleraufsatz p. 165.

Inzwischen hatten Gefühlsprobleme bei mir eine schwerere persönliche Krise hervorgerufen und mich mit der analytischen Psychologie bekannt gemacht. Es war, wenn ich nicht irre, im Jahre 1931, als ich Sie persönlich kennen gelernt habe. Damals erlebte ich das Unbewusste wie eine neue Dimension. Bald nachdem ich 1934 geheiratet hatte und meine analytische Behandlung beendet war, begann jene physikalische Traumsymbolik. Unter anderem hatte ich damals folgenden Traum, der mich jahrelang beschäftigt hat: "Ein Einstein ähnlich sehender Mann zeichnet folgende Figur an die Tafel:

(schraffierte Fläche von Kurve durchzogen)

Dies stand in offenbarem Zusammenhang mit der geschilderten Kontroverse und schien eine Art Antwort des Unbewussten auf sie zu enthalten. Es zeigte mir die Quantenmechanik, und damit die offizielle Physik überhaupt, als eindimensionalen Ausschnitt einer zweidimensionalen sinnvolleren Welt, deren zweite Dimension wohl nur das Unbewusste und die Archetypen sein konnten. Heute glaube ich in der Tat, dass unter Umständen derselbe Archetypus bei der Wahl einer Versuchsanordnung durch einen Beobachter wie auch im Resultat der Messung (analog wie bei den Würfeln in Rhines Experimenten) in Erscheinung treten kann. Ich glaube heute auch, dass Einstein die Rolle des Schattens gespielt hat [6], dass mir der Traum aber gezeigt hat, wie im Schatten auch das "Selbst" enthalten war.

Seit dieser Zeit baute mir das Unbewusste, anfangs gegen ausserordentlich starke bewusste Widerstände, eine correspondentia zwischen Physik (mit Mathematik) und Psychologie synthetisch auf. Umgekehrt wie die jetzige Physik und komplementär zu ihr opfert der Standpunkt des Unbewussten die genannten traditionellen Voraussetzungen der Objektivität (die es im Gegenteil als störend empfindet) und wählt statt dessen (im Einklang mit der Natur!) die Vollständigkeit.

Meine Beziehung zu Physik und Psychologie kann ich demnach versuchsweise durch den Quaternio

$$\begin{array}{c} \text{Einstein} \\ \text{Jung} \relbar\joinrel\vert\relbar\joinrel \text{Bohr} \\ \text{Pauli} \end{array}$$

darstellen, in welchem die Personen für geistige Haltungen stehen und Sie natürlich Ihre analytische Psychologie repräsentieren.

---

[6] Eine wirkliche grosse Entdeckung, wie die Relativitätstheorie, kann später eine gewisse Fixierung nach rückwärts zur Folge haben. Aehnliches scheint auch bei Freud der Fall gewesen zu sein.

Es ist das unausweichliche Schicksal der mit statistischen Naturgesetzen operierenden Physik, nach Vollständigkeit suchen zu müssen. Dabei wird sie aber notwendig auf die Psychologie des Unbewussten stossen müssen, da eben dieses und die Psyche des Beobachters das ihr Fehlende ist.

So wie nun die Physik nach Vollständigkeit sucht, so sucht Ihre analytische Psychologie nach Heimat. Denn es lässt sich nicht leugnen, dass diese wie ein illegitimes Kind des Geistes ausserhalb der allgemein anerkannten akademischen Welt ein esoterisches Sonderdasein führt. Hierdurch ist aber der Archetypus der Coniunctio konstelliert. Ob und wann diese Coniunctio sich realisieren wird, weiss ich nicht, aber ich habe keinen Zweifel, dass dies das schönste Schicksal wäre, das der Physik wie der Psychologie widerfahren könnte.

3. Jene correspondentia zwischen Physik und Psychologie ist die metaphysisch-geistige Spekulation, die dem dritten Ring im Gleichnis meines letzten Briefes entspricht. Ich halte wohl etwas davon in der Hand, aber ich kann es bisher niemandem mitteilen. Denn ich kenne niemanden, der wie Sie die menschliche Reife und psychologische Erfahrung hat, um meine Produkte des Unbewussten verstehen zu können und der obendrein noch mathematisch und physikalisch gebildet wäre. So treibt mich der "dritte Ring" in die geistige Einsamkeit (das Problem der Mitteilung ist ungelöst), wozu aber der vierte Ring der menschlichen Beziehungen wieder kompensatorisch ist.

Dies führt mich nun direkt zu Ihrer Forderung, alle Produkte des Unbewussten auch mit dem Anschauenden in Beziehung zu setzen. Das auf der Subjektstufe bei mir vorliegende persönliche Problem ist das "Gegensatzproblem", wie Sie es in Ihrem Buch "Psychologische Typen" (insbes. Kap. V) geschildert haben. Das Funktionsschema bei mir ist [7]

ii
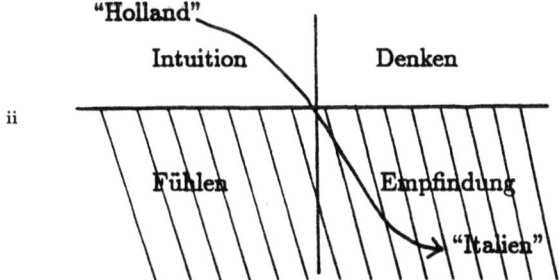

Die schraffierten Teile sind die weniger differenzierten (unbewussteren, inferioren) Funktionen und das Gegensatzproblem besteht zwischen der linken und der rechten Hälfte. (Wenn ich malen könnte, würde ich gerne links Esslingen, in der Mitte den Pfannenstiel und rechts die Gloriastrasse [a] zur Darstellung bringen). Es ist hier wiederum so, dass die rechte Seite nach Vollständigkeit, die linke aber nach Heimat sucht. Letzteres ist insofern der Fall, als die Intuition Eigenschaften und psychische Faktoren zu Tage gebracht hat, die meiner Bewusstseinswelt und den anerkannten Werten zunächst fremdartig gegenüberstanden.[8]

---

[7] Vgl. hierzu auch meinen früheren Brief vom 27. Febr., Teil III.
ii *Randbemerkung C.G. Jung*: Warum Gegensatz, bzw. rechts u. links?
[8] Wenn mir die dunkle Anima als Chinesin erschien, bedeutet das ja vor allem, dass sie subjektiv mir selber fremdartig vorkam, das heisst so wie man zu Hause eben nicht ist.

Im Laufe des Individuationsprozesses, der niemals bloss intellektuell, sondern stets auch von Gefühlserlebnissen begleitet ist, wird eine Mitte zwischen diesen Gegensatzpaaren allmählich sichtbar. Die dabei auftretenden Produkte des Unbewussten sind eben diejenigen, die mir auch durch symbolische Erweiterung der Physik allmählich eine Mitte zwischen heutiger Physik und Psychologie sichtbar werden lassen. So fällt bei mir im leeren Zentrum ("Selbst") beides zusammen, in völliger Uebereinstimmung mit Ihren Ausführungen über die Ganzheit des Individuums qua Mikrokosmos als Bedingung eines Modells für die Ganzheit in der Naturerklärung. Nur für das unterscheidende Bewusstsein ist das früher diskutierte Gegensatzpaar Psychologie — Physik vom Gegensatzpaar der linken und der rechten Hälfte der 4 Funktionen ("Holland versus Italien") verschieden, für die unbewusste Psyche sind aber beide ganz identisch. Man kann diesen Sachverhalt auch durch ein räumliches Modell so darstellen, dass man den Quaternio des vorigen Abschnittes (p. 8) auf einen vertikalen Kreis, den dieses Abschnittes auf einen horizontalen Kreis anordnet, wobei die beiden Kreise ein einziges, gemeinsames Zentrum haben.

Deshalb kann ich jene correspondentia zwischen Physik und Psychologie auch gar nicht durch blosse intellektuelle Spekulation herausfinden, sondern sie kann nur im Laufe des Individuationsprozesses als ihn begleitende objektive Aussagen gültig entstehen. Derselbe Archetypus der Ganzheit, bezw. der Coniunctio, der in der Beziehung von Psychologie und Physik konstelliert ist, ordnet mit Hilfe der "Meisterfiguren" meiner Träume auch meine eigene innere Ganzheit an. Deshalb kann ich auch jenen "dritten Ring" der metaphysischen geistigen Spekulation gar nicht handhaben, wenn nicht zugleich der vierte Ring der Beziehung in Wirksamkeit getreten ist.

Dies ist, glaube ich, meine zurzeit beste Formulierung der Beziehung der Produkte meines Unbewussten zur objektiven Ganzheit der Natur einerseits, zur subjektiven Ganzheit meiner selbst als dem Anschauenden andererseits.

Ihrem in Vorbereitung befindlichen Buch über die Coniunctio [b] sehe ich mit grosser Spannung entgegen, denn ich zweifle nicht, dass es Vieles enthalten wird, was auf meine Probleme anwendbar ist. [9]

In der Hoffnung, dass auch in diesem Briefwechsel eine Mitte zwischen uns allmählich sichtbar wird, verbleibe ich mit aufrichtigem Dank und allen guten Wünschen

Ihr ergebener

W. Pauli

[a] Pfannenstiel: Höhenzug am Zürichsee, Gloriastrasse: damals Ort des Physikalischen Institutes der ETH.

[b] C.G. Jung, Mysterium conjunctionis, 3 Bde. erschienen 1956 bei Rascher, Zürich.

---

Ebenso verhält es sich, wenn ich die mir nun vertrauter gewordene Meisterfigur zunächst "den Fremden" genannt habe. Im Jahre 1946 erschien er mir z.B. als Perser, der an der technischen Hochschule zum Studium aufgenommen werden wollte, was dort einen Aufruhr verursachte. Eben das Ganzheitliche ist subjektiv zunächst immer das Fremde. Vgl. hierzu auch die "fremden Leute".

[9] Die Alchemie enthält jedenfalls wichtige Schlüssel zum Verständnis auch meiner physikalischen Traumsymbolik (wie die Idee des "opus" im Laboratorium als Symbol des Individuationsprozesses, "Kern" $\sim$ Lapis, "Meisterfigur" $\sim$ Mercurius, etc.)

[63] JUNG AN PAULI

[Küsnacht-Zürich] den 23. Juni 1953.
[Maschinenschriftlicher Durchschlag]

Lieber Herr Pauli!

Entschuldigen Sie bitte, dass ich Ihnen noch nicht für Ihren interessanten und freundlichen Brief gedankt habe. Ich hatte gehofft, Ihnen bald darauf antworten zu können. Ich war aber in letzter Zeit zu viel in Anspruch genommen und fühlte mich auch nicht auf der Höhe, sodass es mir bis jetzt nicht möglich war, mein Vorhaben auszuführen.

Ich bitte Sie deshalb um Geduld.

Mit den besten Grüssen

Ihr ergebener

[C.G. Jung]


[64] JUNG AN PAULI

[Küsnacht-Zürich] 24. Okt. 1953
[Maschinenschriftlicher Durchschlag]

Lieber Herr Pauli!

Mein langes Schweigen, das auf Ihren inhaltsreichen Brief vom 27. Mai dieses Jahres folgte, bitte ich bestens zu entschuldigen. Neben einer Reihe äusserer Gründe wie Zeitmangel, Müdigkeit und schlechter Gesundheitszustand war der Hauptgrund meines Zögerns auch die Fülle der von Ihrem Briefe aufgeworfenen Probleme. Ich fühlte mich der Aufgabe, Ihnen eine adaequate Antwort zu geben, nicht gewachsen. Ich zweifle, ob ich es jetzt bin. Wir bewegen uns ja an der Grenze des derzeit Denk- und Erkennbaren. Ihr Brief berührt bei mir schattenhaft beunruhigende Dinge, welche zu fassen ich in der Zwischenzeit eifrigst bemüht war. Ich habe Ihren Brief von Zeit zu Zeit immer wieder einmal vorgenommen und dessen Inhalt von allen Seiten überlegt, auch heute wieder. Es scheint mir jetzt, als ob ich es versuchen könnte, Ihnen zu antworten. Dabei ist mir allerdings nicht ganz klar, welche Methode ich zu diesem Zwecke wählen soll. Soll ich dem Leitfaden Ihres Briefes folgen oder, unabhängig davon, den Problemknäuel, wie ich ihn sehe, schildern?

Zunächst muss ich allerdings einige Punkte Ihres Briefes aufgreifen, vor allem die Frage von <u>Psyche und Geist</u>. <u>Psyche</u> ist für mich, wie Sie wissen, ein Allgemeinbegriff, der die "Substanz" aller Innenweltsphaenomene bezeichnet. <u>Geist</u> dagegen charakterisiert eine gewisse Kategorie derselben, nämlich alle diejenigen Inhalte, welche weder vom Körper noch von der Aussenwelt abzuleiten sind. Es sind teils bildhafte Vorgänge, die zu abstrakten Ideen führen, teils bewusste und beabsichtigte Abstraktionen. Etwa so:

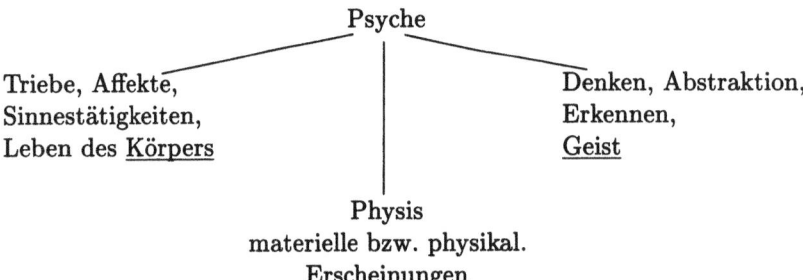

Psyche wäre etwa dem physikalischen Begriff der Materie (Corpuskel + Welle) parallel zu setzen. Wie Materie, so ist auch Psyche eine Matrix, beruhend auf dem Mutterarchetypus. Der Geist dagegen ist männlich und beruht auf dem Vaterarchetypus, infolgedessen er, begünstigt von einem patriarchalen Zeitalter, den Primat gegenüber der Psyche sowohl wie der Materie beansprucht. Er hat aber auch als Sophia, seiner Consors, einen weiblichen Aspekt, der, je mehr man sich dem Unbewussten annähert, umso deutlicher hervortritt. In dieser matriarchalen Sphäre ist der Geist der Sohn der Mutter (alchem. der "uralte Sohn der Mutter").

Der Geist (Pneuma) steht seit alters im Gegensatz zum Körper. Er ist bewegte Luft im Gegensatz zur Erde (Materia oder Hyle). Die "Seele" aber gilt als "ligamentum corporis et spiritus". In diese alte Trichotomie hat die Erhöhung des Geistes zur Gottheit einige Unordnung gebracht, wodurch das Gleichgewicht gestört wurde. Eine weitere Komplikation bedeutet die Identifikation der pneumatischen Gottheit mit dem "summum bonum", wodurch die Materie notwendigerweise in die Nähe des "malum" geriet. Diese theologischen Verwicklungen muss man m.E. vermeiden und der Psyche eine mittlere bzw. übergeordnete Stellung einräumen.

Psyche wie Materie sind beide als "matrix" an und für sich ein X, d.h. eine Transzendentale Unbekannte, daher voneinander begrifflich nicht zu scheiden, also praktisch identisch und nur sekundär verschieden als verschiedene Aspekte des Seins.

Zu der Substanz des Psychischen gehören u.a. die psychoiden Archetypen. Dem Archetypus eignet empirisch die Eigenschaft, sich nicht nur psychisch-subjektiv, sondern auch physisch-objektiv zu manifestieren, d.h. er kann eventuell als psychisches inneres und zugleich als physisches äusseres Ereignis nachgewiesen werden. Ich betrachte dieses Phaenomen als ein Zeichen für die Identität der physischen und psychischen Matrix.

Wenn Sie nun konstatieren, dass Ihre Träume "die mathematischen und physikalischen Begriffe symbolisch bis ins Unbewusste im Allgemeinen und in die Individualpsyche im Besonderen" ausdehnen (p. 3 Ihres Briefes), so scheint es mir, als ob auch dieses Phaenomen auf der angedeuteten Identität beruhe, sonst wäre eine solche Ausdehnung wegen der Inkommensurabilität des psychischen Gebietes schlechterdings unmöglich. Ist aber diese Ausdehnung möglich, so beweist sie, dass im Gebiete der Psychologie sich Vorgänge oder Regelmässigkeiten finden, welche gegebenenfalls durch physikalische Begriffe sich ausdrücken lassen. Die Analogie der Chemie, die Sie hierfür brauchen, scheint mir besonders glücklich zu sein (Zudem ist die Chemie vermöge der gemeinsamen Mutter Alchimia die Schwester der Psychologie). Trotz dieser einladenden Analogie hat die Psychologie Vorgänge zu ihrem Gegenstand, welche der Physik schlechterdings unerlässlich sind (was man von den chemischen Vorgängen keineswegs behaupten kann), nämlich Beobachtung, Denken und Erkenntnis.

Infolge der Unabdingbarkeit der psychischen Vorgänge kann es nicht nur e i n e n Zugang zum Geheimnis des Seins geben, sondern es müssen deren mindestens z w e i sein, nämlich das materielle Geschehen einerseits und die psychische Spiegelung desselben andererseits (Dabei wird es wohl kaum je auszumachen sein, was was spiegelt!).

In Anbetracht dieser Sachlage scheint die Aufgabe beider Wissenschaften darin zu bestehen, jene Region aufzufinden und zu beschreiben, welche beiden unzweifelhaft gemeinsam ist. Meine Träume und meine Intuition haben mich auf die natürlichen Zahlen verwiesen. Diese scheinen die einfachsten und elementarsten aller Archetypen zu sein. Dass sie Archetypen sind, geht aus der psychologischen Tatsache hervor, dass die einfachen ganzen Zahlen, wenn man ihnen nur die Chance gibt, sich sofort und zwanglos durch mythologische Aussagen amplifizieren, z.B. 1 = das Eine, Absolute, Gegenstandslose (advaita $\hat{=}$ Zweitlose) und deshalb das Unbewusste, der Anfang, Gott etc. 2 = die Teilung des Einen, das Paar, die Beziehung, der Unterschied (agens — patiens, männlich — weiblich etc.), das Zählen etc. 3 = die Wiedergeburt des Einen aus der Zwei, der Sohn, die erste männliche Zahl etc. Abgesehen davon weisen die ganzen Zahlen jene Eigenschaft des psychoiden Archetypus in geradezu klassischer Form auf, dass sie ebensoviel innen wie aussen sind. Es ist daher nie auszumachen, ob sie erfunden oder entdeckt worden sind; als Zahlen sind sie innen und als Anzahl aussen. Dementsprechend kann auch die Möglichkeit vorausgesagt werden, dass Gleichungen aus rein mathematischen Voraussetzungen heraus erfunden werden können, welche sich später als Formulierungen physikalischer Vorgänge erweisen.

Ich glaube darum, dass, wenigstens von der psychologischen Seite her gesehen, das gesuchte Grenzgebiet zwischen Physik und Psychologie im Geheimnis der Zahl liegt. Passenderweise heisst es darum, dass zwar der Mensch die Mathematik, Gott aber die ganzen Zahlen gemacht habe. [a]

Wie im psychologischen Gebiet die Zahl einen elementaren Archetypus darstellt, auf welchen z.B. die spontane Symbolik des Selbst unzweifelhaft zurückweist (insbesonders 1–4), so ist sie auch der Schlüssel der physikalischen Erkenntnis.

Seit etwas mehr als einem Jahr kreisen meine Gedanken fasziniert um das Geheimnis der Zahlen, weshalb ich mir eben eine vollständige Beschreibung aller Eigenschaften der ganzen Zahlen wünsche, worin schlechthin alles zusammengestellt wäre, z.B. Einzelheiten wie z.B. die Tatsache, dass Gleichungen fünften Grades nicht mehr aufgelöst werden können oder die Präferenz, deren sich gewisse Zahlen in gewissen Gebieten erfreuen, oder die amplifizierenden Aussagen, welche sich zwanglos aus gewissen ganzen Zahlen ergeben. Mit andern Worten, es interessiert mich nicht, was der Mathematiker mit Zahlen machen kann, sondern was die Zahl an sich tut, wenn man ihr eine Chance gibt.

Das ist ja die Methode, die sich im Gebiet der archetypischen Vorstellungen als besonders fruchtbar erwiesen hat.

Ich bin daher sehr geneigt, die Beziehung der Psychologie zur Physik unter dem Aspekt zweier zunächst inkommensurabler Gebiete zu betrachten, trotzdem sich physikalische Anschauungsformen zweifellos auch auf das psychische Gebiet anwenden lassen. Eine Einordnung der Psychologie in eine allgemeine theoretische Physik, wie sie bei der Chemie stattgefunden hat, ist schon wegen der Unmessbarkeit psychischer Vorgänge meines Erachtens ausgeschlossen, ganz abgesehen von der oben erwähnten erkenntnistheoretischen Schwierigkeit. Ich glaube daher, dass es aussichtsreicher sei, die Gemeinsamkeiten beider Gebiete näher zu untersuchen, und da scheint mir eben die geheimnisvolle Natur der Zahlen am ehesten der Gegenstand zu sein, welcher eine Grundlage der Physik sowohl wie der Psychologie bildet. Dabei denke ich mir die Stellung der Psychologie zu einer allgemeinen Physik etwa so, wie Sie in Ihrem Quaternio (Einstein-Bohr-Pauli-Jung) angeben. Wie im Satze der Maria Prophetissa 4 ($\tau\acute{\epsilon}\tau\alpha\rho\tau o\nu$) das Eine ($\tau\grave{o}$ ἕν) bedeutet, so sind im Begriffe der Synchronizität (als dem Vierten) Raum, Zeit und Kausalität relativiert bzw. aufgehoben, de facto et per definitionem.

Synchronizität ist neben der Zahl ein weiterer Berührungspunkt von Physik und Psychologie. In diesem Fall scheint der Sinn die Gemeinsamkeit (relativ) simultaner Ereignisse zu sein. Auch scheint es, als ob häufig (oder regelmässig?) eine archetypische Bedingung für den sinngemässen Parallelismus vorläge.

Insofern nun die beiden Brücken, die Psychologie und Physik verbinden, von so eigenartiger und schwer fassbarer Natur sind, und infolgedessen sie niemand zu begehen wagt, ist die Psyche und ihre Wissenschaft in einem bodenlosen Raume aufgehängt, und, wie Sie sehr richtig sagen "heimatlos".[1] Sie vermuten, dass dadurch der Archetypus der coniunctio konstelliert sei. Das trifft insofern zu, als ich gerade in den letzten 10 Jahren sozusagen ausschliesslich mit diesem Thema beschäftigt bin. Es ist mir gelungen, einen Alchemisten des XVI. Jahrhunderts aufzufinden, der sich mit dieser Frage in besonders interessanter Weise auseinandergesetzt hat. Es ist dies der auch in anderer Hinsicht bemerkenswerte GERARDUS DORNEUS.[b] Er sieht das Ziel des alchymischen Opus einerseits in der Selbsterkenntnis, die zugleich auch Gotteserkenntnis ist, andererseits in der Vereinigung des physischen Körpers mit der sog. unio mentalis, welche aus Seele und Geist besteht und vermöge der Selbsterkenntnis zustandekommt. Aus dieser (dritten) Stufe des opus ergibt sich, wie er ausführt, der Unus Mundus, die eine Welt, eine platonische Vor- oder Urwelt, welche zugleich die zukünftige bzw. die ewige Welt ist. Wir dürfen diese Welt wohl als diejenige deuten, welche das Unbewusste sieht und herzustellen sucht, etwa entsprechend jener Synthese,

---

[1] Wie Sie in Ihrem Quaternio mich als Repräsentanten der Psychologie des Unbewussten als Vierten zu den drei Physikern stellen, so wiederholen Sie damit das Dilemma des Platon, der seinen Demiurgen das Vierte "mit Gewalt" in die Mischung der kosmischen Gegensätze pressen lässt, weil es offenbar so beschaffen ist, dass es an sich nicht leicht in der Mischung aufginge (Vergl. Symbolik des Geistes, p. 343 ff). Der Uebergang von 3 zu 4 ist eine öfters vorkommende Verlegenheit, indem laut geschichtlicher Symbolik entweder die Drei den Vierten leugnen oder der Vierte die Drei in einer Einheit aufhebt (wie z.B. im Satze der Maria).

welche Ihre Träume erstreben. Das letzte Kapitel meines Buches "Mysterium coniunctionis" ist der Darstellung dieses alchemistischen Versuches gewidmet.

Es scheint mir, dass Sie in Ihrem Schema "Holland-Italien" etwas Aehnliches andeuten. Ganz deutlich aber sprechen Sie es aus, wenn Sie den Individuationsprozess als eine conditio sine qua non für die Gültigkeit ganzheitlicher Aussagen in Betracht ziehen. Hierin kann ich Ihnen nur beistimmen.

Es bedeutet mir sehr viel zu sehen, wie sich unsere Standpunkte aneinander annähern, denn, wenn Sie sich in der Auseinandersetzung mit dem Unbewussten von Ihren Zeitgenossen isoliert fühlen, so geht es mir ebenso und noch mehr so, da ich ja im isolierten Gebiet selber stehe und irgendwo über den trennenden Graben zu kommen trachte. Es ist ja schliesslich kein Vergnügen, immer als Esoteriker gelten zu müssen. Komischerweise handelt es sich immer noch um das bald 2000jährige Problem: wie gelangt man von Drei zu Vier?

Mit den besten Grüssen

Ihr ergebener

[C.G. Jung]

<sup>a</sup> Leopold Kronecker (1823–1891) sagte an der Mathematischen Tagung in Berlin, 1886: "Die ganzen Zahlen hat der liebe Gott gemacht; alles andere ist Menschenwerk". Er vertrat damit einen extremen philosophischen Standpunkt und seine Bemerkung ist polemisch gegen Dedekind, und vor allem gegen Cantor gerichtet. Der letztere, dem seine Ideen über die unendlichen Aussagen als Offenbarungen vorkamen, hat unter Kroneckers Angriffen sehr gelitten.

Ich frage mich, ob wir so genau wissen, was Gott und was die Menschen gemacht haben.

Vergl. z.B. Dirk J. Struik "A concise History of Mathematics" 3. ed. Dover Publ. New York 1967; pg. 159. M. Fierz

<sup>b</sup> Gerard Dorneus, paracelsistischer Arzt, Frankfurt Ende 16. Jh., siehe insbesondere Clavem Philosophiae Chimicae, Herborn 1594.

[65] JUNG AN PAULI

[Küsnacht-Zürich] 5. Dez. 1953
[Maschinenschriftlicher Durchschlag]

Lieber Herr Pauli,

Beiliegend schicke ich Ihnen einen Brief, der Sie betrifft und bitte Sie um freundliche Erledigung.

Mit besten Grüssen

Ihr ergebener

[C.G. Jung]

1 Beilage (fehlt)

[66] PAULI AN JUNG

Zürich 7/6, 23. XII. 1953
[Handschrift]

Lieber Herr Professor Jung,

Während ich eine eingehende Beantwortung Ihres letzten Briefes, insbesondere hinsichtlich des Zahlarchetypus auf später verschieben möchte (auch deshalb weil wir am 5. Januar bis etwa Mitte April nach Amerika verreisen), kam mir heute die Idee, Ihnen meinen Dank für Ihre grosse Mühe und für Ihr ständiges Interesse an meinen Problemen durch einen informellen, improvisierten Weihnachtsgruß auszudrücken.

Auf diese Weise möchte ich gerne meine grundsätzliche Übereinstimmung mit Ihrer Forderung nach einer mittleren bzw. übergeordneten Stellung der Psyche gegenüber Körper und Geist und mit Ihrer Annahme von zwei Wegen zum Geheimnis des Seins betonen. In der Tat habe ich gesehen, daß dasselbe Beziehungsproblem zwischen den verschiedenen Aspekten des Selbst auf der einen Seite, den verschiedenen Aspekten der Anima auf der anderen Seite sowohl in meinen persönlichen Problemen als auch im Problem der Physik zu anderen Wissenschaften und zum gesamten Leben in Erscheinung tritt.

Da heute die Naturwissenschaften ihre Dynamik aus dem Archetypus der Quaternität beziehen, ist hierbei auch das ethische Problem des Bösen konstelliert, was durch die Atombombe ja besonders manifest geworden ist. Es scheint mir nun, daß hierzu kompensatorisch vom Unbewussten her die Tendenz entwickelt wird, die Physik den Wurzeln und Quellen des Lebens stärker anzunähern und daß es sich hierbei letzten Endes um eine Assimilierung der psychoiden Archetypen an eine erweiterte Physik handelt. Die alte alchemistische Idee, daß die Materie einen psychischen Zustand anzeigt, könnte auf diese Weise auf einer höheren Ebene eine neue Form der Realisierung erfahren. Ich habe den Eindruck, daß meine physikalische Traumsymbolik eben hierauf hinzielt. In Verbindung mit den physikalischen Archetypen haben Sie ja selbst (in Ihrem Artikel "Der Geist der Psychologie") eine physikalische Symbolik benützt, nämlich bewegte Massen und Spektralfarben. Es ist klar, daß bei mir als einem Physiker die betreffende Symbolik viel reicher mit Details ausgeschmückt ist. Neben dieser Entwicklungslinie, die auf eine Aufnahme der Parapsychologie in die Physik zielt, gibt es noch eine zweite, die zur Biologie führt und mit Ihren Begriffen des "absoluten Wissens" und der Synchronizität zusammenhängt, was ich hier nur andeuten kann.

Die Idee des unus mundus von Dorneus, auf die Sie in Ihrem Brief hingewiesen haben, scheint mir nun sowohl mit diesen Entwicklungslinien einer zu erweiternden Physik als auch mit den psychologischen Beziehungsproblemen in der Ehe sehr direkt zusammenzuhängen. Sobald die Ehe nicht mehr eine naive Anima- und Animusprojektion ist, scheint sich mir nämlich im Laufe des Lebens mehr und mehr herauszustellen, daß die Ehe ein Modell für jenen unus mundus sein soll. Jedenfalls wurde mir vom Unbewussten her die strikte Weisung erteilt, daß ich nur zu zweit "in die Heimat" kommen kann, was ich sowohl auf die Ehe als auch auf Ihre "zwei Wege" bezogen habe. Es ist mir auch klar, daß bei mir jener unus mundus schon seit langem auf China projiziert war, wobei sich dieses als "Reich der Mitte" besonders eignet.

Mit den herzlichsten Wünschen für Sie selbst und Ihre Frau für Weihnachten und zum neuen Jahr

Ihr

W. Pauli

[67] JUNG AN PAULI

[Küsnacht-Zürich] 10. Oktober 1955
[Handschrift]

Sehr geehrter Herr Pauli!

Endlich ist es mir gelungen, die nöthige Zeit und Musse zu finden, um Ihnen über Ihre Arbeit in den "Dialectica" [a] zu schreiben. Ich habe dieselbe mit grossem Interesse durchstudiert und dabei die Vollständigkeit Ihrer Parallelismen gebührend bewundert. Ich wüsste nichts von Belang Ihrer Darstellung beizufügen mit Ausnahme des Geheimnisses der Zahlen, wo ich mich aber dermassen incompetent fühle, dass ich fürchte, nur Unverständliches vorbringen zu können. Die Lektüre von Poincaré (Science et Méthode) [b] hat mich allerdings ermutigt, insofern er auf das Unbewusste hinweist resp. dessen wichtige Rolle zu ahnen beginnt. Es ist ihm aber leider von der damaligen Psychologie nichts Hilfreiches entgegen gekommen, sodass er bei Ansätzen, die er nicht aus dem Widersprüchlichen zu befreien vermochte, stehen bleiben musste. So einleuchtend auch die Aehnlichkeit bezw. die Identität der physikalischen und psychologischen Begriffsbildung ist, so beruht sie doch mehr auf den epistemologischen Schwierigkeiten, welche die Beschäftigung mit einem unanschaulichen Objekt bereitet, als auf einer wahrgenommenen oder wenigstens postulierbaren Identität oder Aehnlichkeit des Tatsachenhintergrundes. Es scheint mir, dass der der Physik und der Psychologie gemeinsame Boden nicht im Parallelismus der Begriffsbildung liege, sondern vielmehr in "jener alten seelischen 'Dynamis'" der Zahl, die Sie p. 295 hervorheben. Die <u>archetypische Numinosität der Zahl</u> drückt sich einerseits in der pythagoraeischen, gnostischen und kabbalistischen (Gematria!) Speculation aus, andererseits in der arithmetischen Methode der mantischen Proceduren im I Ging, in der Geomantie und der Horoskopie. Selbst die Mathematiker sind sich nicht einig darüber, ob die Zahlen ge-funden oder er-funden worden sind, was sein Gegenstück im modernen Dilemma, ob der Archetypus erworben oder angeboren sei, hat. (Wie mir scheint, ist beides wahr). "In der Olympier Schar thront die ewige Zahl" ist ein wertvolles Bekenntnis von mathematischer Seite zur Numinosität der Zahl. Es ist demnach genügendes Motiv vorhanden, der Zahl den Charakter eines Archetypus zu erteilen. Das hat zur Folge, dass der Zahl auch die <u>Autonomie</u> des Archetypus ("Dynamis" der Zahl) zukommt. Diese Eigenschaft der Zahl scheint dem Mathematiker, der sie ja nur als Mittel zum Zwecke des Zählens und Messens gebraucht und daher als $1+1+1$ etc. definiert, wenig willkommen und fast unbekannt zu sein. Dies ist ja auch das Schicksal des Archetypus in der (akademischen) Psychologie und eine deutliche Auswirkung des Praejudiz gegen das Unbewusste überhaupt. Angesichts der unzweifelhaften Numinosität der Zahl wird dieser Widerstand aber hinfällig und man sieht sich genötigt, gewisse unvermeidliche Schlüsse zu ziehen, nämlich dieselben, welche die Psychologie nicht mehr umgehen konnte: die Autonomie eines psychischen Faktors besteht darin, dass er kraft seiner Dynamis zu <u>eigenen</u> Aussagen befähigt ist. Hier setzt nun auch Ihre Kritik, wie zu erwarten, folgerichterweise ein. Sie bezeichnen meinen Ausdruck "psychische Aussage" als Pleonasmus, was inbezug auf "allgemeine Aussage" zweifellos richtig ist. Ich gebrauche aber diesen Ausdruck in der Regel dort, wo es sich nicht um Aussagen der Ratio, sondern um solche der Psyche handelt, d.h. um solche, die nicht der bewussten ratiocinatio entspringen, sondern unmittelbar der objektiven Psyche überhaupt, wie Mythologeme, Träume, Wahnideen etc. Hier spielt das Bewusstsein höchstens indirect und unmassgeblich hinein, während die ratiocinatio alles Unbewusste tunlichst verdrängt, mithin also die Ganzheit des Psychischen möglichst auf das Allgemeingültige, das Vernünftige, einschränkt.

Die Zahl als Archetypus ist vermöge ihrer "Dynamis" zu mythischen Aussagen befähigt. Wenn man ihr überhaupt den eigenen Ausdruck gestattet, so wird sie "psychische Aussagen" von sich machen. Diese gehören zu den unabdingbaren Eigenschaften der Zahl in den Augen des Psychologen, auch wenn der Mathematiker sie nur als Mittel des Zählens kennt. Man könnte sie mit dem Diamanten vergleichen, der einerseits eine grosse technisch-industrielle Bedeutung, andererseits aber auch einen noch höheren Liebhaberwert seiner Schönheit wegen besitzt. Die Numinosität der Zahl hat wenig mit ihrer mathematischen Verwendbarkeit zu tun, wohl aber das Meiste mit Ihren "unvermeidlichen" Aussagen, gegen die man aber alle Widerstände hat, die sich gegen das Unbewusste überhaupt richten.

In der Psychologie lassen wir Archetypen sich selber amplifizieren oder wir beobachten gar den Amplifikationsvorgang in den Träumen. Dasselbe Experiment ist bei den Zahlen möglich. Zugleich haben wir hier einen Boden, auf dem sich Physik und Psychologie zu allernächst berühren, denn die Zahl ist einerseits eine unabdingbare Eigenschaft der natürlichen Dinge, andererseits ist sie ebenso unzweifelhaft numinos, d.h. psychisch.

In bezug auf den "Opfer"-Parallelismus habe ich mich gefragt, ob der Ausdruck "Opfer" für die Wahl der physikalischen Fragestellung richtig sei. Es handelt sich für den physikalischen Experimentator doch wesentlich nur um eine Entscheidung und nur metaphorisch um ein "Opfer". Er kann nicht das Eine und das Andere zugleich haben. Man kann zwar zwischen zwei Möglichkeiten wählen oder entscheiden, aber es wäre wohl eine rhetorische Uebersteigerung, resp. ein peiorativer Gebrauch von "Opfer", wollte man diesen Akt als ein Opfer bezeichnen, denn "Opfer" bedeutet das Aufgeben eines Besitztumes à fond perdu.

Die Idee des "absoluten Wissens" kam mir bei der Lektüre von Hans Driesch [c] (Die Seele als elementarer Naturfaktor, 1903, p. 80 ff). Damit verbunden ist das Problem der umgekehrten Causalität: das zukünftige Ereignis als Ursache des vorangegangenen. Es kommt mir vor, als ob dies ein Scheinproblem sei, indem der Satz von Ursache und Wirkung per definitionem an sich nicht umgekehrt werden kann, so wenig wie der Energieablauf. Damit wird bloss die Unerklärlichkeit des Vorauswissens umgangen. Bei der Veranlassung biochemischer Prozesse z.B. handelt es sich, wie es der Biologie jetzt dämmert, überhaupt nicht um Chemie, sondern um archetypische Auswahl der "passenden" Verbindungen.

Ihre Arbeit ist äusserst anregend und verdienstvoll. Es steht zu hoffen, dass Ihre Gedankengänge auch auf Ihr engeres Fachgebiet befruchtend einwirken werden. Die derzeitige Psychologie hat allerdings noch so viel nachzuholen, dass man von ihr noch auf längere Zeit hinaus kaum etwas Tüchtiges erwarten kann. Ich selber bin an meiner oberen Grenze angekommen und daher kaum mehr im Stande, etwas Entscheidendes beizutragen.

Dass Sie so mutig das Problem meiner Psychologie angefasst haben, ist mir in höchstem Mass erfreulich und erfüllt mich mit einem Gefühl der Dankbarkeit.

Ihr sehr ergebener

C.G. Jung

[a] Naturwissenschaftliche und erkenntnistheoretische Aspekte der Ideen vom Unbewussten, Dialectica Vol. 8 Nr. 4; La Neuville 1954, p. 283–301; siehe W. Pauli, Aufsätze und Vorträge zur Erkenntnistheorie, Vieweg, Braunschweig 1961.

[b] Henri Poincaré, französischer Mathematiker, 1851–1912. "Science et Méthode" 1908.

[c] Hans Driesch, 1867–1941, als Biologe Vitalist (Entelechie), später Philosoph (auch an Parapsychologie interessiert).

[68] A. Jaffé an Pauli

[Küsnacht-Zürich] 27. August 1956
[Maschinenschriftlicher Durchschlag]

Lieber Herr Pauli,

von meinen Ferien zurückgekehrt finde ich Kopie Ihres Briefes an Dr. J.B. Rhine über Mr. Hare's Arbeit. Ich möchte nicht verfehlen, Ihnen auch im Namen von Prof. Jung, den besten Dank dafür auszusprechen, dass Sie sich der Sache so eingehend angenommen haben.

Ich vermute Sie inzwischen in den Ferien in Italien und erwarte Ihren Anruf, wenn die Aequinoktien da sind.

Mit besten Grüssen

Ihre

A. Jaffé

(Myst. Conj. II ist da, und ich werde Ihnen den Band sofort schicken. Wahrscheinlich will J. noch etwas hineinschreiben!)

[69] Pauli an Jung

Zürich, 23. Oktober 1956
[Maschinenschriftlicher Durchschlag mit
handschriftlichen Randbemerkungen von
C.G. Jung (i) — (xiii) ]

<u>Aussagen der Psyche</u>
Prof. C.G. Jung gewidmet
als Dank für sein "Mysterium Coniunctionis" I und II
und als Antwort auf seinen Brief vom 10. Oktober 1955,
mit unveränderter "Pistis" zum Unbewussten.

von

W. Pauli

Traum, 15. Juli 1954

Ich bin in Schweden, wo Gustafson (Professor für theoretische Physik in Lund) anwesend ist. Er sagt zu mir: "Hier ist ein Geheimlaboratorium, in welchem ein radioaktives Isotop isoliert wurde. Wussten Sie etwas davon?" Ich antworte, dass ich nichts davon gewusst habe.

Kontext. Gustafson hat mir viele Schüler nach Zürich geschickt, darunter einen besonders begabten Dr. G. Källén. Er war 1952 in Zürich, ich blieb mit ihm in Kontakt und habe 1955 mit ihm zusammen eine Arbeit veröffentlicht.[a] Ich erwähne das, weil Källén im folgenden noch in einem besonderen Zusammenhang eine Rolle spielen wird. Mit Lund habe ich engeren Kontakt als mit den anderen Universitäten Schwedens: Nicht lange bevor der Traum stattfand, erhielt ich von dieser Universität die Mitteilung, dass sie mir einen Ehrendoktor verliehen hat. Bei dieser Gelegenheit erhält man übrigens einen Ring, was ich wegen der mit einem Ring stets verbundenen Symbolik erwähne.

Wichtiger ist aber noch, dass der Traum nur wenige Wochen nach meiner Reise nach Lund und Südschweden stattfand. Diese hatte ausser meinem Dank für den Ehrendoktor und dem Besuch eines spektroskopischen Kongresses noch den besonderen Zweck, die totale Sonnenfinsternis am 30. Juni 1954 in Südschweden zu sehen. Es war allerdings ganz bewölkt und ich sah die Sonnenkorona also nicht, aber es war doch sehr eindrucksvoll, als es am Tag ganz finster wurde. Solch ein astronomisches Ereignis [i] erzeugt leicht "synchronistische" Rückwirkungen in der Psyche, was sowohl das Auftreten von Schweden im Zusammenhang des Traumes als auch die "Radioaktivität" des Isotops im Traum erklären könnte [1].

Schweden spielte übrigens in meinen Träumen schon lange eine wichtige Rolle (übrigens auch Dänemark, wobei aber zwischen Dänemark und Schweden unterschieden wird). Zum Beispiel fand am Beginn meiner Analyse (etwa 1931, wenn ich mich richtig erinnere) bereits ein Traum statt, in dem "Kinder in Schweden" vorkamen. Das Motiv hat sich später im Lauf der Analyse wiederholt, kam insbesondere am Ende derselben (1934) wieder, wurde aber niemals aufgeklärt. Eben deshalb denke ich noch heute oft daran.[ii]

Die Isotopentrennung ist ein mir wohlbekanntes Traumsymbol des Individuationsprozesses (Verdoppelungsmotiv, vgl. dazu auch die beiden Brüder Castor und Pollux, Christus ist Gott und Mensch etc.), das immer im Laufe eines Fortschrittes der Bewusstwerdung auftritt und mit der "Inkarnierung" eines Archetypes zu tun hat. Das Wort "radioaktiv" wird in meiner Traumsprache gleichbedeutend mit C.G. Jung's Wort "synchronistisch" gebraucht.

---

[1] Ueber "Sonnenfinsternis" vgl. C.G. Jung, Mysterium Conjunctionis II, p. 228, wo sie als Symbol für den "verdunkelten" Moment der Synthese angeführt ist.

Ich möchte die Hypothese zur Diskussion stellen, dass umgekehrt bei der wirklichen Sonnenfinsternis die l.c. geschilderten Vorgänge im Unbewussten vor sich gehen, auch wenn sie nicht direkt beobachtet sind.

(i) [Ereignis = im Grunde Isotop isoliert Abtrennung u. "Definition" des Selbst.]
(ii) [Norden-Intuition, "Kinderland" Land der Träume]

Die Eigenschaft der Radioaktivität ist immer nur temporär, vorübergehend, ein Durchgangszustand, kein stabiler Endzustand.(iii)

Zu "Laboratorium" fiel mir gleich ein, dass das Unbewusste ein Laboratorium ist, in welchem der Individuationsprozess stattfindet. Der geheime Charakter des Laboratoriums erregte sofort meine Kritik und ich nahm mir vor, daran zu arbeiten, das Laboratorium ins Offene zu bringen d.h. mir bewusst zu machen. Das war ja auch der "Zweck" des Traumes. Das Motiv des Laboratoriums kehrt im folgenden wieder. Schon hier möchte ich dazu bemerken, dass die Beschäftigung mit Träumen selber ein "Experiment" ist: erst wird registriert vor dem Erwachen, dann assoziert, reflektiert. Letzteres hat eine Rückwirkung auf das Unbewusste, die sich dann selber wieder im Motiv der Verdoppelung und im Bild des Laboratoriums äussert.² Der beste zu diesem einleitenden Traum ist demnach die folgende Traumserie.

Traum, 20. Juli 1954

Ich bin in Kopenhagen bei Niels Bohr und seiner Frau Margarethe. Er macht mir eine sehr offizielle Mitteilung: "**Drei** Päpste haben dir ein Haus geschenkt. Einer von ihnen heisst Johannes, die Namen der beiden anderen kenne ich nicht. Ich habe den Päpsten nicht verheimlicht, dass wir beide ihren religiösen Glauben nicht teilen, habe sie aber dennoch überzeugt, die Schenkung an dich vorzunehmen".

Er legt mir nun eine Art Urkunde der Schenkung vor und ich unterschreibe sie. Gleichzeitig erhalte ich von Bohr und von seiner Frau ein Eisenbahnbillet, um zu dem neuen Haus zu fahren.

Die Abwesenheit meiner Frau bedaure ich sehr. Denn was kann ich mit einem neuen Haus anfangen ohne sie?

(Hier erwache ich kurz, schlafe aber bald wieder ein. Der Traum setzt sich fort.)

Ein verstorbener katholischer Onkel aus Oesterreich erscheint mir im Traum und ich sage zu ihm: "Das neue Haus ist auch für Dich und Deine Familie. Ich hoffe, Ihr werdet daran Freude haben".

Kontext. Dieser Traum ist sehr fundamental und ich kann nicht sagen, dass ich ihn bereits "verstanden" habe. Niels Bohr steht für die Idee der Komplementarität und für die theoretische Atomphysik. Er hat auch in Wirklichkeit die Eigenschaft, Leute gegen ihre Widerstände von praktischen Massnahmen überzeugen zu können, die er für richtig hält. Sein eigenes Haus ist ein Beziehungsmittelpunkt für viele Menschen, seine Frau organisiert gerne und sehr virtuos grosse Gesellschaften. Auch haben die Bohrs viele Enkelkinder (nicht 19, aber 11), von denen oft welche anwesend sind.

Nun kommt der archetypische Teil des Traumes. Zu den drei Päpsten fiel mir gleich ein: ein irdisches Abbild der Trinität, zugleich Anknüpfen an eine

---

² Das Laboratorium hat bei mir immer zu tun mit dem "seelischen Ausser-Ich" wie Jung in M. Conjunctionis II, p. 47 und 48. die Vorgänge im Kolben der Alchemisten deutet.

(iii) [radiactiv = numinos
constellierter Archetypus]

katholische Tradition. Diese ist ja auch später durch die katholischen Verwandten vertreten. Im Gegensatz zu den Dogmen sind im katholischen Ritus zahlreiche Erfahrungen "magischer" Art aufbewahrt, die sich vielleicht parapsychologisch verwerten lassen und die mein Interesse erregen. Ich erwähne z.B. das Messopfer, ein "Experiment", das die Wandlung des Experimentierenden miteinschliesst. Zwischen "Laboratorium" und "Kirche" machen meine Träume nämlich keinen prinzipiellen Unterschied (siehe unten und vgl. die Alchemie!), das "neue Haus" könnte beides sein. Das Gegensatzpaar ist in diesem Traum Naturwissenschaft (Physik) — katholische Tradition. Immer ist das neue Haus der Ort, wo eine Vereinigung von Gegensatzpaaren, eine conjunctio sich vollzieht.

Zu Johannes fällt mir auch der Evangelist und daher Gnosis ein, obwohl ja der Evangelist kein Papst war. Sonst bleiben die 3 Päpste recht unbestimmt, aber die Trinität, ergänzt durch Bohr und seine Frau, passt wohl gut zur Conjunctio.(iv)

Die Abwesenheit meiner Frau, oder ihr Abhandenkommen (Verschwinden ins Unbewusste) oder dass ich an einem Ort bin, wo ich vergeblich versuche, sie telefonisch zu erreichen, ist ein Motiv, das oft in meinen Träumen vorkommt.(v) Ich möchte dazu eine Deutung auf der Subjektstufe vorschlagen aus dem einfachen Grunde, weil sie mir, soweit ich mich selber kenne, der Wirklichkeit durchaus zu entsprechen scheint. Meine Frau ist ein Wahrnehmungstyp, während bei mir die Empfindung oder fonction du réel gerade die minderwertige Funktion darstellt. Diese hat ja aber die Eigenschaft, nicht da zu sein, wenn man sie braucht, zurückzubleiben oder ins Unbewusste zu verschwinden etc., wie das in den Träumen oft meine Frau tut. Auch müsste diese inferiore Funktion im neuen Haus wohl besser mitwirken, da sonst keine richtige Beziehung von mir zur äusseren Umgebung zustande kommen kann. Diese lasse ich ja in Wirklichkeit weitgehend durch meine Frau besorgen.

In dieser Verbindung möchte ich darauf hinweisen, dass bei mir, soweit ich es selbst beurteilen kann, die Bewertung der Funktionen im allgemeinen Funktionsschema sich im Laufe des Lebens etwas verschoben hat. In meinen jüngeren Jahren, war, so scheint es mir, die Denkfunktion die meistdifferenzierte, entsprechend das Gefühl die minderwertige Funktion. Heute halte ich die Intuition für meine am meisten differenzierte Funktion, mit dem Gefühl scheint es dementsprechend besser zu gehen und die minderwertige Funktion ist die äussere Wahrnehmung.(vi)

Dem Auftreten der Frauen von Physikern im allgemeinen (hier der Frau Bohr) in Träumen möchte ich eine grosse prinzipielle Wichtigkeit zuschreiben. Sie stellen eine innere Realität dar, die sich dem Ausdruck durch irgend eine Begriffssprache entzieht. Bezogen auf mein männliches Bewusstsein scheinen sie mir auch die bewusstseins-transzendente Einheit jenseits der Gegensatzpaare

---

(iv) [diese Triade, Dreifache Krone Vater u. Mutter rex u. regina]
(v) [P. ist hier wie Alchemist, der es in der Retorte macht und nicht weiss, dass er selber im Process steht.]
(vi) [Das mangelhafte Verhältnis zur Wirklichkeit.]

zu symbolisieren.(vii) Anders als Grenzgebiete wie Parapsychologie halte ich die spezifisch weibliche Sphäre für "irreduzibel" gegenüber jedem Versuch einer ausserpsychologischen Betrachtungsweise.

<u>Traum</u>, 18. August 1954.

Ich bin in Schweden, wo ich einen wichtigen <u>Brief</u> vorfinde. An den Anfang des Briefes erinnere ich mich schlecht. Dann aber kommt der Brief darauf zu sprechen, dass bei mir etwas wesentlich anders sei als bei C.G. Jung. Der Unterschied sei nämlich <u>der</u>, dass bei mir <u>die Zahl 206 sich in 306 verwandelt habe, bei Jung aber nicht</u>. Ich sehe wiederholt vor mir, wie aus 206 immer wieder 306 wird. Der Brief ist unterschrieben: "Aucker".

<u>Kontext</u>. Das ist ein sehr rätselhafter Traum, mit dem ich früher nicht viel anfangen konnte. Insbesondere fällt mir zu "Aucker" nichts ein. Ich halte es für wahrscheinlich, dass hier <u>Verdrängungen</u> meinerseits vorliegen, worauf auch der nicht erinnerte Anfang des Briefes hindeutet. "Aucker" halte ich für eine Camouflage und <u>ich vermute, dass der wirkliche Traumsinn</u> mir recht <u>unangenehm</u> sein müsste. Gewohnheitsgemäss notierte ich die Faktorenzerlegung der Zahlen $206 = 2 \times 103$; $306 = 2 \times 3 \times 3 \times 17$.(viii) Die zweite Zahl ist viel komplizierter, die latente 17 scheint mir jedoch günstig, während mir 103 als zu grosse unzerlegbare Zahl (Primzahl) unnatürlich vorkommt. Ich bin geneigt, wenn C.G. Jung in meinen Träumen vorkommt, dies <u>nicht</u> auf ihn persönlich zu beziehen. Eher glaube ich, dass es sich um <u>meine</u> Beziehung zur analytischen Psychologie dabei handelt. Die Wandlung 2–3 scheint mir positiv und auf eine Realisierung hinzudeuten ³. Das Negative wäre dann, dass meine Beziehung zur analytischen Psychologie sich nicht mitgewandelt hat. Als Arbeitshypothese möchte ich die Deutung wagen, dass die analytische Psychologie bei mir im Abhängigkeitsverhältnis des <u>jüngeren Bruders</u> (das ist eine Assoziation von heute, im Traum kam es nicht vor) ⁴ von den Naturwissenschaften (älterer Bruder) geblieben ist und sich zu wenig weiterentwickelt hat. Die analytische Psychologie sollte aber vielleicht gerade das <u>Vierte</u> sein und damit auch das <u>Ganze</u> darstellen, also 4:3 statt 2:3. Proportio sesquitertia statt sesquialtera! ⁵

Wahrscheinlich ist diese Deutung richtig, denn ich weiss, dass ich das vor zwei Jahren nie zugegeben hätte. Heute bin ich viel stärker der Ansicht, <u>dass</u>

---

³ Dass auch dieser Traum in Schweden spielt, deutet darauf hin, dass die Wandlung 2 → 3 "geheim" bereits dort begonnen hat.
⁴ Siehe hierzu Traum vom 12. April 1955, der eben in dieser Richtung ein Fortschritt ist.
⁵ Man kann auch versuchen, 2 als "weibliche" Zahl (chinesisch: "Yin-zahl") zu deuten. Es wäre dann die analytische Psychologie "mütterlich"; aus dem Unbewussten entspringt der "Sohn" als "3" bezeichnet, nämlich die Physik. Die folgenden Schlussfolgerungen bleiben aber die gleichen.

(vii) [Projection des Selbst in die Frau]
(viii) [$2 + 6 = 8 = 2$
$3 + 6 = 9 = 3$
Vater und Mutter
Progression von Suspension von Mutter zur Männlichkeit zum <u>Thun</u>-Mangel an Verwirklichung (minderwertige Function!) belässt alles im ubw. Laboratorium.]

sich all diese Träume nicht direkt in wissenschaftliche Abhandlungen umsetzen lassen und dass es sich vielmehr um die eigene Ganzheit (Individuation) dabei handelt.

Traum, 28. August 1954

Ich fahre mit der Tramlinie 5 zu einem neuen grossen Haus; es ist die ETH in einem Neubau. Von der Station der Tram komme ich auf einem Fussweg, der sich in Serpentinen langsam aufwärts windet, schliesslich in das Haus hinein. Im Haus finde ich mein Büro und auf einem Tisch dort, zwei Briefe. Auf dem einen, unterzeichnet Pallmann [b], steht: Fährgeld-Abrechnung. Die Rechnung ist sehr lang mit vielen + und — Prozenten. Die Endsumme ist 568 Schweizer Franken, die ich zahlen muss. Der zweite Brief ist in einem Couvert, auf dem steht: "philosophischer Gesangsverein". Ich öffne es und finde schöne, rote Kirschen darin, von denen ich esse.

Kontext. Wieder findet im neuen Haus eine Gegensatzvereinigung[ix] statt: zwei Briefe. Das neue Haus ist diesmal eine reformierte ETH, die übliche Physik und Mathematik soll also auch darin untergebracht sein, aber noch anderes, neues, das ich offenbar auch dozieren sollte. Denn die ETH ist ja nicht privat, sondern öffentlich. Was diese Beziehung des neuen Hauses zum Publikum sein soll, das weiss ich nicht näher. Es ist mir ein grosses Problem. Den Traum - Pallmann halte ich nicht für den wirklichen Pallmann, sondern für den "Meister", mir wohlbekannt als Traumfigur. (Früher nannte ich ihn den "Fremden", aber inzwischen ist er mir sehr vertraut geworden.) Er ist oft ein offizieller Vorgesetzter.

Die Zahl 568[x] zerlegte ich gleich wieder in Faktoren 8 × 71. Die latente 17 vom vorigen Traum hat sich in die latente 71 von diesem umgekehrt. Die Ziffernsumme 7 + 1 ist wiederum 8, die 8 ist also sowohl stark latent, als auch als letzte Ziffer von 568 manifest vertreten. Im Ganzen macht mir diese Zahl deshalb einen günstigen Eindruck, auch wegen ihres langsam stetigen Anstieges der Ziffern (wobei sogar die manifest fehlende 7 latent in 71 vorkommt). So langsam ansteigend kann man schon zahlen, die Forderung des "Meisters" schien mir erfüllbar.

Den Ausdruck "philosophischer Gesangsverein" habe ich seitdem auch manchmal im Wachen verwendet. Denn die Philosophie der heutigen Fach-Philosophen scheint mir nicht wirklich mit und für den Intellekt gemacht, sondern erscheint mir als verklausulierte Gefühlshaltung. Verglichen mit Musik halte ich sie aber für einen Rückschritt ins Undifferenzierte, zwischen Stuhl und Bank gefallen. Ein gewisser satirischer Stil war ja schon in sehr frühen Träumen von mir bemerkbar.

Es sieht also in diesem Traum so aus, als hätte ich das zweite Couvert mit den roten Kirschen nicht ernst genommen (es hätte eigentlich Musik sein sollen, finde ich), während ich den ersten Brief sehr ernst nahm.

---

[ix] [Doppel?]
[x] [5 + 6 + 8 = 19
1 + 9 = 10 = 1]

Die Synthese der beiden Briefe ist noch nicht gelungen,(xi) weil das Fährgeld noch nicht bezahlt ist. Eine solche Synthese muss bis zur emotionalen Quelle der Naturwissenschaften vordringen, das heisst aber bis zu den ihr zu Grunde liegenden Archetypen und ihrer Dynamik. Dann bleibt sie aber nicht mehr Wissenschaft, sondern wird Religion (wie folgende Träume zeigen werden); eine Religion der Ganzheit, in der die Naturwissenschaft ihren natürlichen Platz finden soll.

So spassig der philosophische Gesangsverein war, das Essen der roten Kirschen hatte doch ernste Folgen. Denn nun folgen zwei weitere Träume, die ich zusammen kommentieren will.

Traum, 2. Sept. 1954

Eine Stimme sagt: "Dort, wo Wallenstein durch seinen Tod gesühnt hat, soll eine Religion entstehen."

Traum, 6. Sept. 1954

Es findet ein grosser Krieg statt. "Politische" Nachrichten, die ich anderen schreiben will, werden zensuriert. Nun erscheint mein mathematischer Kollege A. und seine Frau (die ich beide aus alten Zeiten in Hamburg kenne). A. sagt: "Man soll für die Isomorphie Kathedralen bauen". Es folgen noch weitere von mir nicht mehr verstandene Worte sowie geschriebene Texte, die ich nicht lesen kann, von Frau A. (Erwachen in grösster Spannung.)

Kontext. Diese Träume halte ich für ganz fundamental. Sie betreffen das Problem der Synthese der zwei Briefe im letzten Traum, damit auch das Problem der Beziehung des neuen Hauses zur Oeffentlichkeit. Kathedralen sind ja auch allen zugänglich. Hier wird an die Grundlagen der Kultur sowie meiner Existenz gerührt. Die Lage ist deshalb gefährlich, und es ist verständlich, dass ein Konflikt (Krieg) sowie Widerstände von seiten konventionellen Bewusstseins (Zensur) entstehen.

Schon beim ersten Traum muss ich weiter ausholen. Wallenstein führt mich ins 17. Jahrhundert, nach Böhmen, zu Kepler und meiner Arbeit über ihn, zum dreissigjährigen Krieg, der die Reformation mit einem allgemeinen kulturellen Riss (Dissoziation) zunächst zum Stillstand bringt. Meine Gefühlshaltung dazu ist die, dass dies das schlimme Ende eines schlimmen Anfanges war. Die Geschichte der Religion der Liebe, des Christentums, dampft nämlich von Blut und Feuer schon seit der Zeit als die Athanasier den Arianern nicht die andere Backe hingehalten haben. Die hohen Intentionen des Stifters des Christentums sind sogleich ins Gegenteil umgeschlagen, da dieser selbst der Exponent einer zeitbedingten Strömung des Unbewussten war, welche alle Gegensatzpaare zu weit in gut und böse, in geistig und materiell, apollonisch und dionysisch auseinanderriss. Neue für das Christentum spezifische Formen des Bösen, nämlich Sektenkriege und religiöse Verfolgungen kamen in die abendländische Welt. Das Ende war der offene Konflikt zwischen Vernunft und Ritus, als welcher mir nämlich die Reformation erscheint. Das Nichtfunktionieren der religiösen Tradition erscheint mir daher als das Charakteristikum des Abendlandes in der

---

(xi) [nicht "ganz" = 1, Eins.]

christlichen Aera und ich glaube, dass entgegen den Behauptungen der christlichen Theologen die ganze Hoffnung der Menschheit darauf gerichtet sein muss, dass sich das Christentum als etwas Nicht-Einmaliges, sondern nur als eine besondere, zeitbedingte Erscheinungsform des religiosum und numinosum erweisen wird.

Bin ich also als charakteristischer Abendländer (dies meine ich im Gegensatz zu Indien oder China) des 20. Jahrhunderts in religiöser Hinsicht ausserhalb der Konvention, so muss ich doch irgendwo in einer Tradition wurzeln. Das ist bei mir die mathematische Naturwissenschaft, die sich eben seit dem 17. Jahrhundert so rapide entwickelt hat und deren technische Auswirkungen nun bedrohlich werden. Wenn auch diese Tradition zu wanken beginnt, dann wird die Situation kritisch. Nun ist tatsächlich auch diese Tradition nicht mehr überzeugend, da insbesondere ihre ethischen Grundlagen unglaubwürdig geworden sind. Hinter ihr steht als "Schatten" der Wille zur Macht (Francis Bacon: "knowledge is power"), der sich mehr und mehr verselbständigt. In Phantasiebildern drückt sich mir das so aus, dass gerade die "lichte Anima" sich mit dem Schatten (Teufel, princeps huius mundi) in eine geheime Beziehung eingelassen hat und mir deshalb gerade diese lichte Frauengestalt suspekt geworden ist.[6] Nur eine chthonische, instinktive Weisheit kann m.E. die Menschheit vor den Gefahren der Atombomben retten und deshalb bekommt gerade das vom Christentum als ungeistig geächtete Materiell-chthonische mehr und mehr ein positives Wert-Vorzeichen. Dies äussert sich insbesondere darin, dass mir die dunkle-chthonische Anima nun als superior erscheint und ihre Beziehung zur lichten (geistigen) Seite des "Meisters" als hoffnungsvoll. Licht und dunkel koinzidieren bei mir also nicht mehr mit gut und böse. Unten im Dunkeln der Erde wird eine "assumptio" der Frau verlangt, nicht fern vom Menschen im Himmel.

In dieser schwankenden Notlage, wo alles zerstört werden kann — der Einzelne durch Psychose, die Kultur durch Atomkriege — wächst aber das Rettende auch, die Pole der Gegensatzpaare rücken wieder näher zusammen und der Archetypus der Conjunctio ist konstelliert. Das neue Haus ist der Ort, wo die Gegensatzvereinigung, die Conjunctio stattfindet und Laboratorium, Hochschule, Kathedrale sind nur verschiedene Aspekte desselben Hauses.

In dem neuen Haus ist der Gegensatz zwischen Ritus und Vernunft aufgehoben (siehe Kontext zum Traum vom 20. Juli 1954). Aber die Ahnung dieser Möglichkeit führt den Einzelnen bereits in ein Jenseits der Möglichkeiten der heutigen Kultur. In dieser gibt es z.B. keine nicht-medizinische Beschäftigung mit Träumen, verbunden mit einem objektiv-wissenschaftlichen Studium der Rückwirkung dieser Beschäftigung auf die Manifestationen des Unbewussten (auch im C.G. Jung-Institut gibt es das nicht).[d] In unserer Kultur ist die Wandlung des Beobachters und das Opfer nicht in die naturwissenschaftliche Praxis aufgenommen und eben beginnt sich erst das Wort "Opfer" vom Unbewussten her dem Physiker, der dort hinhört, aufzudrängen[7]. Auch gibt es heute keine

---

[6] Herr Dr. Hurwitz[c] wies mich darauf hin, dass diese Situation eine gewisse Analogie hat zur Vertreibung der Schechina von Gottes Thron in der jüdischen Tradition.

[7] Siehe meinen Aufsatz in "Dialectica" 1955 und den Brief C.G. Jung's vom Oktober 1955.

Religion, die auf die Wandlung des Menschen durch unmittelbare Erfahrung grösseren Wert legt als auf ein altes Buch (die Bibel) oder auf Dogmen (wie die Einmaligkeit der göttlichen Inkarnation).

Materie-freundliche Unterströmungen im Christentum wie die <u>Alchemie</u> haben dies alles, so wie einiges von dem Folgenden, wohl schon gewusst oder geahnt, denn sie wussten um die Conjunctio. Vom Modernen ist aber verlangt, die alten Einsichten in einer neuen Form darzustellen, die unseren heutigen naturwissenschaftlichen Kenntnissen und unserer heutigen Lage angepasst ist.

Damit befasst sich das Wort "Isomorphie" des zweiten Traumes. Allgemein möchte ich zunächst darauf hinweisen, dass meine Träume <u>nicht</u> die Sprache der analytischen Psychologie verwenden; Worte wie "Archetypus", "Selbst" kommen darin nicht vor. Statt dessen wurde in den Träumen systematisch eine Sprache kreiert die Worte enthält wie "Spektrallinien" [e], "Isotope", "Radioaktivität", "Kern", "Isomorphie" oder "Automorphie". Durch 20-jähriges Zuhören habe ich diese Sprache in grossen Zügen allmählich gelernt (wenn ich wohl auch noch nicht alle ihre Feinheiten beherrsche). Für mich genügt diese Sprache völlig, um Vorgänge im Unbewussten zu beschreiben und für mich selbst würde ich <u>kein</u> Bedürfnis haben, sie in die Sprache der Psychologie C.G. Jung's zu übersetzen, da ich die letztere für weniger differenziert halte als meine Traumsprache.

Da jedoch ich der einzige bin, der diese mathematisch-physikalische Traumsprache versteht, bin ich doch gezwungen, sie in eine andere Sprache zu übersetzen, wenn ich anderen meine Erlebnisse und Schlussfolgerungen zugänglich machen will. Eine Uebersetzung in die Terminologie der analytischen Psychologie C.G. Jung's ist bis zu einem gewissen Grade möglich, wofür ich hier schon ein Beispiel gegeben habe ("radioaktives Isotop"). (Vgl. hierzu unten p. 19 f.: Linguistische Symbolik.)

Bei dem aus der Mathematik entnommenen Wort Isomorphie (Gleich-Gestaltigkeit, Repoduktion der gleichen Gestalt) bin ich als Uebersetzer in einer sehr angenehmen Lage. Denn bald nachdem ich das Wort der Traumsprache gelernt hatte, erschien das Buch "Aion" von C.G. Jung, dessen Teil XIV, insbesondere die Formel auf p. 370, die durch das Wort bezeichnete Sache wiedergibt. Es handelt sich im kommentierten Traum um das Geheimnis der multiplen Erscheinungsweise der Archetypen, um die den Alchemisten bekannte <u>multiplicatio</u> bei der conjunctio. Diese enthält gerade die Gefahren in sich, die ich soeben geschildert habe. Der Mathematiker A. (der weiss, was Isomorphie ist) rät deshalb im Traum, <u>die multiplicatio in Kathedralen rituell abzufangen</u>, damit nämlich <u>nicht</u> eine sinn- und ziellose, psychotische bzw. katastrophale Wiederholung aus der conjunctio entstehe, sondern <u>eine neue Form mit innerer Isomorphie</u> (Automorphie), wie sie z.B. in "Aion", l.c. abgebildet ist. Die Kathedralen sind übrigens selbst eine multiplicatio des ursprünglich einzelnen und einmaligen neuen Hauses.

So haben diese Träume und damit das neue Haus wohl wirklich eine Bedeutung für die Allgemeinheit, aber die Realisierung dieser heute nur ahnungsweise und andeutungsweise ins Bewusstsein eines Einzelnen dringenden "Intentionen" des Unbewussten dürfte eine ebensogrosse Anstrengung vieler in einer teils fernen Zukunft erfordern, wie die Entwicklung der Naturwissenschaft und Technik in den letzten 300 Jahren.

Die folgenden Träume geben weitere Aspekte der Conjunctio.

Traum, 30. Sept. 1954

Ich bin mit meiner Frau in unserem Haus, das sich aber in den Tropen befindet. Vom Boden des Zimmers kriecht eine Kobra empor. Ich sehe, dass sie mir nichts tut. Mit Erfolg bemühe ich mich, sie als freundlich zu empfinden und möglichst keine Angst zu haben. Infolgedessen richtet sie sich wirklich nicht gegen uns.

Da kommt aber eine zweite Kobra aus der Erde vor dem Fenster des Hauses heraus. Ich sehe, sie sucht die erste Kobra, nicht uns. Die beiden Schlangen sind ein Paar, ein Männchen und ein Weibchen.

Nachdem ich mich an das Vorhandensein des Kobrapaares gewöhnt habe, höre ich die Stimmen von zwei mir bekannten Physikern B. (Schweizer) und K. (Holländer). Später sehe ich die beiden auch vor dem Haus.

Bemerkungen: Die Tropen sind eine Erinnerung an unsere Reise nach Indien (1952), ebenso die Kobras. Zur ersten Kobra fällt mir die gnostische Identifizierung des Nous mit der Paradiesschlange ein, zur zweiten Kobra, die ja chthonischen Ursprunges ist, die Physis. Die Vereinigung von Nous und Physis gab ja nach der gnostischen Legende Anlass zur Entstehung der ersten sieben hermaphroditischen Wesen und der sieben Metalle. Die hinzukommenden zwei Physiker, die der bewussten Sphäre angehören, bilden zusammen mit den zwei Kobras, welche tiefere Schichten des Unbewussten vertreten, ein Mandala, in das auch meine Frau miteinbezogen ist.

Die beiden Schlangen können mit der Spiegelbildlichkeit und dem Komplementaritätsverhältnis von Physis und Geist in Verbindung gebracht werden, die Jung in M. conjunctionis II, p. 282 betont. Der Traum scheint auszusagen, dass die Möglichkeit der Physis auf eben diesem Sachverhalt beruht. Diese Situation scheint aber auf die Einbeziehung des psychischen "Ausser-Ich" zu drängen. Damit beschäftigt sich der folgende Traum, den ich ausführlicher kommentieren will.

Traum, 1. Oktober 1954

Bohr erscheint und erklärt mir, der Unterschied von v und w entspricht dem zwischen dänisch und englisch. Ich dürfe nicht weiter bei dänisch allein stehen bleiben und müsse zu englisch übergehen. Er lädt mich sodann zu einem grossen Fest in seinem Institut ein, das neu eingerichtet sei (neues Haus). Nun kommen andere, teils fremde, teils mir bekannte Leute, die alle zu dem Fest gehen. Im Hintergrund höre ich nun italienische Stimmen. Ein unbekannter älterer Däne mit seiner Frau ist dabei, aber auch mein Kollege Jost [f] aus Zürich (a.o. Professor f. theoretische Physik und engerer Mitarbeiter). Ich sehe, dass das Fest eine grosse und wichtige Veranstaltung ist.

Ich erwache mit Spannung, wobei mir unmittelbar das Wort vindue in den Sinn kommt, so dass ich das noch mit zum Traum rechne.

Ein philologisches Nachspiel.

Der Traum hat gleich mein besonderes Interesse erregt und ich begann über die linguistische Symbolik nachzudenken: Ja, es sind viele dänische Worte im 10. und 11. Jahrhundert (als England vom Dänenkönig Knud dem Grossen besetzt wurde) ins englische übergegangen. Im dänischen gibt es den Buchstaben w überhaupt nicht, aber im Englischen wurden diejenigen dänischen Worte, die mit v anfangen (es wird wie das w im heutigen deutsch ausgesprochen, nie wie f) immer mit w geschrieben. So auch das Wort für Fenster: (dieses übrigens vom lateinischen fenestra): vindue (dänisch) ⟶ window (englisch). Weitere fallen mir gleich ein

| Bedeutung | dänisch | englisch |
|---|---|---|
| verkehrt | vrang | wrong |
| Welt | verld | world |

Dagegen werden englische Worte lateinischer Herkunft, wie z.B. view mit v am Anfang geschrieben. Ich wollte gerne mehr wissen über die Geschichte des Buchstaben w, den es ja im klassischen Latein des Altertums nicht gibt. Wie ist man wohl auf diese Verdoppelung gekommen? Im Traum ist sie offensichtlich dasselbe Motiv wie die Isotopentrennung. Nichts wollte mir einfallen. Auch bedauerte ich, dass ich nichts weiss über das mittelalterliche dänisch (dieses altnordisch ist ähnlich der Sprache, die heute noch auf Island gesprochen wird), aber das kenne ich nicht.

Das chthonische Ländermandala, das bei meinen Träumen immer anzuwenden ist, wenn Länder oder Nationalitäten oder Sprachen erscheinen, sah ich gleich. Die englische Sprache ist ja übrigens selbst eine Synthese von lateinisch und germanisch und eine Conjunctionssymbolik war gut zu sehen. (Siehe unten p. 19.)

So far, so good — aber das mit dem v und dem w, da war noch mehr dahinter. Als ich einmal wegen einer anderen Sache an Abegg [g] schrieb, fügte ich auch eine Frage über die Geschichte des w ein. Er empfahl mir den Anglisten Prof. Dieht zu konsultieren. Da ich diesen aber nicht kannte, liess ich die Sache liegen.

Im Februar 1955 fand eine Zusammenkunft des mathematisch-physikalischen Studentenvereines statt. Als sie spät abends zu Ende war, kam mir plötzlich die Idee, ich wolle noch in die Kronenhalle gehen, es könnte doch dort noch ein Bekannter zu finden sein. Sonst gehe ich übrigens nie allein dorthin. Im Gang des Hauses kam ein hochgewachsener, kräftiger Mann rasch auf mich zu. Wäre ich nicht schnell ausgewichen, hätte er mich vielleicht umgerannt. Ich erkannte Prof. Straumann, [h] den Anglisten. Lachend schlug ich vor, wir könnten noch miteinander etwas trinken, worauf er gerne einging. Er war eben aus Amerika zurückgekehrt und guter Laune.

Als ich das Gespräch auf die Geschichte des Buchstabens w lenkte, wurde er gleich sehr beredsam: "Sie müssen doch bemerkt haben, dass der Name des Buchstabens im Englischen, nämlich "double w", "doppel U" bedeutet. Ferner, dass die Aussprache von w im Englischen von der des v verschieden ist, indem bei w noch ein u nachschwingt. Das w findet sich zuerst im Althochdeutsch, schon in den ältesten Dokumenten, von dort kam es nach England. Man kann wohl als sicher annehmen, dass der phonetische Unterschied zwischen v und w, der sich im Englischen erhalten hat, auch im Althochdeutsch vorhanden war. Im Deutschen hat er sich jedoch später abgeschliffen und ist verschwunden."

Eine Menge von Gedanken ging mir rasch durch den Kopf: unter Physikern sage ich manchmal "U-feld" für das Unbewusste, dieses habe ich also mit V zu stark verdrängt, darum wollte es mir nicht einfallen. Das Dänische stand wohl in jenem Traum für die einfache Sprache der ratio, während im Englischen w als Traumsymbol das Unbewusste mit dem Bewusstsein in neuer Synthese mitschwingen sollte. Von nun an hatte ich während des Gespräches mit Straumann die ganze Zeit die Illusion, er sei ein überlegener Analytiker, der mich nun stets ertappt und überführt. Aber natürlich war nie von einem Traum die Rede.

Dagegen brachte ich dann noch die Sprache auf die Beziehung von englisch zu dänisch und auf das englische Wort window. Straumann wusste wohl vom dänischen Ursprung vieler englischer Worte sagte aber gleich, dass er die skandinavischen Sprachen gar nicht kenne. Bald war seine Aufmerksamkeit auf die zweite Silbe des Wortes window gerichtet. Er sagte zunächst, sie sei abgeschliffen, müsse aber ein selbständiger Wortstamm sein. Er überlegte eine Weile hin und her und sagte schliesslich: "es muss Windauge bedeuten. Können Sie mir sagen, was Auge auf dänisch heisst?" Ich dachte nach und sagte dann: "Doch: øjne = Augen (Mehrzahl), øje = Auge (Einzahl). (Der Buchstabe ø ist unser ö.) Das kann wohl stimmen." [8] Straumann war befriedigt. Als wir uns verabschiedeten, sagte er zu mir: "Sie haben aber doch sonst nie solche philologische Interessen gehabt, Herr Pauli". Ich antwortete ausweichend: "Ja, wenn man älter wird, hat man manchmal so Nebeninteressen".

Als ich nächsten Vormittag in die Tramlinie 5 einstieg, fand ich mir gegenüber wiederum Prof. Straumann sitzen (Verdoppelung). Ich war nicht mehr überrascht. Er fuhr in seine Vorlesung. Ich erwähnte noch, dass ich das dänische Wort für Auge im Lexikon kontrolliert habe, es war richtig. "Ja, es freut mich" — erwiderte er — "dass ich mir da etwas zusammenreimen konnte, was für mich von Interesse ist" verabschiedete sich und stieg aus. Ich wusste, dass ich ihn nun nicht so bald wieder sehen würde. Tatsächlich habe ich ihn bis heute nicht mehr gesprochen.

Aber die Geschichte ist doch noch nicht aus. Im September 1955 sagte mein schon erwähnter schwedischer Mitarbeiter Källén in einer Gesellschaft in Kopenhagen in der ich auch anwesend war, "zufällig" folgendes: "Jeder Schwede von Mittelschulbildung kennt doch aus den alten Sagen das altschwedische Wort "vindöga" [9] für "fönster" (das ist neuschwedisch). "Windauge" sagte ich, worauf Källén: "Natürlich, diese Bedeutung ist für uns Schweden offensichtlich". — Natürlich kannte ich das alte schwedische Wort nicht. Straumann's Etymologie von window war also ausser allen Zweifel gestellt. Ich hatte aber keine Gelegenheit ihm diese Information zukommen zu lassen.

---

[8] Schwedisch: öga.
[9] Im Schwedischen werden immer die Endsilben klar ausgesprochen, während sie im Dänischen verschluckt werden wie in vindue.

Psychologischer Kontext.

Wenn ich nun heute aus (Traum + Nachspiel) ein Résumé bilden soll, so möchte ich versuchsweise diesen Schluss ziehen: <u>Die Träume und ihre Bilder sind bei mir "Windaugen": durch das Mitschwingen eines dabei schützend abgeschirmt bleibenden, unterschwelligen Pneuma</u> (wind, englisch auszusprechen) <u>und dessen Synthese mit der gewöhnlichen Sprache des Tages entsteht in ihnen ein neuartiges Sehvermögen.</u>

Eine linguistische Symbolik war in meinen Träumen sonst nie vorhanden, doch kommt ein späterer Traum (siehe unten) nochmals auf diesen zurück. Es fallen mir hierzu ferner alte Zeichnungen von 1934 über eine Verdoppelung der Augen ein, ferner ein Traum aus dieser Zeit über ein "Kirchenfest, bei dem viel vom Grottenolm die Rede ist". Das Fest in Bohr's Institut in diesem Traum ist in Parallele zu setzen zu jenem Kirchenfest. Ueber die Anordnung der Gegensatzpaare gibt das <u>Ländermandala</u> Aufschluss, das man auch mit dem Funktionsschema in Verbindung bringen kann:

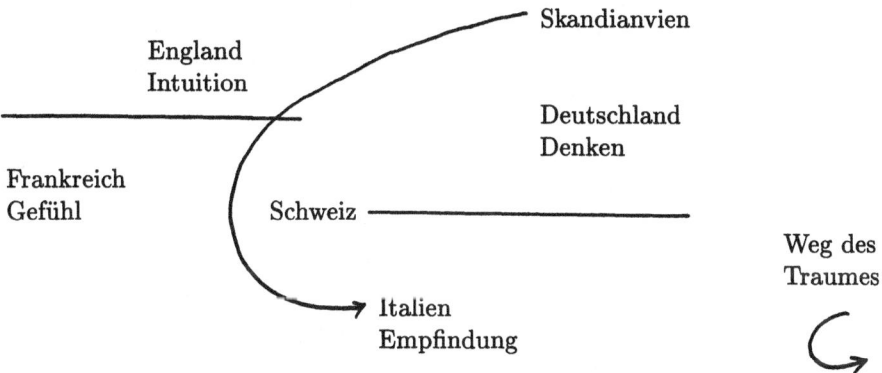

Die anderen Länder sind ihrer geographischen Lage entsprechend dazwischen zu setzen als weitere Unterabteilungen.

Das w ist wohl aus v durch <u>Verdoppelung</u> entstanden, aber nicht in zwei Teile dissoziiert, sondern ein neuer einheitlicher Laut (der im Englischen erhalten ist).

Die linguistische Symbolik dieses Traumes ist offenbar in Beziehung zu setzen zur Problematik der physikalischen Traumsprache und ihrer Beziehung zur <u>physikalischen</u> Tagessprache, die bereits hervorgehoben wurde (p. 12,13). <u>Die Analogie ist offenbar dänisch ∼ Tagessprache, englisch ∼ Traumsprache.</u> Hierzu passt ja auch, dass das physikalische Institut des Traumes in Dänemark gelegen ist. Weiter bin ich geneigt anzunehmen, dass der hier kommentierte Traum mir eine Analogie aufdrängen will zwischen der Entstehung der physikalischen Traumsprache bei mir (seit etwa 1934 und 1935) und jenem historischen Vorgang der Assimilation vieler dänischer Worte im Englischen nach der dänischen Invasion in England im 10. und 11. Jahrhundert. (xii) Der <u>insulare</u> Charakter

---

(xii) [$v = 5$
$w = 2 \times 5 = 10 = 1$ ]

von England wäre dann zu vergleichen mit der "Bewusstseinsinsel" [10], wie sie etwa 1934 bei mir bestand und in welche die physikalischen Termini quasi vom Kontinent aus, nachher eindrangen, um assimiliert zu werden. Dabei entstand synthetisch eine neue Einheit, die mit dem Doppelbuchstaben w im englischen verglichen wird, eine Einheit, die sowohl Bewusstsein (v) als auch Unbewusstes (u) enthält, ohne dass eine Herrschaft des einen über das andere entsteht.

Traum, 12. April 1955

Ich bin in Californien an der Pacific-Küste. Dort ist ein besonderes neues Haus — ein Laboratorium. Im ersten Stock desselben werden Experimente gemacht, eine Stimme sagt "mit zwei Neutrinos". Nun kommen einige Kapazitäten aus mehreren Wissenschaften. Zuerst C.G. Jung, der allen anderen voraus, flink wie ein Wiesel die Treppe hinaufläuft; dann folgen 2 Physiker und, als jüngster, ein Biologe. Von den Experimenten selbst habe ich diesmal nicht viel gesehen, denn die Apparaturen sind recht unscheinbar — sie bestehen aus Blenden, Schirmen etc. ohne besondere Technik — und es ist recht dunkel im Zimmer. Ein Physiker sagt, es sei eine "Kernreaktion".

Nun gehe ich aus dem Haus wieder heraus und ich fahre mit der "Unbekannten" im Auto nordwärts. Die Gelehrten haben wir zurückgelassen. Sie sitzt links von mir und links ist auch das Meer, der Pacific, da wir ja nordwärts fahren. Ich weiss kein bestimmtes Ziel zur Fahrt. Schliesslich halte ich an einer sehr schönen Stelle, die mir sehr gefällt. Links zwischen der Strasse und dem Meer ist nun noch ein Hügel mit Häusern darauf und am Weg ist ein Restaurant unter Bäumen — Ich erwache mit einem sehr angenehmen Gefühl.

Kontext. Das im ersten hier angeführten Traum (15. Juli 1954) bereits vorkommende Laboratorium ist nun nicht mehr geheim. Das betrachte ich als ersten Erfolg, wenn auch von den Experimenten noch wenig sichtbar geworden ist. Im "neuen Haus" findet eine Synthese von analytischer Psychologie (die vorausgeht), Physik und Biologie statt, die vier Gelehrten bilden ein Mandala. Die "zwei Neutrinos" könnten mit "zwei nicht-polare unbewusste Inhalte in nur sehr schwacher Wechselwirkung mit dem Bewusstsein" versuchsweise übersetzt werden (denn Neutrinos sind eine besonders durchdringende Strahlung). "Kern" deutet gewöhnlich auf das hin, was C.G. Jung als "Selbst" bezeichnet. Die Reaktion geht dort vor sich, nicht im Ich, das ja nur zugeschaut hat.

Doch gibt mir die Reaktion einen Impetus, der mich an einen angenehmen Ort führt, der natürliche Schönheit hat, aber bereits von Menschen zivilisiert und bewohnt ist.

Ueber grundsätzliche Fragen der Biologie und ihre Beziehung zu den übrigen im Mandala vertretenen Wissenschaften habe ich in den letzten Jahren viel nachgedacht. Seit ich 1955 den Artikel für die "Dialektika" schrieb, konnte ich wiederholt feststellen, dass jüngere Atomphysiker, die innerhalb der Physik keine Neigung zeigen, zum alten Determinismus zurückzukehren, die Mei-

---

[10] Das skandinavische Wort für Insel heisst ö, was dem deutschen Wort Au entspricht (heisst auch Insel, wie in "Ufenau") [i]. Eine Beziehung von ö und öga ist möglich, ebenso wie von Au und Auge, indem die Bedeutung "abgegrenzter Bezirk mit einem Rand" beiden Worten gemeinsam ist.

nung vertreten, unsere heutige Atomphysik würde im Prinzip ausreichend sein, um die biochemischen und physiologischen Vorgänge in lebenden Organismen zu verstehen. Bohr, Heisenberg, ich und andere, welche die Umwälzung der Physik in 1927 miterlebt haben, teilen diese Ansicht keineswegs; vorsichtige Biologen lassen die Fragen als unentschieden offen. Mein eigener Eindruck ist, dass man sich nicht täuschen lassen darf von der Tatsache, dass jeder einzelne physikalisch-chemische Prozess, wenn isoliert betrachtet, nach den bekannten Gesetzen der Quantenchemie verlaufen muss, gleichgültig ob er innerhalb oder ausserhalb eines lebenden Organismus stattfindet. Es ist das Zusammenspiel vieler physiko-chemischer Prozesse, die Steuerung derselben, die für das Leben charakteristisch ist. Auch was die Genetiker ein Gen nennen, dürfte sich als ein komplexes Zusammenspiel vieler chemischer Reaktionen erweisen, wobei ja die Uebersetzung der Sprache der Genetiker in eine chemische Sprache erst in den Anfängen steckt. Eine hierarchische Struktur übereinander geordneter biochemischer 'patterns' ist wahrscheinlich und wenig ist noch über ihre Entstehung und Umwandlung bekannt. Mein Eindruck ist, dass bei blosser Anwendung der Gesetze der heutigen Atomphysik des Anorganischen das Zustandekommen dieser 'pattern' viel zu unwahrscheinlich wäre.

Dagegen scheint mir die Biochemie eben deshalb grosse Entwicklungsmöglichkeiten in sich zu haben und ich halte es für möglich, dass sie von den materiellen Vorgängen her in Zukunft von sich aus zu einer begrifflichen Formulierung der Lebensgesetze gelangen könnte, die dann mit den Begriffen der Psychologie des Unbewussten, insbesondere dem Begriff "Archetypus", in eine direktere Verbindung gebracht werden könnte als es heute möglich ist. (Hierzu passt die Bemerkung im Brief von Prof. Jung an mich vom 10. Okt. 1955 über "die archetypische Auswahl der 'passenden' Verbindungen" in biochemischen Prozessen.)

Hier sehe ich reiche Möglichkeiten für künftige Entwicklungen, was uns zu den Kindern des folgenden Traumes überleitet. Dass diese in Verbindung mit dem 'Kleeblatt'-Archetypus (Pflanze, untere Trinität) erscheinen, dürfte diesem Zusammenhang durchaus entsprechen, da die Biologie es mit dem materiellen Substrat des Lebens zu tun hat.

Traum, 20. Mai 1955

Wiederum komme ich in ein Laboratorium, wo diesmal Einstein die Experimente leitet. Sie bestehen nur darin, dass Strahlen auf einem Schirm aufgefangen werden. Oberhalb des Schirmes steht die "Unbekannte" (diesmal einem gewissen Frl. M. ähnlich sehend). Auf dem Schirm entsteht nun eine optische Beugungserscheinung, bestehend aus einem Haupt- und zwei Nebenmaxima. So beschreibe ich das Bild als Physiker, es sieht etwa so aus:

Frl. M.

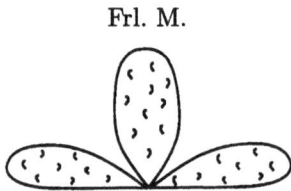

Die Erscheinung ist blatt-ähnlich. Nun erscheinen Punkte in den "Blättern", dann verblasst die Frau und verschwindet schliesslich ganz. Nun aber erscheinen Kinder auf beiden Seiten der Figur; die Frau ist fort und vergessen, nur die Kinder und die Figur sind wichtig.

Kontext. Einstein halte ich für eine Erscheinungsform des "Meisters". Was hinter dem Schirm ist, kann ich nicht sehen. Es ist das Unbewusste, das nur wahrnehmbar ist, wenn es auf ein materielles Hindernis (Schirm) trifft. Doch hat es seine eigene autonome Energetik wie Strahlen, gegen die der Schirm zugleich ein Schutz ist.

Das Bild halte ich für eine untere, chthonische Triade (Treff-Ass, trèfle = Klee = trifolium) und es erscheint mir heute als unteres Spiegelbild der drei Päpste vom früheren Traum (20. Juli 1954). Das Sichtbarwerden des 3-Blattes und das Verschwinden der "Anima" gehen parallel, umgekehrt: je unbewusster die untere Triade, desto grössere Macht hat die dunkle Anima über das Ich. Was aus den Kindern werden wird, bleibt abzuwarten.

Traum, 12. August 1955

Ein neues Haus wird meiner Frau und mir offiziell zur Verfügung gestellt in "Enzdorf" oder "Lenzdorf". Ich spreche lange mit meiner Frau darüber, was dann mit unserem jetzigen Haus in Zollikon geschehen soll. Endlich beschliessen wir, dieses nicht aufzugeben, sondern es immer wieder zu besuchen, die Berufung in das neue Haus nehmen wir aber nun an.

Nun finde ich in der Natur einen gebahnten Weg, der über Wiesen und Felder in eine neue Gegend führt. Diese ist bewohnt, Häuser sind vorhanden. Auch treffe ich noch meinen engeren Kollegen Jost, der sich uns anschliesst. Am Rande des Weges treffe ich dann auch den "Meister".

Kontext. Nachdem die 3 Päpste vom Jahr vorher als Kleeblatt nach unten gespiegelt wurden, ist meine Frau nun anwesend (während sie im vorigen Jahr abwesend war) und das neue Haus kann verwirklicht werden. Lenz [j] heisst übrigens mein früherer Chef in Hamburg, Enz [k] mein heutiger Assistent.

Nachdem ich am Abend vorher im neuen Buch von Jung M. Conjunctionis I. gelesen habe, findet folgender, sehr fundamentaler Traum statt.

Traum, 24. Oktober 1955

Ich bin auf einer Reise. Ein Bild erscheint, auf dem eine Umgehung * dargestellt ist, sodann erscheint der Fahrplan eines sehr schnellen Zuges, der um 17 Uhr von einem nicht angegebenen Ort abfahren soll und nur wenig hält.

Nun kommen meine Frau und ein Schweizer Freund (nicht Physiker), nennen wir ihn X. Meine Frau sagt, wir sollen nun in die Predigt eines sehr berühmten Predigers gehen. Sofort reklamiert X., das würde sicher sehr langweilig.

Nun gehen wir drei in die Kirche, wo schon einige fremde Leute warten. Vorne ist eine grosse Tafel und ich schreibe lange Formeln auf diese. Sie betreffen zum Teil die Theorie des Magnetfeldes und haben viele + und − Zeichen. Ein Ausdruck ist $+ \cdots \mu\ H\ N/V \cdots$. (Mit $H$ wird immer die Stärke des Magnetfeldes bezeichnet.)

Jetzt kommt der "grosse Unbekannte", der erwartete, berühmte Prediger, der "Meister".

Er beachtet die Leute nicht, geht an die Tafel, überfliegt die Formeln rasch, ist von ihnen sehr befriedigt und beginnt französisch zu sprechen:

"Le sujet de mon Sermon sera ces formules de M. le prof. Pauli. Il y a ici une expression des quatre quantités" (er zeigt auf: $\mu\ H\ N/V$).

Nun macht er eine Pause. Stimmen der fremden Zuhörer, sie rufen immer lauter: "parle, parle, parle...!" Aber hier bekomme ich so starkes Herzklopfen, dass ich erwache.

Kontext. Von einer Reise und einem schnellen Zug wird später noch die Rede sein. Der Herr X. hätte sich auch in Wirklichkeit so benommen. Er ist aus prinzipiellen Gründen sehr für die Landeskirche, findet aber, wie er selbst sagt, die Pfarrer und ihre Predigten so langweilig, dass er schon lange nicht mehr in eine Kirche geht. Er stellt hier meinen eigenen konventionellen Widerstand dar gegen etwas, das "es doch nicht gibt", da es ja weder Wissenschaft noch Religion im konventionellen Sinne ist. Es handelt sich hier eben um das im Traum vom 28. Aug. 1954 aufgeworfene Problem, bis zur archetypischen Quelle der Naturwissenschaften und damit in eine neue Form von Religion vorzudringen. Französisch als Sprache des Gefühlslandes (Ländermandala) entspricht dem Essen der beiden roten Kirschen des früheren Traumes. Im Traum wird bei mir übrigens französisch manchmal etwas besser gesprochen als ich es im Wachen kann.

Nach der oberen und der unteren Trinität erscheint nun hier die Quaternität. Das "Magnetfeld" kann ich nicht gut übersetzen, es ist jedenfalls ein von polaren Quellen erzeugtes Feld; im Traum ist es oft Erzeuger "magischer" Wirkungen [11].

In der Kirche, dem neuen Haus, war ich frei von den Gegensatzpaaren, eins mit mir selbst. Meine Frau war ja mit dabei und es waren nicht mehr zwei Briefe oder zwei Sprachen da, sondern alles war auf einen Mittelpunkt, den Prediger, bezogen. Wäre ich nicht mit einem so starken Affekt erwacht, hättte er wohl noch weiter gesprochen.

---

[11] Jung deutet den "Magnet" als "Selbst" (M. Conjunctionis II, p. 263). Vgl. auch "Aion", Cap. XIII. ["Gnostische Symbole des Selbst"]

Ein privates Nachspiel von Tod und Wiedergeburt.

Am 4. November 1955 starb mein Vater in hohem Alter an Herzschwäche. Das gibt auch eine beträchtliche Aenderung im Unbewussten und ich vermute, dass es bei mir eine Wandlung des Schattens bedeutet. Denn der Schatten war bei mir lange auf den Vater projiziert gewesen und ich musste erst allmählich lernen, die Traumfigur des Schattens vom wirklichen Vater zu unterscheiden. Dementsprechend erschien früher oft die Bindung der lichten Anima an den Schatten oder Teufel (von der oben, p. 10 die Rede war) projiziert auf die "böse Stiefmutter" (die mein Vater nun als seine viel jüngere zweite Frau zurückliess) und meinen Vater. Die innere archetypische Situation hinter der äusseren Situation war mir aber stets deutlich.

Die drei Tage, 29., 30. Nov. und 1. Dez. verbrachte ich in Hamburg, wo ich lange nicht mehr gewesen war. Ich hielt dort auf Einladung einen Vortrag und in einer Zeitung stand mein Name und das Hotel, wo ich wohnte. Dies gab Anlass zu einem romantischen Erlebnis: eine Frau, die ich vor 30 Jahren in Hamburg wohl kannte, die ich aber völlig vergessen hatte, meldete sich daraufhin. Ich hatte sie ganz aus den Augen verloren, als sie damals als junges Mädchen dem Morphinismus verfiel und hielt sie für verloren. Sie telefonierte mir am 29. Nov. gegen <u>17 Uhr</u> und ich sah sie am 1. Dez. zwei Stunden lang, bevor ich in den <u>schnellen</u> Schlafwagenzug nach Zürich stieg, zu dem sie mich begleitete. Ein ganzes Menschenleben von 30 Jahren zog an mir vorüber in diesen zwei Stunden, von ihrer Heilung, einer Ehe und einer Scheidung, mit Krieg und Nationalsozialismus als historischem Hintergrund.

Aber wie bei einer Geschichte von E.Th.A. Hoffmann schien mir parallel eine innere, märchenhafte, archetypische Handlung zu spielen. Ich dachte besonders an die "Wiederkehr der Seele" (siehe "Psychologie der Uebertragung") [1], übrigens war Vollmond [12] am 29. November. Damals vor 30 Jahren war meine Neurose schon deutlich vorgezeichnet in der vollkommenen Spaltung zwischen Tag- und Nachtleben in meiner Beziehung zu Frauen. Jetzt aber war es sehr menschlich und als wir uns am Bahnsteig verabschiedeten, schien es mir wie eine Conjunctio. Allein im schnellen Zug nach Zürich erinnerte ich mich, wie ich 1928 auf dem gleichen Weg meiner neuen Professur und meiner grossen Neurose entgegenfuhr. Jetzt bin ich vielleicht weniger leistungsfähig als damals, aber mit dem seelischen Gleichgewicht habe ich dafür wohl bessere Chancen.

Mit dem Ende des Jahres 1955 folgte nun ein gewisses Neuarrangement im Unbewussten und der Abschnitt des unbewussten Prozesses, den ich hier darstellte, kommt zu einem vorläufigen Ende.

Als Rückblick und Ausblick noch ein kurzer Traum, der an den früher länger kommentierten Traum vom 1. Oktober 1954 anknüpft. In dem früheren Kontext habe ich wohl schon alles nötige gesagt, so dass ich zum Schluss diesen Traum ohne weiteren Kommentar anführe. Interessant ist der Ausdruck "englisch und dänisch <u>sehen</u>" (nicht: sprechen), was ja ebenso wie der Ausdruck "Apparat" nach dem früher über das "Windauge" gesagten verständlich sein dürfte. Es

---

[12] Ueber Mondsymbolik und Geburt aus dem Monde siehe Jung, M. Conjunctionis II, p. 110 u. 111. Dort auch über Königssymbolik. [m]

hat auch zu tun mit der eben erwähnten inneren und äusseren Handlung. Doch den "Prediger" gibt es aussen nicht.

Traum, 26. Dezember 1955

Es wird mir offiziell der Besuch eines "Königs" angekündigt. Er kommt dann auch tatsächlich und spricht mit grosser Autorität zu mir "Professor Pauli, Sie haben einen Apparat, der Ihnen erlaubt, zugleich, dänisch und englisch zu sehen!" (xiii)

<sup>a</sup> G. Källén und W. Pauli, On the mathematical Structure of T.D. Lee's model of a renormalizable field theory. Vgl. Danske Videnskaberns Selskab, Math.-Phys. Medd. 30, 1955, Gunnar, A.O. Källén, geb. 1926, Prof. f. theoretische Physik in Kopenhagen, später Univ. Lund, gest. 1968.

<sup>b</sup> damaliger Präsident der ETH.

<sup>c</sup> Siegmund Hurwitz, geb. 1904, Zahnarzt in Zürich, Jung-Schüler.

<sup>d</sup> vide Appendix 8.

<sup>e</sup> Es handelt sich um den sog. "Zeeman Effekt"; nach Pieter Zeeman, 1865–1943, Holländischer Physiker, Prof. Leyden-Amsterdam. Entdeckte den nach ihm benannten "Zeeman-Effekt", d.h. die Aufspaltung der Spectrallinien im Magnetfeld 1896, wofür er 1902 den Nobelpreis erhielt, zusammen mit Lorentz, der die Theorie dafür schuf.

<sup>f</sup> Res Jost, geb. 1918, Paulis Assistent von 1946–49, o. Prof. an der ETH 1959–83, † 3.10.90 in Zürich.

<sup>g</sup> Emil Abegg, 1885–1962. Prof. für Indologie, Univ. Zürich.

<sup>h</sup> Heinrich Straumann, 1902. Prof. für engl. Literatur, Univ. Zürich, auch deren Rektor, † 26.II.91.

<sup>i</sup> Insel im Zürichsee.

<sup>j</sup> Wilhelm Lenz, 1888–1957, 1921–56 Ordinarius für Theoretische Physik, Univ. Hamburg, wo auch Pauli ab 1922 sein Assistent war.

<sup>k</sup> Charles Paul Enz (1925 in Zürich geboren) promovierte Anfang 1956 während seiner Assistenz in Festkörperphysik bei Busch, mit einem Beitrag zur Quantenelektrodynamik bei Pauli an der ETH in Zürich. Anschliessend wurde er dort Paulis letzter Assistent. 1959 verliess er die ETH und war zwei Jahre Mitglied des Institute for Advanced Study in Princeton, USA, worauf er 1961 das Ordinariat für theoretische Physik an der Universität in Neuchâtel erhielt. Nach einem Aufenthalt an der Cornell University, USA, wurde er 1964 an die Universität Genf berufen, wo er seitdem wirkt. 1971 verbrachte er ein Jahr als Gastwissenschafter am IBM-Forschungslabor in Rüschlikon, Zürich. 1977–1983 war er Vorsteher der Sektion Physik und 1983–86 Direktor des Departments für theoretische Physik der Universität Genf. (C.P. Enz)

<sup>l</sup> C.G. Jung, erschienen 1946, Rascher, Zürich.

<sup>m</sup> siehe unten.

(xiii) [Anmerkung von C.G. Jung: Doppelsehen: Aussen u. innen in einandersehen. $v = 5$. Der nur natürliche Mensch, der sich mit dem perceptiven Bewusstsein in die Extension verfängt $w = 1$ der Eine ganz Mensch, sieht "doppelt", nämlich die äussere Form und zugleich den inneren "Sinn" oder Sinnerfülltheit.]

[70] A. JAFFÉ AN PAULI

[Küsnacht-Zürich] 15. 12. 56
[Maschinenschriftlicher Durchschlag]

Lieber Herr Pauli,

im Augenblick, als ich J's Brief an Sie einpackte, kam ein Brief von Fordham[a] mit der Bitte doch bei Ihnen anzufragen, ob Sie ihm eine Antwort senden könnten. — Dies scheint mir ein echtes synchronist. Phaenomen, da Sie ja das eine vom anderen abhängig machen wollten. Darf ich Sie bitten, sich dieser Sache anzunehmen?

Indem ich Ihnen nun ein recht gutes Weihnachten und ein erfülltes 1957 wünsche, bin ich

Ihre
[A. Jaffé]

[a] englischer Jungianer.


[71] JUNG AN PAULI

[Küsnacht-Zürich] Dezember 1956
[Maschinenschriftlicher Durchschlag
mit handschriftlichen Zusätzen]

Lieber Herr Pauli,

Hiermit möchte ich Ihnen noch meinen verbindlichsten Dank aussprechen für Ihren ausführlichen Bericht über die Entwicklung Ihres Traumproblems. Ihre Deutungen treffen meistens ins Schwarze und Ihre sorgfältig zusammengestellten Kontexte ermöglichen es mir auch, einen genügenden Einblick in die Struktur des Traumes zu gewinnen. In Anbetracht des Umstandes, dass Sie sozusagen überall die Hauptarbeit geleistet haben, habe ich auch nur noch wenige Bemerkungen zu Einzelheiten in gewissen Träumen zu machen:

Traum vom 15. Juli 1954

Die Eklipsis ist, wie Sie richtig vermuten, als Nigredo zu werten, d.h. als eine Verdunkelung des Bewusstseins, die immer dann eintritt, wenn im Unbewussten sich wesentliche Dinge ereignen. Sie ist zwar in Ihrem Traum nicht ausdrücklich angeführt, wohl aber in Ihrem Kontext zu "Schweden". Schweden ist, wie der ganze Norden — England, Norddeutschland, und Skandinavien — die Region der Intuition. Es sind Gegenden, die historisch dadurch charakterisiert sind (mit Ausnahme von England im engeren Sinne), dass sie ein noch deutlich wahrnehmbares Heidentum unter der protestantischen Decke besitzen, was andererseits auch kennzeichnend ist für das Wesen der Intuition, indem letztere nicht nur die Möglichkeiten der äusseren physischen Welt, sondern auch der inneren Welt wahrnimmt.

Das isolierte radio-aktive Isotop dürfte sich auf einen wesentlichen Inhalt des Unbewussten, der wohl das Selbst ist, beziehen. Dass das Selbst als Isotop bezeichnet wird, sagt aus, dass es noch als Variante eines bekannten Elementes erscheint, d.h. noch keine absolut zentrale und dominierende Stellung erreicht hat. Immerhin bedeutet dessen Isolierung ein so numinoses Ereignis, dass dadurch eine Eklipse des Bewusstseins (= Sonne) verursacht wird. Die Assoziation "Kinder in Schweden" dürfte darauf hinweisen, dass Schweden etwas mit dem Kinderland zu tun hat, wo jene Inhalte beheimatet sind, die im späteren Leben ausser Betracht fallen.

Ich empfinde den Terminus "radio-aktiv" als aequivalent zu "numinos", das sekundär auch "sychronistisch" sein kann. Radioaktivität als temporäre Eigenschaft entspräche einem konstellierten Archetypus. Von letzterem, so scheint es, gehen synchronistische Wirkungen aus, aber nicht von den latenten Archetypen.

Traum vom 20. Juli 1954

Die drei Päpste bilden wahrscheinlich die untere Triade, Johannes, der Evangelist, wäre der Gnostiker, als Verfasser der Apokalypse, ein Seher, als Presbyter oder Bischof und Verfasser der Episteln, ein Verkünder der Liebe, und es geht die Sage, dass der Papst Johann XXII ein Weib gewesen sei, das von einem Kammerherrn empfangen und während einer Prozession ein Kind zur Welt gebracht habe. Daher der Spruch: "Papa pater patrum, Papissa peperit partum".

Wie die drei Päpste die untere Trinität, so stellen Niels Bohr und seine Frau Vater und Mutter, Adam und Eva, rex und regina dar. Ihr Erscheinen bereitet das Erscheinen Ihrer Frau auf der Scene vor. Sie sind in diesem Traum wie der Alchemist, der das Wandlungsmysterium in der Retorte beobachtet, der seine Arbeit allein macht und nicht weiss, dass er selber im Wandlungsprozess eingeschlossen ist.

Die Abwesenheit Ihrer Frau im Traum bedeutet, wie Sie richtig annehmen, das Nicht-Mitarbeiten der minderwertigen Funktion, nämlich der Empfindung oder Wahrnehmung, ohne welche eine Verwirklichung unmöglich ist.

Die Frau im Allgemeinen ist ein Symbol der Verwirklichung, indem sie das potentielle Vermögen des Mannes in der Gestalt eines Kindes verwirklicht. Sie hat darum eine ganz besonders numinose Bedeutung, weil sie sozusagen die Mutter des Selbst ist. (Maria — Christus).

Der Name "Aucker" könnte vielleicht "auctor" sein.

Für die Deutung von Zahlen hat sich mir oft die Prozedur der Addition als nützlich erwiesen, nämlich

$$2 + 0 + 6 = 8 = 2(2^3)$$
$$3 + 0 + 6 = 9 = 3(3^2)$$

Diese Zahlen zeigen ein Fortschreiten von 2 zu 3, d.h. vom Mütterlichen zum Männlichen, d.h. zum Sohn. — 206 charakterisiert den Zustand, in welchem die Psychologie eine Art von Uterus darstellt, in welchem der Sohn noch ungeboren, suspendiert ist. (3 ist als Potenzzahl angedeutet); während 306 den nunmehr geborenen Sohn darstellt, wobei letzterer Männlichkeit, Tun und Verwirklichen bedeutet. Die mangelnde Cooperation der minderwertigen Funktion bewirkt aber, dass dieser Vorgang im Unbewussten hängen bleibt, d.h. im Laboratorium. (Ueberigens sind "Laboratorium" und "Oratorium" die beiden Aspekte des alchemistischen Arbeitsprozesses.)

Traum vom 28. August 1954

Das Motiv der Zweiheit bedeutet in der Regel den sichtbaren und unsichtbaren Aspekt. In diesem Falle ist der eine Aspekt der "philosophische Gesangsverein", der offenbar den Bewusstseinsaspekt darstellt, während die Rechnung von sfrs. 568.-, weil bedeutend unangenehmer, vermutlich den unbewussten Aspekt der gleichen Angelegenheit bedeutet. Sie erinnern sich an Ihren früheren Traum, in welchem es hiess, er "wolle die Steuer nicht bezahlen" (53. Traum). Es handelt sich hier um das Fährgeld, nämlich um das Uebersetzen über das "Grosse Wasser". (I Ging, Obolus für Charon, Sanskrit für Mercurius = Parada, d.h. "das andere Ufer gewährend".)

"Das neue Haus" ist wohl ein neues Verhältnis zur Wirklichkeit. Die Quersumme von 568 = 19 = 1 + 9 = 10 = 1, d.h. "ars requirit totum hominem", indem nämlich 1 das Eine und Ganze ist, hen to pan, Eines, das All, nämlich der totale Mensch, der Mikrokosmos, entsprechend dem Makrokosmos.

Die Kirschen sind unzweifelhaft konkrete Erotik, sublimiert im "philosophischen Gesangsverein".

Den Ausdruck "philosophischer Gesangsverein" habe ich mit Genugtuung vermerkt. Es ist charakteristisch, dass Sie das Couvert mit den roten Kirschen lieber in Musik verwandeln wollen, während es leider sehr konkret gemeint ist. Das Fährgeld dürfte laut Aussage der Quersumme (= 1) bedeuten, dass die Aufgabe nur damit gelöst wird, dass das Eine, das auch das Ganze ist, geleistet wird, d.h. dass man bis zu den Archetypen und ihrer Dynamik — wie Sie sich ausdrücken — vordringt, d.h. dass man aus den Erkenntnissen auch die praktischen Consequenzen zieht, was natürlich nicht strikte wissenschaftlich ist, sondern "science appliquée". Wie die physikalischen Erkenntnisse ihren praktischen Niederschlag in der Technik finden, so die psychologischen Erkenntnisse in der Anwendung auf das Leben. Und wie die Technik nur dann auf einen Erfolg hoffen kann, wenn sie die physikalischen Erkenntnisse gewissenhaft und sorfältig berücksichtigt, so kann auch die praktische Verwendung psychologischer Erkenntnisse nur dann zum Erfolg führen, wenn sie gewissenhaft und sorgfältig in die Tat umgesetzt werden. Dies "gewissenhaft und sorgfältig" ist die Bedeutung von "religere", von welchem Wort die Römer den Begriff "religio" abgeleitet haben. (Die Ableitung von "religare" = wieder zusammenbinden, stammt von den Kirchenvätern). Das Essen der Kirschen ist insofern eine ernsthafte Angelegenheit, als sie ihr Vorspiel im Essen des Apfels im Paradies hat, welches bekanntlich zum peccatum originale führte, zur felix culpa, die für die Erlösung verantwortlich ist. Daher sind die beiden folgenden Träume, welche sich eben mit den Consequenzen beschäftigen, wie Sie selber sehr richtig fühlen, von grundlegender Bedeutung.

Die Reformation ist tatsächlich aus dem Widerstand gegen die magischen Grundlagen der rituellen Handlung entstanden. Sie bedeutet einen Fortschritt des kritischen Bewusstseins gegenüber der primitiven Auffassung, dass der

Geist eo ipso eine <u>konkrete Macht</u> besitzt, welche die Ordnung der Natur zu stören vermag.

Ich bezweifle, dass Sie in der Naturwissenschaft verwurzelt seien. Die Naturwissenschaft ist etwa 300 Jahre alt, und das ist noch keine Tradition. Wenn Sie irgendwo verwurzelt sind, so sind Sie es, wie jeder Abendländer, in den antik-judäo-christlichen Voraussetzungen, die ihrerseits wieder auf den Praemissen des Neolithicums beruhen. Die Vergesellschaftung von <u>Wissenschaft</u> und <u>Macht</u> ist der Ausdruck dafür, dass dem naturwissenschaftlichen Zeitalter in zunehmendem Masse die geistige Kritik abhanden gekommen ist. Sie hat sich wohl des Intellektes bemächtigt, hat aber keinen adaequaten Ausdruck gefunden für den geistigen Aspekt des seelischen Wesens. Da nun der traditionelle Geist, den wir kennen, sich mit Machtstreben vergiftet hat, so muss uns geistige Erkenntnis von einem Ort zuströmen, dem die Naturwissenschaft von vorne herein jede Bedeutung abspricht, nämlich aus der Natur selber, aus der Erde, und ihrer anscheinenden Ungeistigkeit. Sie raten daher sehr richtig auf "chthonische Weisheit" und auf eine Einheit von Oratorium und Laboratorium, welche nun allerdings nichts mehr mit Kirche oder Polytechnikum zu tun hat, sondern vielmehr die Angelegenheit des wirklichen und tatsächlichen Lebens des Einzelnen ist.

Man könnte natürlich die Ergebnisse einer solchen Unternehmung in allen möglichen Sprachen darstellen, auch in physikalischer; wie man irgend eine Lehre ins Deutsche, Französische und Japanische übersetzen kann. Insofern Sprache aber Mitteilung bedeutet, so muss man wohl eine Form wählen, welche allgemeines Verständnis ermöglicht.

<u>Traum vom 30. September 1954</u>

Die Vereinigung der beiden Kobras weist darauf hin, dass die eigentliche Coniunctio noch im Zustande des spiritus Mercurialis und erst im Unbewussten vorgezeichnet ist. Sie kann auch gar nicht wirklich stattfinden, wenn die zu vereinigenden Gegensätze nicht in jener Form, die bis in die chthonische Tiefe reicht, vorhanden sind.

Zum nächsten Traum vom <u>1. Oktober 1954</u> möchte ich noch ergänzend bemerken, dass V die römische 5 ist und das doppelte $V = W = 2 \cdot 5 = 10$ ist, und $10 = 1$, sodass es sich auch hier beim W (doppelt V) vermutlich wieder um das Eine und das Ganze handelt. — Im Uebrigen war ich sehr beeindruckt von Ihrer linguistischen Exploration des Tatbestandes.

Im Traum vom <u>24. Oktober 1955</u> erscheint dann die Einheit im neuen Haus, wo Sie sich "frei von den Gegensatzpaaren", eins mit Ihnen selbst fühlen.

Im Traum vom <u>26. Dezember 1955</u> wird das Doppelsehen hervorgehoben. Dies ist eine Eigentümlichkeit des Menschen, der eins ist mit sich selbst. Er sieht die innere und äussere Gegensätzlichkeit, nicht nur V = 5, was ein Symbol des natürlichen Menschen ist, der mit seinem auf Wahrnehmung gegründeten Bewusstsein sich in die Sinnenwelt und ihre Anschaulichkeit verfängt. W (doppelt V) ist dagegen das Eine, der ganze Mensch, der selber nicht mehr gespalten ist, wohl aber den äusseren Sinnesaspekt der Welt und zugleich die verborgene Sinnerfülltheit derselben erkennt. Die Spaltung rührt her von der einseitigen

Verfangenheit in den einen oder anderen Aspekt. Wenn der Mensch nun aber die Gegensätze in sich geeint hat, so steht seiner Erkenntnis nichts mehr im Wege, den einen Aspekt der Welt wie den anderen objektiv zu sehen. Die innere psychische Spaltung wird ersetzt durch ein gespaltenes Weltbild und zwar unvermeidlicherweise, denn ohne diese Diskrimination wäre bewusste Erkenntnis unmöglich. Es ist in Wirklichkeit keine gespaltene Welt, denn dem geeinten Menschen steht ein "unus mundus" gegenüber. Er muss diese _eine_ Welt spalten, um sie erkennen zu können, ohne dabei zu vergessen, dass das, was er spaltet, immer die _eine_ Welt ist, und dass die Spaltung ein Praejudiz des Bewusstseins ist.

Indem ich Ihnen noch bestens danke für die ausführliche Mitteilung Ihrer weiteren Entwicklung, möchte ich Ihnen auch gratulieren zu dem ungemeinen Fortschritt, den Ihre Darstellung bedeutet.

Mit den besten Grüssen verbleibe ich

Ihr sehr ergebener

[C.G. Jung]

[72] Pauli an Jung

Zürich 7/6, 22.III.1957
[Handschrift]

Lieber Herr Professor Jung,

Anläßlich des Frühlings-Äquinoktiums danke ich Ihnen sehr herzlich für Ihr ausführliches Schreiben vom 15.XII.1956. — Es war mir eine ganz große Ermutigung, in der eigenen Interpretation der Manifestationen meines Unbewussten doch im wesentlichen auf dem richtigen Wege zu sein.

Im Moment ist die Physik mit Spiegelungen beschäftigt, meine Träume waren es schon früher und zwar parallel mit mathematischen Arbeiten, die nun aktuell geworden sind. Aber das muß ich erst geistig verdauen.

Inzwischen sende ich Ihnen einen Sonderdruck eines zuerst in Mainz gehaltenen Vortrages "Die Wissenschaft und das abendländische Denken",[a] der sich mit dem Problem der Beziehung zwischen Wissenschaft und Mystik in einem historischen Rahmen auseinandersetzt. Seit meiner Arbeit über Kepler macht mir dieses Problem viel Kopfzerbrechen.

Mit allen guten Wünschen für Ihre Gesundheit und nochmals herzlichem Dank

Stets Ihr

W. Pauli

---

[a] erschienen in: Europa — Erbe und Aufgabe, Internationaler Gelehrten-Kongress, Mainz 1955, Wiesbaden 1956, p. 71–79.

## [73] A. JAFFÉ AN PAULI

[Küsnacht-Zürich] 29. Mai 1957
[Maschinenschriftlicher Durchschlag]

Lieber Herr Pauli,

heute schreibe ich im Auftrag von Prof. Jung, welcher Sie bittet es zu entschuldigen, dass er Sie mit einer Bitte in Anspruch nimmt. Es handelt sich um das MS eines jungen Amerikaners Van Dusen,[a] dessen Brief ich beilege. Prof. Jung nimmt an, dass Sie in kürzester Zeit den Wert, resp. Unwert der Arbeit erkennen werden, und wäre Ihnen zu grossem Dank verpflichtet, wenn Sie einen Blick hineintun wollten und ihm mit einer Zeile Ihren Eindruck mitteilen würden. — Dass Einstein die Arbeit gelesen, aber wahrscheinlich nicht recht verstanden habe, wie Verf. schreibt, klingt nicht gerade vertrauenserweckend. Schon der Brief macht einen scholastisch-phantastischen Eindruck.

Prof. Jung dankt Ihnen im Voraus auf das Beste. — Er ist in Bollingen und tief in seine Arbeit versenkt. Briefe und alles andere kommt ziemlich zu kurz!

Das MS schicke ich morgen und füge auch selber noch herzliche Grüsse bei.

Ihre

Aniela Jaffé

[a] Vgl. Brief P's. v. Juni 57, W.M. van Dusen, Mind in Hyperspace, Diss. Ann Arbor, Mich., University Microfilms 1959.

## [74] PAULI AN JUNG

[Zürich] Juni 1957
[Maschinenschriftlicher Durchschlag]

Lieber Herr Professor Jung,

Ich habe, Ihrem Wunsch gemäss, in die Arbeit "Mind in Hyperspace" von W.M. van Dusen ein wenig hineingesehen, und zwar in Kap. IV und VII, wobei ich der Fig. 2, pag. 103, sowie besonders den Tabellen pag. 122 und 133 hauptsächlich Aufmerksamkeit geschenkt habe.

1.) Der Verfasser scheint mir nur geringe mathematische Kenntnisse zu haben. Es kommt in seiner Arbeit als einziger mathematischer Begriff die Dimensionszahl vor, weder Gleichungen noch irgendwelche sonstigen mathematischen Gedanken. Er übersieht beim Zitieren der Einstein'schen Relativitätstheorie völlig den Unterschied zwischen einem metrischen und einem nur topologisch charakterisierten (d.h. strukturärmeren) Raum (Topologie hier als besondere mathematische Disziplin verstanden). Die 4-dimensionale Raum-Zeit-Welt der Relativitätstheorie ist wesentlich vom erstgenannten (metrischen) Typus, für den auch der Begriff "Krümmung" charakteristisch ist.

In der Topologie dagegen gibt es das nicht, alles gilt als identisch, was durch umkehrbare eindeutige, stetige Abbildungen auseinander hervorgeht. In den folgenden zwei Figuren soll die Aufmerksamkeit nicht auf die Körper, sondern auf die sie begrenzenden Oberflächen (Dimensionszahl 2) gerichtet sein. Topologisch sind Flächen stets durch ganze Zahlen charakterisiert, ausser durch die Dimensionszahl noch durch andere (wie z.B. Zahl der Henkel). Auf deren Definition brauche ich hier nicht einzugehen.

Ich will hier nur auf das Fehlen eines Längen- und damit eines Krümmungsbegriffes in den topologisch charakterisierten Mannigfaltigkeiten hinweisen, im Gegensatz zu den Räumen, oder Hyperräumen der Physik.

2.) Die Anwendung des mathematischen Dimensionsbegriffes auf die Psyche scheint mir ungenügend gestützt. Denn diese impliziert ein Nebeneinanderstellen von Psyche (oder mind) und Physis in zweifelhafter Analogie zur Beziehung von Raum und Zeit. In Wahrheit dürften aber Physis und Psyche zwei Apsekte eines und desselben abstrakten Sachverhaltes sein. Deshalb bietet sich zur bildlichen Darstellung der psycho-physischen Beziehung ein Spiegelungsprinzip in natürlicher Weise dar. (Vgl. Psychologie und Alchemie, 2. Aufl., 26. Traum, pag. 239 f.)

Das vollkommene Fehlen jeder Andeutung von Spiegelung beim Autor ist mir sehr auffallend und ich bin geneigt, dies mit dem Fehlen der Raumkrümmung in Verbindung zu bringen. Auf physikalische und psychologische Spiegelungsfragen würde ich gerne in einem besonderen Brief, unabhängig von der Arbeit van Dusens zurückkommen, falls Sie dafür Zeit und Interesse haben.

3.) Nun möchte ich einige psychologische Konjekturen über van Dusen wagen, die ich gerne Ihrer Kritik unterbreite.

Die in's Unendliche offene Serienfolge wachsender Dimensionszahlen erinnert an gnostische Systeme (insbesondere Markos). Es ist aber für den Autor charakteristisch, dass er sie gerne bei sieben abschliessen möchte, was ihm aber (siehe Schlusskapitel) nicht ganz gelingt. Die Tabelle 2 (pag. 133) stellt deutlich einen Prozess dar, der mit dem unus mundus (Nr. 0, unten) abschliesst.

Es ist aber daher mein Eindruck, dass die Serie von Hyperräumen des Autors eine Hypostase aufeinander folgender Stadien des Individuationsprozesses ist. Indem er aber diesen objektiv in den Kosmos projiziert, ist er selbst ungenügend einbezogen (siehe oben: Danebenstellen der Psyche, Fehlen der Raumkrümmung und der Spiegelung). Es würde mich daher nicht wundern, wenn das Verfassen solcher Arbeiten den richtigen Ablauf des Prozesses beim Autor verhindern würde. Die Projektion eines Heilsweges in die Hyperräume ist mir sehr deutlich. Man kann Heilswege nicht nur in den Stoff, sondern auch in die Mathematik projizieren, besonders wenn letztere ungenügend bekannt ist. Aus einem (allerdings erst nur sehr vorläufigen und flüchtigen) Studium der mathematischen Schriften von Nikolaus von Cues habe ich den Eindruck bekommen, dass bei ihm eine solche rationalisierende Projektion eines Heilsweges in die Mathematik (der Grenzwert- und Unendlichkeitsbegriff waren ja damals noch ganz unerforscht) stattgefunden hat.

Mit allen guten Wünschen

stets Ihr

[W. Pauli]

[75] JUNG AN PAULI

[Küsnacht-Zürich] 15. Juni 1957
[Maschinenschriftlicher Durchschlag]

Lieber Herr Pauli,

empfangen Sie meinen besten Dank für Ihren Brief und vor allem für die Mühe, die Sie sich genommen haben, um das MS von Herrn M.W. van Dusen durchzusehen und zu begutachten. Ihre Anmerkungen sind mir sehr wertvoll und werden mir als Anhaltspunkte dienen, um selber Stellung zu beziehen.

Ganz besonders hat es mich gefreut, dass Sie im Sinne haben, mir demnächst etwas über die physikalischen und psychologischen Spiegelungsfragen zu schreiben. Die damit zusammenhängenden Probleme interessieren mich ganz besonders, insbesondere die Abweichungen von der Symmetrie, worüber ich kürzlich gelesen habe.

Ich bin im Augenblick noch sehr beschäftigt mit der Abfassung eines Aufsatzes über das "Runde" im Allgemeinen und die "UFOS" (Unidentified Flying Objects)[a] im Besonderen. So werde ich erst in Bollingen, wohin ich anfangs des nächsten Monats gehe, die genügende Zeit finden, um die Gedanken Ihres Briefes genauer zu studieren.

Mit nochmals bestem Dank und vielen Grüssen

Ihr ergebener

[C.G. Jung]

[a] erschienen als "Ein moderner Mythus von Dingen die am Himmel gesehen werden." Rascher, Zürich, 1958.

[76] PAULI AN JUNG

[Zürich] 5. Aug. 1957
[Maschinenschriftlicher Durchschlag
mit handschriftlichen Zusätzen]

Lieber Herr Professor Jung,

Nach Ihrem Brief vom 15. Juni will ich nun versuchen, Ihnen über Spiegelsymmetrien eine etwas seltsame Mischung von Physik und Psychologie zu schreiben.

1. Physik

Man war gewohnt, dass die Naturgesetze eine exakte Symmetrie zeigen in Bezug auf

a) Links-Rechts-Vertauschung = Raumspiegelung (oft mit P bezeichnet, abgekürzt von "parity").

b) Aenderung des Vorzeichens der elektrischen Ladung (positive wird mit negativer vertauscht = Ladungskonjugation $C$ von "charge").

c) Umkehr der Zeit, ohne Aenderung des Vorzeichens der Ladung (mit $T$ bezeichnet).

Yang und Lee[a] haben 1956 darauf hingewiesen, dass für das Vorhandensein dieser 3 Symmetrien einzeln gerade bei den sogenannten schwachen Wechselwirkungen, welche die Betaradioaktivität (spontane Elektronenemission aus

Kernen, kommt mit beiden Vorzeichen $c_+$ und $c_-$ vor) und die Reaktionen des Neutrino bestimmen, ungenügend empirische Evidenz vorhanden ist. Sie gaben ferner Experimente an, die zur Prüfung dieser Symmetrie geeignet sind. Ich selbst wusste, dass sie ausgeführt werden, wollte aber nicht an ein Versagen dieser sonst so allgemein bewährten Symmetrie glauben, zumal kein theoretischer Grund zu sehen war (das ist auch heute noch so), warum gerade die schwachen Wechselwirkungen eine geringere Symmetrie ausweisen sollten.

Da bin ich nun froh, dass ich doch nicht so weit gegangen war, über den Ausgang der Experimente zu wetten (was einige Physiker taten). Da hätte ich nämlich Gelegenheit gehabt, viel Geld zu verlieren. Denn die Experimente haben endgültig die Verletzung der Symmetrie-operationen $P$ und $C$ einzeln gezeigt. Ob die kombinierte Operation $CP$ (es wird zugleich rechts mit links und $+c$ mit $-c$ vertauscht) noch erhalten ist, das ist eine noch offene Frage. Wenn $CP$ gilt, sollte aus theoretischen Gründen auch $T$ noch möglich sein (siehe unten).

Ueber die Experimente lege ich einen Zeitungsbericht bei (New York Times, Jan. 16), [b] der von Physikern verfasst und authentisch ist. Man hat diese erste Veröffentlichung damals als die "chinesische Revolution" in der Physik bezeichnet, da die nicht-chinesischen Beteiligten (Ledermann [c] und Mitarbeiter) bei einem chinesischen Lunch von Lee überredet worden waren, das Experiment zu machen. Frau C.S. Wu [d] habe ich 1941 in Berkeley kennen gelernt und war von ihr sehr beeindruckt (sowohl als Experimentalphysikerin als auch als intelligentes und schönes chinesisches Mädchen. Inzwischen hat sie einen Chinesen geheiratet und hat einen Sohn.)

Die in diesem Report geschilderten Experimente sind inzwischen durch andere mit ähnlichen Ergebnissen ergänzt worden. Am eindrucksvollsten (aber keineswegs am einfachsten) sind vielleicht die an orientierten Kernen. Auf diese beziehen sich folgende zwei Figuren. ($Co$ = Kobalt); Die Kreisfläche ist horizontal zu denken

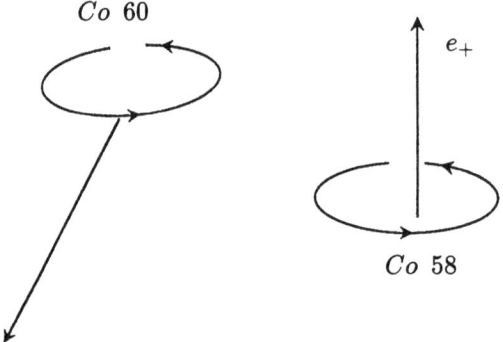

$e_-$ Betazerfall orientierter Kerne

und, wenn von oben betrachtet, den Umlaufsinn des Spins (= Drall) der orientierten Kerne im entgegengesetzten Sinne des Uhrzeigers darstellend. Spiegelung an der horizontalen Ebene lässt den Umlaufsinn (Drall-sinn) der Kerne ungeändert. Demnach exisitiert eine <u>Vorzugsrichtung</u> der ausgesandten Elektronen, für Negatronen ($e_-$) nach unten, für Positronen ($e_+$) nach oben. Die letzteren Experimente (Positron-emission von $Co$ 58) stehen nicht in dem Zeitungsreport und sind später von C. Gorter [e] und Mitarbeitern in Leiden, durchgeführt und publiziert worden.

So ist es also nun sicher, dass "Gott <u>doch</u> ein schwacher Linkshänder ist" — wie ich das gerne ausdrücke — es ist aber möglich, dass Er in der linken Hand das Positron ($e_+$), in der rechten das Negatron ($e_-$) hält. Aber "Seine Gründe" kennen wir nicht.

An eine solche Möglichkeit hatte ich vor Januar dieses Jahres nicht im entferntesten geglaubt. Jedoch hatte ich 1954 eine theoretische Arbeit über Spiegelungen verfasst (sie ist 1958 in einer Festschrift für N. Bohr erschienen),[f] worin ich u.a. einen von einem jüngeren deutschen theoretischen Physiker G. Lüders[g] zuerst klar erkannten mathematischen Sachverhalt diskutiert und verallgemeinert habe: die Kombination $CPT$ von allen drei oben erläuterten Symmetrieoperationen ist unter viel allgemeineren Annahmen richtig (d.h. deduzierbar, beweisbar) als die Operationen $C$, $P$ und $T$ einzeln, für sich genommen.

Meine Arbeit in der Bohrfestschrift wurde seit dem Coup von 1957 sehr modern und das "CPT-Theorem" ist nun in aller Munde.

2. <u>Psychologie</u>

Nach diesen Ereignissen des Januar, die mir und anderen Physikern (z.B. auch Fierz)[h] einen starken Schock versetzt haben, richtete Herr Fierz die Frage an mich, wieso ich denn eigentlich 1954/55 darauf gekommen sei, mich mit der Mathematik der Spiegelungen zu beschäftigen, da seien doch wohl psychologische Hintergründe bei mir im Spiel gewesen. Ich antwortete, dass ich das auch für sehr wahrscheinlich halte, denn einerseits war in den Ereignissen innerhalb der Physik seit 1952 (als ich begann, mich wieder mit Spiegelungen zu beschäftigen) bis 1956 kein rechter Anlass für die Aufmerksamkeit auf dieses besondere Thema zu sehen, andererseits erinnerte ich mich an einen sehr eindrucksvollen Traum, der nach Fertigstellung meiner Arbeit stattfand, die mir bewusst als eine überaus nüchterne Tätigkeit erschien:

<u>Traum vom 27. November 1954</u>

Ich bin mit der "dunkeln Frau" in einem Raum, wo Experimente gemacht werden. Diese bestehen darin, dass "Reflexe" erscheinen. Die anderen Leute im Raum halten die Reflexe für "wirkliche Gegenstände", während die Dunkle und ich wissen, dass sie "nur Spiegelbilder" sind. Es entsteht dadurch ein Geheimnis welches uns beide von den übrigen Leuten trennt. Dieses Geheimnis erfüllt uns mit <u>Angst</u>.

Nachher gehen die Dunkle und ich allein einen steilen Berg herunter.

Voraus gingen Träume mit Beziehung zur Biologie, nachher (Januar 1955) folgte ein Traum, "die Chinesin" habe ein Kind, "die Leute" aber wollen es nicht anerkennen. Die "Chinesin" ist ein spezieller, vielleicht parapsychologischer Aspekt der "Dunklen", während "die Leute", wie im Traum vom 27.

November 1954 die Kollektivmeinung, d.h. auch meine eigenen konventionellen Widerstände darstellen. Deutlich ist in diesem Traum, dass keine Symmetrie von "Gegenständen" und "Reflexen" vorhanden war, da es sich ja gerade darum handelte, den Unterschied beider zu erkennen.

Kehren wir nun wieder zur Zeit am Anfang dieses Jahres zurück, als ich einen starken Schock durch die neuen Experimente über Verletzung der Spiegelsymmetrie erlitten hatte. In folgenden Diskussionen mit Fierz war ich eine Zeit lang sehr emotional und irrational, worauf er mir sagte, ich hätte einen "Spiegelkomplex". Damit hatte er bestimmt ganz recht, was ich auch zugab. Mathematik ist eine objektive Wissenschaft und so haben wir uns bald über alles rein Mathematische völlig geeinigt. Aber die Aufgabe, die Natur meines "Spiegelkomplexes" zu erkennen, blieb für mich bestehen.

Zunächst fällt mir zu Spiegelung immer das psychophysische Problem ein. (Siehe hiezu auch den Traum in "Psychologie und Alchemie", 2. Aufl. 1952, 26. Traum, pag. 239, der in meinem letzten Brief bereits zitiert wurde). Der Nous im Mythos erblickt ja im Wasser sein gespiegeltes Bild, worauf er von der Physis verschlungen wird. Und im März, also nach Erscheinen der Paritätsexperimente, erhielt ich eine Arbeit von meinem Freund M. Delbrück [i] zugeschickt über einen einzelligen lichtempfindlichen Pilz, genannt Phycomyces. Das Problem der Beziehung von Physik und Biologie wird darin als noch offen festgestellt. In der Arbeit lag eine Karte, worin D. mich als Gegengabe um meinen Kepler bittet. Das war selbst eine Art Spiegelung.

Später, etwa zu Ostern, ist es Herrn Kerényi [j] auf sonderbare Weise gelungen, mich zum psychophysischen Problem zurückzuführen. Bei "Spiegelung" und "Angst" fielen mir zunächst frühere Träume ein, wonach ich längere Zeit im Sternbild des Perseus verweilen müsse. Dort ist die Bedeckungsveränderliche (Doppelstern) "Algol" (Rhythmus, Periodizität von hell und dunkel) und Perseus hat ja seine Heldentat der Enthauptung der Medusa mit einem Spiegel vollführt. Nun fand ich im Band II der "Studien zur Analytischen Psychologie C.G. Jungs" (Rascher, 1955) [k] einen Aufsatz von Kerényi, ausgerechnet gerade über Perseus (p. 199). Ich las ihn mit Interesse und fand ihn mit einem Wortspiel der alten Griechen über die Gründung der Stadt Mykenae durch Perseus enden; diese heisse so nach einem Pilz mit dem Namen Mykes, den der Held dort beim Suchen nach einer Quelle gefunden haben soll. Jetzt war ich also wieder beim gleichen griechischen Wort, das in Delbrücks Arbeit über Phycomyces vorgekommen war.

Offenbar sind hier Beziehungen zu synchronistischen Phaenomenen wesentlich im Spiel. Um die Sprache des angeführten Traumes von 1954 zu verstehen, könnte man annehmen, dass allgemein alle multiplen Erscheinungsweisen eines Archetypus sehr wohl als "Reflexe" sich bezeichnen lassen, während dieser selbst als unsichtbarer Spiegler im Hintergrund bleibt; weshalb er auch von der Rationalistisch-naturwissenschaftlich-konventionellen Kollektivmeinung als nicht-existent angesehen wird, während dagegen "die Dunkle" um ihn weiss. Ich möchte aus der geschilderten Situation schliessen, dass dies auch für das psychophysische Problem von Wichtigkeit ist.

In diesem Zusammenhang füge ich noch zwei Träume an, von denen der erste unmittelbar nach Lektüre der Arbeit von Delbrück stattfand.

Traum vom 15. März 1957
Ein jüngerer dunkelhaariger Mann, der von einer schwachen Lichthülle umgeben ist, überreicht mir das Manuskript einer Arbeit. Da schreie ich ihn an: "Was fällt Ihnen eigentlich ein, mir zuzumuten, diese Arbeit zu lesen? Wie kommen Sie dazu?" Ich erwache in starkem Affekt und Aerger.

Bemerkung: Der Traum zeigt wieder meine konventionellen Widerstände gegen gewisse Ideen. Auch meine Angst davor; denn nur wer Angst hat, kann so schreien, wie ich im Traume. (Vgl. hierzu das "trennende Geheimnis" des Traumes von Nov. 1954). Aber mit solchen Methoden, wie der in diesem Traume angewendeten, verliert mein Ich gegenüber dem Unbewussten stets mit Sicherheit. Dieses reagiert sofort weiter mit folgendem Traum vom 15. Mai 1957:

Ich fahre mein Auto (NB: In Wirklichkeit habe ich keines mehr) und parkiere es an einer Stelle, wo mir das Parkieren erlaubt zu sein scheint. Es befindet sich dort ein Warenhaus. Als ich aussteigen will, steigt von der anderen Seite eben jener jüngere Mann in's Auto, der mir im Traum vor drei Tagen das Manuskript überreicht hatte. Er erscheint mir nun als Polizist: "Sie kommen mit!" sagt er zu mir in scharfem Kommandoton, setzt sich an's Steuer und fährt mit mir ab. (Einfall: der Wagenlenker Krischna.) Er hält vor einem Haus, das mir eine Polizeistation zu sein scheint und stösst mich in das Haus hinein.

"Jetzt werden Sie mich wohl von einem Büro ins andere schleppen", sage ich zu ihm. "Oh nein", sagt er. Wir kommen zu einem Schalter, an welchem eine "unbekannte, dunkle Dame" sitzt. Zu ihr gewendet, sagt er im gleichen Kommandoton wie früher: "Den Direktor Spiegler, bitte!"

Bei diesem Wort "Spiegler" werde ich von einem solchen Schreck erfasst, dass ich aufwache.

Aber ich schlafe wieder ein und träume weiter: Die Situation ist sehr verändert. Ein anderer Mann kommt mir entgegen, der eine entfernte Aehnlichkeit mit C.G. Jung hat, und den ich für einen Psychologen halte. Ich erkläre ihm lange die Situation in der Physik — eben diejenige, die durch die neuen Experimente über die Abweichungen von Spiegelsymmetrie entstanden ist — da ich nämlich annehme, dass ihm diese Situation nicht bekannt ist. Seine Antworten sind sehr spärlich und beim Erwachen erinnere ich mich nicht an sie.

Soweit der Traum. Die Beziehung von Physik und Psychologie ist bei mir selbst die einer Spiegelung, das Erscheinen des Psychologen im Traum daher das Werk des "Direktors Spiegler", der unsichtbar im Hintergrund bleibt.

Am Ende des Traumes ist eine gewisse Dissoziation meiner Geistigkeit dargestellt, in ein engeres Ich, das Physik kann, aber die archetypischen Hintergründe der in dieser eingetretenen Situation ungenügend realisiert und in eine zweite Phantasiefigur eines Psychologen, der charakteristischer Weise nichts von Physik weiss. Offenbar will "der Spiegler" beide zusammen bringen und im Manuskript des jüngeren Mannes, das ich nicht lesen wollte, ist offenbar darüber etwas gestanden.

Wenn ich nun heute nochmals die Situation in der Physik im Zusammenhang mit diesen Manifestationen des Unbewussten betrachte, so fällt mir auf, dass die mehr in die Tiefe gehenden Phaenomene keine Partial-spiegelungen mehr zulassen, während die Spiegelsymmetrie dann wieder hergestellt ist, wenn man genügend viele, das Phaenomen charakterisierende Variable dabei mitberücksichtigt (wie z.B. beim "$CPT$-Theorem" Rechts-Links, Ladungsvorzeichen, Zeitrichtung). Die parapsychologischen Phaenomene gehen noch mehr in die Tiefe, dann muss man auch die Psyche mitberücksichtigen, um die volle Symmetrie des Phaenomens zu sehen. Beim dem Licht entgegenwachsenden Pilz Phycomyces handelt es sich um ein "pattern", dessen chemischer Aspekt in einem komplizierten Zusammenspiel verschiedener Enzyme besteht, das aber m.E. eben qua Zusammenspiel sich vom Archetypus einer Phycomyces-Kollektivpsyche prinzipiell nicht unterscheiden lässt.

Für den Instinkt der "Dunklen" scheint zwischen Spiegelsymmetrien beim radioaktiven Betazerfall und multiplen Erscheinungen eines Archetypus kein wesentlicher Unterschied zu bestehen. Die letzteren sind für sie nur "Reflexe" des "Einen unsichtbaren" oder "unus mundus", der dann auch für die Symmetrie dieser Reflexe verantwortlich wäre. In diesem Zusammenhang ist es auch wichtig, dass meine Traumsprache radioaktiv immer synonym mit numinos oder mit synchronistisch verwendet, es ist jedenfalls etwas, das sich ausbreitet (wofür ich auf frühere Briefe verweisen kann). Das Numinosum des Archetypus ist ja auch die Ursache der Angst des Ichbewusstseins, die eine Angst um seine eigene Integrität ist.

Die Frage: "wie tief oder weit muss man gehen, um zur vollen Symmetrie zu kommen?", scheint so letzten Endes wieder — in Ihrer Terminologie — zum Problem der Abtrennung des Selbst vom Ich zu führen.

---

So weit bin ich bis heute gekommen. Da die Frage nach diesen Spiegelungsproblemen von Ihnen ausging, hielt ich es für gerechtfertigt, Ihnen sowohl die objektiv-physikalischen Daten, als auch mein subjektives Material zu schreiben. Ihr Interesse zeigt ja, dass Sie ebenfalls einen Zusammenhang von physikalischen und psychologischen Spiegelungsfragen ahnen. Ich bin deshalb auf Ihre Reaktion sehr gespannt und ich zweifle nicht, dass das Nebeneinanderstellen der Standpunkte eines Physikers und eines Psychologen sich selbst wieder als eine Art von Spiegelung erweisen wird.

Mit vielem Dank im Voraus und herzlichen Grüssen und Wünschen

Ihr ergebener

W. Pauli

[a] Chen Ning Yang, *1922, Physik Nobel Preis 1975 mit Tsung Dao Lee *1926.

[b] New York Times, 16.I.57, p. 1 "Basic Concept in Physics is reported upset in Tests" und p. 24 "The Text of Columbia Report on Physics Experiments"; s. Appendix 9.

[c] Leon Max Ledermann *1922, Nobelpreis 1988 mit J. Steinberger und M. Schwartz.

[d] Chien Shiung Wu *1923.

[e] Cornelis Jacobus Gorter *1907–1980.

^f^ W. Pauli, "Die Verletzung von Spiegelungs-Symmetrien in den Gesetzen der Atomphysik" auch in "Sapientia" XIV/1., 1958, Basel.

^g^ Gerhard-Claus Friedrich Lüders *1920, Planck-Medaille 1966.

^h^ Fierz, Markus (von Zürich) geb. 20.VI.1912
Nach Maturität am Kant. Realgymnasium Zürich drei Semester Studium in Göttingen (Physik, Mathematik, Zoologie), dann an der Universität Zürich bis zum Doktorat bei Prof. Gregor Wentzel im Feb. 1936. Im S.S. 1936 als Gast des Seminars von Werner Heisenberg in Leipzig.
Von Herbst 1936 bis Frühling 1940 Assistent von Prof. Wolfgang Pauli, ETH Zürich. Anf. SS. 1939 Habilitation an der ETH. (Habilitationsschrift: "Über die relativistische Theorie von Teilchen mit beliebigem Spin", H.P.A. 12 (1939) pg. 3–37.)
Frühjahr 1940 Heirat mit Menga Biber (von Zürich), und Umhabilitation nach Basel als Assistent an der Physikalischen Anstalt d. Univ. (Experimentalphysik). Juni 1940 a.o. Prof.; Feb. 1945 o. Prof. f. theoret. Physik in Basel.
Im Sommer 1958 wird ihm die Direktion der Theorie am CERN (Genf) angeboten, zunächst für ein Jahr. Im Frühjahr 1959 Berufung an die ETH Zürich. Nach einem Jahr am CERN, im April 1960 Prof. ETH. Seit Herbst 1977 im Ruhestand.
1945–1964 war er Redaktor der Helvet. Phys. Acta, weshalb er 1965 Ehrenmitglied der Schweizer Physikal. Gesellschaft geworden ist. (M. Fierz)

^i^ Max Delbrück, 1906–1981, Physiker, der sich im späteren Leben ganz zur Biologie wandte. Nobelpreis in Medizin und Physiologie 1969 mit Luria und Hershey.

^j^ Karl Kerényi, 1897–1973, Klassische Philologie, speziell griech./röm. Mythologie. Sehr mit Jungs Gedanken verbunden. Hielt viele Vorträge und Seminare in Zürich.

^k^ Karl Kerényi, "Perseus, Aus der Heroenmythologie der Griechen" in "Studien zur Analytischen Psychologie C.G. Jungs", Bd. II, p. 199–208, Rascher, Zürich, 1955.

## [77] Jung an Pauli

[Küsnacht-Zürich] August 1957
[Maschinenschriftlicher Durchschlag]

Lieber Herr Pauli!

Ihr Brief ist mir unglaublich wichtig und interessant. Schon seit mehreren Jahren beschäftigt mich ein Problem, das einem verrückt erscheinen könnte, nämlich die Ufos (Unidentified Flying Objects) = flying saucers. Ich habe den grössten Teil der entsprechenden Literatur gelesen und kam zum Schluss, dass die Ufolegende die projizierte, d.h. konkretisierte Symbolik des Individuationsprozesses darstellt. Ich habe dieses Frühjahr darüber eine Arbeit begonnen und eben beendet.

Das <u>Selbst</u> ist heutzutage in Folge der allgemeinen Desorientierung, der politischen Weltspaltung und der entsprechenden individuellen Separation von Bewusstsein und Unbewusstem <u>in archetypischer Form</u> (d.h. im Unbewussten) allgemein konstelliert, welche Tatsache mir bei meinen Patienten immer wieder begegnet ist. Da ich nun aus Erfahrung weiss, dass ein konstellierter, d.h. aktivierter Archetypus zwar nicht die Ursache, wohl aber eine Bedingung synchronistischer Phaenomene ist, so zog ich den Schluss, dass eigentlich heutzutage Ereignisse, die dem Archetypus als eine Art von Spiegelung entsprechen, erwartet werden müssten. Ich habe die Ufos daraufhin untersucht (Berichte, Gerüchte, Träume, Bilder etc.). Es hat sich ein in dieser Hinsicht eindeutiges Resultat ergeben, das befriedigend durch Kausalität erklärt werden könnte, wenn die Ufos nicht unglücklicherweise real wären (gleichzeitige visuelle und Radarbeobachtung!) Dafür, dass sie Maschinen wären, liegt bis jetzt kein vertrauenswürdiger Beweis vor. Sie könnten ebensogut Tiere sein. Die Beobachtungen sprechen eher für etwas, das von fragwürdiger Stofflichkeit zu sein scheint.

Ich habe mir darum die Frage vorgelegt, ob es möglich wäre, dass archetypische Imaginationen nicht nur, wie im synchronistischen Phaenomen, ihre Entsprechung in einer unabhängigen materiellen Kausalkette hätten, sondern auch in etwas wie Scheinereignissen oder Illusionen, die trotz ihrer subjektiven Natur mit einem ähnlichen physischen Arrangement identisch wären? D.h. der Archetypus bildet sich einerseits psychisch, andererseits physisch ab. Dies ist natürlich auch die Formel der Sychronizität, mit dem Unterschied allerdings, dass im letzteren Fall die psychische Kausalkette von einer sinnähnlichen physischen Ereigniskette begleitet ist. Im Unterschied dazu scheinen aber die Ufos Ereignisse zu sein, die unerklärlich entstehen und verschwinden und ihre Existenz nur durch ihre Sinnbeziehung zum psychischen Vorgang legitimieren. Ich wäre deshalb glücklich und aller Schwierigkeit enthoben, wenn ich deren objektive Existenz mit Ueberzeugung leugnen könnte. Das aber eben ist mir aus verschiedenen Gründen unmöglich. Es ist mehr als ein zwar interessanter, aber auf gewöhnliche Art erklärbarer Mythus.

Es scheint mir nun, dass das physikalische Problem der Symmetrie bezw. Asymmetrie, das so merkwürdig mit meiner Praeokkupation coincidiert, etwas Analoges oder Paralleles wäre. Abgesehen von dem Spiegelungscharakter des Phaenomens weisen die Aussagen des Unbewussten (repräsentiert durch Ufolegende, Traum und Bilder) auf eine "leichte Linkshändigkeit Gottes", also auf ein statistisches Ueberwiegen der Linksrichtung, d.h. auf ein Praevalieren des Unbewussten hin, ausgedrückt durch "Gottesaugen", "superiore intelligente Wesen", Rettungs- bezw. Heilandsabsichten der "höheren Welten" und dergl. hin. Diese Symbole repräsentieren das Unbewusste und bekunden dessen Ueberlegenheit. Dies entspricht der Zeitlage, indem das gegenwärtige Bewusstsein sich in einem vorderhand unlösbaren Dilemma befindet und daher dem Unbewussten insofern die stärkere Position zukommt, als es das erlösende Dritte wenigstens potentiell besitzt. Das Dritte ist ein Archetypus, der die Vereinigung resp. Ueberwindung der Gegensätze ermöglichen könnte. Die Ufolegende lässt deutlich erkennen, dass das latente Symbol versucht, das kollektive Bewusstsein über das Niveau des Gegensatzkonfliktes in eine noch unbekannte Sphaere, in eine Art von Weltganzem und Selbstwerden (Individuation) hinaufzuheben. Dadurch sollen die Spiegelungseffekte, die uns verblenden, aufgehoben und die Gegensätze der zwei Seinsaspekte depotenziert werden und zwar durch ein Drittes "Asymmetrisches", das eine Richtung bevorzugt, nämlich, laut Legende, die Richtung zu höherer Bewusstseinsdifferenzierung im Gegensatz zum Gleichgewicht von bewusst — unbewusst. Das $\mu$ Meson entspräche also dem Archetypus, der für diese psychische Operation verantwortlich ist. Die Raumspiegelung entspricht dem psychologischen Gegensatz ("Rechts" und "Links" im politischen Sinne, bewusst und unbewusst im psychologischen etc.)

$e_+$ und $e_-$ entspricht den Energien der Gegensätze.

$T$, Umkehr der Zeit, entspricht der Zukunftsrichtung des Bewusstseins und der Vergangenheitsrichtung des Unbewussten.

Dass es gerade die schwachen Wechselwirkungen sind, die Asymmetrie aufweisen, bildet eine nahezu komische Parallele zu der Tatsache, dass es gerade die infinitesimalen, psychologischen Faktoren sind, welche von Allen übersehen, die Fundamente unserer Welt erschüttern. Die "chinesische Revolution" kommt sozusagen von den Antipoden, d.h. vom Unbewussten ein symbolischer esprit d'escalier der Weltgeschichte! Ihr Traum von der "Chinesin" scheint dies antizipiert zu haben, d.h. Ihre Anima hatte bereits Witterung von der Asymmetrie.

In Ihrem Traum vom 27. IX. 1954 nehmen Sie die Depotenzierung der Spiegelung d.h. der Gegensätze voraus. Sie wissen nun das, was allen Anderen ein Geheimnis ist, nämlich dass sich im Unbewussten das Dritte vorbereitet und bereits die Spannungsenergie der Gegensätze aufzuheben beginnt; d.h. die Illusion, dass die Gegensätze wirklich Gegenstände seien, schwindet, damit auch die Axiomatik der Symmetrie. Dieser Vorgang ist typisch "östlich", denn die Lehre von Mukti (Befreiung) und Tao bedeutet die Ueberwindung der gegenständlichen Gegensätze (Samsara) und die Einsicht in die Illusion (Māyā) der Welt.

Ihre Assoziation des psychophysischen Problems liegt auf der richtigen Linie als ein weiterer Gegensatz (Psyche und Körper), der zugunsten eines Dritten suspendiert bezw. entkräftet wird.

Die Coincidenz "Phycomyces" und "Perseus" ist unverkennbar synchronistisch und weist auf die geheime Kooperation des das Dunkelheitsmonstrums (Unbewusstes) bekämpfenden Helden (Bewusstsein), also auf den Archetypus hin. Während ich an den Ufos arbeitete, ergaben sich auch einige auffallende Synchronizitäten, welche mich auf die archetypische Natur des Phaenomens aufmerksam machten.

Traum 12. III. 1957: Der Mann mit dem MS ist zwar der Schatten, aber mit einem Halo, d.h. der unerkannte Held. Daher Einfall "Krishna" im folgenden Traum. "Spiegler" ist ein dominierender Archetypus, der Erzeuger der Spiegelung, der Punkt, in dem sich zwei Seiten spiegeln, eine kleinste Grösse. Hier kommt im Traum der Psycholog hinein als (symmetrischer) Vertreter der psychischen Seite, d.h. hier weist das Unbewusste auf einen psychischen Aspekt des Kleinsten hin, vermutlich auf das Selbst, das im psychischen Bereich das Grösste darstellt.

In der Welt der $\mu$ Mesonen, d.h. des Allerkleinsten, scheint die Spiegelung zu Ende zu kommen, denn man hat es diesmal mit dem "Spiegler" selbst zu tun, nämlich mit dem psychoiden Archetypus, wo "psychisch" und "stofflich" als Attribute nicht mehr verwendbar sind, oder wo die Gegensatzkategorie obsolet wird und jedes Ereignis nur noch asymmetrisch sein kann, denn ein Ereignis kann jeweils nur dieses oder jenes sein, wenn es aus einem ununterscheidbar Einen hervorgeht. Das $\mu$ Meson ist natürlich nur eine Approximation an das kleinste Eine.

Die Ufolegende kommt zum Schluss, dass das "Selbst" der "Spiegler" ist. Die Symbolik charakterisiert es als mathematischen Punkt und Einheit einerseits, andererseits durch den Kreis als Allheit, d.h. unendliche Vielheit, personifiziert als Anthropos, Gott und Menschheit, (Hieranyagarbha = a conglomerate soul), ewig und zeitlich, seiend und nichtseiend, verschwindend und auferstehend etc.

Ich bin Ihnen für Ihre Mitteilung aufrichtig dankbar. Sie hat mir eine Reihe von Lichtern aufgesteckt, und ich bin auf's Tiefste beeindruckt von der "Uebereinstimmung" physikalischer und psychologischer Gedankengänge, die man nicht anders als synchronistisch verstehen kann. Wenn schon bei der "chinesischen Revolution" anscheinend derselbe Archetypus im Spiele war, wie bei meiner Ufofascination, so handelt es sich doch um zwei von einander sicher getrennte Kausalketten, welche aber sinngemäss coincidieren, wobei das Ansehnliche, Weite, und Breite und Weltöffentliche, dem Kreis der Physik zufallen, der unansehnliche und verborgene Punkt dagegen der Psychologie, darin sich die Physik spiegelt. Die Unansehnlichkeit der Psychologie dagegen hat die Praerogative, sogar am Himmel der ganzen Erde zu erscheinen, (worüber man sich die Haare ausreissen könnte.) Es ist ganz unzweifelhaft, dass es die Individuationssymbolik ist, welche dem Ufophaenomen psychologisch zu Grunde liegt. Die Schwierigkeit fängt erst dann an, wenn man die Möglichkeit in Betracht zieht, dass die Ufos real sein könnten. Sie scheinen schon immer vorhanden gewesen zu sein (historische Nachrichten!), aber erst heute sind sie zu einem Mythus geworden. (Gehäuftes Auftreten?) Weiss die Physik einen Rat?

Mit herzlichem Dank

Ihr ergebener

C.G.J.

## [78] A. Jaffé an Pauli

[Küsnacht-Zürich] 19. November 1957
[Maschinenschriftlicher Durchschlag]

Lieber Herr Pauli,

Prof. Jung bat mich, Ihnen bestens zu danken für die freundliche Uebersendung Ihrer Arbeit "Phaenomen und Physikalische Realität". [a] Leider ist Prof. Jung im Augenblick sehr müde und hat noch viel mit eigenen Dingen zu tun, sodass er zu entschuldigen bittet, wenn die Lektüre noch etwas warten muss.

Mit besten Grüssen

Ihre

[A. Jaffé]

[a] publiziert in "Dialectica" Vol. 11, No. 1/2 15. 3 .57, La Neuveville.

## [79] A. Jaffé an Pauli

[Küsnacht-Zürich] 29. Dezember 1957
[Maschinenschriftlicher Durchschlag]

Lieber Herr Pauli,

schon vor geraumer Zeit hat mich Prof. Jung gebeten, Ihnen auf das Beste zu danken für Ihre freundliche Uebersendung des Briefes von Knoll [a] , sowie für

Ihren Aufsatz. Ich bin aber nie dazu gekommen, vor allem auch, weil ich mit einer Erkältung länger zu Hause bleiben musste. Anfang nächster Woche gehe ich auf 8 Tage nach Locarno, um mich auszuruhen und — hoffentlich aus dem Nebel herauszukommen. — Der Brief von Knoll hat Prof. Jung sehr interessiert. Das hinderte aber nicht, dass er — etwas resigniert — sagte: Man hält mich für dümmer als ich bin! — Ihren Aufsatz hat er sich mit nach Bollingen genommen, da er ihn zu interessieren schien und er ihn dort gern in Ruhe lesen möchte. Bei dieser Gelegenheit sage ich Ihnen meine allerbesten Wünsche für 1958 — recht viele Weltreisen aussen und innen. — Ihre chinesischen Kollegen sah ich neulich in der Wochenschau. Für mein Auge sahen sie so aus wie alle Chinesen. Merkwürdig, dass ich sie so wenig unterscheiden kann!

Mit herzlichen Grüssen und Wünschen

Ihre
Aniela Jaffé

[a] vide Appendix 5.

## [80] A. Jaffé an Pauli

[Küsnacht-Zürich] 7. Oktober 1958
[Maschinenschriftlicher Durchschlag]

Lieber Herr Pauli,

ich habe Prof. Jung nach der Bedeutung der beiden Politischen Grössen in dem bewussten Traume gefragt und er antwortete, dies wiese darauf hin, dass wahrscheinlich (man müsste natürlich den Träumer und seine Assoziationen kennen) die innere Tragweite des Problems nicht erkannt würde, dass die Psychologie des Träumers stark beeinflusst ist durch die Kollektivität. Das Problem wäre wahrscheinlich stark veräusserlicht. Jemand, der um die eigene innere Gegensätzlichkeit wüsste, würde — wahrscheinlich — keine solchen Symbolträger träumen. — Dies deckt sich ja ungefähr mit dem Inhalt unseres Gespräches. Aber, wie gesagt: ohne den Träumer zu kennen, sind solche Hinweise immer sehr gewagt.

Mit besten Grüssen

Ihre
Aniela Jaffé

# Appendices

1. W. Pauli; ad Brief [23], Traum vom 23. Januar 1938.
2. Erläuterungen von Markus Fierz zum nachfolgenden Artikel von Pauli (3)
3. Paulis Aufsatz zur "Hintergrundsphysik"
4. Zwei Briefe Paulis an H.R. Schwyzer (Plotin-Spezialist)
5. Brief von Max Knoll an Pauli betr. UFOS
6. Autoreferat Paulis
7. Paulis Bemerkungen über kosmische Strahlen
8. Notiz C.G. Jungs über Synchronizität
9. 2 Briefe Paulis an das Curatorium des C.G. Jung-Institutes und 1 Brief Paulis vom 1.6.57 an dessen Präsidenten
10. Artikel in New York Times vom 16.1.57 über die Paritätsverletzung
11. 2 Zeittafeln
12. 2 Glossare
13. 2 Faksimiles der Handschriften von Pauli und Jung

# Appendix 1

**W. Pauli, Traum vom 23. Januar 1938.**

Oben ist ein Fenster, rechts davon ist eine Uhr. Im Traum zeichne ich unterhalb des Fensters einen Schwingungsvorgang an u. zwar zwei Schwingungen untereinander (siehe Figur). Dadurch, daß ich von den Kurven aus nach rechts gehe, versuche ich, an der Uhr einen Zeitpunkt dazu abzulesen. Aber die Uhr ist ja höher und deshalb geht das nicht

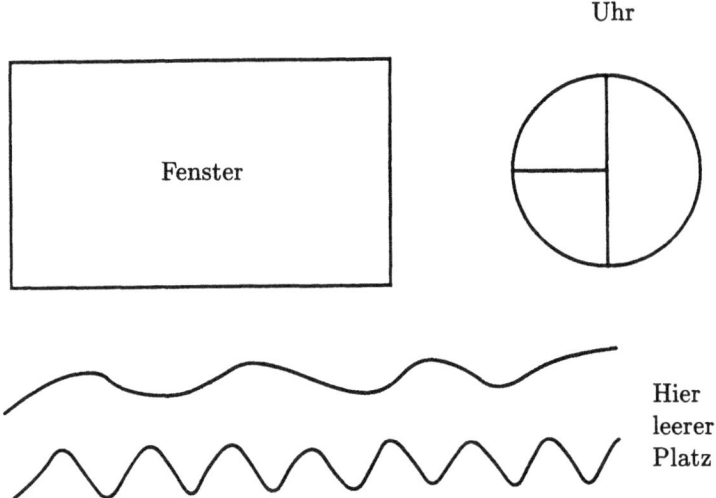

Nun geht der Traum weiter. Die "dunkle Unbekannte" erscheint. Sie weint, denn sie will ein Buch schreiben, kann aber keinen Verleger für ihr Buch finden. In diesem Buch soll sehr viel über Zeitsymbolik stehen, z.B. wie eine Zeit beschaffen ist, wenn bestimmte Symbole in ihr auftreten können. Und am Ende einer Seite des Buches steht folgender Spruch, der laut von der "Stimme" gelesen wird:

"Für die gewissen Stunden muß man mit dem gewissen Leben bezahlen, für die noch ungewissen Stunden muß man mit dem unbestimmten Leben bezahlen."

# Appendix 2

## Bemerkungen zu Appendix 3

### von Markus Fierz

Der hier folgende Aufsatz Paulis "Moderne Beispiele zur Hintergrundsphysik" hat sich bei der Korrespondenz mit Jung gefunden: eine mit der Schreibmaschine geschriebene Abschrift, die Pauli offenbar Jung zukommen liess. Der Aufsatz ist nicht publiziert und nicht datiert.

Aus zwei Stellen im Text schließe ich aber, dass der Aufsatz wahrscheinlich im Sommer 1950 geschrieben worden ist.

1. Pauli teilt im 4. Abschnitt (S. 19) zwei Träume mit, und sagt: "Die Träume erfolgten ... Mitte März dieses Jahres, als meine Arbeit über Kepler zu einem gewissen Abschluss gekommen war". Die Kepler-Arbeit ist 1952 im Druck erschienen, [1] zusammen mit Jungs Studie über Synchronizität, wobei Jungs Vorrede zu seinem Beitrag "August 1950" datiert ist.

2. Am Ende des 2. Abschnitts (S. 9/10) liest man: "Die Komplementarität der Physik hat, worauf ich bereits an anderer Stelle hingewiesen habe, eine tiefgehende Analogie zu den Begriffen "Bewusstsein" und "Unbewusstes" ... ."

Dieser Hinweis auf eine "andere Stelle" kann sich nur auf den Vortrag Paulis "Die philosophische Bedeutung der Idee der Komplementarität" beziehen, den er im Februar 1949 vor der Philosophischen Gesellschaft in Zürich gehalten hat, und der 1950 in der "Experientia" gedruckt worden ist. [2] Aus diesen beiden Stellen ergibt sich meine Datierung.

Der Aufsatz gehört somit zum Hintergrund der Kepler-Arbeit und zur Korrespondenz mit Jung. Es handelt sich nicht um ein druckfertiges Manuskript — Pauli nennt es eine Skizze —, sondern um einen Versuch, sich einem Problem, das ihn immer sehr beschäftigt hat, zu nähern. Ihm schwebte "eine Physis und Psyche einheitlich umfassende Naturbeschreibung" vor.

Er sagt am Ende der Einleitung (1. Abschnitt): "Zur Erreichung einer solchen einheitlichen Naturbeschreibung scheint zunächst ein Rückgriff auf die archaischen Hintergründe der naturwissenschaftlichen Begriffe notwendig zu sein. In der folgenden Skizze versuche ich zu erläutern, wie der Physiker als Folge dieses Rückgriffs von diesem Hintergrunde aus notwendig in die Psychologie gerät."

---

[1] C.G. Jung u. W. Pauli "Naturerklärung u. Psyche", Zürich 1952.
[2] W. Pauli, Aufsätze und Vorträge, Braunschweig 1961; S. 17.

Die archaischen Hintergründe sind in der Naturwissenschaft des 17. Jh. noch sichtbar; [3] so z.B. bei Kepler, dessen heliozentrische Überzeugung wesentlich darauf beruhte, dass ihm das Kopernikanische Weltsystem als Symbol der Trinität erschien.

Heute sind derartige Vorstellungen durch die wissenschaftliche Kritik in den Hintergrund gedrängt worden, wenn sie auch da und dort, in mehr spekulativen Äusserungen, geahnt werden können. In Träumen und Phantasien treten aber auch heute wissenschaftliche Begriffe und Vorstellungen als Symbole in Erscheinung, und erinnern alsdann, wie Pauli feststellt, an Vorstellungen des 17. Jahrhunderts.

Dies hat Pauli selber erlebt, und darum sind seine Beispiele moderner Hintergrundsphysik vor allem eigene Erfahrungen. Er sucht sie zu verstehen und stützt sich hiebei auf Methoden und Gesichtspunkte, die C.G. Jung bei der Deutung seelischer Erscheinungen als hilfreich erkannt hat. Obwohl nun die Erfahrungen Paulis persönlicher Art sind, schreibt er ihnen, mit guten Gründen, eine über das Persönliche hinausreichende Bedeutung zu.

Darum, und auch aus biographischen Gründen, haben wir uns entschlossen, diesen Aufsatz im vorliegenden Bande zu veröffentlichen.

## Anmerkungen

- S. 179, Note 3): man soll schreiben:

"J Ging, Zeichen 51 ䷲ Dschen, das Erregende (das Erschüttern, der Donner)"

- S. 188, zu "Riemann'sche Fläche" +

---

Wir machen auch auf den Eranos-Vortrag von Weyl aufmerksam:

Hermann Weyl "Wissenschaft als symbolische Konstruktion" (1948). (Gesammelte Abhandlungen, herausg. von K. Chandrasekharan, Bd. VI, S.289 ff (Berlin 1968).

Die Idee, dass die mathematischen Gebilde "symbolische Konstruktionen" sind, geht auf Henri Poincaré zurück: "Wissenschaft u. Hypothese" (übersetzt von F. u. L. Lindemann, s. verb. Auflage 1914; pg. 27).

---

[3] neben der Pauli'schen Keplerarbeit (l.c.) verweise ich noch auf:
Markus Fierz, Über den Ursprung und die Bedeutung der Lehre Jsaac Newtons vom absoluten Raum. "Gesnerus" 11 (1954) S. 62–120 (Sauerländer Aarau).
Max Jammer, Concepts of Space, The History of Space in Physics (1954, Harvard University Press).
sowie
Ernst Cassirer, Das Erkenntnisproblem in der Philosophie und Wissenschaft der neueren Zeit 1. Bd. (2. Auflg. Berlin 1911).

+ vergl. Hermann Weyl, Die Idee der Riemann'schen Fläche, 3. vollständig umgearbeitete Auflage (Stuttgart 1955, erstmals 1913 erschienen).

In diesen Zusammenhang gehört ganz besonders auch das Buch von <u>Jacques Hadamard</u>, einem Poincaré-Schüler: "The Psychology of Invention in the Mathematical Field", Princeton 1945, wo die Rolle des Unbewussten für die mathematische Invention sehr betont wird. Hadamard († 1989) war ein bedeutender Mathematiker dem u.a. die Lösung der Fuchs'schen Funktionen gelungen ist, an der selbst Felix Klein zerbrochen war.

Wir verdanken hiermit diesen Hinweis Herrn K. v. Meyenn.

- Zu S 179

multiplicatio → "multiplicatio specierum" ist ein Terminus, der bei <u>Robert Grosseteste</u> (13. Jh.) eine "Wirkung" bedeutet, die von einem Zustrom nach allen Seiten gradlinig "ausfliesst" und sich daher kugelförmig ausbreitet, d.h. "multipliziert", und alles rund herum beeinflusst. Vor allem ist das <u>Licht</u> eine derartige Species, und Robert Grosseteste entwirft auf Grund dieser Vorstellung eine Licht-Kosmogonie. Diese kann als "Physikalisierung" der "divisio naturae" des <u>Scotus Eriugena</u> aufgefasst werden, die quasi-logisch ist.

Die multiplicatio specierum wird bei Roger Bacon zu einem allgemeinen naturphilosophisch-physikalischen Begriff, und wirkt weiter, über Witelo, Kepler bis Descartes.

Siehe bei <u>Etienne Gilson</u> * unter <u>Robert Grosseteste</u>, <u>Roger Bacon</u>, sowie <u>Johannes Scotus Eriugena</u>.

Ferner: <u>A.C. Crombie</u> "Von Augustin bis Galilei" (deutsche Ausg. 1965), wo ich den Terminus kennen gelernt habe. Siehe auch sein "<u>Rob. Grosseteste and the Origines of Science</u>", Oxford 1953.

Rob. Grosseteste, Bischof v. Lincoln, ist nach <u>Matthaeus Paris</u> am 9. Sept. 1252 in seinem Landschloss Buckden (bei Petersborough) gestorben.

Es fällt auf, dass das Buch Crombies 1953 erschienen ist, also zur gleichen Zeit, wie Pauli-Jung.

Wenn man die archaeolog. Forschung bis in's MA. ausdehnen würde, müsste man Crombie lesen.

Markus Fierz<br>August 1990

---

* "La Philosophie au Moyen Age" Paris 1922, 2. Aufl. 1952

# Appendix 3

## Unpublizierter Aufsatz

Prof. Wolfgang Pauli

Juni 1948
[Maschinenschriftlicher Durchschlag]

Moderne Beispiele zur "Hintergrundsphysik".

1. <u>Physikalische Begriffe als archetypische Symbole.</u>

Unter "Hintergrundsphysik" verstehe ich das Auftreten von quantitativen Begriffen und Vorstellungen der Physik in spontanen Phantasien in einem qualitativen, übertragenen, also symbolischen Sinn. Die Existenz dieses Phaenomens ist mir aus persönlichen Träumen, die völlig unbeeinflusst von anderen Personen verlaufen, seit etwa 12 bis 13 Jahren bekannt. Als Beispiele für physikalische Begriffe, die als Symbole auftreten können, möchte ich ohne Anspruch auf Vollständigkeit folgende anführen:

Welle, elektrischer Dipol, Thermoelektrizität, Magnetismus,
Atom, Elektronenschalen, Atomkern, Radioaktivität.

Meiner rationalen wissenschaftlichen Einstellung entsprechend erschienen mir anfangs diese Träume anstössig, nämlich wie ein <u>Missbrauch</u> wissenschaftlicher Terminologien. Ich hielt ferner das Auftreten dieser Symbolik in meinen Träumen für eine persönliche Eigenart, nämlich als charakteristisch für einen Physiker und hatte nicht die geringste Hoffnung, das eigentümliche Erleben, das in Träumen dieser Art zum Ausdruck kommt, irgend welchen mir bekannten Psychologen, die ja durchweg keine Physiker sind, vermitteln zu können.

Später erkannte ich jedoch den objektiven, d.h. von der Person weitgehend unabhängigen Charakter dieser Träume oder Phantasien. Erstens fiel mir die Aehnlichkeit der Stimmung auf, wie sie einerseits in meinen Träumen, anderseits in physikalischen Abhandlungen des 17. Jahrhunderts, namentlich bei Kepler vorhanden ist, wo die wissenschaftlichen Begriffe noch relativ unentwickelt und die physikalischen Ueberlegungen mit symbolischen Vorstellungen durchsetzt waren. Zweitens sah ich gewisse Uebereinstimmungen zwischen den Inhalten meiner Träume und bildhaften Vorstellungen, die sich naturwissenschaftliche Laien machen, besonders solche von ungenügender Bildung und wenig Kritik, bei denen Hemmungen von seiten des Bewusstseins, welche die Naivität der Phantasien beeinträchtigen, fehlen. So erkannte ich allmählich, dass diese Art von Phantasien oder Träumen weder sinnlos noch völlig willkürlich ist, vielmehr eine Art von "zweitem Sinn" der verwendeten Begriffe vermittelt. Es scheint mir daher heute hinreichend erwiesen, dass die von mir als "Hintergrundsphysik" bezeichnete Art von Imagination archetypischer Natur ist. Bei einem Versuch, sie einer psychologischen, von der Idee des kollektiven Unbewussten ausgehenden Interpretation zugänglich zu machen, darf man jedoch keineswegs dem Irrtum verfallen, dass die Produkte der Hintergrundsphysik direkt mit einer wohlformulierten Doktrin vergleichbare, wissenschaftliche Wahrheiten seien. Vom heutigen naturwissenschaftlichen Standpunkt ist vielmehr die in Rede stehende Form der Imagination zweifellos als Rückfall auf eine archaische Stufe anzusehen. Ferner scheint mir die rein psychologische Deutung nur die eine Hälfte des Sachverhaltes zu erfassen. Die andere Hälfte ist die Enthüllung der archetypischen Grundlage der in der heutigen Physik tatsächlich angewandten Begriffe. Die finale Betrachtungsweise muss in der Produktion der "Hintergrunds-physik" durch das Unbewusste des modernen Menschen eine Zielrichtung auf eine künftige, Physis und Psyche einheitlich umfassende Naturbeschreibung erblicken, von der wir heute aber nur eine vorwissenschaftliche Stufe erleben. Zur Erreichung einer solchen einheitlichen Naturbeschreibung scheint zunächst ein Rückgriff auf die archetypischen Hintergründe der naturwissenschaftlichen Begriffe notwendig zu sein.

In der folgenden Skizze versuche ich, zu erläutern, wie ein Physiker als Folge dieses Rückgriffes von diesem Hintergrunde aus notwendig in die Psychologie gerät. Da ich Physik und Psychologie als komplementäre Untersuchungsrichtungen betrachte, bin ich sicher, dass ein völlig gleichberechtigter Weg existiert, der den Psychologen "von hinten" (nützlich über die Untersuchung der Archetypen) in die Physik führen muss.

2. Die Aufspaltung einer Spektrallinie in zwei Komponenten und die Trennung eines chemischen Elementes in zwei Isotope als Traummotive.

Als Beispiel zur Hintergrundsphysik soll nun ein bestimmtes, in meinen Träumen regelmässig auftretendes Motiv besprochen werden, nämlich die Feinstruktur, und zwar speziell Dublettstruktur der Spektrallinien und die Trennung eines chemischen Elementes in zwei Isotope.

Zunächst einige Erläuterungen für Nichtphysiker über die hier verwendeten Termini. Die Frequenzen der Spektrallinien sind charakteristisch und spezifisch für die verschiedenen chemischen Elemente, welche daher an den von ihnen emittierten Spektrallinien, d.h. an den scharfen Werten der Schwingungsstrahlen des von den Atomen des betreffenden Elementes emittierten Lichtes erkannt werden können. Es tritt ferner in der Spektroskopie oft der Fall ein, dass bei grober Betrachtung, d.h. bei geringerem Auflösungsvermögen, eine Spektrallinie einfach erscheint, während sie in den Apparaten grösseren Auflösungsvermögens in zwei oder mehrere Komponenten mit wenig verschiedener Schwingungszahl (Frequenz) getrennt, d.h. aufgelöst erscheint. Die Spektroskopiker haben hierfür im vorigen Jahrhundert den Namen "Feinstruktur" eingeführt und nannten die separierten Gebilde je nach der Komponentenzahl Dublette, Triplette, etc. — Ein berühmtes Beispiel für ein solches Dublett ist die in der Kochsalzflamme stets auftretende gelbe "D-Linie" des Natriumatoms.

Nach den für das Folgende sehr wesentlichen modernen Vorstellungen über den <u>Vorgang der Emission von Spektrallinien erfolgt dieser beim Uebergang des Atoms von einem Zustand in einen anderen</u>. Jeder dieser Zustände ist zugleich ein energetisches Niveau und es ist ein universelles Naturgesetz, dass die Frequenz des emittierten Lichtes stets exakt proportional ist der Differenz der Energiewerte des Anfangs- und des Endzustandes des Atoms, was vom Standpunkt der älteren Physik nicht einzusehen ist. Die <u>Energieniveaus sind die charakteristischen Zustände des Atoms</u> und jeder Spektralfrequenz ist die Energie eines Lichtkorpuskels oder Photons und ausserdem die mit dieser übereinstimmende Differenz von Energiewerten eines Paares von energetischen Niveaus zugeordnet. Die Dubletts der Spektrallinien entsprechen dem Fall, dass zwar das eine der beiden, ihr zugeordneten Niveaus einfach, das andere doppelt ist (siehe Figur). Die Dublett-Feinstruktur einer Spektrallinie macht also zugleich die Aufspaltung eines energetisch definierten Zustandes in zwei benachbarte Zustände sichtbar.

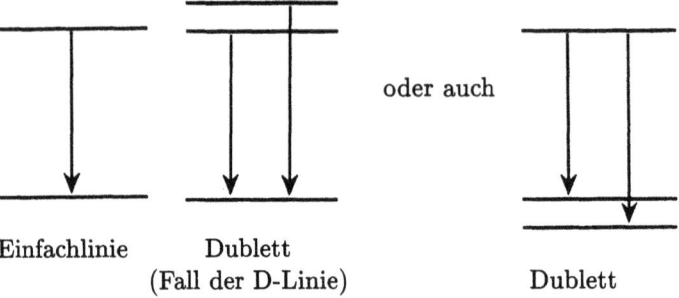

Einfachlinie  Dublett  Dublett
(Fall der D-Linie)

Zur universellen quantitativen Zuordnung von Lichtfrequenzen zu Energieniveaus und deren Differenzen steht nun der Umstand, dass neben der Dublettstruktur der Spektrallinien auch die Isotopentrennung als verwandtes Traummotiv auftritt, in einem interessanten Zusammenhang. Das Wort "isotop" ist aus den beiden griechischen Wörtern ίσος = gleich, und τόπος = Stelle, Platz abgeleitet und bezeichnet Elemente, die an der "gleichen Stelle" des periodischen Systems der Elemente stehen und daher gleiche chemische Eigenschaften besitzen. Nach den modernen Vorstellungen vom Atombau besitzen sie die gleiche elektrische Ladung des Atomkerns und haben daher auch die gleiche Anordnung der äusseren Elektronen. Sie unterscheiden sich aber im allgemeinen physikalisch durch ihre <u>Masse</u>. (Von der Möglichkeit der Unterscheidung durch radioaktive Eigenschaften wie Lebensdauer kann ich hier absehen, da die Unterscheidung durch die Massen der Atomkerne, d.h. die Atomgewichte der gewöhnliche Fall ist). Dies bedingt ihre Trennbarkeit durch feinere physikalische Mittel, von denen die verschieden starke Ablenkbarkeit elektrisch geladener Atome in äusseren elektrischen oder magnetischen Feldern das einfachste und am längsten bekannte ist. Die Trennung der Isotope nach dieser Methode erfolgt durch einen Apparat, der <u>Massenspektrograph</u> genannt wird, weil in diesem die Atome als Linien photographiert werden, die so aussehen wie Spektrallinien, obwohl sie natürlich nichts mit Lichtemission zu tun haben. Die Trennung der Isotopen entspricht hiebei auch äusserlich der Auflösung einer Linie in zwei oder mehrere benachbarte Komponenten, die verschiedenen Werten der Masse der Atome entsprechen. <u>Da Masse und Energie aequivalent sind, kann man statt von verschiedenen Atomgewichten auch von verschiedenen energetischen Niveaus der Kernmaterie sprechen</u> (auf deren Struktur ich hier nicht einzugehen brauche). Die Trennung von Isotopen ist eine verhältnismässig schwierige Prozedur (erst seit etwa 1920 bekannt), so wie auch die Auflösung der spektralen Dubletts eine verhältnismässig hohe Entwicklung der experimentellen Technik verlangt.

Nach dieser physikalischen Vorbereitung möge nun das Typische der zu besprechenden Gruppe von Träumen angegeben werden. Es pflegt mir im Traum irgend eine (auch von mir subjektiv als solche betrachtete) Autorität auf dem betreffenden Spezialgebiet der Physik zu erscheinen und mir zu erklären, die Zerlegung einer Spektrallinie in ein Dublett oder, in anderen Fällen, die Zerlegung eines chemischen Elementes in zwei Isotope sei von fundamentaler Wichtigkeit. Manchmal fügt sodann die Autorität hinzu, ich solle diese Zerlegung vornehmen oder aber, sie sei mir eben gerade gelungen; manchmal sehe ich im Traum die Spektrallinie und ihre Zerlegung wie durch ein Spektroskop deutlich vor mir. Manchmal gibt die Autorität auch den Namen des die Spektrallinie emittierenden oder des in Isotope zu zerlegenden Elementes an, die chemische Natur dieses Elementes war aber wechselnd und ich habe nicht gefunden, dass ihr eine wesentliche Bedeutung zukommt. In einem sehr viel späteren Stadium dieser Träume traten manchmal Phantasienamen der chemischen Elemente (nach Ländern oder Städten, manchmal mit Nummern versehen) auf. Wichtig erscheint mir, dass im allgemeinen die zwei Komponenten annähernd gleich stark sind, in besonderen Fällen ist die eine doppelt so intensiv als die andere, aber niemals ist die eine dominierend und die andere nur ein Anhängsel.

Um den "zweiten Sinn" dieser Gruppe von Träumen aufzufinden, muss ihre Aussage zunächst in eine hinsichtlich der Unterscheidung von Physikalischem und Psychologischem <u>neutrale</u> Sprache übersetzt werden. Eine solche Uebersetzung enthält stets hypothetische Elemente, auch dürfen die physikalischen Aussagen nicht allzu wichtig genommen werden. Wir versuchen es mit folgendem "Lexikon".

"Frequenz" bestimmt einerseits einen spezifischen energetischen Zustand und ist andererseits, in der Zeit betrachtet, eine regelmässige Wiederholung.

Ein "chemisches Element" ist ein Objekt, das ebenfalls an seinen spezifischen Reaktionen erkennbar ist, hat aber auch noch den Aspekt der Masse, der eine weitere Trennung ermöglicht. Man könnte also die Aussage der Träume so fassen: "Von fundamentaler Wichtigkeit ist die Trennung eines spezifischen energetischen Zustandes oder eines Objektes, das an seinen spezifischen Reaktionen erkennbar ist, in <u>zwei</u> Zustände bezw. <u>zwei</u> Objekte mit ähnlichen, aber etwas verschiedenen Reaktionen. Diese Trennung gelingt nicht durch einfaches Zusehen ("mit blossem Auge"), sondern nur durch eine feinere, mit Hilfe einer bewussten Methode geleitete Beobachtung." Ist nun der "Zustand" ein physikalischer Zustand, der Baustein der Materie oder ein psychischer Zustand, ist das an den spezifischen Reaktionen zu erkennende Objekt ein materielles Objekt oder ist es etwas psychisches, was die Psychologen einen "Inhalt" nennen?

Erfolgt die systematische Leistung der Beobachtung durch technische Konstruktion von Apparaten oder durch eine methodisch dirigierte Imagination ("imaginatio vera non phantastica")? Es scheint charakteristisch für diese Manifestationen des Unbewussten, dass sie die Antworten auf diese Fragen offen lässt. Für den "Standpunkt des Unbewussten" ist beides stets ein und dasselbe.

Ein gewisser Anhaltspunkt ist aus dem Umstand zu entnehmen, dass die Träume bald das eine, bald das andere chemische Element wählen. Während ein Atom bestimmter Art, wie z.B. ein Wasserstoffatom (H-Atom), Repräsentant einer Spezies genau gleichartiger Objekte ist, scheint bei den psychischen Objekten (Inhalten), auf die angespielt wird, diese exakte Gleichheit nicht vorhanden zu sein; viel eher können letztere als einmalig betrachtet werden.

Bei der Uebersetzung der Aussagen der Träume in eine neutrale Sprache wurde der durch die neuere Quantenphysik in den Vordergrund gerückte energetische Aspekt des Frequenzbegriffes stärker herangezogen als dessen ursprünglicher Aspekt einer regelmässigen, zeitlichen Wiederholung. Wie bereits erwähnt, erscheint die Verknüpfung der beiden Begriffe Fequenz und Energie vom Standpunkt der klassischen Physik als völlig unerwartet, ja als irrational. (Ich erinnere mich noch genau an den starken geistigen Chock, den mir dieser Sachverhalt und seine Konsequenzen als Student versetzt haben. Den meisten Physikern meiner und der älteren Generation ist es ebenso ergangen.) Die Wissenschaft brauchte nicht weniger als 27 Jahre, um ein Begriffssystem aufzustellen, das diesem paradoxen Sachverhalt angepasst und dennoch logisch widerspruchsfrei ist. Es hat sich gezeigt, dass die Quelle der Widersprüche, zu denen die Verknüpfung von Energie und Frequenz bei uneingeschränkter Verwendung anschaulicher Bilder führt, in der Voraussetzung besteht, dass die Energie in jedem scharfen Zeitmoment einen ganz bestimmten Wert habe. Dagegen hat es offenbar keinen Sinn vom Wert einer zeitlichen Periode zu reden in Bezug auf eine Zeitdauer, die kleiner ist als die Periode selbst. Je länger die Zeitdauer ist, die zur Verfügung steht, um eine Periode zu definieren, um so schärfer ist ihr Wert bestimmt. Eine vollkommen scharf bestimmte Periode entspricht dem Grenzfall ihrer Gültigkeit während unendlich langer Zeit. Das Neue, das die moderne Quantenphysik uns gelehrt hat, besteht nun darin, dass für die Energie etwas genau Analoges gilt. Man kann eine Energie um so genauer messen, je länger die Zeitdauer ist, welche zu dieser Messung zur Verfügung steht; eine vollkommen scharfe Bestimmung der Energie würde sogar als Grenzfall eine unendlich lange Zeitdauer der Messung erfordern. Von einem Wert der Energie in einem bestimmten Zeitpunkt zu sprechen, hat keinen Sinn mehr. Wie verträgt sich das mit der Erhaltung, das heisst Unzerstörbarkeit der Energie?

Nun, die physikalische Energie bleibt weiter ausnahmslos unzerstörbar; sie verwandelt sich nicht in verborgene, nicht physikalische Energieformen (wie etwa "psychische Energie"). Wir haben es aber in der Physik nie mit dem ganzen Universum zu tun, sondern mit Teilsystemen, die von aussen beobachtet werden. Wenn diese Systeme durch Beobachtungen kontrolliert werden, müssen sie der Einwirkung dieses Beobachters oder Beobachtungsmittels unterworfen werden. Da zeigt sich nun: je genauer die Beobachtungsmethode den zeitlichen

Ablauf der Vorgänge im beobachteten System zu kontrollieren gestattet, desto unkontrollierbarer und undefinierbarer wird bei der Messung der Austausch von Energie zwischen Beobachtungsmittel und beobachtetem System. Es sind die Naturgesetze selbst, welche diese "Komplementarität zwischen Energie und Zeit", wie die Physiker es nennen, unentrinnbar machen. Die Energie bleibt zwar unzerstörbar, aber bei einer Messanordnung, welche den zeitlichen Ablauf eines Vorganges zu bestimmen gestattet, weiss man nicht mehr, wieviel von ihr von aussen in das beobachtete System hereingekommen oder nach aussen aus diesem System herausgegangen ist. Das Gesetz der Erhaltung der Energie bezieht sich auf abgeschlossene Systeme, während Systeme mit definiertem zeitlichen Ablauf niemals "abgeschlossen" sind. Die beiden Grenzfälle eines exakt bekannten Energiewertes mit völlig unbekanntem zeitlichen Ablauf auf der einen Seite oder exakt bekannten zeitlichen Ablaufes mit völliger Unbestimmheit der Energie auf der anderen Seite sind in der Praxis nie rein realisiert, sondern man hat es mit nicht völlig exakten Energiewerten und mit nur ungenau bekannten zeitlichen Abläufen zu tun. Dabei kann man sich je nach Wahl des Experimentes in grösserer Nähe des einen oder des anderen der genannten Grenzfälle befinden.

Die Erkenntnisse der neueren Physik haben demnach die Einstellung des modernen Menschen zu den archetypischen Vorstellungen, die den Begriffen Materie und Energie zu Grunde liegen, wesentlich verändert. Die Idee der Materie war von alters her mit dem Mutterarchetypus aufs Engste verknüpft. In der Alchemie erfolgte eine ausserordentliche Erhöhung des Ranges dieser Idee, indem der prima materia sogar das Attribut des "Increatum" zugesprochen wurde, welches die orthodoxe christliche Auffassung nur Gott als dem männlichen, geistigen Prinzip zuerkannte. Hierauf wurde von C.G. Jung[1] besonders hingewiesen, der interessanter Weise hierin die psychologische Grundlage des Materialismus der Neuzeit erblickt. Indem die neuere Physik in ihren Zerstrahlungs- und Paarerzeugungsprozessen das früher "materielle Substanz" Genannte als vergänglich erwiesen hat, wurde diesem Materialismus die Grundlage wieder entzogen. An die Stelle dieser "Substanz" trat jedoch der Erhaltungssatz der Energie, mit welcher die Masse als proportional und daher als äquivalent erkannt wurde, (Trägheit der Energie).

Entsprechend dem Uebergang von statischen zu dynamischen Naturgesetzen wurde demnach das Attribut der Unzerstörbarkeit ("Increatum") nunmehr mit einem Begriff verknüpft, der ursprünglich aus der von der Idee der Materie ganz verschiedenen archaischen Anschauung des "Mana" hervorgegangen war.

Es scheint auch in diesem Zusammenhang bedeutungsvoll, dass gemäss der Quantenphysik die Unzerstörbarkeit der Energie, welche ihre zeitlose Existenz zum Ausdruck bringt, auf der einen Seite und das Erscheinen der Energie in Raum und Zeit auf der anderen Seite zwei gegensätzliche (komplementäre) Aspekte der Wirklichkeit sind. In Wahrheit sind stets beide vorhanden, doch kann im Einzelfall entweder der eine oder der andere stärker hervortreten. Die "unanschaulichen" mathematischen Funktionen, welche die moderne Phy-

---

[1] "Psychologie und Alchemie", Zürich 1944. Insbesondere p. 437 ff.

sik benützt, spielen hierbei die Rolle von Symbolen, welche den Gegensatz vereinigen. (Solche Symbole sind ja auch in der Psycholgie stets von abstrakter Art, während "anschaulich" im Sinne der älteren Physik zu "konkretistisch" in der Psychologie in Analogie zu setzen wäre. Ich halte übrigens den Begriff "anschaulich" für weitgehend relativ und für eine Sache der Gewöhnung.) Der Gegensatz, der hier in Erscheinung tritt, ist nicht mehr derjenige zwischen Materie ("mater") und Dynamic ("Mana"), sondern zwischen der Unzerstörbarkeit (Energie) und der Zeit. Ersterer scheint einer zeitlosen Existenzform anzugehören, dem die Zeit wie ein weibliches Prinzip gegenüber gestellt wird, ähnlich wie bereits auf archaischer Stufe die materielle Substanz und das Physische dem Geist und dem Psychischen gegenüber steht. An die Stelle der alten Idee der polaren Gegensätze, wie z.B. des chinesischen Yang und Yin, tritt daher beim Modernen die Idee der komplementären (einander ausschliessenden) Aspekte der Phänomene. Wegen der Analogie zur Mikrophysik scheint es mir eine der wichtigsten Aufgaben des abendländischen Geistes, auch in der Psychologie die alte Idee in die neue Form zu übersetzen. Wir werden auf diesen Gesichtspunkt noch öfters zurückkommen.

Die Komplementarität der Physik hat, worauf ich bereits an anderer Stelle hingewiesen habe, eine tiefgehende Analogie zu den Begriffen "Bewusstsein" und "Unbewusstes" in der Psychologie, insofern jede "Beobachtung" unbewusster Inhalte eine prinzipiell unbestimmbare Rückwirkung des Bewusstseins auf diese Inhalte selbst zur Folge hat. Ein "Ich mit vollkommener Bewusstheit" (von dem die östliche Philosophie wohl mit Recht behauptet, dass es nur im Tode realisierbar sei) oder andererseits ein Objektiv-Psychisches, das von keinem subjektiven Bewusstsein betrachtet (und daher auch schon beeinflusst) wird, entsprechen zwei Grenzfällen, die in Wirklichkeit niemals erreicht werden können. Die Universalität des Objektiv-Psychischen und die Einmaligkeit des Gegenwartsbewusstseins sind stets beide vorhanden. Die diesen Gegensatz vereinigenden symbolischen Bilder finden bekanntlich in den Mythen ihren Ausdruck. Bei diesem Gegensatzpaar kommt dem "Objektiv-Psychischen" (das in der östlichen Philosophie "Bewusstsein", in der abendländischen Psychologie dagegen "das kollektive Unbewusste" genannt wird) infolge seiner unbestimmbaren Ausdehnung eine Art von zeitloser Realität zu, während das "individuelle Ich" (das "Bewusstsein" in unserem abendländischen Sinne) und die gewöhnliche Anschauungsform der Zeit wesentlich miteinander verknüpft sind.

Unter Heranziehung dieser allgemeinen Analogie der erkenntnistheoretischen Situation in der Physik und in der Psychologie soll nun versucht werden, weitere Anhaltspunkte über den (bisher noch recht vage und unbestimmt gebliebenen) "zweiten Sinn" der besprochenen Gruppe von Träumen zu gewinnen. Hiezu sollen meine unmittelbaren assoziativen Einfälle zu den Träumen (Kontext), sowie auch Vergleichsmaterialien aus anderen Quellen berücksichtigt werden.

3. Frequenzsymbolik und Niveau des Bewusstseins.

Schon zu den allerersten Träumen, die von einer Separation in zwei Komponenten handelten (sei es bei Spektrallinien, sei es bei chemischen Elementen) hatte ich, ganz unmittelbar und naiv, folgende Art von Einfällen. Eine Geburt ist eine Teilung eines Körpers in zwei Teile; da es sich hier um eine Separation handelt, die nur mit subtilen Mitteln wahrnehmbar ist, könnte sie eine "psychische Geburt" bedeuten. Das Kind oder Embryo spielt ja eine wesentliche Rolle bei den Meditationen der Yogins; wenn das "Kind" im späteren Stadium der Meditation über den Kopf des Yogins emporsteigt [2], könnte diese "Ablösung des Geistleibes zu selbständiger Existenz" mit Recht als "Dublettaufspaltung" der Psyche des Yogins bezeichnet werden, wobei die Meditation als bewusste Tätigkeit analog wäre zur Herstellung und Anwendung des Spektrographen in der Physik. Das "Kind" ist hiebei eine bildhafte Darstellung des schon erwähnten "Geistleibes" oder "diamantenen Leibes" oder des "corpus subtile", eine Vorstellung, welche ja auch im Abendland seit der Spätantike (besonders bei den Gnostikern) wohl bekannt ist. Es wird damit die Idee eines "oberen Persönlichkeitsteiles" verbunden, der beständiger ist als das Ich, dieses überleben kann und sich auch in Spuk und Geistererscheinungen äussern soll. Gemäss der gnostischen Idee des Lichtreiches (pleroma), in dem die Psyche vor und nach der Geburt eine von der dunklen Physis befreite Existenz hat, wäre dieses corpus subtile näher dem Lichtreich als das im Körper gefangene gewöhnliche Ich. Diesem corpus subtile wurde aber, wie schon dessen Name sagt, nicht nur eine psychische, sondern auch eine physische Existenz zugeordnet (letzteres, wie mir scheint, in einer für uns sehr unklaren Weise).

Weiter fiel mir zur Zweiteilung noch ein die Aufhebung einer unbewussten Identität von zwei Menschen, zwischen denen eine emotionale Beziehung besteht. Alle diese Assoziationen zu meinen Träumen hatten etwas zu tun mit einer <u>Erhöhung oder Vermehrung des Bewusstseins</u>.

Nun ist die Verdoppelung eines psychischen Inhaltes bei einem Bewusstwerden desselben ein Motiv, das in der Psychologie wohlbekannt ist. Es wird dadurch erklärt, dass der neue Bewusstseinsinhalt ein von ihm verschiedenes Spiegelbild im Unbewussten aufweist. Im Mythos findet sich dieses Motiv ebenfalls sehr typisch wieder als Sage von zwei Brüdern, von denen der eine unsterblich (geistig) ist, während der andere nur sterblich (materiell) und an das Erdenleben verhaftet ist.

In dieser Verbindung kam mir ferner das mir damals bereits wohlbekannte, aus abwechselnd hellen und dunklen Streifen bestehende Symbol in den Sinn, das aus dem Bild des "verdoppelten Inhaltes" durch "multiplicatio"[3] entsteht. Dieses Symbol erscheint öfters mit der in der Psychologie als "Anima" bezeich-

---

[2] Vgl. R. Wilhelm und C.G. Jung, Das Geheimnis der goldenen Blüte. 1. Aufl. p. 139 f. Vgl. besonders die Figuren.

[3] Unter "multiplicatio" ist die Tendenz einer Wiederholung oder Ausbreitung einer psychischen Situation zu verstehen, die <u>in einem Moment eintreten kann</u>, wo die <u>Gegensätze eines Paares einander gerade die Waage halten</u>. Heute ist mir bekannt, dass dieses Phänomen in der abendländischen Alchemie vielfach erwähnt ist. Zuerst lernte ich es kennen aus dem von <u>Wilhelm</u> übersetzten Text der "goldenen Blüte" (1. Aufl. p. 142): "Das Buch von der Erfolgreichen Kontemplation sagt: 'Die Sonne sinkt im grossen Wasser und <u>Zauberbilder von Baumreihen entstehen</u>'. Der Untergang der Sonne bedeutet, dass im Chaos ... das Fundament gelegt wird: das ist der polfreie Zustand (Wu Gi)." Es wird dort weiter auf das <u>I-Ging-Zeichen der Erschütterung (oder Donner = Dschen)</u> Bezug genommen. Die Commentare zu diesem

neten Figur verknüpft[4], und findet sich auch an indischen Tempeln. Es scheint eine Folge komplementärer-gegensätzlicher Zustände darzustellen, von denen der eine geistig-zeitlos (aion), der andere materiell-zeitlich (chronos) vorgestellt wird. Ob die "Folge" zeitlich gedacht wird oder als simultanes Nebeneinander, bleibt dabei offen. Im anderen Fall schien sie mir diejenige archetypische Vorstellung auszudrücken, die der Doktrin von der Seelenwanderung zu Grunde liegt [5]: gemäss dieser Lehre wird ja die zeitlose Wirklichkeit des Lebens der Psyche schlechthin durch eine zeitliche Aufeinanderfolge von materiellen Erdenleben stets wieder unterbrochen.

Bei der zweiten Auffassung des simultanen Nebeneinanders der "Folge" können die Streifen auch mit der durch getrennte Lichtfunken dargestellten "multiplen Luminosität" der unbewussten Psyche [6] in Verbindung gebracht werden.

Meine Einfälle zur besprochenen Gruppe von Träumen waren zwar unmittelbar und lebhaft, aber sie hatten zunächst keinerlei Einfluss auf meine Träume. Diese fuhren einfach fort, ihre Spektral-dubletts und ihre Isotopentrennungen zu produzieren. Dies ist mir heute auch durchaus verständlich. Ich stand damals bewusst noch unbedingt auf dem Standpunkt, dass die Träume ein "Missbrauch" der physikalischen Begriffe seien; deshalb suchte ich eifrig nach rein psychologischen Deutungen und Erklärungen, um nur mit der Physik schleunigst "aus der Sache" zu sein; meine Ueberzeugung, dies alles sei "nichts als" Psychologie, versuchte ich mit allen Mitteln aufrecht zu erhalten. Da aber die Träume nun einmal kompensatorisch zur bewussten Einstellung sind, insistierten sie auf der physikalischen Terminologie. Ich war deshalb gezwungen, diese als einen wesentlichen Teil des zur Darstellung gebrachten Sachverhaltes anzuerkennen.

Hieraus allein konnte ich keine weiteren Schlussfolgerungen ziehen, später hatte ich jedoch Gelegenheit, die Ideenverbindung "Frequenz-Grad des Bewusstseins" auch sonst noch nachzuweisen. Zunächst lernte ich das Buch von

---

Zeichen sind für die hier diskutierte Frequenzsymbolik überhaupt von Wichtigkeit. Die "multiplicatio" ist umschrieben in dem Kommentar: "Das Erschüttern erschreckt hundert Meilen".

[4] Siehe den Roman "The beast in the Jungle" von Henry James. Dort Vergleich der "unbekannten Frau" mit dem durch das Dschungel streichenden Tiger. Dieser ist gestreift.

[5] Diese Behauptung bedarf vielleicht einer Erläuterung: Wenn Gegenstände mit solchen Streifen im Traume auftreten, sind sie angsterregend. Das Gefürchtete ist das "Zerreissen" in das Gegensatzpaar, im extremen Fall Todesangst. Der Tod erscheint dabei als Zerfall in ein Gegensatzpaar. Das Gefürchtete liegt jedoch nicht in den "polaren Gegensätzen" als solchen, sondern nur in einer zu starken "Intensität der Schwingung". Vgl. hiezu auch das "Erschrecken" in den bereits zitierten Kommentaren zum I-Ging-Zeichen "Dschen" (Donner).

[6] C.G. Jung, 'Der Geist der Psychologie', Eranos-Jahrbuch, 1947. Speziell Kap. VI. — Jung deutet die multiple Luminosität als mit den Archetypen verknüpfte "kleine Bewusstseinsphänomene". Es scheint mir zur zweiten Auffassung der Streifen zu passen, dass die "Anima" als die mit dem kollektiven Unbewussten kontaminierte inferiore Funktion auch als die geheimnisvolle Trägerin dieser 'multiplen Luminosität' erscheinen kann. (Persönliche Erfahrung aus Träumen: die 'Anima' erscheint dann als Chinesin. Ferner ist in Träumen von 'Eulen' die Rede, als in der Nacht sehenden heiligen Vögeln, oder ein 'Grottenolm' trat auf.)

Chronologisch möchte ich bemerken, dass die zweite Auffassung des Streifens eine spätere Auffassung durch den zitierten Aufsatz von C.G. Jung ist, während mir die erste schon seit langer Zeit bekannt ist.

C.H. Hsieh "Quantenmechanik und I-Ging" (Schanghai 1937) kennen. Der Autor ist ein mathematisch und physikalisch sehr mangelhaft gebildeter, chinesischer Privatgelehrter. (Es existiert keine Uebersetzung des in chinesischer Sprache gedruckten Buches, das mir durch chinesische Kollegen in U.S.A. zugänglich gemacht wurde.) In unserem Zusammenhang ist von Interesse, dass der Autor die physikalische Lichtemission direkt mit dem bereits erwähnten psychologischen Phänomen der "multiplicatio" in Verbindung bringt, wobei er die physikalische Vorstellung der Lichtwelle aus dem taoistischen Symbol des Tsi-Gi herleitet. Wieder fiel mir die Aehnlichkeit der Stimmung dieses Buches mit derjenigen in meinen "physikalischen" Träumen, sowie auch mit derjenigen in den Schriften von Kepler auf. Zum ersten Mal kam ich damals auf den Gedanken, dass es sich hiebei um einen archetypischen Hintergrund der physikalischen Begriffe handeln könnte.

Ferner findet sich in dem bereits zitierten Aufsatz von C.G. Jung "Der Geist der Psychologie" eine Parallele zwischen spektraler Frequenz und dem Grad der Vergeistigung, in dem die "psychischen" Triebvorgänge mit dem ultraroten, die archetypischen Bilder des Triebsinnes, die dem geistigen Bereich angehören, mit dem ultravioletten Teil des Spektrums verglichen werden.[7] Man könnte zunächst wohl denken, dass es sich hier um eine rational konstruierte Analogie handle, doch schienen mir Jung's besondere Erörterungen über die Farben rot, blau und violett eher auf eine unmittelbar vorgefundene Symbolik zu deuten. Etwas sicheres hierüber dürfte sich wohl kaum aus dem Text dieses Aufsatzes entnehmen lassen.

Eine ganz unerwartete und wesentliche Erweiterung meiner Kenntnis von "Hintergrundsphysik" im Allgemeinen und von "Frequenz-symbolik" im Besonderen erfolgte jedoch durch das merkwürdige Buch von E.St. White: The unobstructed Universe. Der Autor scheint nur sehr oberflächliche physikalische Kenntnisse zu besitzen, wenig kritisch und wenig gebildet zu sein; er hat eine ausgesprochene Ingenieurmentalität, die am praktischen haftet und nicht zu allgemeinen Begriffen vordringt. Zu diesem Status seiner bewussten Einstellung ist kompensatorisch seine "Anima", welche die grösste Mühe hat, ihn zum abstrakten Denken zu bringen. Die spiritistische Seite des Buches ist für uns ohne Interesse, für unseren Zweck kann es wie ein Traum eines Ingenieurs betrachtet werden. Die "Anima" diktiert dem Autor Ideen, die beanspruchen, naturphilosophisch zu sein und charakteristischer Weise wird sie vom Autor auch wirklich als Autorität auf diesem Gebiete anerkannt und ihre Ideen werden als wissenschaftliche Wahrheiten angesehen!

In Wirklichkeit handelt es sich jedoch um eine spontane Manifestation des archetypischen Hintergrundes physikalischer Begriffe, dessen objektive Tendenzen, besonders das Ziel einer einheitlichen Naturbeschreibung hiebei deutlich zu Tage treten. Die Bedingungen für das Zustandekommen dessen, was ich "Hintergrunds-physik" nenne, waren in diesem Fall geradezu ideal.

Für unseren Zweck ist insbesondere das Kapitel "frequency" (p. 144 f.) des Buches heranzuziehen. Der Autor sagt hierin, die Frequenz messe den "Grad

---

[7] l.c. p. 457.

des Bewusstseins", die "Potentialität des Lebens oder der Evolution", wobei eine kontinuierliche Abstufung angedeutet ist, sie erzeuge auch dieses Leben und die "Qualität des Erzeugten sei darin enthalten", Frequenz sei "die Einheit des Bewusstseins in Bewegung" und jedes Bewusstsein befinde sich in Bewegung. Von Wichtigkeit scheint mir der Hinweis des Autors, dass im englischen das Adjektiv "frequent" (im Gegensatz zum Substantiv "frequency") auch die Bedeutung von "habitual" (gewohnheitsmässig) und "persistent" (beharrlich) habe. Für ihn habe Frequenz die naiv-anschauliche Bedeutung einer Folge von "go-stop" (Schritt-Anhalten). Andererseits habe "Konstanz" für ihn nicht die Bedeutung von Unveränderlichkeit, sondern die einer kontinuierlichen, d.h. ununterbrochenen Ausdehnung; konstant ist also ein unendliches Kontinuum als Ganzes. Das Bild "Frequenz" ist auch bei diesem Autor psychologisch vor dem Zeitbegriff, d.h. es setzt diesen nicht voraus. Die gewöhnliche physikalische Zeit sei vielmehr nur ein Abbild der wahren (orthic) Zeit in dem höheren Niveau des "Bewusstseins", sie stelle ebenso wie Raum und Bewegung die Beziehung her zwischen dem wahren ("orthic") und dem gehemmten oder "verstopften" ("obstructed") Aspekt des "Bewusstseins". Es gäbe aber nur ein einziges Universum, das eben diese beiden Aspekte habe: den gehemmten und den ungehemmten.

Man erkennt deutlich eine Analogie dieser Ideen zu den Assoziationen, die mir in Verbindung mit den Träumen über die Dublettaufspaltung und mit dem wohl archetypischen, aus abwechselnd hellen und dunklen Streifen bestehenden periodischen Symbol in den Sinn kamen. Auch hier ist Frequenz ein Charakteristikum für einen stabilen Zustand und seinen "Grad des Bewusstseins"; auch hier werden zwei Aspekte des einen Universums unterschieden, ein ungehemmter "höherer", geistiger, zeitloser und ein gehemmter, an die Körperwelt und die gewöhnliche Zeit verhafteter.

Zu den von E.St. White verwendeten Begriffen ist offenbar sehr viel kritisch zu sagen. Insbesondere wird der Begriff "Bewusstsein" von ihm in einer Weise benützt, die für den abendländischen wissenschaftlichen Geist kaum annehmbar ist. Für uns gehört es wesentlich zur Definition dieses Begriffes, dass einem erkennenden Subjekt ein von ihm verschiedenes Objekt als Wahrgenommenes gegenüber gestellt ist. Deshalb erscheint es für uns sinnlos, den Begriff "Bewusstsein" auf das Ganze des Kosmos anzuwenden. Daher ist auch der Begriff "Grad des Bewusstseins" etwas unklar und ich würde es vorziehen, ihn zu ersetzen durch "Grad der Vergeistigung oder Entkörperlichung". Das subjektive Ich-Bewusstsein scheint mir im Gegenteil auf der Seite der Materie und der gewöhnlichen Zeit zu stehen, während sich auf der anderen (komplementären) Seite die zeitlose objektive Psyche befindet.

Ferner sehe ich zwar keinen Einwand gegen die Annahme der Existenz relativ beständiger psychischer Inhalte, welche das persönliche Ich überleben. Es muss aber stets im Auge behalten werden, dass wir keine Möglichkeiten haben, festzustellen, wie diese Inhalte "an sich" sind. Was wir beobachten können, ist nur ihre Wirkung auf andere lebende Personen, deren geistiges Niveau und deren persönliches Unbewusste die Erscheinungsweise der Inhalte wesentlich beeinflusst.⁸ Die kritische Bewunderung des Autors für die Erscheinung und die Auesserungen seiner "Anima" dürfte auch dafür verantwortlich sein, dass er bei den Triaden stehen bleibt und nie bis zur Quaternität vordringt.

Ungeachtet aller berechtigten Kritik können wir aber aus der spontanen Manifestation des Unbewussten dieses Autors aufs Neue entnehmen, dass die Vorstellung "Frequenz" psychologisch mit dem Gegensatzpaar bewusst-unbewusst in Verbindung gebracht wird, wobei der gewöhnliche Zeitbegriff nicht von vornherein vorausgesetzt wird. Rational ist dagegen gar nicht einzusehen, dass Frequenzen oder Massen irgend etwas mit dem Niveau des Bewusstseins zu tun haben sollen. Sicher besteht auch tatsächlich kein direkter Zusammenhang zwischen den physikalischen Daten von Frequenz oder Masse mit Bewusstsein: ein schneller physikalischer Vorgang verläuft ebenso ohne Bewusstsein wie ein langsamer und ein schweres Atom hat ebensowenig Bewusstsein wie ein leichtes. Aber die hier erläuterten Ideenassoziationen zwischen Niveau des Bewusstseins und Frequenz, zwischen Dublettaufspaltung von Spektrallinien oder Isotopentrennung und Verdoppelung eines psychischen Inhaltes bei Bewusstwerdung stellen sich unmittelbar und spontan ein — analog wie in der Physik die Beziehung zwischen Frequenz und Energieniveaus, die rational auch nicht a priori einzusehen war, in der Natur einfach vorgefunden wurde.

Es ist schwierig, aus dem angeführten Material weitere definitive Schlüsse zu ziehen. Doch scheint alles auf eine tiefere archetypische Entsprechung der komplementären Gegensatzpaare

|         | Physik                                    | Psychologie                    |
|---------|-------------------------------------------|--------------------------------|
| Objekt  | Unzerstörbare Energie u. Bewegungsgrösse  | Zeitloses Objektiv-Psychisches |
| Subjekt | bestimmter raum-zeitlicher Ablauf         | Ich-bewusstsein — Zeit         |

hinzudeuten. Von der Psychologie aus gesehen scheinen die physikalischen Gesetze als "Projektion" archetypischer Ideenverbindungen, während von Aussen gesehen auch das mikrophysikalische Geschehen als archetypisch aufzufassen wäre, wobei dessen "Spiegelung" im Psychischen eine notwendige Bedingung für die Möglichkeit des Erkennens ist.

Zusammenfassend können wir das aufgeführte Material so interpretieren, dass das Unbewusste spontan eine **Abbildung** des einen komplementären

---

⁸ A. Huxley beschreibt in seinem Roman "Time must have a stop" ein interessantes Gedankenexperiment mit einem Totengeist. Dieser macht in einer spiritistischen Sitzung, die ihm höchst unangenehme Erfahrung, dass die Medien alles missverstehen und verdrehen, was er eigentlich sagen will.

Gegensatzpaares auf das andere vollführt, wobei das Energieniveau oder der Massenwert auf der einen Seite dem Niveau des Bewusstseins auf der anderen Seite symbolisch entspricht.

Was liegt im Wesen der durch den Begriff Komplementarität bezeichneten Situation, dass man sich damit begnügen muss, ohne Schonung von Dingen oder Vorgängen in Raum und Zeit, die objektiv, d.h. von der Art ihrer Beobachtung unabhängig sind, die Vereinbarkeit der sich zunächst scheinbar widersprechenden Aspekte der Wirklichkeit zu erkennen.[9] Dies ist nur durch vereinigende Symbole möglich, deren Rolle in der Physik abstrakte mathematische Funktionen spielen.

4. Die aktive Mitwirkung des Bewusstseins und das Auftreten der Quaternitätssymbolik.

Nach der hier vertretenen Auffassung würde die Quaternität nicht innerhalb der Physik zur Geltung kommen, wohl aber wäre der aus Physik und Psychologie bestehenden Ganzheit eine Quaternität zugeordnet, insofern sich das komplementäre Gegensatzpaar der Physik im Psychischen nochmals gespiegelt wiederfindet. Es wäre wohl denkbar, und es scheint mir sogar plausibel, dass es Phaenomene geben könnte, wo die ganze Vierheit eine wesentliche Rolle spielt, nicht nur das physikalische und das psychische Gegensatzpaar allein. Bei solchen Phaenomenen würden sich begriffliche Unterscheidungen wie "physisch" und "psychisch" nicht mehr sinnvoll definieren lassen (ähnlich wie bei atomaren Phänomenen die Unterscheidung von "physikalisch" und "chemisch" öfters ihren Sinn verliert.)

---

[9] Diese Situation betrifft sowohl die Vereinbarkeit der Anwendung anschaulicher Vorstellungen wie "Welle" und "Teilchen" innerhalb der Physik, die durch die Einsicht in die prinzipiellen Begrenzungen ihrer Prüfbarkeit durch Messungen erzielt wird, als auch die Vereinbarkeit der psychologischen Begriffe wie Leben und Seele mit der Annahme der ausnahmslosen Gültigkeit der physikalischen Gesetze, wo immer physikalische Messungen ausführbar sind. Da in der Physik die deterministische Auffassung verlassen ist, besteht auch keinerlei Grund mehr eine vitalistische Auffassung weiter aufrecht zu erhalten, gemäss welcher die Seele physikalische Gesetze "durchbrechen" könne oder müsse. Es scheint vielmehr ein wesentlicher Teil der "Weltharmonie" zu sein, dass die physikalischen Gesetze für die Möglichkeit einer anderen Beobachtungs- und Betrachtungsweise (Biologie und Psychologie) gerade so viel Spielraum lassen, dass die Seele alle ihre "Zwecke" erreichen kann, ohne physikalische Gesetze zu durchbrechen.

Mit dieser grundsätzlichen Einstellung, gemäss welcher die deterministische (mechanistische) und die vitalistische Betrachtungsweise als zu einander komplementäre Irrtümer aufgefasst werden, ist die von C.G. Jung (Der Geist der Psychologie, Eranos-Jahrbuch, 1947, p. 415) geäusserte Idee, dass die Seele den Entropiesatz der Physik durchbrechen könne, völlig unvereinbar. Der Entropiesatz macht der hier vertretenen Auffassung schon deshalb keine Schwierigkeiten, weil die Thermodynamik ausdrücklich die Möglichkeit eines Ueberganges von ungeordneten in geordnete Zustände in einem Teilsystem zulässt und fördert, wenn hier zugleich ausserhalb dieses Systems eine kompensatorische Entropiezunahme (d.h. Vermehrung der Unordnung) eintritt.

Bei allen Lebensvorgängen sind die bekannten physiologischen Stoffwechselvorgänge der Verbrennung der Nahrung bei weitem ausreichend, um die Vereinbarkeit der totalen Entropiebilanz mit der vom 2. Hauptsatz der Thermodynamik geforderten Zunahme der Gesamtentropie zu garantieren.

Ich kann darüber noch nichts sagen, was genügend fundiert wäre, möchte aber als Abschluss und Ausblick noch zwei zusammengehörige Träume in dieser Verbindung anführen, in welche die Quaternität wesentlich eingeht. Die Träume erfolgten in einem Abstand von vier Tagen Mitte März [10] dieses Jahres, als meine Arbeit über Kepler zu einem gewissen Abschluss gekommen war. Ich zitiere diese Träume nun genau:

Traum I.

Mein erster Physiklehrer erscheint mir und sagt: "Die Aenderung der Aufspaltung des Grundzustandes des H-Atoms ist fundamental. In eine Metallplatte sind eherne Töne eingraviert." Dann fahre ich nach Göttingen.

Traum II.

(Sieben aufeinanderfolgende Bilder. Worte werden nur ganz zum Schluss gesprochen und zwar von mir selbst.)

Bild 1. Es kommt eine Frau mit einem Vogel. Dieser legt ein grosses Ei.

Bild 2. Dieses Ei teilt sich von selbst in zwei:

Bild 3. Ich trete näher hinzu und bemerke, dass ich ein weiteres Ei mit blauer Schale in der Hand habe.

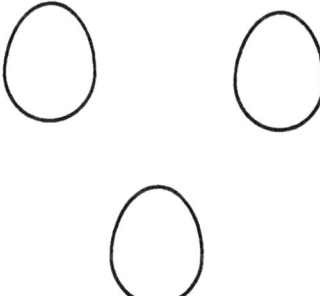

---

[10] Nach meiner Erfahrung erfolgen bei mir Träume, in denen eine Quaternitätssymbolik und insbesondere die Geburt von etwas Neuem eine wesentliche Rolle spielt, vorzugsweise in der Jahreszeit der Tag- und Nachtgleiche, d.h. Ende März oder Ende September. Die beiden hier aufgeführten Träume sind typische "Aequinoktial-träume". Die beiden Aequinoktien sind bei mir Zeiten einer relativen psychischen Labilität, was sich sowohl negativ als auch positiv (schöpferisch) äussern kann.

Bild 4. Dieses letztere teile ich in zwei Teile. Wunderbarerweise bleiben sie ganz, und ich habe also jetzt zwei Eier mit blauer Schale.

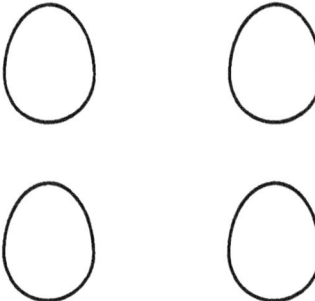

Bild 5. Die vier Eier verwandeln sich in die folgenden mathematischen Ausdrücke

$$\begin{array}{ll} \cos\delta/2 & \sin\delta/2 \\ \cos\delta/2 & \sin\delta/2 \end{array}$$

Bild 6. Es entsteht die Formel

$$\frac{\cos\delta/2 \; + \; i\,\sin\delta/2}{\cos\delta/2 \; - \; i\,\sin\delta/2}$$

Bild 7. Ich sage "Das Ganze gibt ja $e^{i\delta}$ und das ist der Kreis". Die Formel verschwindet und ein Kreis erscheint.

Zum Traum I ist zu bemerken, dass er offenbar zu derjenigen Gruppe von Träumen gehört, wo von einer Aufspaltung einer Spektrallinie oder eines Energieniveaus in ein Dublett die Rede ist. Er enthält aber Besonderheiten, die in den früheren Träumen dieser Art nicht vorhanden waren. Erstens ist von einer Aenderung der Aufspaltung die Rede, die in der Physik nur durch äussere elektromagnetische Kraftfelder möglich ist. Im Psychischen entspricht dem ein Eingriff des Bewusstseins (was der Traum II bestätigt). Das H-Atom (Wasserstoffatom) ist das allereinfachste, da bei ihm der positiv geladene Atomkern nur von einem einzigen negativen Elektron umkreist ist. Es stellt daher zugleich den einfachsten "polaren Gegensatz" dar. Ferner ist das "Proton" als leichtester Atomkern ein Baustein aller übrigen, schweren Kerne. Deshalb deutet das "Proton", das ja "das Erste" bedeutet, kosmogonisch auf den Anfang. Kosmogonische Bilder sind ferner stets mit dem Prozess der Bewusstwerdung verknüpft. Die Metallplatte ist an sich kein Symbol und repräsentiert die materielle Körperwelt (Physis) in einer relativ beständigen Form. Ursprünglich nahm man 7 Metalle an (sowie auch 7 Planeten); im Traum II gibt es 7 Bilder. Die Töne sind dagegen sehr geeignet, als Symbole zu dienen; in ihrer Beziehung zur Musik stellen sie ein geformtes Gefühl dar, also gerade das, was die Physik nicht ausdrücken kann. In ihrer Beziehung zur Sphärenmusik (ich war ja damals gerade sehr mit Kepler beschäftigt), haben sie kosmischen Charakter. Als akustisches Phänomen gehören sie auch der Physis an, sind also zugleich ein Physis und Psyche vereinigendes Symbol. Sie erscheinen mir genau als das, was man als "Archetypen" bezeichnen kann. Wenn wir "ehern" als aere perennius, d.h. als unzerstörbar — zeitlos deuten, sagt der Traum, dass die Archetypen auch der Materie ihren Stempel aufprägen, sodass Physis und Psyche eine untrennbare Verbindung bilden. Dieses scheint aber eine Folge der Aenderung der Aufspaltung des Grundzustands (Anfangszustandes) zu sein. Es soll hier versucht werden, den Standpunkt konsequent festzuhalten, dass sich psychische Inhalte, also auch Archetypen nur dadurch ändern, dass sie beobachtet werden, d.h. durch einen Eingriff des menschlichen Bewusstseins. In Bezug auf die Archetypen ist dies die "säkulare Verschiebung des unbewussten Weltbildes", auf die C.G. Jung schon seit langem hingewiesen hat. [11] (Vgl. hiezu das am Ende von Abschnitt 2.) über die Veränderung des Energiebegriffes Gesagte.) Darüber hinaus noch eine spontane Veränderung des Archetypen anzunehmen, scheint mir wenig befriedigend und entbehrlich. Die objektive (vom Persönlichen unabhängige) Aussage von Traum I scheint mir als darauf hinzuweisen, dass die Entwicklung des menschlichen Bewusstseins, insbesondere durch Annäherung der Mikrophysik an andere archetypische Vorstellungen eine Situation herbeigeführt hat, wo Physis und Psyche untrennbar "archetypisch" verbunden sind. Ich fahre sodann nach Göttingen, das ist an einen Ort, wo nicht nur Physik, sondern besonders auch sehr viel wichtige Mathematik getrieben wird.

Die enge Beziehung von Traum II zu Traum I ist offensichtlich, indem das Bild 2) mit den spontan entstandenen zwei Eiern [12] als der "Grundzustand" aufgefasst werden kann, an welchem durch den Eingriff des "Ich" in Bild 3) und 4) eine "fundamentale" Aenderung erfolgt. Diese Aenderung besteht in dem Erscheinen der Vierheit, die durch Spiegelung der Zweiheit zustande kommt. Mit diesem Ergebnis geht der Traum II über den Traum I hinaus. In der Tat entspricht der Traum II völlig dem "Axiom der Maria Prophetissa" [13] Aus dem Dritten wird erst ein Viertes, das dann rasch in das Eine übergeht. Letzteres kommt mir charakteristischer Weise durch die Mathematik zu Stande. Die Formel

$$\frac{\cos \delta/2 \; + \; i \, \sin \delta/2}{\cos \delta/2 \; - \; i \, \sin \delta/2} \; = \; e^{i\delta}$$

ist mathematisch korrekt und bei der Darstellung der komplexen Zahlen durch Strecken ist $e^{i\delta}$ eine Zahl, die stets auf dem "Einheitskreis" (dem Kreis mit dem Radius 1) liegt; wird $\delta$ als beliebige Grösse aufgefasst, so stellt $e^{i\delta}$ in der Tat diesen Kreis dar.

Die imaginäre Einheit $i = \sqrt{-1}$ ist ein typisches Symbol, da sie nicht unter den gewöhnlichen Zahlen enthalten ist; die Einführung dieses Symbols gibt vielen mathematischen Sätzen erst eine einfache und übersichtliche Form. In diesem Traum hat es die irrationale Funktion, die Gegensatzpaare zu vereinigen und damit die Ganzheit herzustellen.

Ohne auf mathematische Details einzugehen, möchte ich hier nur betonen, dass ich einen Gegensatz zwischen mathematischer und symbolischer Naturbe-

---

[11] Vgl. Psychologie und Alchemie, p. 181.
[12] Ueber "Ei" ebenda, p. 277, 278.
[13] Vgl. hiezu C.G. Jung, Psychologie und Alchemie, Zürich 1944. Einleitung, p. 41. Das Axiom lautet: "Die Eins wird zu Zwei, die Zwei zu Drei, und aus dem Dritten wird das Eine als Viertes."

schreibung nicht anerkennen kann, da für mich die mathematische Darstellung eine symbolische Beschreibung kat exochen ist.[14]

In keiner Weise kann ich beanspruchen, eine "Deutung" der beiden angeführten Träume geben zu können; es will mir sogar scheinen, als ob eine solche Deutung eine Weiterentwicklung <u>aller</u> Wissenschaften erfordern würde. Die entscheidene Rolle, welche mathematische Zeichen für die Herstellung des "Einen" im Traum II spielen, scheint mir jedenfalls dafür zu sprechen, dass die vereinigende Kraft mathematischer Symbolik heute noch lange nicht ausgeschöpft ist; ich halte es sogar für wahrscheinlich, dass diese weiter reicht als die Physik.

Gemäss ihrer Definition muss die Physik das <u>Gesetzmässige</u> in der Natur begrifflich darstellen und hat deshalb ihre Aufmerksamkeit nur auf das <u>Reproduzierbare</u> und auf das quantitativ Messbare zu richten. Als Folge dieser im Wesen der Physik liegenden Beschränkung bleibt nicht nur alles Gefühlsmässige, Wertende und Emotionale ausserhalb ihrer auf der psychologischen Gegenseite, sondern aus dieser Wurzel entspringt auch der <u>statistische Charakter</u> ihrer Aussagen, der insbesondere bei den atomaren Vorgängen auf die Erfassung des Einzelfalles (abgesehen von Spezialfällen) grundsätzlich verzichten muss. Hierbei handelt es sich jedoch nicht um eine Unvollständigkeit der Quantentheorie innerhalb der Physik [15], sondern um eine Unvollständigkeit der Physik innerhalb des gesamten Lebens.

Die Mathematik hat andererseits nicht nur eine quantitative, sondern auch eine qualitative Seite, die z.B. in der Zahlentheorie und der Topologie zu Tage tritt. Von der Mathematik geschaffene Vorstellungen, wie z.B. die <u>Riemann'sche Fläche</u> sind sehr geeignet, die mit der Bewusstwerdung des als "Selbst" bezeichneten neuen Mittelpunktes verbundene Relativierung des Zeitbegriffes symbolisch darzustellen. Es liegt jedoch ausserhalb des Rahmens dieses Aufsatzes, auf die hiemit verknüpfte Problematik der symbolischen Vereinigung des <u>Einmaligen</u> mit dem Allgmeinen näher einzugehen.

---

Von der auf Vereinheitlichung unseres Weltbildes gerichteten Tendenz aus gesehen, erscheint es als erfreulich, dass Zusammenhänge sich anbahnen in einem Bereich, der bereits so weit geworden ist, dass er auf der einen Seite den Dioskurenmythos, auf der anderen Seite Dublettaufspaltungen von Spektrallinien und Isotopentrennungen umfasst.

---

[14] Ich glaube an die Richtigkeit der folgenden psychologischen Definition von mathematischer Begabung: Derjenige ist für Mathematik begabt, für den die mathematischen Zeichen Symbolkraft besitzen.
[15] Einige ältere Physiker vertreten diesen Standpunkt, der jedoch von den meisten Physikern und auch von mir nicht akzeptiert wird.

# Appendix 4

## Zwei Briefe Paulis an H.R. Schwyzer (Plotin-Spezialist)

Die zwei folgenden Briefe dokumentieren die Ernsthaftigkeit Paulis in seiner Beschäftigung mit Plotin.

[1] PAULI AN SCHWYZER

Zollikon-Zürich, 27.I.1952
[Handschrift]

Sehr geehrter Herr Doktor,

Ich möchte Ihnen sehr danken für die Zusendung Ihres Artikels über Plotin, aus dem ich bereits einige mir wertvolle Anregungen geschöpft habe. Nun möchte ich mir erlauben, Ihnen kurz zu sagen, was im Moment mich speziell philosophiegeschichtlich interessiert, und in Verbindung mit dem Neuplatonismus noch einige weitere Fragen an Sie zu richten.

Es handelt sich um die Gespräche der 'privatio boni', d.h. der Idee oder Doktrin, daß das Böse "ein Nichts", nur ein "Mangel des Guten" sei. (NB. Ich selbst bin sehr ablehnend gegen diese Idee, wie das ja auch schon die Gnostiker waren, aber das steht nun nicht zur Diskussion, sondern nur die historische Seite der Sache). Hier entstand eine gewisse Diskrepanz zwischen mir und einigen meiner Freunde, die behaupteten, diese Idee sei spezifisch christlich und sich dabei u.a. auf Basileios und Augustinus beziehen, wo diese Doktrin ausdrücklich entwickelt ist; sie wiesen auch auf den Zusammenhang dieser Idee mit der bereits frühchristlichen Lehre hin, daß Gott ein summum bonum, d.h. nur gut sei. Nun kannte ich Plotin, den ich (allerdings nicht ganz, nur zum Teil) in Harders Übersetzung gelesen habe. Ich wies auf die 'privatio boni'[1] insbesondere auf II 9 ($\pi\rho\grave{o}\varsigma$ $\tau o\grave{v}\varsigma$ $\gamma\nu\omega\sigma\tau\iota\kappa o\grave{v}\varsigma$), ferner auf Plotins Identifizierung des $\H{\epsilon}\nu$ mit dem $\mathring{\alpha}\gamma\alpha\delta\grave{o}\nu$. (Die Bezeichnung $\H{v}\pi\epsilon\rho\alpha\gamma\alpha\delta\grave{o}\nu$ in P.s 'negativer Theologie' des 'Einen' war mir wohlbekannt, aber ich halte P. nicht für einen systematischen Denker, sondern für einen intuitiven Gefühlstyp,[2] der logische Widersprüche oft gar nicht zu vermeiden trachtet. So widersprechen sich wohl auch P.s positive Aussagen über das "Eine" mit seiner an anderen Stellen entwickelten negativen Theologie des "Einen"). Sicher ist bei Plotin die 'privatio

---

[1] Könnten Sie mir, bitte, das griechische Wort für privatio sagen? Ich habe etwas Griechisch im Gymnasium gelernt.

[2] Schopenhauer bezeichnet P. als "Kanzelredner", der den Plato ebenso "platt trete" wie die heutigen Kanzelredner die Evangelien. — Er lobt aber dann IV als "vortrefflich".

boni' logisch verknüpft mit seiner Identifizierung des ἕν mit dem ἀγαδὸν . (Die ähnliche Auffassung der 'Materie' (ὕλη) als einer blossen privatio und als identisch mit dem absolut Bösen war mir nicht entgangen; P. versteht aber unter Materie wohl etwas ganz anderes als wir, vielleicht auch etwas anderes als Aristoteles (?)).

Auf diese Entgegnung von meiner Seite hat dann einer meiner Bekannten die Vermutung geäußert, Plotin könnte hierbei von früheren Christen beeinflußt sein. Dies war mir schon rein intuitiv sehr unwahrscheinlich und das Umgekehrte (daß später die Christen von Plotin beeinflußt waren), schien mir viel einleuchtender. Ohne Fachleute konnte ich nun nicht weiter kommen.

Nun traf ich neulich, wie Sie wissen, Herrn Prof. Howald und dieser bestritt auf meine Frage sofort sehr energisch jeden christlichen Einfluß bei Plotin. Er fügte hinzu, daß zu Plotin's Zeit unter den Christen sich noch keine geistig ernst zu nehmenden Leute befanden.[3] Dagegen betonte er, daß die Gnostiker (m.E. zum Teil mit Recht) dem Plotin das Leben recht sauer gemacht haben (was mir auch bekannt war). Dann empfahl er mir sehr, Ihre Schrift über Plotin zu lesen und ich freue mich sehr, daß Sie mir das nun ermöglicht haben.

Besonders interessiert hat mich Ihr Nachweis, daß Basileios und Origines von P. direkt beeinflußt waren (Parallele: νοῦς — Gottessohn, ψυχή (Weltseele) — heiliger Geist),[4] daß ferner P. dem Augustinus bekannt gewesen ist. Ebenso interessierte mich sehr Ihr Hinweis auf Albinos didasc. (Wann lebte dieser?).

Meine zuerst rein intuitiv gebildete Ansicht,[5] daß die privatio boni Doktrin und die Identifizierung des (ἕν) mit dem bonum (ἀγαδὸν) primär heidnisch-neu- platonisch gewesen sei und erst von da ins Christentum überging, scheint also nun ganz gut gestützt. Es würde mich aber sehr interessieren, von Ihnen zu hören, ob sich diese beiden Thesen (die ja direkt miteinander zusammenhängen), schon **vor** Plotin bei heidnischen Autoren (Neuplatonikern und Neupythagoräern) der Spätantike (bes. den ersten beiden Jahrhunderten der christlichen Ära) finden. (Diese Thesen scheinen mir eine Art Standard-Formulierung der neuplatonischen Gefühlshaltung zu sein.)

Ohne Fachleute kann ich diese Frage nicht beantworten. Für Ihre Gabe und im voraus auch für Ihre Bemühungen herzlich dankend

Ihr ergebener

Pauli

---

[3] Ich habe einmal Tatian u. Meliton v. Sardes (II. Jahr.) zitiert gesehen, weiß aber nicht, ob diese Autoren Christen waren. Ich vermute aber, sie waren 'Neuplatoniker oder Neupythagoräer'.

[4] Die plotinische "Trinität" ἕν, νοῦς, ψυχή ist allerdings übereinander angeordnet, nicht mit gleichgestellten Gliedern wie bei der christlichen Trinität.

[5] Ich wußte wohl, daß man, wenn man es so will, des Parmenides Unterscheidung der "seienden" und der "nicht seienden" Dinge, so wie auch Plato in dieser Richtung weiter entwickeln kann. — Ferner fiel mir auf, daß auch Scotus Eriugena sehr extrem die privatio boni verficht, obwohl er mehr neuplatonisch als christlich ist. Seine direkte Quelle ist wohl Dionysios Acropagites, den er ja übersetzt hat.

[2] PAULI AN SCHWYZER

Zollikon-Zürich, 3.II.1952
[Handschrift]

Sehr geehrter Herr Doktor,

Haben Sie sehr vielen Dank für Ihr ausführliches Schreiben, das in der Tat meine Fragen so weit beantwortet als es möglich ist. Ich habe nun den bestimmten Eindruck, daß das ursprüngliche Modell der privatio boni Doktrin die Gleichsetzung von $ὕλη$ und $στέρησις$ [1] ist. (Sie erwähnen ja des Aristoteles Polemik dagegen). Das hat zunächst mit Ethik oder Moral nichts zu tun, führt mich vielmehr in mein eigentliches Gebiet, die Naturphilosophie zurück. Es interessiert mich also auch an sich, unabhängig von der privatio boni. Auch die Unterscheidung der "seienden" von den "nicht seienden" Dingen (Parmenides) war ursprünglich naturphilosophisch und nicht ethisch.

Es scheint nun, daß am Beginn der christlichen Ära — aber unabhängig vom Christentum auch bei den heidnischen (neupythagoräischen und neuplatonischen) Philosophen alle Gegensatzpaare eine ethisch-moralische Färbung annahmen und irgendwie auf das eine Gegensatz-paar gut-böse bezogen wurden. So wurde, wie Sie sagen spätestens von Moderatos, die $ὕλη$ damals mit dem $κακὸν$ identifiziert und wohl zugleich damit $τὸ ἕν$ mit dem $ἀγαδὸν$. Daraus ergab sich dann alles Weitere von selbst, natürlich traten diese Ideen als Auslegungen der älteren Philosophen auf.

Vorläufig danke ich Ihnen noch sehr herzlich und hoffe, daß sich einmal eine Gelegenheit ergeben wird, Sie persönlich kennen zu lernen.

Mit freundlichen Grüssen

Ihr ergebener
W. Pauli

---

[1] Daß diese Gleichsetzung bei Plotin vorhanden ist, war mir bekannt, nicht aber die Polemik des Aristoteles.

# Appendix 5

## Brief von Max Knoll an Pauli betr. UFOS

M. Knoll an W. Pauli

Technische Hochschule München Inst. für
Technische Elektronik
[München] 9.12.57
[Maschinenschriftlicher Durchschlag]

Lieber Herr Pauli,

Entschuldigen Sie bitte unsere späte Antwort, die durch Semesterbeginn und eine schwere Grippe von Ursula verursacht ist. Dafür haben wir uns eingehend über die ja wirklich sehr interessante, aber nicht leichte Problematik in Ihrem Briefwechsel unterhalten.

Ihre erste Frage nach der Natur der Radarsysteme ist leicht zu beantworten. Ein Boden–Radarsystem zur Beobachtung von Flugzeugen besteht z.B. aus einem gebündelten, kurzzeitig eingeschalteten cm–Wellenstrahl von Fächerform, der in einer Minute den Gesamthorizont (360°) in Polarkoordinaten abtastet, wobei der bewegte Fächerstrahl z.B. bis 45° sich über den Horizont erhebt. Die Bündelung dieses Fächerstrahles und seine Bewegung geschehen durch einen Drehspiegel. Die an Flugzeugen reflektierten elektromagnetischen Wellenimpulse, deren Eintreffzeit von der Entfernung des jeweilig reflektierenden Flugzeuges abhängt, werden von einem nahen Empfänger aufgefangen und verstärkt. Sie steuern dann das Gitter einer speichernden Sichtröhre mit einem zur Spiegelbewegung synchron in Polarkoordinaten bewegten Kathodenstrahl; auf dem Sichtröhren-Bildschirm wird dabei die betreffende Himmelszone konzentrisch abgebildet, sodaß die abgetasteten Flugzeuge als helle Objekte auf schwarzem Grund erscheinen und der Beobachtungsort im Mittelpunkt des Sichtschirms steht. Die Schaltung wird so eingerichtet, daß die an der Peripherie des Sichtschirms erscheinenden Objekte der gewünschten maximalen Beobachtungsentfernung entsprechen. Näher zur Mitte des Sichtschirms sichtbare Objekte entsprechen kleineren Laufzeiten der Wellenimpulse und einem entsprechend kleineren Abstand vom Beobachtungsort.

Für Beobachtung vom Flugzeug aus werden ähnliche Radarsysteme angewandt, die meist nur einen Himmelsquadranten oder weniger abtasten.

Sie fragen weiter, wer Jung den Glauben an die Ufo's eingeredet hat. Das weiss ich auch nicht; wahrscheinlich ist Ihre Vermutung richtig, daß amerikanische Patienten ihn dazu angeregt haben. Es gibt übrigens bei der US Airforce neben vielen Piloten auch eine ganze Reihe höherer Beamter, die an Ufo's glauben. Einer hat sogar vor 3 Jahren in Princeton einen Vortrag in diesem Sinne gehalten (den ich nicht gehört habe).

Nun ist aber wesentlich, daß durch das Beobachten von Radarbildern im Allgemeinen für die Objektivität "gesehener" Ufos's nicht mehr ausgesagt wird, als bei direkter visueller Beobachtung — eher weniger, da die Radarbilder fast immer neben den gesuchten eine Reihe "virtueller" Objekte, z.B. unerwünschte Reflexionen und den Pegel des Widerstandsrauschens der Apparatur zeigen, so daß man in das Bildmuster sehr leicht etwas hineinprojezieren kann. Dadurch wird die Interpretation von Radarbildern, wenn es sich um an der Messbarkeitsgrenze liegende Objekte handelt, häufig sehr unsicher, und eher einem Rorschachtest ähnlich, bei dem die Struktur des Bildmusters ja auch nur eine "zufällige" ist. Überzeugend wären Radarbilder nur, wenn sie photographiert sind bzw. gefilmt, sodaß sich eine Reihe von Fachleuten ein unabhängiges Urteil bilden können, wieweit es sich dabei um wirkliche Objekte, und wieweit um subjektive Interpretationen handelt. Dies ist aber bisher nicht geschehen.

Bei unserem Besuch Anfang dieses Jahres erzählte Jung auch uns von der sogenannten "Bestätigung" des Auftretens der Ufo's durch Radar. Ich habe ihm daraufhin die obigen Einwände entgegengehalten. Er hörte damals aufmerksam zu, hat sie aber offenbar dann wieder vergessen. Noch am 15. Juni dieses Jahres kam er bei unserem Besuch wieder auf die Ufo's zurück, allerdings auf ihre psychologische Bedeutung für den Individuationsprozess, worin ich (wie Sie) ihm zustimme. Er erzählte dann, er habe Ufo's auf einem Nürnberger Stich aus dem 16. Jahrhundert gesehen: "Ein zylindrisches Mutterschiff entlässt scheibenförmige Tochterschiffe, so etwa wie Pillen aus einem Pillenbehälter, einer Glastube, herausfallen."

Zusammenfassend möchte ich sagen, daß man Jung noch einmal eindrücklich darauf hinweisen müsste, daß die auf Radarschirmen beobachteten Ufo's nicht "realer" sind als die direkt beobachteten, daß nur (von Spezialisten beurteilte) Radarphotographien bzw. Radarfilme eindeutige Rückschlüsse auf deren Realität zulassen würden, und daß solche nicht publiziert sind. Nach den bisherigen Beobachtungen könnte also Jung durchaus "die objektive Existenz der Ufo's mit Überzeugung leugnen".

Daneben läßt sich natürlich die von Ursula betonte Möglichkeit, es handle sich um neue, von USA oder Rußland geheimgehaltene Flugzeugtypen mit Raketenantrieb, nicht ausschließen.

Doch würde auch ein solcher Tatbestand das Jung'sche Konzept nicht stören, da es sich dabei um wohl definierte, vermutlich mit psychologischen Vorgängen synchronistische Kausalketten handelt, wobei höchstens die Tatsache bemerkenswert ist, daß die vom Unbewussten konstellierte Scheibenform gleichzeitig die aerodynamisch günstigste ist. Berichte über Versuchsmodelle mit solchen scheibenförmigen, raketengetriebenen Flugzeugen (ich glaube in Kanada und Frankreich) habe ich in illustrierten Zeitungen gesehen. Es handelt sich dabei natürlich nicht um Ufo's.

Im ganzen erscheint mir Jung's Grundgedanke, daß der weiten Verbreitung des Ufo-Mythos eine Individuationssymbolik zugrunde liegt, durchaus einleuchtend, wobei eben meiner Meinung nach die Schwierigkeit ihrer "Realität ohne Kausalkette" nicht existiert, weil keine zuverlässigen Beobachtungen vorliegen. Aus demselben Grunde scheint mir auch Jung's Vergleich einer "Realität ohne Kausalkette" mit dem physikalischen System der Symmetrie (sein Brief Seite 2) nicht zutreffend, während ich wiederum die Analogie zwischen dem Individuationsprozess und dem physikalischen Symmetrieproblem (Seite 3 oben) sehr gut finde, auch wegen der dabei in den "Ganzheitssymbolen" deutlicher zum Ausdruck kommenden Eigenschaft der "Gerichtetheit".

Die Schlüsse Ihrer Eindrücke vom internationalen Physikertag waren für uns sehr einleuchtend — es ist schade, daß wir im November nicht zu einem Gespräch kamen, da wir unsere geplante Reise nach Zürich wegen der langen und schwierigen Erkrankung von Ursula (die Sie beide herzlich grüßen läßt) aufschieben mußten.

Wir hoffen aber, daß es uns im neuen Jahr bald möglich sein wird zu kommen.

Mit herzlichen Grüßen, auch an Franka bin ich

Ihr
Max Knoll

# Appendix 6

## Autoreferat Paulis

Autoreferat der beiden Vorträge Paulis vom 28.2. und 6.3.48 im Psychologischen Club Zürich im Jahresbericht 1948 des Psychologischen Clubs Zürich p. 37 – 44.

### Der Einfluss archetypischer Vorstellungen auf die Bildung naturwissenschaftlicher Theorien bei Kepler

Obwohl der Gegenstand der Vorlesung ein historischer ist, handelt es sich nicht um eine blosse Aufzählung wissenschafts-historischer Tatbestände und auch nicht in erster Linie um die Würdigung eines grossen Naturforschers, sondern um die Illustration bestimmter Gesichtspunkte über das Entstehen und die Entwicklung naturwissenschaftlicher Begriffe und Theorien an Hand eines historischen Beispiels.

Im Gegensatz zur rein empiristischen Auffassung, wonach die Naturgesetze aus dem Erfahrungsmaterial allein praktisch mit Sicherheit entnommen werden können, ist von vielen Physikern neuerdings wieder die Rolle der Richtung der Aufmerksamkeit und der Intuition bei den allgemeinen über die blosse Erfahrung weit hinausgehenden, zur Aufstellung eines Systems von Naturgesetzen, d.h. einer wissenschaftlichen Theorie nötigen Begriffe und Ideen betont worden. Vom Standpunkt dieser nicht rein empiristischen Auffassung entsteht nun die Frage, welches denn die Brücke sei, die zwischen den Sinneswahrnehmungen auf der einen Seite und den Begriffen auf der anderen Seite eine Verbindung herstellte. Es scheint am meisten befriedigend, an dieser Stelle das Postulat einer unserer Willkür entzogenen Ordnung des Kosmos einzuführen, die von der Welt der Erscheinungen verschieden ist. Ob man vom "Teilhaben der Naturdinge an den Ideen" oder von einem "Verhalten der metaphysischen, d.h. an sich realen Dinge" spricht, die Beziehung zwischen Sinneswahrnehmung und Idee bleibt eine Folge der Tatsache, dass sowohl die Seele des Erkennenden als auch das in der Wahrnehmung Erkannte einer objektiv gedachten Ordnung unterworfen sind. Jede Teilerkenntnis dieser Ordnung in der Natur führt zu einer Formulierung von Aussagen, welche einerseits die Welt der Phänomene betreffen, anderseits über diese hinausgehen, indem sie allgemeine logische Begriffe "idealisierend" verwenden. Der Vorgang des Verstehens der Natur sowie auch die Beglückung, die der Mensch beim Verstehen, d.h. beim Bewusstwerden einer neuen Erkenntnis empfindet, scheint demnach auf einem zur Deckung-Kommen von präexistenten inneren Bildern der menschlichen Psyche mit äusseren Objekten und ihrem Verhalten zu beruhen. Diese Auffassung der Naturerkenntnis geht bekanntlich auf Plato zurück und wird auch von Kepler in sehr klarer Weise vertreten. Dieser spricht in der Tat von Ideen, die im Geist Gottes präexistent sind und die der Seele als dem Ebenbild Gottes mit-ein-erschaffen wurden. Diese Urbilder, welche die Seele mit Hilfe eines angebornen Instinktes wahrnehmen könne, nennt Kepler a r c h e t y p i s c h. Die Uebereinstimmung mit den von Prof. Jung in die moderne Psychologie eingeführten, als "Instinkte des Vorstellens" funktionierenden "urtümlichen Bildern" oder Archetypen ist eine sehr weitgehende. Indem die moderne Psychologie den Nachweis erbringt, dass jedes Verstehen ein langwieriger Prozess ist, der lange vor der rationalen Formulierbarkeit des Bewusstseinsinhaltes durch Prozesse im Unbewussten eingeleitet wird, hat sie die Aufmerksamkeit wieder auf die vorbewusste, archaische Stufe der Erkenntnis gelenkt. Auf dieser Stufe sind an Stelle von klaren Begriffen Bilder mit starkem emotionalen Gehalt vorhanden, die nicht gedacht, sondern gleichsam malend geschaut werden. Insofern diese Bilder ein "Ausdruck für einen geahnten, aber noch unbekannten Sachverhalt" sind, können sie gemäss der von Prof. Jung aufgestellten Definition des Symbols auch als symbolisch bezeichnet werden. Als anordnende Operatoren und Bildner in dieser Welt der symbolischen Bilder funktionieren die Archetypen als die gesuchte Brücke zwischen den Sinneswahrnehmungen und den Ideen und sind demnach eine notwendige Voraussetzung für die Entstehung einer naturwissenschaftlichen Theorie. Jedoch muss man sich davor hüten, dieses a priori der Erkenntnis ins Bewusstsein zu verlegen und auf bestimmte rational formulierbare Ideen zu beziehen.

Für den Zweck der Illustration der Beziehung zwischen archetypischen Vorstellungen und naturwissenschaftlichen Theorien ist Johannes Kepler (1571–1630) besonders geeignet, da seine Ideen eine Zwischenstufe zwischen der früheren magisch-symbolischen und der modernen quantitativ-mathematischen Naturbeschreibung darstellen. Seine wichtigsten Schriften (im Folgenden mit den beigefügten Nummern zitiert) sind:

1) Mysterium Cosmographicum, 1. Aufl. 1596, 2. Aufl. 1621.
2) Ad Vitellionem Paralipomena, 1604.
3) De Stella nova in pede serpentarii, 1606.
4) De motibus stellae Martis, 1609.
5) Tertius interveniens, 1610.
6) Dioptrice, 1611.
7) Harmonices mundi (5 Bücher), 1619.
8) Epitome astronomiae Copernicanae, 1618–1621.

Es wird kurz darauf hingewiesen, dass Keplers berühmte drei Gesetze der Planetenbewegung, auf die Newton bald darauf (1687) seine Theorie der Gravitation basierte, nicht das waren, was Kepler ursprünglich gesucht hat. Er ist ein echter geistiger Nachkomme der Pythagoräer, der von der alten Idee der Sphärenmusik fasziniert war und der überall harmonische Proportionen suchte, in denen für ihn alle Schönheit gelegen war. Zu den höchsten Werten gehört für ihn die Geometrie, deren Sätze "von Ewigkeit her im Geiste Gottes sind". Sein Grundsatz ist "Geometria est archetypus pulchritudinis mundi" (die Geometrie ist das Urbild der Schönheit der Welt).

Nach einer kurzen biographischen Skizze wird die hierarchische Anordnung von Keplers archetypischen Vorstellungen ausführlich besprochen. An höchster Stelle steht die unanschauliche trinitarische christliche Gottheit. Das schönste Bild, welches Gottes eigene Seinsform darstellt, ist für Kepler die dreidimensionale Kugel. Bereits in seinem Jugendwerk (1) sagt er: "Das Abbild des dreieinigen Gottes ist in der Kugel, nämlich des Vaters im Zentrum, des Sohnes in der Oberfläche und des Heiligen Geistes im Gleichmass der Bezogenheit zwischen Punkt und Zwischenraum (oder Umkreis)." Hierdurch ist ein Zusammenhang der Trinität mit der Dreidimensionalität des Raumes hergestellt. Die vom Mittelpunkt zur Oberfläche verlaufende Bewegung oder Emanation — ein Bild, das bei ihm im engen Anschluss an die Neuplatoniker (besonders Plotin) immer wiederkehrt — ist ihm das Sinnbild der Schöpfung, während die gekrümmte Oberfläche das ewige Sein Gottes darstellen soll. Es liegt nahe, ersteres mit der Extraversion, letztere mit der Introversion in Verbindung zu bringen. Aus späteren Schriften Keplers (2,5,7) wird nachgewiesen, dass Kepler nach den Ideen im göttlichen Geiste als das nächst niedrigere Abbild Gottes in der Körperwelt die Himmelskörper mit der Sonne als Mittelpunkt betrachtet, die wiederum das sphärische Bild der Trinität verwirklichen, wenn auch weniger vollkommen als dieses. Die Sonne im Zentrum als Quelle des Lichtes und der Wärme und damit des Lebens ist ihm besonders geeignet, Gottvater darzustellen. Die Idee dieser Entsprechung ist bei Kepler als primär vorhanden anzunehmen. Weil er Sonne und Planeten mit diesem archetypischen Bild im Hintergrund anschaut, glaubt er mit religiöser Leidenschaft an das heliozentrische System. Dieser heliozentrische Glaube veranlasst ihn sodann, nach den wahren Gesetzen der Proportion der Planetenbewegung als dem wahren Ausdruck der Schönheit der Schöpfung zu suchen.

Im Hinblick auf den später erörterten Zusammenstoss Keplers mit Fludd als dem Vertreter der traditionellen Alchemie, ist es von Wichtigkeit, dass Keplers Symbol, das mit dem von Prof. Jung als M a n d a l a bezeichneten Typus die sphärische Form gemeinsam hat, keinerlei Hinweis auf eine Vierzahl oder Quaternität enthält. Vielleicht hängt dies mit dem Fehlen einer Zeitsymbolik in Keplers sphärischem Bild zusammen. Die geradlinige, vom Zentrum fort gerichtete Bewegung ist die einzige, die in Keplers Symbol enthalten ist; insofern diese von der Kugeloberfläche aufgefangen wird, kann man das Symbol als statisch bezeichnen. Da die Trinität vor Kepler nie in dieser besonderen Weise bildlich dargestellt worden ist und Kepler am Beginn des naturwissenschaftlichen Zeitalters steht, liegt es nahe anzunehmen, dass Keplers Mandala eine Einstellung oder seelische Haltung versinnbildlicht, die an Bedeutung weit über Keplers Person hinausgehend, diejenige Naturwissenschaft hervorbringt, die wir heute die klassische nennen. Von einem inneren Zentrum aus scheint sich die Psyche im Sinne einer Extraversion nach aussen zu bewegen in die Körperwelt, in der nach Voranschauung alles Geschehen ein a u t o m a t i s c h e s ist, so dass der Geist diese Körperwelt mit seinen Ideen gleichsam ruhend umspannt.

Die nächste Stufe in Keplers hierarchischer Ordnung des Kosmos sind die E i n z e l s e e l e n. Eine solche Einzelseele schreibt er nicht nur dem Menschen zu, sondern, in Anlehnung an die Lehre vom Archeus des Paracelsus, auch den Planeten. Da die Erde für den Kopernikaner ihre Sonderstellung verloren hat, muss Kepler auch dieser eine Seele, die anima terrae, zuschreiben. Sie soll sich auch als formgestaltendes Vermögen (facultas formatrix) im Erinnern äussern und ist für die meteorischen Erscheinungen verantwortlich gedacht. Für Kepler ist die Einzelseele, als Abbild Gottes, teils ein Punkt, teils ein Kreis: anima est punctum qualitativum. Welche Funktionen der Seele dem zentralen Punkt und welche andere dem peripheren Kreis zugeschrieben werden, wird an Zitaten (7) erläutert. Mit diesem Bild der Seele als Punkt und auch als Kreis hängen Keplers besondere Ansichten über A s t r o l o g i e zusammen (Vgl. besonders 5). Die Begründung der Astrologie liegt für Kepler in der Fähigkeit der Einzelseele, mit Hilfe des "instinctus" auf gewisse harmonische Proportionen, die speziellen rationalen Einteilungen des Kreises entsprechen, zu reagieren. Analog zur Empfindung des Wohlklanges in der Musik soll die Seele eine spezifische Reaktionsfähigkeit haben für die Proportionen der Winkel, welche die von den Sternen, insbesondere den Planeten auf die Erde eintreffenden L i c h t s t r a h l e n miteinander bilden. Kepler will also die Astrologie auf optische Resonanzeffekte im Sinne der naturwissenschaftlichen Kausalität zurückführen. Diese Resonanz wiederum beruht nach ihm darauf, dass die Seele um die harmonischen Proportionen weiss, weil sie durch die Kreisform ein Ebenbild Gottes ist (1,5,7). Nicht die Gestirne sind nach Kepler die Ursache der astrologischen Wirkungen, sondern die Einzelseelen mit ihrem auf gewisse Proportionen spezifisch selektiven Reaktionsvermögen. Indem dieses einerseits die Einflüsse der Körperwelt auffängt, andererseits auf einer Abbildung Gottes beruht, werden diese Einzelseelen, die anima terrae und die anima hominis, bei Kepler zu wesentlichen Trägern der Weltharmonie (harmonia mundi).

Keplers Anschauungen über die Weltharmonie haben den Widerspruch des angesehenen Arztes und Rosenkreuzers Robert F l u d d in Oxford erregt, der als Vertreter der traditionellen hermetischen (alchemistischen) Philosophie gegen Keplers "Harmonia mundi" eine heftige Polemik publizierte.[1] Die geistige "Gegenwelt", mit der Kepler hier zusammenstiess, ist eine archaisch-magische Naturbeschreibung, gipfelnd in einem Wandlungsmysterium. F l u d d [2] geht aus von zwei polaren Grundprizipien, dem von oben kommenden lichten Prinzip der F o r m und dem von unten aufsteigenden dunklen Prinzip der M a t e r i e. Gemäss der exakten Symmetrie, von oben und unten ist die Welt das Spiegel-

---

[1] Die hier in Betracht kommenden Schriften Fludds "Discursus analyticus" und "replicatio", die Fludd auf Keplers "Apologia" folgen liess, waren dem Autor leider nicht im Original zugänglich. Doch hat der Herausgeber von Keplers gesammelten Werken dessen "Apologia" mit mehreren Zitaten von Fludd als Anhang ergänzt.

[2] Cosmi Maioris scilicet et Minoris Metaphysica, Physica atque Technica Historia, 1. Ausgabe, Oppenheim 1621.

bild des unsichtbaren trinitarischen Gottes, der sich in ihr offenbart. Zwischen diesen polaren Gegensätzen findet ein beständiger Kampf statt: von unten aus der Erde wächst wie ein Baum die materielle Pyramide empor, wobei die Materie nach oben feiner wird; zugleich wächst von oben nach unten mit der Spitze auf der Erde die formale Pyramide genau spiegelbildlich zur materiellen. In der Mitte, der Sphäre der Sonne, wo diese polaren Prinzipien sich gerade die Waage halten, wird im Mysterium der chymischen Hochzeit das infans solaris erzeugt, das zugleich die aus dem Stoff befreite Weltseele darstellt. In Anziehung an die alten pythagoräischen Ideen ergeben bei Fludd die Proportionen der Teile dieser Pyramiden die Weltmusik, wobei folgende einfache musikalische Intervalle die Hauptrolle spielen:

| | | | | |
|---|---|---|---|---|
| Disdiapason | = Doppeloktav, | Proportio | quadrupla | 4 : 1 |
| Diapason | = Oktav, | " | dupla | 2 : 1 |
| Diapente | = Quint, | " | sesquialtera | 3 : 2 |
| Diatessaron | = Quart, | " | sesquitertia | 4 : 3 |

Es wird dies durch mehrere Figuren illustriert.

Offenbar hat Fludd Kepler so heftig angegriffen, weil er fühlte, dass Kepler trotz des gemeinsamen Ausgangspunktes ähnlicher archetypischer Vorstellungen das Kind eines Geistes war, der eine ernste Bedrohung für Fludd's archaische Mysterienwelt darstellte. Während für Kepler der objektiven Wissenschaft das angehört, was quantitativ mathematisch bewiesen ist, hat für Fludd nur das eine objektive Bedeutung, was direkt mit den alchemistischen oder rosenkreuzerischen Mysterien zusammenhängt. Deshalb verwirft er die durch Keplers "Diagrammata" dargestellten Quantitäten als "schmutzige Substanz" und anerkennt nur seine hieroglyphischen Figuren ("picturae", "aenigmata") als wahren symbolischen Ausdruck der "inneren Natur" der Weltharmonie. Er wirft Kepler auch vor, dieser habe die Weltharmonie zu stark ins Subjekt verlegt, somit aus der Körperwelt herausgenommen, statt sie in der im Stoff schlafenden anima mundi zu belassen. Demgegenüber vertritt Kepler klar den modernen Standpunkt, dass die Seele des erkennenden Menschen in der Natur sei.

Allgemein hat man den Eindruck, dass Fludd stets im Unrecht ist, wo er sich auf eine astronomische oder physikalische Diskussion einlässt. Dennoch scheint die Polemik zwischen Fludd und Kepler auch für den Modernen von Bedeutung zu sein. Einen wichtigen Fingerzeig enthält nämlich Fludd's gegen Kepler erhobener Vorwurf "du zwingst mich, die Würde des Quaternariums zu verteidigen" (cogis me ad defendam dignitatem quaternarii). Dieses ist für den Modernen ein Symbol für eine Vollständigkeit des Erlebens, die innerhalb der naturwissenschaftlichen Betrachtungsweise nicht möglich ist, und die der archaische Standpunkt, der auch die Emotionen und gefühlsmässigen Wertungen der Seele mit seinen symbolischen Bildern auszudrücken versucht, vor dem wissenschaftlichen Standpunkt voraus hat.

Zum Schluss wird versucht, diese im 17. Jahrhundert aufgetretene Problematik mit dem heute allgemein vorhandenen Wunsch nach einer grösseren Einheitlichkeit unseres Weltbildes in Verbindung zu bringen. Zunächst wird vorgeschlagen, der Bedeutung der wissenschaftlichen Stufe der Erkenntnis für das Werden der wissenschaftlichen Ideen dadurch Rechnung zu tragen, dass der Untersuchung der naturwissenschaftlichen Erkenntnisse nach aussen, eine Untersuchung dieser Erkenntnisse nach innen an die Seite gestellt wird. Während erstere die Anpassung unserer Kenntnisse an die äusseren Objekte zum Gegenstand hat, sollte letztere die bei der Entstehung unserer wissenschaftlichen Begriffe bewirkten archetypischen Bilder ans Licht bringen. Nur durch beide Untersuchungsrichtungen zusammengenommen dürfte sich eine Vollständigkeit des Verstehens erreichen lassen.

Sodann wird darauf hingewiesen, dass die moderne Mikrophysik dazu geführt hat, dass wir heute zwar Naturwissenschaften, aber kein naturwissenschaftliches Weltbild mehr besitzen. Hierdurch dürfte aber gerade ein Fortschritt in Richtung auf ein einheitliches Gesamtweltbild, in welchem die Naturwissenschaften nur ein Teil sind, erleichtert werden. Die moderne Quantenphysik hat sich nämlich dem quaternären Standpunkt, welcher im 17. Jahrhundert der aufkeimenden Naturwissenschaft polemisch entgegengetreten ist, sofern wieder angenähert, als sie der Rolle des Beobachters innerhalb der Physik in befriedigenderer Weise Rechnung trägt, als die klassische Physik. Im Gegensatz zum "losgelösten Beobachter" der letzteren, postuliert erstere eine unkontrollierbare Wechselwirkung zwischen Beobachter oder Beobachtungsmittel und beobachtetem System bei jeder Messung, wodurch die in der klassischen Physik vorausgesetzte deterministische Auffassung der Phänomene undurchführbar wird. Die auswählende Beobachtung, die das nach vorbestimmten Regeln ablaufende Spiel unterbricht, kann gemäss dem Standpunkt der modernen Physik als wesentlich nicht automatisches Geschehen mit einer Schöpfung im Mikrokosmos oder auch mit einer Wandlung mit nicht voraussagbarem Resultat verglichen werden.

Die zum religiösen Wandlungserlebnis führende Rückwirkung der Erkenntnis auf den Erkennenden, für welche ausser der Alchemie auch die heliozentrische Idee lehrreiche Beispiele gibt, reicht jedoch über die Naturwissenschaften hinaus und lässt sich nur erfassen durch Symbole, die sowohl die emotionale Gefühlsseite des Erlebens bildhaft ausdrücken, als auch in lebendiger Beziehung zum Gesamtwissen der Zeit und zum tatsächlichen Prozess der Erkenntnis stehen. Eben weil unserer Zeit die Möglichkeit einer solchen Symbolik fremd geworden ist, dürfte es von besonderem Interesse sein, auf eine andere Zeit zurückzugreifen, welcher zwar die Begriffe der von uns nun klassisch genannten wissenschaftlichen Mechanik fremd waren, die es uns aber ermöglicht, den Nachweis zu erbringen für die Existenz von Symbolen mit einer gleichzeitig religiösen und naturwissenschaftlichen Funktion.

W. Pauli

# Appendix 7

## Paulis Bemerkungen über kosmische Strahlen

[Handschriftliche Notiz von Pauli, undatiert]

Bemerkungen über "kosmische Strahlen" als Traumsymbol.

Träume, in denen andere Physiker (gewöhnlich Fachleute auf dem Gebiet der kosmischen Strahlen) Experimente mit diesen Strahlen (Reflexion, Streuung der Strahlen und Ähnliches) machen, sind mir seit langer Zeit (12–15 Jahre) bekannt. Oft werden die Strahlen als "gefährlich" beschrieben, indem sie nämlich (wie "radioaktive" Strahlen) "Brandwunden" hervorrufen können. Als Schutz dagegen geben die Physiker der Träume an: entweder "Asbesthüllen" (Isolation des Körpers) oder ein "Spinmoment" (das englische Wort 'spin' bedeutet "Drehung um die eigene Achse"; "Spinmoment" dürfte hier mit "Circum-ambulatio" gleichbedeutend sein).

Die "kosmischen Strahlen" der Träume sind nicht die wirklichen kosmischen Strahlen der Physik. Es sind vielmehr überpersönliche (archetypische) Inhalte, die aber noch nicht weiter spezifiziert sind. Die in Rede stehenden Träume scheinen einem relativ frühen Stadium der Auseinandersetzung des Bewusstseins mit sonst noch unbekannten Inhalten dieser Art zu entsprechen.

Ich gebe hier noch ein Beispiel für viele. Dieses enthält ein sehr günstiges Indizium, nämlich die "Feinstruktur" der zweiten Linie. Eine solche zeigt den Beginn einer Assimilation eines unbewussten Inhaltes an das Bewusstsein.

Beispiel: Traum 7. Oktober 1949

"Der Physiker H. ist anwesend und sagt, sein Vater mache soeben Experimente mit kosmischen Strahlen. Sie werden dadurch sichtbar, daß ihnen Gegenstände als Hindernisse in den Weg gestellt werden. Meine Frau und ich sehen zu. Es erscheinen Linien auf einer photographischen Platte, etwa so:

Meine Frau sagt, daß sie das sehr interessiere."

Bemerkung dazu (von damals): Es ist, wie wenn "Inhalte" zu mir geschickt worden wären, aber an mir abprallen würden (scattering), um dann möglicherweise wo anders in Erscheinung zu treten.

# Appendix 8

## Handschriftliche unpublizierte Notiz Jungs über Synchronizität

Die Synchronizität ergibt sich nothwendigerweise aus dem Begriffe der Relativität der Zeit: der moderne Begriff der "Complementarität von Energie und Zeit" formuliert eine wechselseitige Bedingtheit, wie die "Complementarität von Unbewusstem und Bewusstsein": Ganz allgemein bedeutet das, dass das Eine das Andere [er]setzt, wobei dem Einen und dem Anderen ein ("transcendentales") Sein zukommt. Ereignisse sind nie unabhängig von Zeit, und diese ist nie unabhängig von Ereignissen, infolgedessen nicht nur die Zeit durch das Ereignis, sondern letzteres auch durch ersteres bestimmt ist. Ein "exact bekannter Energiewerth" ist gepaart mit "einem völlig unbekannten zeitlichen Ablauf", und umgekehrt. (Briefliche Mitteilung von Prof. W. Pauli). In dem einen Fall wird ein Energiebetrag genau bestimmt auf Kosten der Zeitmessung; im andern die Zeit auf Kosten der Energiemessung. Energie und Zeit sind Aspekte und daher Factoren eines beobachtbaren Ereignisses; d.h. beide sind principia explicandi, wobei nie das eine durch das andere ersetzt werden kann, und beide haben Quantität. Jedes physikalische Ereignis lässt sich einerseits unter dem Gesichtswinkel der Energie, andererseits unter dem der Zeit betrachten. Am fruchtbarsten ist für die Betrachtung psychischer Vorgänge der physikalische Feldbegriff, "innerhalb dessen jede Änderung an jedem Punkt eine Änderung an allen übrigen nach sich zieht." Diese Änderungen werden durch à distance wirkende "Feldkräfte" ausgelöst (K.W. Bash: Gestaltgesetze der Jung'schen Typologie und Funktionslehre. Vortrag Univ. Amsterdam 1947). \*

---

\* Kenover W. Bash, 1913–86, a.o. Prof. für Psychiatrie, Univ. Bern. Vortrag publiziert in Schweiz. Ztschr. f. Psychologie, V. p. 127–138, Bern 1946 unter dem Titel "Gestalt, Symbol und Archetypus."

# Appendix 9

## 2 Briefe Paulis an das Curatorium des C.G. Jung-Institutes und 1 Brief Paulis vom 1.6.57 an dessen Präsidenten

[Die folgenden 3 Briefe dokumentieren Paulis unerbittliche Forderung nach mehr Wissenschaftlichkeit in der Psychologie.]

[1] Prof. Dr. W. Pauli

Zollikon-Zürich, 22. Juli 1956
Bergstrasse 35
[Maschinenschriftlicher Durchschlag]

An den Präsidenten des
C.G. Jung-Institutes
zuhanden des Curatoriums

Sehr geehrter Herr Präsident,

Ich habe in den letzten Jahren mit grosser Besorgnis zur Kenntnis genommen, dass der naturwissenschaftliche Standard in Fragen, die das C.G. Jung-Institut und die Tätigkeit seiner Mitglieder betrifft, immer weniger zur Anwendung kommt. Als der naturwissenschaftliche Patron des Institutes erachte ich es daher als meine Aufgabe, den Standpunkt der Naturwissenschaften zur Geltung zu bringen, indem ich offiziell von Ihnen als Präsident einige Aufschlüsse verlangen muss. Dass neben dem naturwissenschaftlichen auch ein geisteswissenschaftlicher Aspekt der Psychologie existiert, ist mir wohl bekannt, ich erachte es aber nicht als meine Aufgabe, diesen zu vertreten. In dieser Verbindung möchte ich darauf hinweisen, dass früher die Psychologie stets zu den Geisteswissenschaften gezählt wurde, dass aber gerade C.G. Jung den naturwissenschaftlichen Charakter seiner Ideen betont hat und dass eben dadurch eine Angliederung der Psychologie des Unbewussten an die Naturwissenschaften durch seine Arbeiten angebahnt wurde. Es ist meine Meinung, dass dieser Fortschritt durch das praktische Verhalten der Leitung des C.G. Jung-Institutes ernstlich gefährdet ist.

Da ist z.B. die Frage der Bewertung des Erfolges der akademischen Lehrtätigkeit des Präsidenten. Zu meiner Ueberraschung musste ich bemerken, dass hierbei das formal-arithmetische Kriterium der Hörerzahl ernstlich in Betracht gezogen wird, unabhängig von den Anforderungen, die an den Hörer von Dozenten gestellt werden. Eine solche absurde Idee erfordert dringendst Berichtigung

— von welcher Seite immer sie vorgebracht wird. Es ist für jeden Naturforscher oder Mathematiker eine Selbstverständlichkeit, dass das einzig sinnvolle Kriterium für den Erfolg einer <u>Lehr</u>tätigkeit die Zahl und <u>Qualität</u> der <u>Schüler</u> ist, die aus dieser Lehrtätigkeit hervorgehen. Ich möchte daher zunächst um Aufschluss darüber bitten, <u>welche eigenen Schüler, die selbständig empirisch oder theoretisch die von Ihnen gelehrte Psychologie anwenden können, Sie angeben können</u>. (Es handelt sich hierbei nicht um Analytiker, da deren Ausbildung ja nicht in ihrer Vorlesung an der ETH erfolgt). Insbesondere wäre es von Interesse, ob unter diesen solche vorhanden sind, die Sie zur Durchführung wissenschaftlicher Arbeiten, für die Sie selbst nicht die Zeit finden, empfehlen können.

Eine weitere Frage betrifft das allgemeine geistige Niveau der psychotherapeutischen Praxis. Hier besteht die grösste Gefahr des Herabsinkens dieser Praxis zu einem gänzlich unwissenschaftlichen Massenbetrieb, der beherrscht ist durch das <u>formal-arithmetische</u> Prinzip (mit pekuniärem Hintergrund) in der zur Verfügung stehenden Zeit möglichst viele Patienten mit dem kleinsten Aufwand an Denken zu bewältigen, bezw. zu "erledigen". Früher ergab sich für den Therapeuten noch eine Notwendigkeit zu denken, falls er mit Patienten nicht leicht vorwärts kam. Heute ist das kaum noch notwendig, da bei dem modernen Massenbetrieb der Arzt es sich gut leisten kann, solche Patienten, die drohen seinen Denkapparat zu stark in Anspruch zu nehmen, kurz entschlossen wegzudrücken. Durch diese Tatsache der zu starken Nachfrage nach Aerzten entsteht anstelle der individuellen Persönlichkeit des Arztes in zunehmendem Masse eine Art kollektives <u>Gruppenbewusstsein der Psychotherapeuten</u>. Dieses ist, nach meinen Erfahrungen (soweit solche ausserhalb des Sprechzimmers überhaupt mit Therapeuten möglich sind) in einer egozentrischen Einstellung des Arztes zu "seiner" — bezw. "unserer" — Beziehung zum Patienten und zu dessen (des Arztes) <u>völliger Entfremdung gegenüber den normalen Naturprodukten des Unbewussten</u> (Träumen, Phantasien etc.) die nicht in "seiner" Beziehung vor sich gehen. Gerade deren naturwissenschaftliche Erforschung sollte aber die Grundlage bilden für die Erkenntnis der Störungen des normalen Ablaufes dieser Phänomene in Neurosen und sonstigen pathologischen Fällen.

Durch die völlige Vernachlässigung dieses normalen Gebietes bei modernen Menschen (ich spreche jetzt nicht von Märchen, Mythen, Religionsgeschichte etc.) leistet das C.G. Jung-Institut der allmählichen völligen Eliminierung des naturwissenschaftlichen Charakters der psychologischen Ideen von C.G. Jung in der faktischen psychotherapeutischen Praxis Vorschub, welch letztere dann den unwissenschaftlichen Charakter des Massenbetriebes bekommt. Ich stelle daher ferner — mit Bitte um Aufschlüsse — die allgemeine Frage, <u>welche Massnahmen das C.G. Jung-Institut zu treffen gedenkt, um</u> — wenigstens bei seinen Mitgliedern — <u>die allgemeinen Auswüchse und Missstände der heutigen analytischen Praxis zu bekämpfen</u>.

Hiermit ist eine weitere, speziellere Frage verbunden. C.G. Jung hat in seinen Schriften wiederholt die Forderung gestellt, der <u>Arzt selber müsse analysiert sein</u>. Ich bitte daher ferner um Aufschluss darüber, <u>welche</u>

Massnahmen das C.G. Jung-Institut zu treffen gedenkt, um die Erfüllung dieser Forderung bei seinen Mitgliedern (einschliesslich des Präsidenten) zu garantieren, wenn Prof. Jung, die wohlverdiente Ruhe seines Alters geniessend, diese Funktionen selbst nicht mehr erfüllen kann.

In dieser Verbindung möchte ich die Anregung geben, dass die stereotyp gewordene Antwort der Analytiker "mir fällt nichts dazu ein" stets im Sinne der diagnostischen Methoden des Associationsexperimentes von C.G. Jung beim Analytiker zu untersuchen ist. Es würde dies zu überraschenden Entdeckungen über die Analytiker und ihren psychischen Zustand führen und auch dazu, dass diese allzu bequeme Frage von den betreffenden Damen und Herren weniger oft und weniger rasch geäussert würde.

Ich könnte dieses Memorandum noch leicht zu einer längeren Abhandlung erweitern, nehme aber an, dass niemand Zeit finden würde, eine solche zu lesen.

Ich verlange von Ihnen, Herr Präsident, dass Sie dieses Schreiben als Stimme des Misstrauens des naturwissenschaftlichen Patrons gegen die Leitung des C.G. Jung-Institutes allen Mitgliedern des Curatoriums zur Kenntnis bringen und erwarte dessen offizielle Antwort etwa anfang des Wintersemesters.

Mit vorzüglicher Hochachtung

sig. W. Pauli

[2] W. PAULI

Physikalisches Institut der ETH Zürich
Zürich, 7/6, 6. Aug. 1956.
[Maschinenschriftlicher Durchschlag]

Zu Handen des Kuratoriums des C.G. Jung-Institutes

**Sehr geehrte Frau Dr. Frey-Rohn,**

Ich freue mich, dass durch Ihr Schreiben eine Diskussion in Gang kommt, deren Ausgang allerdings abzuwarten bleibt. Ein ausführliches Memorandum kann ich nicht verfassen, möchte aber gerne bei dieser Gelegenheit einige Erläuterungen und Ergänzungen zu meinem letzten Brief hinzufügen. Ich schlage vor, dass Sie dann in Ruhe die ganze Sache durchdenken, um dann — nicht früher als Mitte September, wenn ich aus Italien zurückkomme, die Diskussion eventuell mündlich fortzusetzen, möglichst in Anwesenheit von Dr. Meier (wenn Sie es wünschen, aber auch noch von anderen).

1. Auf Tatsachen habe ich nicht Bezug genommen, weil mir nicht daran liegt, meine Person in den Vordergrund zu schicken. Auch halte ich meine Vorschläge (Analyse der Analytiker selbst) und meine Anfragen für wichtiger als meine Ideen über die Psychotherapeuten. Diese müssen ja notgedrungen auf der Beobachtung von ganz wenigen Personen beruhen, über statistisches Beobachtungsmaterial betreffend den Seelenzustand und das Verhalten vieler Analytiker verfüge ich ja leider nicht.

Mein Brief ist das Resultat einer längeren Entwicklung, kam nicht plötzlich. Das was ich "Gruppenbewusstsein der Psychotherapeuten" nannte, ist ein Ausdruck ihrer Monopolstellung im Studium unbewusster Prozesse und der enormen Nachfrage nach ihnen an Patienten. Verbunden damit ist die Eifersucht eines jeden Analytikers auf jeden anderen — kaum macht sie an den Grenzen des eigenen Institutes halt, sondern erstreckt sich gewöhnlich auf alle Kollegen auf diesem kleinen Planeten. Der Analytiker (oder die Analytikerin) ist selbstverständlich der Ansicht, dass diese Einstellung einer Analyse weder fähig noch bedürftig ist. (Sie können das natürlich alles leugnen, aber das wird mir nicht den geringsten Eindruck machen). Sie scheint mir eine Folge geistiger Inzucht und diese wiederum als Preis mit der diese Monopolstellung bezahlt wird.

Produkte des Unbewussten wie Träume etc. werden von ihnen nur untersucht im Falle von Personen, die in analytischer Behandlung sind. [1] Das bedingt aber das, was der Physiker einen "systematischen Fehler" nennt. Die wiederholte Versicherung von Dr. Meier, Untersuchungen an Träumen von Personen, die weder Analytiker noch in analytischer Behandlung sind, sei zu nicht-medizinischen Zwecken prinzipiell unmöglich — nicht nur am C.G. Jung-Institut, sondern überhaupt im 20. Jahrh. auf dieser Erde — hat mich natürlich chockiert. Denn als Naturwissenschaftler interessiert es mich voll etwas darüber zu wissen, was heute so geträumt wird, welche Archetypen vorkommen etc., wenn die analysierenden Damen und Herren dabei gar nicht eingreifen. Hierfür sollte man Nicht-Mediziner ausbilden! Meine Erfahrung ist, dass der Analytiker — stellt man ihm irgend welche Fragen über solch ein unbeeinflusstes Produkt — im Laufe von höchstens einer Minute sagen wird "es fällt mir nichts dazu ein", ohne weiter nachzudenken. Ich kann nicht kontrollieren, ob dieselbe Reaktion auch gegenüber Patienten eintritt, vermute aber, dass das bei allen, die ihren Denkapparat zu schonen wünschen, der Fall sein wird.

Dieser triviale Grund oder etwaige intellektuelle Unzulässigkeit braucht jedoch keineswegs der einzige oder der wirksamste Grund zu sein. Mein Verdacht als Naturwissenschaftler ist in einem solchen Falle immer, dass beim Analytiker (der sich dabei womöglich noch für einen grösseren oder kleineren strafenden Gott hält) ein Widerstand gegen die Frage vorliegt (was er oder sie natürlich fanatisch leugnen wird, "nie beobachtet" hat, etc. etc.) — Deshalb habe ich in dieser Verbindung das Jung'sche Assoziationsexperiment zur Analyse des (der) Analytiker's (-erin) mit diagnostischer Verwertung vorgeschlagen und muss auf diesem Vorschlag unbedingt bestehen. Mein Eindruck ist, dass die analysierenden Damen und Herren nun gänzlich aus der Kontrolle geraten sind. Oder können Sie mir vielleicht sagen, wer sie kontrolliert?

---

Ich möchte auch nochmals auf die Notwendigkeit der Heranbildung von Schülern hinweisen, die imstande sind selbständige wissenschaftliche Untersuchungen (zu nicht-medizinischen Zwecken) unter Anwendung der Psychologie des Unbewussten auszuführen. Die analytische Psychologie muss erst belegen, dass sie nicht nur als praktische Heilkunst, sondern auch als theoretische Wissenschaft lehrbar ist, unabhängig von der Existenz einzelner, vielleicht einmaliger, genialer Menschen wie C.G. Jung.

---

[1] Ich kenne sehr wohl Untersuchungen von Träumen von Medizinmännern etc. Aber das macht die Kenntnis von Träumen moderner nicht analysierender und nicht analysierter Menschen doch nicht überflüssig.

Ich weiss wohl, dass es viele Möglichkeiten gibt, im Leben Erfolge zu haben [2], aber betreffend akademische Lehrerfolge weiss ich schlechterdings kein anderes Kriterium als das Hervorgehen von selbständig arbeitenden Schülern. Dieses Kriterium ist keineswegs ad personam Dr. Meieri konstruiert, sondern gilt m.E. für alle.

Eine Methode des Erfolges, ohne eigene wissenschaftliche Leistung und mit Schonung des eigenen Denkapparates, ist auch die kaufmännische und organisatorische Tätigkeit des Präsidenten des C.G. Jung-Institutes in Aegypten. Bezüglich der Frage der Wichtigkeit des dort gefundenen Codexes erkläre ich mich selbstverständlich als gänzlich unkompetent, schliesse mich gerne dem Urteil der sprach- und religionshistorischen Fachleute an und freue mich, wenn Dr. Meier sich für diese als nützlich erweist.

Doch handelt es sich ja um ein Institut für Psychologie und ich möchte deshalb vorschlagen, dass als eine der eben als wünschenswert bezeichneten nichtmedizinischen Untersuchungen, ein Schüler von Dr. Meier eine Arbeit über die Anwendung der Jung'schen Psychologie auf die Deutung des Textes des neuen "Evangelium veritatis" ausführt. Ich stelle mir das etwa auf dem Niveau einer Doktorarbeit (Dr. phil.) vor, da ja Prof. Jung schon viel über Gnosis im allgemeinen veröffentlicht hat. Es würde dadurch die Bevorzugung der Geisteswissenschaften gegenüber den Naturwissenschaften durch die Leitung des C.G. Jung-Institutes wenigstens gemildert, indem durch die psychologische Betrachtungsweise ein historischer Text auch dem Naturwissenschafter näher gebracht würde. Es ist jetzt an der Zeit, dass der Nachweis dafür erbracht wird, dass nicht nur Prof. Jung selber imstande ist, solche psychologischen Kommentare zu schreiben, zumal er ja die nötige Vorarbeit hiezu geleistet hat.

Oder werden die Psychologen und Analytiker des C.G. Jung-Institutes auch zu den in Aegypten befindlichen Codices erklären, dass ihnen "nichts dazu einfällt"? — Nun reise ich bald ab, vorher kann ich mich nun leider nicht mehr mit der Angelegenheit befassen, hoffe aber, auf eine mündliche Aussprache im September oder Oktober. Wenn man es darauf anlegt, kann man natürlich hundert Gründe für die Undurchführbarkeit aller meiner Vorschläge anführen; aber das punctum saliens ist, dass man — wenn man will, doch auch etwas tun könnte!

Mit freundlichen Grüssen, auch an Dr. Meier,

[W. Pauli]

---

[2] Ich weiss auch, dass es erstklassige Forscher gibt, die auf Lehrtätigkeit gar keinen Wert legen.

[3] W. PAULI

Zollikon-Zürich
Bergstrasse 35,
1. Juni 1957
[Handschrift]

Lieber Herr C.A. Meier,

Ich bin froh, von Ihnen wieder gehört zu haben und auch am "geneigten Verständnis" des Inhaltes Ihres Briefes soll es nicht fehlen.

........

Etwa Ende April hat dagegen Frau Jacobi im Laufe eines Telefongespräches zu mir gesagt, diese Frage des Materiales Zwecker sei eine private Angelegenheit zwischen mir und Ihnen [1] und das Kuratorium "wisse gar nichts darüber". Und dies trotz jener Sitzung! Es ist klar, daß das C.G.J.-Institut nach wie vor meine wissenschaftlichen Bestrebungen nicht unterstützt. Ich sage nicht, daß mich das sehr überrascht! (Mein Eindruck ist, daß man mich nur benützen will). Seit diesem Telefongespräch habe ich den Kontakt mit dem Kuratorium nicht wieder aufgenommen. Ich habe auch nichts darüber gehört, daß meine Idee eines Vortrages im C.G.J.-Institut von van der Waerden über Geschichte der Astrologie (Sie werden sich erinnern, daß auch das in jener Kuratoriumssitzung von mir vorgebracht wurde) verwirklicht werden soll.

............

---

Daß durch Ihren Rücktritt als Curatoriumsmitglied "Ihre Zugehörigkeit zur Analytischen Psychologie in keiner Weise tangiert wird", verstehe ich sehr wohl (da, mathematisch ausgedrückt, Analyt. Psychologie $\neq$ C.G.J.-Inst.). Möge Ihre Hoffnung, in Zukunft für J.'s Psychologie mehr leisten zu können, sich erfüllen. Davon wird es auch abhängen, ob meine (Ihnen nicht unbekannte) recht kritische Einstellung zu Ihren psychologischen Fähigkeiten sich in Zukunft ändern wird.

Ich danke Ihnen dafür, daß Sie mir — mittels der Kopie Ihres Briefes an Dr. Riklin — von den vom Kuratorium vorgenommenen Änderungen in der Redaktion der "Studien aus dem C.G.J.-Inst." Kenntnis gegeben haben. Solange ich noch Patron bin, werde ich es nicht unterlassen, die Publikationen in diesen "Studien" unter der neuen Redaktion kritisch zu verfolgen.

Mit vorzüglicher Hochachtung
und besten Grüßen
Ihr W. Pauli

---

[1] Genau das Gegenteil hatte ich ja herbeiführen wollen!

# Appendix 10

## Artikel in New York Times vom 16.1.57 über die Paritätsverletzung

**New York Times Artikel**
**"Basic Concept in Physics Is Reported Upset in Tests"**

Vol. CVI..No. 36.152, New York, Wednesday, January 16, 1957.

Conservation of Parity Law in Nuclear
Theory Challenged by Scientists at
Columbia and Princeton Institute

By Harold M. Schmeck Jr.

Experiments shattering a fundamental concept of nuclear physics were reported yesterday by Columbia University.

The concept, called the "principle of conservation of parity," has been accepted for thirty years. It must now be discarded, according to the Columbia scientists.

The principle of parity states that two sets of phenomena, one of which is an exact mirror of the other, behave in an identical fashion except for the mirror image effect.

The principle might be explained this way:

Assume that one motion picture camera is photographing a given set of actions and that another camera simultaneously is photographing the same set of actions as reflected in a mirror.

If the two films are later screened, a viewer would have no way, according to the principle of parity, of telling which of the two was the mirror image. The recently completed experiments indicate that there is a way of determining which of the two images is the mirror image.

In communicating with people in an intelligent civilization on another world, the Columbia report explained, it would be impossible, with the principle of parity in effect, to tell whether or not they and we meant the same thing by right-handed or left-handed. This could be true and still the basic physical laws in both worlds would behave exactly alike. The recent experiments indicate that this is not the case for some weak interactions of sub-atomic particles.

The idea that destroyed this principle originated with two theoretical physicists, Dr. Tsung Dao Lee of Columbia and Dr. Chen Ning Yang of the Institut for Advanced Study at Princeton, N.J. They suggested certain definitive experiments in papers on the subject: "Is Parity Conserved in Weak Interactions?"

The generally accepted belief, which had been a part of nuclear physics since 1925, was that parity should be conserved.

Two sets of experiments suggested by the two theorists showed that this parity was not conserved. A team of four Columbia physicists in collaboration with a member of the Institute for Advanced Study and a team at the National Bureau of Standards carried out the work.

The meeting that released the results of the experiments was held at 2 P.M. yesterday in Columbia's Pupin Physics Laboratories at 119th Street and Broadway. The chairman of the meeting was Dr. I.I. Rabi, Columbia's Nobel Prize-winning physicist.

"In a certain sense," Dr. Rabi commented on the development, "a rather complete theoretical structure has been shattered at the base and we are not sure how the pieces will be put together."

Physicists present at the meeting indicated that it might take a long time in evolve a new concept on the basis of the recently achieved results. One scientist said that nuclear physics, in a sense, had been battering for years at a closed door only to find that it is not a door at all but a likeness of a door painted on the wall. Now science is at least in a position to hunt for the true door again, he observed.

K Mesons Led to Doubts

The Columbia theorists were led to doubt the principle of parity because, during the last few years, phenomena had been described in high energy physics that could not be explained by existing theories. This was particularly true of the patterns by which certain sub-atomic particles called K mesons decayed. Nobody was able to formulate a theory to account for both of the two methods of decay that they followed.

Dr. Lee and Dr. Yang suggested that perhaps it would be necessary to give up the principle of parity to gain an explanation of the sub-atomic interactions. They found that certain experiments dealing with particles better known than the K mesons could resolve the puzzle.

One set of experiments, done in a low temperature physics laboratory of the Bureau of Standards, showed that disintegrating nuclei of radioactive Cobalt 60 exhibited a specific "handedness," or spin in a given direction.

The other set of experiments dealt with the decay patterns of pi mesons. These are sub-atomic particles that are better understood than the K mesons. The pi mesons are believed to be largely responsible for the force that holds atomic nuclei together.

The disintegration pattern of the pi mesons also showed a definite "handedness."

Scientists contributing to the work in addition to Dr. Lee and Dr. Yang are listed by Columbia as Dr. Ernest Ambler, Bureau of Standards: Dr. Richard L. Garwin of Columbia's Watson Scientific Laboratory: D.D. Hoppes, physicist of the Bureau of Standards: Associate Prof. Leon M. Lederman of Columbia and Associate Prof. Chien Shiung Wu of Columbia.

Three of the scientists, Dr. Lee, Dr. Yang and Dr. Wu, were born in China. Dr. Wu is considered the world's leading woman physicist. Dr. Lee is 30 years old, Dr. Yang 34. All three are married and have children.

Dr. Ambler, 33, was born in Bradford, England, and attended Oxford, where he earned the B.A., M.A. and Ph. D. degrees. Dr. Garwin, 28, a native of Cleveland, received his B.S. at Case Institute of Technology, and his M.S. and Ph. D. at the University of Chicago. Mr. Hoppes, also 28, was born in Liberty, Ind. and received the B.S. at Purdue and the M.S. at Catholic University. He is married and has two children.

Professor Lederman, born in New York 1922, received the B.S. at City College, and the A.M. and the Ph.D. in physics at Columbia. He is married and the father of two children.

*Following is the text of the Columbia report on physics research released yesterday:*

## I. Introduction

The Department of Physics of Columbia University announces a development of very profound importance uncovered in very recent experiments in the subject of the physics of elementary particles. These experiments are:

(1) The beta-decay of oriented nuclei — Prof. C.S. Wu of Columbia University in collaboration with Ernest Ambler, R.W. Hayward, D.D. Hoppes and R.P. Hudson of the National Bureau of Standards.

(2) The angular assymmetry in electron decay of mu mesons — Dr. Richard L. Garwin, Prof. Leon M. Lederman and Mr. Marcel Weinrich of Columbia University. (Note: Dr. Garwin is also a senior staff member of the I.B.M. [International Business Machines] Watson Scientific Laboratory of Columbia.)

## II. Significance

Both of the above experiments (described in more detail below) were suggested by two theoretical physicists, Prof. T.D. Lee of Columbia University and Prof. C.N. Yang of the Institute for Advanced Study, Princeton N.J. The first of a series of three papers on the subject was entitled "Is Parity Conserved in Weak Interactions?" The experiments designed to answer this question give a decisive answer — parity is not conserved — thus destroying one of the basic laws built into all physical theories of the past thirty years.

**Parity**

The concept of parity, although actually significant only in the realm of microscopic (atoms and particles) physics, has a well defined every-day definition. One way of describing this is as follows:

Suppose we are in communication with an intelligent civilization on another world and wish to determine whether their clocks run in the same sense as ours do — or again whether they mean the same thing by left-handed and right-handed as we do. We have always believed that communication of this idea, in the spirit of this analogy, is impossible. There was no absolute, universal sense to "Handedness." However, the stranger's laws of physics are perfectly good — even if his definition is opposite to ours for, say, a left-hand screw and right-hand screw.

The statement that the two worlds, one based upon a left-handed system and one based upon a right-handed system, have the same laws in physics is known as an "invariance principle," i.e., the laws of physics are said to be invariant or unchanged, if the right-hand and the left-hand convention are interchanged. The interchange is a reflection in the sense that a mirror image is a reflection in the plane of a mirror. Physicists refer to this reflection as a "parity operation." The Principle of Invariance to Reflection or to Parity Operation has been built into physical theories since 1925 and serves as a severe restriction on the types of laws predicted by those theories. It is this principle which has been destroyed by the recent Columbia experiments.

The main reason for this is that it has been discovered that elementary particles — neutrinos and mesons — possess a "handedness" as an intrinsic property. One must now speak of a left or right-handed neutrino, for example. More precisely, these particles must now be considered to posses, in addition to charge, mass, spin, etc. — properties analogues to a screw — that is, a favored rotation (spin) and an advance along the axis of rotation, either in the right-handed or the left-handed manner. Another way of describing the situation is to compare an elementary (spinning) particle with a spinning bullet. If the shape of the bullet were a perfect cylinder, there would be no screw defined, or no "handedness," since the two ends of the bullet are identical.

The new concept of particles is now in analogy with a normal bullet (pointed nose) which differentiates one end of the spin from the other. Particles which "point" in one direction relative to the sense or rotation are called right-handed, etc. The fact that such particles exist on this world and on the other world now permits an absolute identification of right and left hand between the two worlds, in violent desagreement with previous concepts. No theory which has included the parity idea would have been successful. These experiments brilliantly proposed by Lee and Yang, now at least open the way to a correct and unifying theory of elementary particles. Lee and Yang also point out that the over-all symmetry of the universe may still be preserved by assuming that if our galaxy is essentially right-handed, some distant galaxy may be in turn left-handed. It may be that this assumed distant galaxy is identical to the hypothetical anti-matter, now a subject of intense speculation. This would represent an enormous simplification in our theoretical attack on the structure of the universe.

### III. Theoretical Background

The proposal that the parity law may not be true was made by Lee and Yang last summer. This was in an attempt to reconcile data obtained with the super-atom smashers, the Brookhaven Cosmotron and the Berkeley Bevatron. The data consisted of the study of the properties of unstable K mesons, particles which were only recently discovered (1952–53). One aspect of K meson disintegration seemed to violate the parity law. So deeply rooted was this law, that the entire world of physics was completely baffled by the K-meson puzzle, the general feeling being that the K mesons, being newly discovered, were just not well enough understood. Lee and Yang boldly made the break and, in their now historic paper, they re-examined the consequences of removing the parity law for radiative disintegrations of nuclei and particles. They found, to their surprise, that none of the existing data would be in contradiction and that certain crucial experiments, dealing with more well-known particles, would give decisive answers.

### IV. The Experiment Oriented Nuclei

To detect the "handedness" of particles, the radioactive nucleus Cobalt 60 was cooled to a temperature of $0.01°$ above absolute zero [- 273.1 Centigrade]. At this temperature, all thermal motions are reduced to extremely small values. The application of a magnetic field will cause most of the cobalt nuclei, which are known to be spinning to align themselves, like small magnets, parallel to the applied magnetic field. The radioactive cobalt nuclei disintegrate, giving off electrons. The crucial point is the comparison of the number of electrons emitted along the direction of spin to the number going in the opposite direction. The very fact that these numbers are different indicates the favoring of a direction associated with the spin, that is, a "handedness" in the sense of a screw. Moreover, the magnitude of the difference was sufficiently large to indicate a violation of charge conjugation invariance.

The technical aspects were quite difficult. At the request of and in collaboration with Professor Wu, the National Bureau of Standards Low Temperature Physics Group undertook experiment to verify the theoretical considerations. This group assisted by National Bureau of Standards specialists in radioactive measurements provided the techniques and experience for completing the project sucessfully. Scintillation counters had to be installed within the complex vacuum and cooling system and extreme care had to be taken to eliminate spurious effects. This work was partially supported by the Atomic Energy Commission.

### Meson Decays

In this experiment two parity violations were detected as well as the violation of "charge-conjugation-invariance." It was discovered that when the familiar pi meson (well known since 1947 and now known to be principally responsible for the force that holds nuclei together) disintegrates into a mu meson and a neutrino the mu meson always spins in the direction of its motion. Here again, the mu advances as if it were a screw and demonstrates the parity-violating "handedness". The alignment of mu spins was detected by counting the end products of the radioactive mu meson decay, again electrons, which were found to favor one direction of spin of the parent mu meson over the other, in their direction of emission.

As a by-product of this experiment, the strength of the small "magnet" carried by the mu meson (called a magnetic moment) was measured to a precision of 5 per cent. Magnetic moments of electrons are known to precisions of 0.005 per cent (P. Kusch, Nobel prize) but the number of particles available is $10^{14}$, whereas in this experiment less than 50.000 particles were counted. Oriented mu mesons are extremely sensitive to weak magnetic fields and this technique will prove a powerful tool in probing the magnetic fields inside nuclei and atoms and between atoms.

The latter experiment was carried out at Columbia's Nevis Cyclotron Laboratories in Irvington-on-Hudson. N.Y., operated under the joint program of the Office of Naval Research and the Atomic Energy Commission.

**Personae**

Tsung Dao Lee, Professor of Physics, Columbia University.
Chen Ning Yang, Professor of Physics, Institute for Advanced Study, Princeton, N.J.
Chien Shiung Wu, Associate Professor of Physics, Columbia University.
Ernest Ambler, Physicist, National Bureau of Standards, Washington.
R.W. Hayward, physicist, National Bureau of Standards, Washington.
D.D. Hoppes, assistant, National Bureau of Standards, Washington.
R.P. Hudson, section chief, National Bureau fo Standards, Washington.
Leon M. Lederman, Associate Professor of Physics, Columbia University.
Richard L. Garwin, Associate, Columbia University and senior staff member, I.B.M. Watson Scientific Laboratories.
Marcel Weinrich, graduate research assistant, Columbia University.

## THE MEANINGS OF PARITY

### (Mirror Symmetry)

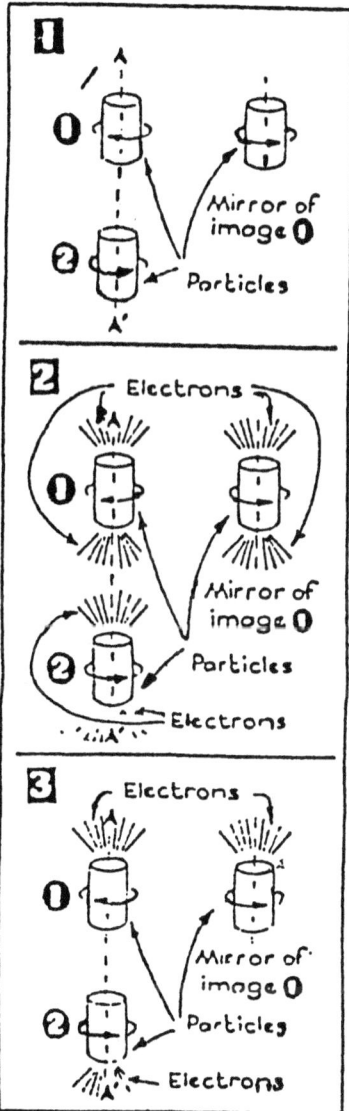

The parity law of physiscs states that for any atomic or nuclear system no new physical consequence or law should result from the construction of a new system, differing from the original by being a mirror twin.

Consider Particle 1, spinning about a direction $AA'$. Now construct or find Particle 2, which is chosen to be identical to the mirror image of 1. The parity law says that there should be no observable difference between the two particles, 1 and 2, which may be detected by measurements made along direction $AA'$. This law permits one to make predictions: suppose 1 is radioactive, disintegrating into electrons. The parity law predicts that equal numbers will be emitted towards $A$, and $A'$, as in Figure 2. Why? Consider the alternative. If 1 emits more electrons towards $A$, 2 must emit more towards $A'$ since 1 becomes identical to 2 simply by turning it upside down. But, now 2 is no longer the same as the mirror image of 1. The physicist observing 2 would make one decision about the relation between the direction of favored electron emission and the spin sense; the physicist in the mirror world would obtain a different answer. Parity law would have been violated.

For the past thirty years, the special conditions predicted by the philosophically pleasing idea of mirror symmetry have borne fruit, consistently making successful predictions about atomic and nuclear processes. However, a general theory of the structure of matter eluded us. Then, in the new subject of "strange particles", the K-mesons studied at Brookhaven and Berkeley, the first parity puzzle appeared. This led to the Lee-Yang proposal. The preferential emission of electrons towards one direction of its spin is the observation that disproved the parity law.

# Appendix 11

## Zeittafel C.G. Jung

| | |
|---|---|
| 1875 | (26. Juli) geboren als Bürger von Basel in Kesswil, Kt. Thurgau. (Eltern: Paul Jung, Dr. phil. Pfarrer, und Emilie Preiswerk.) |
| 1879 | Niederlassung in Kleinhüningen bei Basel. Schule und Gymnasium in Basel. |
| 1895–1900 | medizinisches Studium in Basel und Staatsexamen. |
| 1900 | zweiter Assistent am "Burghölzli", der Kantonalen Irrenanstalt und psychiatrischen Klinik der Universität Zürich. |
| 1902 | Erster Assistent ebenda. |
| 1902 | Dissertation "Zur Psychologie und Pathologie sog. okkulter Phänomene." |
| 1902–03 | Wintersemester: Besuch der Vorlesungen von Pierre Janet in Paris. |
| 1903 | Verheiratung mit Emma Rauschenbach von Schaffhausen. |
| 1903–05 | Volontärarzt an der psychiatrischen Klinik Zürich. Experimentelle Arbeiten über normale und pathologische Wortassoziationen, sowie deren physiologische Begleiterscheinungen. Entstehung der Komplextheorie, publiziert in "Diagnostische Assoziationsstudien." |
| 1905–09 | Oberarzt der Psychiatrischen Klinik in Zürich. Leitete den poliklinischen Kurs über hypnotische Therapie. Untersuchungen über die Psychologie der Dementia praecox, publiziert in "Ueber die Psychologie der Dementia praecox," 1907. |
| 1905–13 | Privatdozent für Psychiatrie an der medizinischen Fakultät der Universität Zürich. Vorlesungen über Psychoneurosen und Psychologie der Primitiven. |
| 1907 | Begegnung mit Freud in Wien. |
| 1909 | Verlässt die Klinik wegen zu grosser Belastung durch private Konsultationen und psychotherapeutische Behandlungen. Seither Privatpraxis in Küsnacht-Zürich als Spezialarzt für Psychotherapie. |
| 1909 | Einladung zur 20jährigen Gründungsfeier der Clark University Worcester, Mass. (U.S.A.). Dort Vorlesungen über die Assoziationsmethode und zum Dr.jur.h.c. promoviert. |

| | |
|---|---|
| 1909 | Redaktor des Bleuler-Freud'schen "Jahrbuches für psychologische und psychopathologische Forschungen", Deuticke, Wien u. Leipzig. |
| 1911 | gründete die "Internationale Psychoanalytische Gesellschaft" und wurde deren Präsident. |
| 1912 | "Wandlungen und Symbole der Libido" (Auseinandersetzung mit der Freud'schen Libidotheorie.) |
| 1912 | Einladung zu Vorlesungen an der Fordham University, New York, (publiziert als "Versuch einer Darstellung der psychoanalytischen Theorie.") Dort zum "Doctor of Law" (LLD) h.c. promoviert. |
| 1913 | endgültige Trennung von der Freud'schen Bewegung. Bezeichnung seiner eigenen Psychologie als "Analytische Psychologie", später auch "Komplexe Psychologie." |
| 1917–18 | Kommandant der internierten englischen Kriegsgefangenen in Château d'Oex. |
| 1917 | Beginn der Untersuchungen über das Problem typischer Einstellungen und ihrer Beziehungen zum Individuationsprozess ("Psychologische Typen", 1921) und über die Natur des kollektiven Unbewussten und seines Verhältnisses zum Bewusstsein. ("Die Beziehungen zwischen dem Ich und dem Unbewussten", 1928). |
| 1921 | "Psychologische Typen" Zürich 1921. |
| 1924–25 | Reisen zum Zweck des Studiums der primitiven Psychologie zu den Pueblo-Indianern in Arizona und New Mexico, U.S.A. |
| 1925–26 | Forschungsreise zu den Elgony am Mount Elgon, Kenya, British-Ostafrika. |
| 1929 | "Das Geheimnis der goldenen Blüte" mit Richard Wilhelm, München 1929. |
| 1930 | Ehrenvorsitzender der Deutschen Aerztlichen Gesellschaft für Psychotherapie. |
| 1932 | Verleihung des Literaturpreises der Stadt Zürich. |
| | **Beginn des Briefwechsels mit Pauli.** |
| 1933 | Präsident der "Internationalen Allgemeinen Aerztlichen Gesellschaft für Psychotherapie" und Herausgeber des "Zentralblattes für Psychotherapie und ihre Grenzgebiete" (Hirzel, Leipzig.) |
| 1933 | Wiederaufnahme der akademischen Vorlesungen, nunmehr an der Freifächerabteilung der Eidgenössischen Technischen Hochschule (E.T.H.) in Zürich. "Ueber die Psychologie des Unbewussten und des Individuationsprozesses." |
| 1934 | Ernennung zum Mitglied des Kaiserl. Leopold.-Karolin. Deutschen Akademie der Naturforscher. |
| 1935 | Gründung und Vorsitz der "Schweizerischen Gesellschaft für praktische Psychologie." |

| | |
|---|---|
| 1935 | Ernennung zum Professor an der Eidgenössischen Technischen Hochschule, Zürich. |
| 1936 | Einladung zur Tercentenary Celebration der Harvard University, Cambridge, Mass. U.S.A. Vorlesung über "Factors Determining Human Behavior". Verleihung des Doctor of Science h.c. |
| 1937 | Einladung der Yale University, New Haven, Conn. U.S.A., die Terry Lectures 1937 zu halten. (Psychology and Religion, 1938). |
| 1937 | Einladung zum 25. Stiftungsfest der Universität Calcutta, Indien. Zum "Doctor of Letters" (Litt.D.) h.c. promoviert an der Hindu University of Benares, India.<br><br>Zum "Doctor of Science" (D.Sc.) h.c. promoviert an der mohammedanischen University of Allahabad, India. |
| 1938 | Zum "Doctor of Law" (LLD) h.c. promoviert an der University of Calcutta, India.<br><br>Ehrenmitglied der Indian Science Congress Association in Calcutta. |
| 1938 | Zum "Doctor in Scientia" (D.Sc.) h.c. promoviert an der Universität Oxford, England. |
| 1939 | Ernennung zum "Honorary Fellow of the Royal Society of Medicine" (F.R.S.) in London. |
| 1939 | Vorsitzender des Kuratoriums des Lehrinstitutes für Psychotherapie in Zürich. |
| 1940 | Rücktritt von der E.T.H. Zürich. |
| 1944 | Prof. ord. der Universität Basel. |
| 1944 | Ehrenmitglied der Schweizerischen Akademie der Medizin. Wissenschaften. Schwere Erkrankung. |
| 1945 | Docteur des Lettres h.c. der Universität Genf anlässlich des 70. Geburtstags.<br><br>Eranos-Vortrag: "Zur Psychologie des Geistes"; unter dem Titel "Zur Phänomenologie des Geistes im Märchen" in G.W.IX,I. |

**Ab 1946 nach Aniela Jaffé mit freundlicher Genehmigung:**

| | |
|---|---|
| 1946 | "Psychologie und Erziehung" (Einzelaufsätze in G.W. XVII). — "Aufsätze zur Zeitgeschichte" (Einzelaufsätze in G.W.X und XVI). — "Die Psychologie der Übertragung" (in G.W.XVI). — Eranos Vortrag: "Der Geist der Psychologie"; erweitert: "Theoretische Überlegungen zum Wesen des Psychischen" (in G.W.VIII). |
| 1948 | Eröffnung des C.G. Jung-Instituts, Zürich. — "Symbolik des Geistes" (Einzelaufsätze in G.W.IX, I, XI, XIII). — Eranos-Vortrag: "Über das Selbst" (später als Kap. 4 in "Aion", 1951, G.W.IX, II). |

| | |
|---|---|
| 1950 | "Gestaltungen des Unbewußten" (Einzelaufsätze in G.W.IX, I, XV). |
| 1951 | "Aion" — Eranos-Vortrag: "Über Synchronizität" (erweitert unter dem Titel "Synchronizität als ein Prinzip akausaler Zusammenhänge", 1952, in Jung-Pauli, "Naturerklärung und Psyche" und in G.W.VIII). |
| 1952 | "Symbole der Wandlung (erweiterte und umgearbeitete Fassung von "Wandlungen und Symbole der Libido, 1912) G.W.V. — Erneute schwere Erkrankung. — "Antwort auf Hiob" (in G.W.XI). |
| 1953 | Beginn der Ausgabe der "Collected Works", Bollingen–Series, New York. |
| 1954 | "Von den Wurzeln des Bewußtseins" (Einzelaufsätze in G.W.VIII, IX, I, XI, XIII). |
| 1955 | Ehrendoktor der Naturwissenschaften an der Eidgenössischen Technischen Hochschule, Zürich. — "Mysterium Coniunctionis", 2 Bände (G.W.XIV). — 27. November: Tod der Gattin. |
| 1957 | Beginn der Arbeit an "Erinnerungen, Träume, Gedanken" in Zusammenarbeit mit Aniela Jaffé. Erscheinungsjahr: 1962 - "Gegenwart und Zukunft" (in G.W.X). |

**Ende Briefwechsel 1932 – 1957**

| | |
|---|---|
| 1958 | "Ein moderner Mythus. Von Dingen, die am Himmel gesehen werden" (in G.W.X). |
| 1960 | Der erste Band der "Gesammelten Werke" erscheint (Band XVI: "Praxis der Psychotherapie"). — Ernennung zum Ehrenbürger von Küsnacht-Zürich anläßlich des 85. Geburtstages. |
| 1961 | "Approaching the Unconscious", englisch geschrieben; deutsch: "Zugang zum Unbewußten" in "Der Mensch und seine Symbole", 1968. — 6. Juni nach kurzer Krankheit in seinem Haus in Küsnacht gestorben. |

## Zeittafel Wolfgang Pauli
aus C. P. Enz und K. von Meyenn, "Wolfgang Pauli Das Gewissen der Physik", Vieweg (Braunschweig, 1988) p. 515–518.

| | |
|---|---|
| 1900 | Am 25. April in Wien geboren und am 13. Mai "nach römisch-katholischem Ritus getauft". |
| 1918 | Kurz nach Abschluß der Reifeprüfung am Döblinger Gymnasium in Wien reicht Pauli eine erste wissenschaftliche Untersuchung über allgemeine Relativitätstheorie (1919) zur Veröffentlichung ein. |
| | Zum Wintersemester matrikuliert er sich an der Ludwig-Maximilians Universität in München. |
| 1921 | Studienabschluß mit einer Dissertation über das $H_2^+$-Molekül (1922) bei Arnold Sommerfeld. |
| | Veröffentlichung des "Relativitätsartikels" [1921]. |
| | Zum Wintersemester wird Pauli planmäßiger Assistent von Max Born am physikalischen Institut der Universität Göttingen. |
| 1922 | Schon im folgenden Sommersemester geht Pauli als "wissenschaftlicher Hilfsarbeiter" zu dem mit ihm befreundeten Wilhelm Lenz an das physikalische Staatsinstitut in Hamburg. |
| | Im Juni reist er nach Göttingen, wo Bohr seine berühmten Vorträge über Atomphysik hält. Bei dieser Gelegenheit wird er von Bohr zu einem einjährigen Studienaufenthalt nach Kopenhagen eingeladen, den er bereits im Wintersemester antritt. |
| | Beschäftigung mit der Theorie des anomalen Zeemaneffektes. |
| 1923 | Zum Wintersemester kehrt Pauli an das Hamburgische physikalische Staatsinstitut zurück. |
| 1924 | Habilitation in Hamburg. |
| | Im November, bei der Ausarbeitung eines Referats über die Quantentheorie [1929], entdeckt Pauli das Ausschließungsprinzip (1925). |
| 1925 | Durch die Arbeit an seinem großen Handbuchartikel über Quantentheorie [1926] ist Pauli fast völlig in Anspruch genommen, so daß er sich an den wichtigen Fortschritten, die Heisenberg im Sommer mit seiner Matrizenmechanik erzielte, nur indirekt beteiligen kann. |
| | Im Winter berechnet Pauli das Wasserstoffspektrum mit Hilfe der Matrizenmechanik und verschafft damit dem neuen Formalismus allgemeine Anerkennung. Zugleich leistet er energischen Widerstand gegen das "rotierende Elektron" von Uhlenbeck und |

|      | Goudsmit, das er als einen Rückfall in die alte vorquantenmechanische Vorstellungswelt betrachtete. |
|------|---|
| 1926 | Im November wird Pauli der Professortitel verliehen. |
| 1927 | Pauli stellt ein allgemeines Programm zur Entwicklung einer Quantenelektrodynamik auf, an dessen Durchführung sich vor allem Pascual Jordan und Werner Heisenberg beteiligen. |
|      | Im Mai publiziert Pauli seine unrelativistische Spintheorie, in der er die sog. Pauli Matrizen einführt. |
|      | Der Streit um die richtige Interpretation der Quantentheorie findet seinen Höhepunkt und vorläufigen Abschluß im September während der Volta-Feier in Como und im Oktober auf dem 5. Solvay-Kongreß in Brüssel. |
| 1928 | Zum Sommersemester tritt Pauli die Professur für theoretische Physik an der ETH in Zürich an, die er — mit Unterbrechungen — bis zu seinem Lebensende innehat. |
| 1929 | Veröffentlichung der ersten gemeinsamen Arbeit mit Heisenberg über die Grundlegung der allgemeinen Quantenfeldtheorie. |
| 1930 | Rußlandreise und Teilnahme an einem Kongreß in Odessa während der Sommermonate Juli und August. |
|      | Im Dezember erste inoffizielle Bekanntgabe seiner Neutrinohypothese in seinem Brief an die "radioaktiven Damen und Herren". |
| 1931 | Erster internationaler Kernphysikerkongreß in Zürich. |
|      | Im Sommer, Reise in die USA. Auf der Rückreise besucht Pauli den Kernphysikerkongreß in Rom, wo Fermi zum ersten Mal von der Neutrinohypothese vernimmt. |
|      | Im Oktober wird Pauli in Leiden die Lorentzmedaille verliehen. |
| 1932 | Arbeit am Handbuchartikel über Wellenmechanik [1933]. |
|      | **Beginn des Briefwechsels mit Jung** |
| 1933 | Im Oktober auf dem 7. Solvay-Kongreß berichtet Pauli erstmals öffentlich über seine Neutrinohypothese (1933) im Anschluß an Heisenbergs Referat. |
| 1934 | Im April reist Pauli nach London und schließt dort seine Ehe mit Franca Bertram. |
|      | Im Juli reicht er gemeinsam mit seinem Assistenten Viktor Weisskopf * die sog. "Anti-Dirac-Theorie" ein. |
|      | Im Oktober Teilnahme am internationalen Physikerkongreß in London und Cambridge. |

---

* Viktor F. Weisskopf, geb. 1908, Assistent bei Pauli 1933 (Wolfgang Pauli und Viktor F. Weisskopf gemeinsam publiziert: "Über die Quantisierung der skalaren relativistischen Wellengleichung"), nach dem Krieg Physikprofessor am M.I.T. (U.S.A.) bis 1974. 1961 – 65 Generaldirektor des CERN (Genf). Lebt in Cambridge USA.

| | |
|---|---|
| 1935 | Im März Vorträge über relativistische Quantentheorie (1936) in Paris am Institut Henri Poincaré. |
| | Zum Wintersemester 1935/36 tritt Pauli seine zweite Amerikareise an. Vorlesungen und Seminare in Princeton und Besuch in Berkeley. |
| 1937 | Teilnahme am Kongreß für Kernphysik in Moskau. |
| 1938 | Im März Vortragsreise nach Cambridge und Leiden. |
| 1939 | Arbeiten mit seinem Assistenten Markus Fierz über allgemeine relativistische Feldgleichungen für Teilchen mit beliebigem Spin. |
| | Im Sommer bereitet Pauli einen Bericht über den Stand der Elementarteilchenphysik für den im Herbst geplanten Solvay-Kongreß vor. Aus diesem Bericht entstanden später die 2 Publikationen (1940) und (1941). |
| 1940 | Pauli verläßt im Juli zusammen mit seiner Gattin Franca die Schweiz und übernimmt während der Kriegsjahre eine Gastprofessur am Institute for Advanced Study in Princeton. Während die meisten amerikanischen Physiker "Kriegsphysik" treiben, kann Pauli sich hier in unmittelbarer Nachbarschaft von Einstein weiterhin der Grundlagenforschung widmen. |
| | Arbeiten zur Mesonentheorie der Kernkräfte [1946]. |
| 1941 | Im Sommersemester übernimmt Pauli eine Gastprofessur an der University of Michigan. |
| 1942 | Vorlesungen an der Purdue University. |
| 1945 | Verleihung des Nobelpreises (1946a). |
| | Pauli übernimmt für 2 Jahre die Herausgabe des 'Physical Review'. |
| 1946 | Pauli erwirbt im Januar die amerikanische Staatsbürgerschaft. |
| | Im März Besuch bei Schrödinger in Dublin und Rückkehr in die Schweiz. |
| | Zum Sommersemester Wiederaufnahme der Vorlesungen an der ETH Zürich. |
| | Teilnahme am ersten größeren internationalen Nachkriegskongreß im Cambridge (1947). |
| | Im Dezember Reise zum Nobelvortrag nach Stockholm (1947). |
| 1948 | Vorträge im Psychologischen Club Zürich 28.2. und 6.3.48: "Der Einfluss archetypischer Vorstellungen auf die Bildung naturwissenschaftlicher Theorien bei Kepler" (vide Appendix 6). |
| | Teilnahme am 8. Solvay-Kongreß über Elementarteilchen (1948). |
| 1949 | Pauli erwirbt am 25. Juli 1949 die Schweizer Staatsbürgerschaft. |
| | Konferenz über die Grundlagen der Quantenstatistik in Florenz (1949). Im Winter Amerikareise. |

| | |
|---|---|
| 1950 | Konferenz über Elementarteilchenphysik in Paris (1952). |
| 1951 | Im Frühjahr Amerikareise. Nach seiner Rückkehr reist Pauli im Mai nach Lund. |
| 1952 | Veröffentlichung der Kepler-Arbeit (C.G. Jung und W. Pauli, in: "Naturerklärung und Psyche"; Studien aus dem C.G. Jung Institut Zürich, hrsg. v. C.A. Meier, Bd. IV, Rascher-Verlag). |
| | Sommerschule in Les Houches (1952). |
| | Zum Wintersemester tritt Pauli seine große Indienreise an. |
| | Besuch bei Homi Bhabha in Bombay. |
| 1953 | Vorträge über nicht-lokale Feldtheorien in Turin (1953). |
| | Im September auf einer Physikertagung auf Sardinien. |
| 1954 | Amerikabesuch im Frühjahr 1954. Internationaler Philosophenkongreß in Zürich (1957). |
| 1955 | Pisa-Konferenz (1956) im Juni. |
| | Im Juli präsidiert Pauli die Konferenz zum fünfzigjährigen Jubiläum der Relativitätstheorie in Bern (1955). |
| | Im November nimmt Pauli eine Einladung zu Vorträgen in Hamburg an. |
| 1956 | Amerikabesuch. Bekanntgabe des Neutrinonachweises im Juni während des CERN-Symposiums (1956). |
| 1957 | Bekanntgabe der Paritätsverletzung im Januar (1957). |
| | Konferenz in Rehovot, Israel, im September (1958). |

**Ende Briefwechsel 1932 – 1957**

| | |
|---|---|
| 1958 | Amerikareise im Frühjahr. Vorlesungen in Berkeley über Quantenfeldtheorie und Besuch bei Max Delbrück in Pasadena. |
| | Anschließend Brookhaven. |
| | Im April Verleihung der Max-Planck-Medaille in Berlin (in Abwesenheit). |
| | Im Juni Rückflug nach Zürich und Teilnahme am 11. Solvay-Kongreß. |
| | Auseinandersetzung mit Heisenberg über die Spinortheorie der Elementarteilchen während der CERN-Konferenz Ende Juni. |
| | Im August Teilnahme an der Sommerschule in Varenna (1958). |
| | 20.–22. November: Besuch in Hamburg und Entgegennahme der Ehrendoktorwürde der Universität. |
| | Am 15. Dezember stirbt Pauli nach kurzer Krankheit im Zürcher Rotkreuzspital. Am 20. Dezember findet das Begräbnis im Beisein vieler Trauergäste aus dem In- und Ausland im Fraumünster (Zürich) statt. |

# Appendix 12

## Lexikon psychologischer Begriffe nach C.G. Jung
## (für den nicht-psychologisch-geschulten Leser)
## (von C. A. Meier)

**Amplifikation**

Anreicherung zunächst unverständlicher Trauminhalte (Figuren, Motive etc.) mit Parallelmaterial (womöglich der selben Kulturschicht des Träumers) aus Mythologie, Religion, Folklore etc. zum besseren Verständnis.

**Anima (lat.)**

Name für häufig auftretende Traum- oder Fantasiefiguren von Frauen (bei Männern), die fremdartige, unheimliche oder numinose Qualitäten besitzen. Sie stellen den relativ unbekannten, weil bisher unbewussten, weiblichen Anteil der Psyche des Mannes dar.

**Archetypus**

An sich unanschaulicher, a priori gegebener formaler Faktor des Psychischen, gewissermassen die psychische Repräsentanz der Instinkte, weshalb die Archetypen sich zu allen Zeiten und überall identisch manifestieren in sog. "archetypischen Bildern" (vgl. religiöse Symbole) oder archetypischen Verhaltensweisen.

**Einstellung (Typus)**

d.h. Introversion oder Extraversion: Man neigt i.A. entweder dazu, in erster Linie das äussere Objekt wichtig zu nehmen (Ev.) oder ist mehr interessiert am Subjekt (Iv.) und seinen Reaktionen.

**Funktionen**

Jung unterscheidet vier Grundfunktionen des Bewusstseins, Denken/Fühlen, Intuition/Empfindung, die zwei Gegensatzpaare darstellen und sich deshalb zu einer kreuzförmigen Anordnung eignen. Eine der vier ist meist bevorzugt und deshalb auch gut differenziert (Hauptfunktion), während ihre Gegensatzfunktion schlecht entwickelt resp. unbewusst bleibt ("minderwertige Funktion"). Oft sind diese Funktionen durch bestimmte Farben repräsentiert: Blau = Denken, Rot = Fühlen, Grün = Empfinden, Gelb = Intuition.

**Individuation**

Durch schrittweise analytische Arbeit erreichter Endzustand, in welchem sich die vier Funktionen in relativ harmonischem Gleichgewicht befinden.

Zielvorstellung des Individuationsprozesses oder harmonische Ganzheit der Persönlichkeit.

## Libido
Psychische Energie, Dynamik als solche. Kann als Urtrieb bzw. als seine Symbolik verstanden werden. Teilt sich in mehrere spezielle Triebe wie Sexualität, etc.

## Mandala (sanskrit)
Schematische Figur in Kreisform mit ein- oder umschriebenem Quadrat und vier Segmenten (ev. vier Farben).

## Participation mystique
Ausdruck geprägt vom französischen Philosophen und Soziologen Lucien Lévy-Bruhl (1857–1939, Paris, Sorbonne). In seinen Werken "Les fonctions mentales dans les sociétés inférieures" 1919, und "La mentalité primitive" 1922, ein bei "Primitiven" allgemein verbreitetes Gefühl der "magischen" Verbundenheit mit einem Objekt, auch Mensch. Jung verwendet den Begriff auch für uns.

## Quaternio
Die 4 Funktionen (s.o.) als Einheit dargestellt.

## Schatten
Name für gleichgeschlechtliche Traum- oder Fantasiefiguren mit unangenehmen, bedenklichen Eigenschaften, somit einen nur schwer akzeptablen, unbewussten Anteil der Persönlichkeit darstellend. Teuflisch, wenn sie das absolut Böse, das objektive Böse verkörpern. Kann auch hilfreich sein, wenn diese negativen Eigenschaften eben gerade nützlich wären.

## Selbst
Zentrum der integrierten Persönlichkeit (Bewusstsein + Unbewusstes). Potentiell prä-existent. Sich figürlich zum Beispiel als Kreuzform oder Zentrum mit konzentrischen Kreisen (Mandalaform) ausdrückend. Figürlich oft auch als imago dei erscheinend.

## Symbol
Bildhafter oder wörtlicher (u.A.) Ausdruck für einen Tatbestand, der nur teilweise bekannt und rational verständlich, aber mit einem irrationalen Bestandteil versehen ist. Es stellt ein Produkt von Kollaboration zwischen Bewusstsein und Unbewusstem dar und ist faszinierend.

## Synchronizität
Jungs Bezeichnung für zeitlich oder räumlich koinzidierende Phänomene, deren Coinzidenz keiner kausalen Erklärung gehorcht, aber einen deutlich sinnvollen Zusammenhang aufweist. Sie können sowohl von Psyche zu Psyche, gewissermassen telepathisch erfolgen, wie auch zwischen Psyche und Physis, d.h. aussen in der physischen Realität erfolgen (psychokinetisch). Ein Beispiel für letztere erlaube ich mir nach Paulis mündlicher Mitteilung anzuführen: P. sass

allein am Fenster im Café Odeon und grübelte über seine minderwertige Funktion (Gefühl, Farbe Rot). Draussen stand ein unbemanntes, grosses Auto parkiert. P. musste dieses unentwegt anstaunen, als es plötzlich Feuer fing und lichterloh brannte ("Pauli-Effekt").

**Traum**

Spontane Manifestation des Unbewussten in Form von Bildern. Steht häufig in kompensatorischem oder komplementärem Verhältnis zur Bewusstseinslage des Träumers.

**Unbewusstes**

Grosser Komplex von Inhalten der umfassenden Psyche der Gesamtpersönlichkeit, der aber habituell unbewusst bleibt. Zu unterscheiden zwischen persönlichem Unbewussten, welches auch bewusst sein könnte, aber verdrängt oder vergessen ist, und dem kollektiven Unbewussten, dessen wir tatsächlich nicht bewusst sind und das sich vorwiegend in archetypischen Bildern oder -Situationen manifestiert.

# Lexikon physikalisch-mathematischer Begriffe
## (für nicht-Physiker)
## (von Charles P. Enz)

**Algol**
Der "Dämonenstern" der Araber. Zweithellster, veränderlicher Stern im Sternbild des Perseus, bestehend aus 3 um den gemeinsamen Schwerpunkt rotierenden Sternen, die sich mit einer Periode von 2.9 Tagen überdecken.

**Äther**
Element der Himmelssphäre bei Plato, Ätherwirbel als Planetenführung bei Descartes, Spannungszustand des Äthers als elektrisches **Feld** bei Faraday. "Durch das Postulat der Relativität wird der Äther als *Substanz* aus den physikalischen Theorien entfernt, da es keinen Sinn mehr hat, von Ruhe oder Bewegung relativ zum Äther zu sprechen, wenn diese durch Beobachtungen prinzipiell nicht konstatiert werden können." (W. Pauli in "Relativitätstheorie", 1921, §2).

**Antiteilchen**
Bezüglich der Ladung gespiegeltes, d.h. **ladungskonjugiertes**, Teilchen mit sonst identischen Eigenschaften. Neutrale Teilchen sind selbst Antiteilchen.

**Atom**
Kleinstes Teilchen, welches eine chemische Verbindung eingehen kann, bestehend aus **Atomkern** und **Atomhülle**.

**Atomhülle**
Sie wird von den **Elektronen** gebildet, die, dem Ausschliessungsprinzip von W. Pauli (1925, Nobelpreis 1945) gehorchend, in konzentrischen Schalen angeordnet sind.

**Atomkern**
Zentrum des **Atoms**, in welchem die überwiegende Masse $A$ und die positive elektrische Ladung $Z$ konzentriert sind. Der Kerndurchmesser ist etwa 100'000 mal kleiner als der Atomdurchmesser.

**Automorphismus, Automorphie**
**Isomorphe** Abbildung eines mathematischen Gebildes (meistens eine **Gruppe**) auf sich selbst.

**Bewegungsgrösse**
Synonym mit Impuls, ist durch das Produkt von Masse und Geschwindigkeit eines Teilchen definiert.

**Co-58, Co-60**
Radioaktive **Isotope** des Elements **Kobalt** ($Z = 27$) mit 31 ($A = 58$), bzw. 33 ($A = 60$) **Neutronen**.

## CPT-Theorem

Das Produkt der Operationen **Ladungskonjugation** $C$, **Parität** $P$ und **Umkehr der Zeit** $T$ ist nach diesem fundamentalen Theorem eine Invariante lokaler relativistischer **Feld**theorien. Beweise von G. Lüders (1954), W. Pauli (1955) und R. Jost (1957).

## Differential- und Integralkalkül

Das Differential einer Funktion $f(x)$ ist der Grenzwert der Differenz der Funktionswerte für ein verschwindend kleines Intervall von $x$. Das Integral ist der Grenzwert der Summe von Differentialen. Der Kalkül wurde von G.W. Leibniz (1684, 1686) und I. Newton (1687) erfunden.

## Dipol, elektrischer

Gerichtete Grösse (Vektor), welche durch zwei Ladungen $+e$ und $-e$ und den sie verbindenden Pfeil gegeben ist.

## Elektrodynamik

Theorie der elektrischen und magnetischen Phänomene und deren Ausbreitung in Raum und Zeit, die in den Maxwellschen Gleichungen zusammengefasst ist.

## Elektromagnetismus

Phänomene, die durch die **Elektrodynamik** beschrieben sind.

## Elektron

Leichtestes Teilchen mit negativer Elementarladung und **Spin** 1/2, welches die **Atomhülle** konstituiert und Träger des elektrischen Stromes und der negativen Beta-**Radioaktivität** ist.

## Elektronenschalen

Siehe **Atomhülle**.

## Energiequant

Um die Eigenschaften der thermischen Strahlung zu erklären, war Max Planck 1900 zur Hypothese gelangt, dass der Energieaustausch zwischen Strahlung und Materie im Vielfachen einer Grundeinheit (Quantum) erfolgt. Diese Hypothese hat sich in der Folge ausnahmslos bestätigt und bildet seither die Grundlage der **Quantenmechanik**.

## Energieniveau

Diskreter Wert der Energie in einem gebundenen, lokalisierten atomaren Zustand.

## Feinstruktur

Sie rührt her vom **Spin** der **Elektronen**, welcher unter dem Einfluss der **Kern**ladung zu feinen Dubletts Anlass gibt. Sie kann ein Effekt der speziellen **Relativitätstheorie** ("relativistische Dubletts") oder der Abschirmung der **Kern**ladung $Z$ durch innere **Elektronenschalen** "Abschirmungsdubletts") sein. (W. Pauli, "Quantentheorie", 1926, Ziff. 34).

### Feld

Ein von M. Faraday um 1830 eingeführter Begriff, welcher die Kraftwirkung auf einen Probekörper der Ladung 1 den Raumzeit-Punkten zuordnet. Während es sich ursprünglich um elektrische Ladungen handelte, wurde der Begriff seit Einstein auf Kräfte verallgemeinert, deren Quellen nicht-elektrischer Natur sind.

### Gruppe

Mathematisches Gebilde $G$ mit den Eigenschaften der Multiplikation (mit zwei Elementen $a, b$ aus $G$ gehört auch das Produkt ab zu $G$), der Assoziativität (drei Elemente $a$, $b$, $c$ aus $G$ erfüllen die Relation $a(bc) = (ab)c$) und der Zugehörigkeit der Identität als Element. Eine Gruppe kann als Verallgemeinerung des Zahlbegriffs durch eine verallgemeinerte Multiplikation betrachtet werden.

### H-Atom

Wasserstoffatom bestehend aus einem **Proton** als **Kern** und einem **Elektron** als **Atomhülle**. Sein Durchmesser ist etwa 0.000'000'01 mm.

### Halbwertszeit, Halbzeit

Zeitdauer, in der die Hälfte der **Kerne** einer **radioaktiven** Substanz zerfällt.

### Isomorphismus, Isomorphie

Ein-eindeutige Abbildung eines mathematischen Gebildes auf ein anderes, d.h. die Umkehrung der Abbildung existiert und ist auch eindeutig. Bei einer **Gruppe** ist die Abbildung eines Produktes zweier Elemente das Produkt der Abbildungen dieser Elemente.

### Isotop

Die Ladung $Z$ eines **Kernes** ist von $Z$ **Protonen** getragen, seine Masse $A$ von diesen und $A - Z$ **Neutronen**. Die Isotope eines Elementes unterscheiden sich durch verschiedene Massen $A$, während die chemischen Eigenschaften durch dieselbe Ladung $Z$ bestimmt ist.

### Isotopentrennung

Da sich die **Isotope** in ihrer Masse unterscheiden, lassen sie sich mittels eines **Massenspektrographen** trennen.

### Kern

Siehe **Atomkern**.

### Kernreaktion

Durch eingestrahlte atomare oder subatomare Teilchen induzierte künstliche **Radioaktivität**.

### Klassische Physik

Die Physik, welche vor der **Quantenphysik** entwickelt worden war und in welcher sich alle Grössen kontinuierlich, kausal und deterministisch verändern.

### Kobalt

Chemisches Element der Ladung $Z = 27$, dessen stabiles **Isotop** die Masse $A = 59$ hat.

### Komplementarität
Ein von Niels Bohr seit 1924 entwickelter Begriff, welcher den exklusiven, im Unterschied zum kontradiktorischen, Gegensatz zwischen zwei physikalischen Grössen oder, allgemeiner, zwischen zwei Qualitäten bezeichnet, wobei die Exklusivität herrührt von der prinzipiellen Unmöglichkeit, beide gleichzeitig zu kennen.

### Komplexe Zahlen
Zur Lösung quadratischer (und höherer) Gleichungen benötigt man die imaginäre Einheit $i = \sqrt{-1}$, mit deren Hilfe die komplexen Zahlen als $x + iy$ mit beliebigen reellen Werten $x$ und $y$ definiert sind.

### Kosmische Strahlen
Hochenergetische atomare und subatomare Teilchen, die aus dem Weltall einstrahlen. Das Problem ihrer Herkunft und hohen Energie ist nicht restlos gelöst. Auf Meereshöhe sind 75% sekundär erzeugte **Müonen**.

### Kraftfeld
Siehe **Feld**.

### Ladungskonjugation
**Spiegelungssymmetrie**, welche das Vorzeichen der Ladung eines Teilchens umkehrt, wodurch dieses in sein **Antiteilchen** übergeht.

### Magnetismus
Phänomene, die sowohl die Kraftwirkung eines Magneten wie auch deren Ursache in der Materie umfassen.

### Mikrophysik
Sammelname für die Physik atomarer und subatomarer Systeme, die durch die **Quantenmechanik** beschrieben wird.

### Molekularstrahl
Durch Beschleunigung erzeugter Strahl von Molekülen, d.h. mehr**atomigen** Strukturen.

### Multiplett
Während die "grobe" Multiplett-Struktur (Dublett, Triplett, etc.) der **Spektrallinien** erst in einem Magnetfeld aufgelöst erscheint, sind die Dubletts der **Feinstruktur** schon ohne Feld vorhanden.

### Müon, mu-Meson, $\mu$
Schweres Elektron mit 207 mal grösserer Masse, das mit einer **Halbwertszeit** von ca. 1 Millionstel Sekunde in ein **Elektron** und zwei verschiedene **Neutrinos** zerfällt.

### Natürliches System
Eine von Pauli oft für das periodische System der chemischen Elemente verwendete Bezeichnung (Korrespondenz 1924, "Quantentheorie" 1926, Vortrag 1952). Dieses wurde von D. Mendelejew 1869 aufgestellt und durch das Ausschliessungsprinzip von Pauli (1925, Nobelpreis 1945) erklärt.

**Negatron**
Synonym mit **Elektron**.

**Neutrino**
"Kleines **Neutron**" (italienisch nach E. Fermi), das von W. Pauli postuliert wurde, um das Energiedefizit beim Betazerfall (siehe **Radioaktivität**) des **Isotops** Radium Emanation ($A = 222$) des chemischen Elementes Radon ($Z = 86$) zu erklären. "... es könnten elektrisch neutrale Teilchen, die ich Neutronen nennen will, in den Kernen existieren, welche den Spin 1/2 haben und das Ausschliessungsprinzip befolgen ..." (Brief Paulis vom 4. Dezember 1930). Die Existenz des Neutrinos konnte erst 1956 bestätigt werden. Neutrinos spielen im Energiehaushalt der Sterne eine wesentliche Rolle.

**Neutron**
Neutrale Version des **Protons** mit einer um 0.1% grösseren Masse. Es zerfällt mit einer Halbwertszeit von ca. 10 Minuten in ein Proton, ein Elektron und ein Antineutrino.

**Orientierter Kern**
Pauli postulierte 1924 die Existenz eines **Spins** der **Kerne**. Falls dieser nicht 0 ist, können die Kerne in einem Magnetfeld parallel gerichtet, d.h. orientiert werden.

**Parität**
**Spiegelungssymmetrie**, welche ein rechtshändiges Koordinatensystem in ein linkshändiges verwandelt.

**Photon**
Lichtquant, Teilchen mit Masse null und **Spin** 1. Es ist das **komplementäre** Bild zu den Licht**wellen**.

**Ponderomotorische Wirkung**
Die Kraft eines magnetischen **Feldes** auf einen elektrischen Leiter.

**Positron**
**Antiteilchen** des **Elektrons**.

**Probekörper**
Siehe **Feld**.

**Proton**
Stabiles subatomares Teilchen mit positiver Elementarladung 1 und **Spin** 1/2, das mit dem **Neutron** zusammen, die **Atomkerne** bildet.

**Psi, $\psi$**
Von E. Schrödinger 1926 eingeführte Bezeichnung der Wellenfunktion (Wahrscheinlichkeitamplitude) in der **Wellenmechanik**.

**Quantenmechanik**
Von Werner Heisenberg 1925 entwickelte Formulierung der **Quantenphysik** im Teilchenbild in Analogie zur **klassischen Physik**, wobei die Grössen der klassischen Teilchenmechanik durch nicht vertauschbare Operatoren ("Matrizen") ersetzt sind.

### Quantenphysik
Physik des 20. Jahrhunderts, welche sich mit den atomaren und subatomaren Phänomenen befasst, die mit der Intuition des Alltags nicht mehr erfasst werden können und daher neue Begriffe wie die der **Energiequanten** und der prinzipiellen Unschärfe von Messwerten notwendig macht. Ein Quant ist eine unteilbare diskrete Einheit einer physikalischen Grösse wie der Energie, welche in der älteren Physik als kontinuierlich angesehen wurde.

### Radioaktiver Zerfall
Siehe **Radioaktivität**.

### Radioaktivität
Phänomen der Emission von (positiver) Alpha-, (positiver oder negativer) Beta- und (neutraler) Gamma-Strahlung beim spontanen Zerfall von **Atomkernen**. Alphastrahlen bestehen aus Helium-Kernen (2 **Protonen** + 2 **Neutronen**), negative Betastrahlen sind **Elektronen**, positive sind **Positronen**, Gammastrahlen sind **Photonen** hoher Energie.

### Radiumzerfall
**Radioaktiver Zerfall** der **Isotope** des Elementes Radium ($Z = 88$).

### Raumspiegelung
Siehe **Parität**.

### Raumzeitkontinuum
Von H. Minkowski 1908 eingeführter Begriff, der Raum und Zeit zusammenfasst, welche in der **Relativitätsphysik** nicht mehr voneinander trennbar sind.

### Relativitätsphysik
Von A. Einstein begründete Theorie, deren Kinematik Raum- und Zeitkoordinaten mischt (spezielle Relativitätstheorie, 1905). In der allgemeinen Relativitätstheorie (1916) spielen die Massen die Rolle von Quellen, welche das **Raumzeitkontinuum** lokal deformieren, was zu einem metrischen **Feld** Anlass gibt.

### Riemann'sche Fläche
Funktionen $f(z)$ wie $\sin z, \log z$, etc. zeigen erst ihre vollen Eigenschaften, wenn man für $z$ **komplexe Zahlen** $x + iy$ zulässt. Die Funktionen werden dann auch komplex, $f(x+iy) = u+iv$, so dass man sie als Abbildung der komplexen Ebene auf sich selbst betrachten kann. Da die Funktionen meist mehrwertig sind, benützt man bei n-Wertigkeit n "Blätter" der x,y-Ebene, wobei man von einem Blatt ins nächste durch Umkreisung einer Singularität der Funktion gelangt. Die so an ihren Singularitäten zusammenhängenden Blätter nennt man nach dem Mathematiker G.F.B. Riemann eine Riemann'sche Fläche. Sie hat eine andere **Topologie** als die Ebene und in ihr ist die Funktion eindeutig dargestellt.

### Scattering
Siehe **Streuung**.

## Schwache Wechselwirkungen

Kräfte, welche die **Radioaktivität** bestimmen, im Unterschied zu den starken Wechselwirkungen, welche **Protonen** und **Neutronen** im **Atomkern** zusammenhalten. Die Kräfte des **Elektromagnetismus** sind demgegenüber intermediär.

## Schwingungszahl

Synonym mit Frequenz, Zahl der Schwingungen pro Zeiteinheit.

## Spektrallinie

Das Spektrum einer Strahlungsquelle ist die Auflösung der emittierten Strahlung nach Frequenzen (**Spektroskopie**). Im sichtbaren Gebiet ergibt diese Zerlegung die Regenbogenfarben. Das von einem **Atom** ausgestrahlte Spektrum besteht aus scharfen Linien, die von der **Quantenmechanik** erklärt werden.

## Spektrograph

Apparat, der die **spektroskopischen** Frequenzen registriert.

## Spektroskopie

Experimentiertechnik zur Auflösung einer Strahlung nach Frequenzen. Historisch von besonderer Bedeutung für die **Quantenphysik** sind die Linienspektren der **Atome**.

## Spiegelungssymmetrien

Symmetrie-Operationen mit der speziellen Eigenschaft, dass ihre zweimalige Anwendung die Identität ergibt. Beispiele sind **Parität**, **Umkehr der Zeit** und **Ladungskonjugation**.

## Spin

Eigendrehimpuls (Drall) eines Teilchens.

## Statistische Korrespondenz

Der von Bohr seit 1916 entwickelte Begriff der Korrespondenz zwischen atomaren **Spektrallinien** und Lichtfrequenzen bei entsprechender klassischer Bewegung wurde von Pauli in seinen Essays auf die statistische Verknüpfung zwischen den **komplementären** "Ideen des Diskontinuums (Teilchen) und des Kontinuums (Welle)" verallgemeinert.

## Streuung

Teilchen oder **Wellen**, die in ein **Kraftfeld** (z.B. erzeugt durch einen **Atomkern**) einstrahlen, werden von diesem abgelenkt, d.h. gestreut.

## Thermoelektrizität

Phänomene, in denen elektrische Grössen (Spannung, Strom) und thermische Grössen (Temperaturdifferenz, Wärmemenge) verknüpft sind.

## Topologie

In ihrer mengentheoretischen Form (von ihrer algebraischen Form wird hier abgesehen) verallgemeinert die Topologie den Raumbegriff derart, dass nicht mehr von Längen und Winkeln die Rede ist, sondern nur noch von den Eigenschaften der Umgebungen der Raumpunkte.

**Umkehr der Zeit**

**Spiegelungssymmetrie**, welche das Vorzeichen der Zeit umkehrt, d.h. Vergangenheit und Zukunft vertauscht.

**Unsicherheitsrelationen, Unschärferelationen**

Von W. Heisenberg 1927 formulierte Ungleichungen, die besagen, dass das Produkt der Unschärfen der Messwerte zweier **komplementärer** Beobachtungsgrössen (Observablen) nicht kleiner als $h/4\pi$ sein kann, wo $h$ das **Wirkungsquantum** ist.

**Valenz**

Anzahl Valenz**elektronen**, mittels derer zwei Elemente eine chemische Bindung eingehen. Bei bipolarer Bindung werden diese Elektronen ausgetauscht, bei kovalenter Bindung sind sie gepaart. Die kovalente Bindung wird oft durch **Valenzstriche** dargestellt.

**Valenzstriche**

Siehe **Valenz**.

**Wahrscheinlichkeitsgesetze**

Form der Gesetze in der **Quantenphysik**, welche nicht mehr wie in der **klassischen Physik** für Einzelbeobachtungen gelten. Vielmehr manifestieren sich die Quantenphänomene in klassischen Messapparaten, "von vielen kontrollierbar und von den beobachtenden Subjekten nicht beeinflussbar. Sie treten in diesem Sinne den Beobachtern als objektive Wirklichkeit entgegen, die durch Wahrscheinlichkeitsgesetze geregelt ist." (W. Pauli, "Phänomen und physikalische Realität", 1957, p. 99).

**Wellenmechanik**

Von Erwin Schrödinger 1926 entwickelte Formulierung der **Quantenmechanik** im **Wellen**bild, welches zum Teilchenbild **komplementär** ist. Schrödinger zeigte auch die Äquivalenz von Wellen- und Quantenmechanik.

**Weltformel**

Nichtlineare **wellenmechanische** Gleichung für Teilchen mit **Spin** 1/2 mit einer inneren Symmetrie, die rechts- und linkshändige Teilchen und **Antiteilchen** verknüpft. Diese Gleichung wurde von W. Heisenberg in der Hoffnung aufgestellt, alle existierenden Teilchen darauf zurückzuführen und bildete gegen Ende 1957 die Basis der letzten Zusammenarbeit zwischen diesem und Pauli. Im Frühjahr 1958 erschien diese Formel zum Leidwesen Paulis in der Weltpresse.

**Wirkungsquantum**

Die von M. Planck 1900 für die Erklärung der thermischen Strahlung eingeführte universelle Konstante $h$, welche die Dimension einer Wirkung (Energie $\times$ Zeit) hat.

# Appendix 13

**2 Faksimiles der Handschriften von Pauli und Jung**

Handschriftliche unpublizierte Notiz Jung's über Synchronizität

**THE INSTITUTE FOR ADVANCED STUDY**
Founded by Mr. Louis Bamberger and Mrs. Felix Fuld
PRINCETON, NEW JERSEY

Oct. 1, 1945

Lieber Freund C + A = F.

*[Handschriftlicher Brief — Transkription nicht zuverlässig lesbar]*

Aus einem Brief Pauli's an seinen Freund C.A. Meier

# Chronologisches Verzeichnis der Briefe

| | | | |
|---|---|---|---|
| [1] | Jung an Pauli | Küsnacht | 4. November 1932 |
| [2] | Jung an Pauli | Küsnacht | 5. Mai 1933 |
| [3] | Jung an Pauli | Küsnacht | 19. Oktober 1933 |
| [4] | Jung an Pauli | Küsnacht | 2. November 1933 |
| [5] | Jung an Pauli | Küsnacht | 28. April 1934 |
| [6] | Jung an Pauli | Küsnacht | 22. Mai 1934 |
| [7] | Pauli an Jung | Zürich | 26. Oktober 1934 |
| [8] | Jung an Pauli | Küsnacht | 29. Oktober 1934 |
| [9] | Pauli an Jung | Zollikon | 22. Juni 1935 |
| [10] | Jung an Pauli | Küsnacht | 24. Juni 1935 |
| [11] | Pauli an Jung | Zollikon | 4. Juli 1935 |
| [12] | Jung an Pauli | (fehlt) | 21. September 1935 |
| [13] | Pauli an Jung | Princeton | 2. Oktober 1935 |
| [Beilage zu 13] | | | |
| [14] | Jung an Pauli | Küsnacht | 14. Oktober 1935 |
| [15] | Jung an Pauli | Küsnacht | 14. Februar 1936 |
| [16] | Pauli an Jung | Princeton | 28. Februar 1936 |
| [17] | Jung an Pauli | Küsnacht | 19. Mai 1936 |
| [18] | Pauli an Jung | Zürich | 16. Juni 1936 |
| [19] | Jung an Pauli | Küsnacht | 6. März 1937 |
| [20] | Pauli an Jung | Zürich | 3. Mai 1937 |
| [21] | Jung an Pauli | Küsnacht | 4. Mai 1937 |
| [22] | Pauli an Jung | Zürich | 24. Mai 1937 |
| [23] | Pauli an Jung | Zürich | 15. Oktober 1938 |
| [24] | Jung an Pauli | (fehlt) | |
| [25] | Pauli an Jung | Zollikon | 30. Oktober 1938 |
| [26] | Jung an Pauli | Küsnacht | 3. November 1938 |
| [27] | Pauli an Jung | Zürich | 8. November 1938 |
| [28] | Pauli an Jung | Zürich | 11. Januar 1939 |
| [29] | Pauli an Jung | Zollikon | 28. April 1939 |
| [30] | Pauli an Jung | Zollikon | 24. Mai 1939 |
| [31] | Pauli an Jung | Zollikon | 3. Juni 1940 |
| [32] | Pauli an Jung | Zollikon | 25. Oktober 1946 |
| [33] | Pauli an Jung | Zollikon | 23. Dezember 1947 |
| [34] | Pauli an Jung | Zollikon | 16. Juni 1948 |
| [35] | Pauli an Jung | Zollikon | 7. November 1948 |

| | | | |
|---|---|---|---|
| [36] | Jung an Pauli | Küsnacht | 22. Juni 1949 |
| [37] | Pauli an Jung | Zollikon | 28. Juni 1949 |
| [38] | Pauli an Jung | Zollikon | 4. Juni 1950 |
| [39] | Jung an Pauli | Küsnacht | 20. Juni 1950 |
| [40] | Pauli an Jung | Zollikon | 23. Juni 1950 |
| [41] | Jung an Pauli | Küsnacht | 26. Juni 1950 |
| [42] | Pauli an Emma Jung | Zollikon | Oktober 1950 |
| [43] | Jung an Pauli | Küsnacht | 8. November 1950 |
| [44] | Pauli an Emma Jung | Zollikon | 16. November 1950 |
| [45] | Pauli an Jung | Zollikon | 24. November 1950 |
| [46] | Jung an Pauli | Bollingen | 30. November 1950 |
| [47] | Pauli an Jung | Zollikon | 12. Dezember 1950 |
| [48] | Jung an Pauli | Küsnacht | 18. Dezember 1950 |
| [49] | Jung an Pauli | Bollingen | 13. Januar 1951 |
| [50] | Pauli an Jung | Zollikon | 2. Februar 1951 |
| [51] | A. Jaffé an Pauli | Küsnacht | 14. März 1951 |
| [52] | Jung an Pauli | Küsnacht | 27. März 1951 |
| [53] | Pauli an Jung | Zürich | 17. April 1951 |
| [54] | Pauli an A. Jaffé | Zürich | 3. Dezember 1951 |
| [55] | Pauli an Jung | Zollikon | 27. Februar 1952 |
| [56] | Pauli an Jung | Zollikon | 17. Mai 1952 |
| [57] | Jung an Pauli | Küsnacht | 20. Mai 1952 |
| [58] | Pauli an Jung | Zürich | 27. Februar 1953 |
| [59] | Jung an Pauli | Küsnacht | 7. März 1953 |
| [60] | Pauli an Jung | Zürich | 31. März 1953 |
| [61] | Jung an Pauli | Zürich | 4. Mai 1953 |
| [62] | Pauli an Jung | Zürich | 27. Mai 1953 |
| [63] | Jung an Pauli | Küsnacht | 23. Juni 1953 |
| [64] | Jung an Pauli | Küsnacht | 24. Oktober 1953 |
| [65] | Jung an Pauli | Küsnacht | 5. Dezember 1953 |
| [66] | Pauli an Jung | Zürich | 23. Dezember 1953 |
| [67] | Jung an Pauli | Küsnacht | 10. Oktober 1955 |
| [68] | A. Jaffé an Pauli | Küsnacht | 27. August 1956 |
| [69] | Pauli an Jung | Zürich | 23. Oktober 1956 |
| [70] | A. Jaffé an Pauli | Küsnacht | 15. Dezember 1956 |
| [71] | Jung an Pauli | Küsnacht | Dezember 1956 |
| [72] | Pauli an Jung | Zürich | 22. März 1957 |
| [73] | A. Jaffé an Pauli | Küsnacht | 29. Mai 1957 |
| [74] | Pauli an Jung | Zürich | Juni 1957 |
| [75] | Jung an Pauli | Küsnacht | 15. Juni 1957 |
| [76] | Pauli an Jung | Zürich | 5. August 1957 |
| [77] | Jung an Pauli | Küsnacht | August 1957 |
| [78] | A. Jaffé an Pauli | Küsnacht | 19. November 1957 |
| [79] | A. Jaffé an Pauli | Küsnacht | 29. Dezember 1957 |
| [80] | A. Jaffé an Pauli | Küsnacht | 7. Oktober 1958 |

# Index nominum

Abegg E 141, 149
Albinos 191
Ambler E 211, 212, 216
Aristoteles 76, 93, 95, 99, 191, 192
Augustin 77, 172, 190, 191

Bacon F 138
Bacon R 172
Bash KW 203
Basileios 190, 191
Basilius 77
Berliner A 9
Berthelot 25
Bertram F 7, 222
Beutler R 81
Bhabha (Homi Bhabha) 224
Biber M 162
Boccaccio 109
Bohr A 4, 7, 133, 134
Bohr N 4, 6, 7, 55, 56, 64, 85, 93, 99, 119, 120, 133, 140, 143, 145, 231
Boller-Schmid MJ 73
Boltzmann L 103, 110
Born M 221
Boron R de 52
Boulanger J 48, 51
Bruder Klaus 30
Bruno, G 32
Burckhardt 109
Busch, G 149

Cantor 127
Cassirer E 171
Ch'uang-tze 83
Chandrasekharan K 171
Churchill 7
Crombie AC 172
Cues (Nikolaus von Cues) 73, 156, N 77, 107

Danton 18, 20
Dedekind 127
Dee J 26

Delbrück M 160, 163, 224
Descartes 172, 228
Dieth 141
Dionysios Areopagites 75, 191
Dorneus G 4, 127, 128
Driesch H 130, 131
Dunne JW 10, 11

Eckhart s. Meister Eckhart
Eddington 10
Einstein A 4, 92, 113, 119, 120, 145, 146, 154, 155, 223, 233
Enz CP 2, 7, 146, 149

Faraday M 58, 228, 230
Fell Smith C 26
Fermi E 222, 232
Fierz M 2, 35, 37, 44, 48, 49, 54, 55, 90, 94, 127, 159, 162, 167, 170, 171, 223
Fiore G da 53
Fludd R 25, 33, 34, 48, 76, 85, 90, 93, 94, 107, 113, 199, 200
Fordham 149
Franz ML v. 50
Freud S 103, 120
Frey-Rohn 206
Fuchs 172

Galilei 32, 172
Garwin RL 211, 212, 216
Geoffroy 51
Geulincx 55
Gilson E 172
Gonseth F 72, 73, 86, 96
Gorter CJ 158, 162
Goudsmit 221
Grosseteste R 172
Gustafson 132

Hadamard J 2, 172
Harder R 81, 190
Hare 131

Hayward RW 212, 216
Heisenberg W 6, 145, 162, 222, 224, 235
Henry P 81
Heraklit 77, 78, 82, 89, 93, 107
Hershey 163
Hoffmann ETA 148
Hoppes DD 211, 212, 216
Howald E 76, 81, 107, 110, 191
Hoyle 73
Hsieh CH 182
Hudson RP 212, 216
Hurwitz S 138, 149
Huxley A 73, 89, 184

Jacobi 209
Jaffé A 9, 11, 74, 89, 220
Jamblichus 76
James H 181
Jammer M 171
Janet P 217
Johann XXII 151
Jordan P 8–10, 222
Jost R 146, 140, 149, 229
Judaeus Philo 57
Jung E 48, 50
Jung P 217

Källén G 132, 142, 149
Kant I 94, 99
Karrer 96
Kepler J 32–34, 57, 76, 85, 93, 113, 171–173, 182, 187, 196, 197, 199, 199, 200, 223
Kerényi K 160, 163
Klaus (Bruder Klaus) 30
Klein F 172
Klein O 6
Knoll M 166, 167, 193, 195
Knud der Grosse 141
Kramer HA 6
Kronecker L 127
Kusch P 216

Lacinius 25
Laotse 74, 75, 80
Lederman LM 158, 162, 212, 216
Lee TD 157, 158, 162, 211–216
Leibniz GW 45, 104, 114, 229
Lenz W 146, 149
Lessing 109, 114
Lévy-Bruhl L 226
Lindemann F 171
Lindemann L 171
Lorentz 149

Lüders GCF 159, 162, 229
Luria 163

Mach E 102–105, 110
Matthaeus Paris 172
McConnell RA 59, 63, 68, 87, 96
Meier CA 31, 35, 43, 53, 54, 81, 113, 115, 206–209, 224
Meister Eckhart 78
Meliton v. Sardes 191
Mendelejew 231
Meyenn K v. 4, 172
Meyrinck G 25, 26
Minkowski H 233
Moderatos 77, 192

Newton I 34, 171, 197, 229
Norlund M 7

Oppenheim 199
Origines 191

Paracelsus 199
Parmenides 76 ,77 ,80 ,93 ,95, 191, 192
Pascheles W 96
Pauli H 19
Planck M 6, 118, 229, 235
Plato 49, 76–78, 86, 92, 93, 95, 99, 100, 105, 107, 110, 126, 190, 191, 197, 228
Plotin (Plotinos) 76, 78, 81, 167, 190–192
Poincaré H 2, 129, 131, 171, 172, 222
Preiswerk E 217
Proklus 75, 76

Quispel G 72, 76, 81

Rabi II 211
Radhakrishnan S 94
Rauschenbach E 217
Rhine JB 60, 131
Riemann GFB 171, 189, 233
Riklin 209
Ripley G 25
Roosevelt 7
Rosenbaum E 8, 13
Rutherford 6

Schmeck HM jr 210
Schmid MJ 72, 73
Schopenhauer A 2, 39, 40, 74, 75, 78, 80, 82, 95, 104, 190
Schrödinger 232
Schütz BC 96

Schwartz M 162
Schwyzer HR 76, 81, 167, 190
Scotus Eriugena J 75, 76, 172, 191
Simplicius 77
Sokrates 92
Sommerfeld A 106, 110, 113
Speiser A 71
Steinberger J 162
Stolz v. Stolzenberg D 25
Straumann H 141, 142, 149
Struik DJ 127

Tatian 191
Theiler W 81

Uhlenbeck 221

van der Waerden 209
van Dusen WM 154, 155, 156

Weinrich M 212, 216
Weisskopf VF 222
Wentzel G 162
Weyl H 171
Wheeler 7
White ES 183
Whitehead AN 93
Wilhelm R 24, 31, 45, 89, 180, 218
Witelo 172
Wu CS 158, 162, 212, 215, 216
Wu Gi 180

Yang CN 157, 211–216

Zeeman P 149
Zosimos 25

# Index rerum
von *Magda Kerényi*

Abendland, Geist 179
Ablauf
– periodischer 31
– psychischer 31
– raum-zeitlicher 57, 184
Abstraktheit, mathematische 66
Abstraktionen, bewußte 123
"Acht" 135, 136, 151
Adam und Eva 151
Affekt (s. auch Gefühl; Emotion) 123, 147, 160
– unverständlicher 52
agape 114
Agnosie Gottes 78
Ahasver 52
Aion 80, 88, 95, 139, 181
Akausalität 40, 65, 67, 69, 71, 74
– archetypisches Kennzeichen 70
– der Mikrophysik 57, 64
– nicht-psychische 64
– physische 69
– als psychische Anomalie 70
akustisches Phänomen 187
Alchemie 26, 34, 36, 69, 79, 86, 93, 107, 122, 124, 126, 128, 134, 139, 178, 201
– abendländische 180
– Merkur 45, 116
– Ofen, alchemistischer im Traum 36
– Opus, alchymisches 126
– Philosophie 83, 199
– traditionelle 198
Alchemist 22, 32, 42, 67, 76, 99, 111, 126, 133, 134, 139, 151
Algebra (s. auch Mathematik) 45, 79
Algol 160
alte Weise (der alte Weise) 18, 32, 45, 51
Althochdeutsch 142
Altschwedisch 142
Amplifikation 74, 125
– der Archetypen 130
– Methode 3
– in Träumen 130
Analogie
– physikalische 13, 58
– Träume und Graalsmythos 51

Analyse 3, 8, 13, 41, 120, 132, 207
– Ablösung von der 19
– des Arztes 205, 206
– Praxis, analytische 205
Analytiker 206, 207
– Seelenzustand der 206
analytische Psychologie 45, 74, 96, 105, 108, 119, 120, 131, 135, 139, 144, 209
– Heimat 121
– Lehrbarkeit 207
– als praktische Heilkunst 207
– Sprache 107, 139
Angst 28, 160, 181
– des Ichbewußtseins, Ursache 162
– Todesangst 181
Anima 18, 19, 24, 27, 33, 44–47, 80, 84, 85, 98, 99, 111, 115, 146, 164, 180–182, 184
– dunkle 97, 113, 121, 146
– chthonische 138
– Figur, weibliche 88
– ganzheitliche 98
– Komplex 28
– lichte 138, 147
– Projektion 128
– Selbst, Beziehungsproblem 128
anima hominis 199
anima mundi (Weltseele) 200
anima terrae 199
Animismus 102
Animus 29
– Projektion 128
Anordnung in der Natur 64, 64
– akausale 64
– ganzheitliche 64
– nicht-psychisch akausale 65
Anschaulichkeit 129
Anschauungen, symmetrische 115
Ansprüche, ethische 29
Anthroparia 25
Anthropomorphismus, naturphilosophischer 75
Anthropos 165
Antichrist 77
– Analogie zum 52
Antike 78, 82, 93, 99

- Mysterienkulte 27
- Philosophen 92, 95
- Träume, antike 21
antinomisches Denken 93
Apokalypse 151
apollonisch-dionysisch, Gegensatzpaar 137
Apperzeptionsvorgang 100
aqua permanens 103
Äquinoktialtage 42
Äquinoktialzeit 85
Äquinoktien 131, 154, 186
Ära, christliche 138, 192
Arbeitsprozeß, alchemistischer 151
archaische
- Anschauung 178
- Erkenntnisstufe 197
- Hintergründe 170
- Naturbeschreibung 199
- Standpunkt 200
Archetypus, Archetypen 15, 20, 45, 47, 48, 51, 55, 58, 62, 64, 69, 70, 71, 79, 88, 92, 94, 98, 99, 100, 104, 107, 108, 110, 112, 113, 120, 139, 148, 150, 160–163, 165, 174, 178, 181, 187, 197, 198, 207
- Begriff 145
- Begriffsanwendung in der Mikrophysik 65
- und Bewußtsein 53
    - Idenditätsbeziehung 51
- Beziehung zur Psyche 106
- der chthonischen Trinität 48
- der Coniunctio 121, 122, 126, 138
- Definition des 70
- dunkler 77
- dyadischer 107
- Dynamik 137, 152
- einfachste 125
- empirisch 124
- der Ganzheit 95, 100, 122
- Gegensatzüberwindung 164
- Grundlage der heutigen Physik, archetypische 174
- Hintergrund physikalischer Begriffe 36, 182
- Imaginationen, archetypische 163
- Inhalte, archetypische 202
- Inkarnation 109, 132
- keplerscher 18
- Kleeblatt 145
- Kontingenz 62
- lichter 77
- der Manapersönlichkeit 51
- Manifestation
    - physisch-objektiv 124
    - psychisch-subjektiv 124
- Metaphysik, archetypische 112
- der modernen Naturwissenschaft 33

- multiple Erscheinungsform 67, 139
- Mutter 116
- der mutterlosen Frau 116
- Natur des 63
- und nicht-kausaler Zusammenhang 62
- der Ordnung 47
- Physik, archetypische 112
- physikalische 128
- psychisch-physisch 163
- psychische Natur 105
- psychoider 63, 64, 69, 98, 116, 124, 125, 128, 165
- in der Psychologie 46
- in der Quantenphysik 64
- der Quaternität 128
- Quellen der Naturwissenschaften, archetypische 147
- des Schattens 27
- Selbstamplifikation 130
- Sequenz, archetypische 89
- Stufe des Nichtpsychischen, archetypische 113
- Symbole 112, 173–189
- synchronistisches Zusammenfallen 59
- Theologie, archetypische 112
- transzendentale Natur des 69
- Vier-Takt, archetypischer 31
- Vorstellung Keplers, archetypische 198
- Vorstellungen, archetypische 35, 188, 197, 200
    - Einfluß auf naturwissenschaftliche Theorien 196–201
- Wahrscheinlichkeit 70
- und Wahrscheinlichkeitsbegriff der Mathematik 70
- des Weiblichen 97
- als Zahl 106, 114, 127, 130
Arianer 137
Arithmetik (s. auch Mathematik) 45
Arzt 205
Asklepios, Mythus 113
Assimilation 28, 50, 107
- psychoider Archetypen 128
- unbewußter Inhalte 202
Assoziation 31, 135, 150, 183
- freie 12
- Einfälle, assoziative 179
- zu Träumen 180
Assoziationsexperiment 206
Assumptio (s. auch Himmelfahrt) 86
- B.V. Mariae 99, 101
- der Frau 138
Assumption
- Dogma 98
- des Körpers 98

– der Materie 98
– der Semele 98
Astrologe, psychischer Zustand 54, 55
Astrologie (s. auch Horoskop) 39, 44, 55, 74, 199, 209
– Argument, astrologisches 54
– Versuchsanordnung, astrologische 60
– Widerstand gegen 55
– Wirkung 199
– Zahlen 48
– Zodiakschlange 25
Asymmetrie (s. auch Symmetrie) 164
– physikalisches Problem 164
Athanasier 137
Atheist 29
Athene 116
Äthermedium 58
Atom 6, 43, 67, 92, 93, 94, 106–108, 173–175, 177, 184
– Natriumatom 174
– Radiumatom 61
– Vorgänge, atomare 189
– Wasserstoffatom 177, 187
– im Traum 186
Atombombe 7
– Gefahren 138
– Kompensation 128
Atomgewichte 175
Atomkern 9, 42, 173, 175, 187
Atomkriege 138
Atommasse 176
Atommodell 6
Atomphysik 56, 64, 71, 104, 133, 145
Auflösungsvermögen 174
Aufspaltung 107, 108, 149, 175, 187
– einer Spektrallinie 174
– im Traum 186
Ausdrücke, physikalische 13
Aussage, metaphysische 105
Ausschliessungsprinzip 3, 6
Ausser-Ich, psychisches 140
Automorphismus 79, 80, 88, 92, 139
Avatara 81
Axiom der Maria Prophetissa 188

Baum 49
Baumreihen 180
Bedingung, archetypische 69
Begabung, mathematische 188
Begriff
– des Psychischen 110
– des Psychoiden 110
– neutraler 110
– mathematische Begriffe 106

– naturphilosophisch-physikalische Begriffe 172
– naturwissenschaftliche Begriffe 170
– archetypische Hintergründe 174
– physikalische Begriffe 45, 58, 173
  – Anschaulichkeit 66
  – archetypischer Hintergrund 182
  – Traumhaftigkeit 66
– physische Begriffe 33
– psychologische Begriffe 33, 58, 185
– wissenschaftliche Begriffe 173
Begriffsanwendung
– gleichzeitige in Psychologie und Physik 65
Begriffsbildung, naturwissenschaftliche 35
Begriffssprache 106
Behandlung, analytische (s. auch Analyse) 207
Beobachter 201
– Psyche 100, 104, 113
Beobachtung 91, 193, 203
– Methoden der 177
– Mittel der 177, 178, 201
– physikalische 177
– unbewußter Inhalte 179
Berührungspunkte von Physik und Psychologie 126
Beseeltheit des Stoffes 98
Betaradioaktivität 157, 158
– radioaktiver 162
Betrachtungsweise
– deterministische 185
– mechanistische 185
– naturwissenschaftliche 117
– physikalisch-psychologische 66
– physikalische 9
– psychologische 65
– religionspsychologische 84
– vitalistische 185
Bewegungsgröße 184
Bewegungsmessung 91
bewußt-unbewußt
– Komplementarität 16
– Gleichgewicht 164
Bewußtmachung 97
Bewußtsein 8, 10, 16, 18, 22, 23, 28, 33, 37, 47, 53, 61, 73, 89–91, 94, 97, 107, 111, 118, 130, 144, 149, 152, 153, 163–165, 170, 173, 179, 187, 197, 203
– aktive Mitwirkung 185
– Begriff 78
– Differenzierung 164
– Eingriff 187
– Einheit 183
– Eklipse 150
– Entwicklung 188

– Erhöhung 180
– Frequenz-Grad 181
– Ich-Bewußtsein 79, 183
– individuelles 10, 100
– Inflation 22
– Inhalte 108, 180, 197, 202
  – Einheit der Inhalte 40
– kollektives 164
– Losgelöstsein des 108
– männliches 46, 134
– multiples 79
– Niveau 184, 185
– Phänomene 181
– reflektierendes 83
– Reflexion des 107
– Sprache 112
– im Unbewußten 79
– unterscheidendes 122
– Verdunkelung 150
Bewußtseinsgrad 183
Bewußtseinsinsel 144
Bewußtseinslage 38, 42
– des Individuums 43
– instabile 43
Bewußtseinsquaternio 114
Bewußtseinswelt 121
– anschauliche 62
Bewußtwerdung 107, 111, 132, 184, 189, 196
– des archetypischen Inhalts, Komplementarität zum 38
– Prozeß 113, 187
Beziehung (s. auch Gegensatz) 125
– zur äußeren Umgebung 134
– emotionale 180
– geheime 138
– Geist–Psyche 116
– menschliche 109, 121
– objektive 113
– Physik–Biologie 160
– Psyche–Geist 116
– Psychologie–Physik 35, 116, 118, 122, 125, 161, 162
– subjektive 113
– Träume–Physik 117
– Wissenschaft–Mystik 154
Beziehungsproblem 109
– psychologisches 128
Bibel 77, 139
Bild (eidolon), Bilder 23, 107, 114, 163, 164
– archetypische 201
– gespiegeltes 160
– kosmogonisches 187
– der Natur 47
– präfiguriertes 67
– mit starkem emotionalen Gehalt 197

– symbolische 179, 200
bildhafte Vorgänge 123
binarius 98
Biochemie 145
Biologe 144, 145
Biologie 4, 9, 83, 108, 115, 117, 128, 130, 144, 159, 185
blau 186
Blutkreislauf 31
Boden, gemeinsamer von Physik und Psychologie 129
Bodenradarsystem 193
Böse, das (s. auch Übel; Gut und Böse) 29, 75–78, 86, 92, 93, 99, 103, 190
– absolut 191
– ethisches Problem 128
Bösen, Problem des 75
Bruder Klaus, Visionen 30
Bruder
– älterer 135
– jüngerer 135
– zwei Brüder 180
Buddhismus 74

C 159
caritas 115
caritas christiana 114
Castor und Pollux 132
Chaos 180
Charakter
– kosmischer 187
– numinoser 33
Charon 152
Chemie 117, 118
– als Analogie 124
– Element, chemisches 174, 176, 177, 179
– Sprache 145
Chemiker 66
China 80, 138
– Philosophie, chinesische 98
– Revolution, chinesische 164, 165
– symbolisch 128
Chinesen
– Chinesin 88, 90, 98, 121, 159, 164, 181
  – im Traum 87, 98
– Ehepaar, chinesisches 90
– intuitives Weltbild 75
Christentum 20, 30, 52, 86, 107, 137–139, 191, 192
– Auffassung von Gott 178
– christliche Ära 138, 192
– Einfluß 191
– Gottheit, trinitarische 198
– Konfessionen, christliche 115

– Kreuz, christliches 20
– und Merlin 52
– Olymp, christlicher 70
– Religiosität, christliche 74
– Rezeption 50
– Theologie 77, 138
– traditionelles 51
– Trinität, christliche 191
– Zensur, christliche 49
Christus 25, 50, 69, 151
– als Gott und Mensch 132
– Lapis-Parallele 22
– als Symbol des Selbst 81
chronos 40, 74, 181
chthonische, chthonischer
– Geist 69
– Ländermandala 141
– Naturgeist 52
– Triade 146
– Trinität 48
– Ursprung 140
– Weisheit 138, 153
circulatio spirituum 16
Circum-ambulatio 202
coincidentia oppositorum 73, 77
complexio oppositorum 107
coniunctio 85, 90, 91, 101, 121, 134, 139, 140, 148, 153
– Archetypus der 122, 126, 138
coniunctio oppositorum 98
consistency (Widerspruchsfreiheit) 104
corpus subtile 180
CPT-Theorem 159, 161, 210ff

D-Linie des Natriumatoms 174
Dame, dunkle 161
Dänemark 143
– im Traum 132
Dänisch 141–143, 148, 149
Demiurg 78, 111, 126
Denken 92, 103, 115, 121, 123, 125, 143
– antinomisches 93
– komplementäres 115, 119
– logisches 90
– mathematisches 68
– naturwissenschaftliches 85, 91
– physikalisches 68
Denkfunktion 134
Denkprozesse 110
– absichtliche Elimination 104
Denktypus 74, 103
Denkweise
– magisch-alchemistische 35
– naturwissenschaftliche 35

Depressionszustände 52
Determinismus 34, 40, 56, 185
– strenger 39
deus est summum bonum 77, 78
Deutsch 142
Deutschland 143
Deutung 13, 18, 66, 102
– psychologische 21, 174, 181
– wissenschaftliche 21
diamantenes Leben 180
Diana 49
Differential- und Integralkalkül 45
Dimensionen 80
Dimensionsbegriff, mathematischer 155
Dimensionszahl 155, 156
Diocletian 18, 20
Dionysos 98
Dioskurenmythos 189
Dipol
– elektrischer 173
– physikalischer 14
– psychologischer 16
Diskontinuität
– der Einzelfälle 56
– in der Mikrophysik 55, 56, 61, 65
– und Synchronizität 57
Dissoziation 161
Dogma 86, 106, 134, 139
– der Assumptio 87, 97, 98
– katholisches 85
– von Mariae Himmelfahrt 70, 84–86
Doppeloktav 200
Doppelsehen 153
Drehung 33
"Drei" 23, 24, 29, 30, 44, 79, 125–127, 135, 147, 151, 157, 188, 198, 200
– Päpste im Traum 133
Dreidimensionalität des Raumes 198
Dreieck, nach unten gespiegeltes 48
Dreieinigkeit 198
Dreifache Krone 134
"Dreihundertsechs" 151
Dreiprinzipienlehre 58
Dritte, das 188
Dschen (Donner) 42, 171, 180, 181
Dublette 14, 174, 187
– Feinstruktur einer Spektrallinie 175
Dublettaufspaltung 176, 180, 183, 184, 189
Dublettstruktur der Spektrallinien 174
Dunkel, das 79, 92, 97, 160
Dunkelheitsprinzip, weibliches 69
Dunkle, die 85, 87, 88, 159, 160, 162
– Anima 97, 113, 121, 146
– dunkle-chthonische 138
– Dame 161

254  Index rerum

– Frau 159
– Unbekannte 169
Dunkle-weibliche, das 44
dyadischer Archetypus 107
Dynamik 14, 179
– der Archetypen 152
– emotionale 95
Dynamis 99, 118
– der Zahl 129

Effekt, synchronistischser 60
Ego 46, 47
– als Bewußtseinszentrum 17
– rationales 88
Ehe 29
– als Anima- und Animusprojektion 128
– psychologische Beziehungsprobleme 128
Ehepaar, chinesisches 90
Ei 188
– Eierschale, blaue 186
– im Traum 186
– vier Eier 187
– zwei Eier 186, 188
eides (Töne) 107, 187
eidolon (Bild) 107
Eigenrotation 11
Eine, das 17, 77, 78, 81, 93, 100, 126, 152, 153, 165, 188, 190
– als Zahl 125
Eine, der 149
Einfälle, assoziative 179
Einheit 16, 114, 153, 165
– bewußtseins-transzendente 134
– imaginäre 188
– psycho-physische 81
– transzendentale 115
Einheitssprache, psycho-physische 82
"Eins" 80, 136, 137, 143, 149, 152, 153, 188, 200
Einstellung
– magische und mystische 52
– psychische 29
– zum Tod 27
"Einundsiebzig" 136
Einzelfall, akausaler 64
Eklipsis 132, 150
– des Bewußtseins 150
Ekstase 24
ekstatische Visionen 29
Elektrodynamik 117
– Dipol 173
– Felder 175
Elektron 93, 107, 158, 175, 187
– Eigenschaften 94

– Emission 157
Elektronenpaar 118
Elektronenschalen 173
Element 16, 174
– in der Chemie 175
– chemische Natur 176
– chemisches 174, 176, 177, 179
– isotope Elemente 108
– in der Physik 175
– vier Elemente 49, 53, 114, 175
Emanation 16, 198
Embryo 180
Embryologie 31
Emotionen (s. auch Gefühl; Affekt) 87, 159
– der Seele 200
– Beziehung, emotionale 180
– Dynamik 95
– Gefühlsseite 201
– Gehalt, emotionaler 197
– Seite, emotionale 84
Emotionale, das 189
Empfindung 121, 134, 143, 151
Empfindungstypus, extravertierter 103
Empirie (s. auch Erfahrung) 10, 16, 157, 196
– Objekt, empirisches 93
– Welt, empirische 94, 86
Enantiodromie 29, 34, 89
Energetik 146
Energie 16, 41, 58, 62, 74, 79, 80, 175–179, 184, 203
– Niveau 175, 184, 185
  – des Einzelatoms 43
  – energetisches 175
– physikalische 73, 177
– psychische 177
– Symbol, physikalisches 82
– unzerstörbare 57
Energieaussendung 59
Energieerhaltung-Raumzeitkontinuum 62
Energiemessung 203
Energiequant 41
Energiequellen 95
England 143
Englisch 141, 143, 148, 149
Entelechie 131
Entropie 185
– Bilanz 185
– Zunahme, thermodynamische 185
Entsprechung, psychologische der physikalischen Vorstellung 66
Episteln, Verfasser 151
Epistemologie 3
Erde 17, 124, 138, 140, 153, 166, 199, 200
Erdenleben 180

Ereignisse
- historische 19
- nicht-psychische 60
- numinose 150
- innerhalb der Physik 159
- physikalische im Atomaren 39
- politische 19, 20
- psychische 60
Ereigniskette, physische 164
Erfahrung 104
- unmittelbare 139
Erfahrungsmaterial 196
Erforschung, introspektive 10
Erhaltungssatz der Energie 178
Erinnerung 57
Erkenntnis 123, 125, 153, 197, 200, 201
- bewußte 153
- physikalische 152
  - Schlüssel zur physikalischen Erkenntnis 125
- psychologische 152
Erkenntnisprozeß 201
Erkenntnisstufe, archaische 197
Erkenntnistheorie 39, 102, 126
- Definition, erkenntnistheoretische 110
- Fragen, erkenntnistheoretische 101
- Sachlage, erkenntnistheoretische 102
Erkenntnisweg 10
Erlösung 53, 79, 80, 152
Eros 20, 99, 109
Erotik 19, 29, 152
Erotisch-geistige, das 44
Erscheinung 86
- konkrete 95
- materielle 124
- meteorische 199
- parapsychische 10
- physikalische 124
- räumlich distant sichtbare 66
- zeitlich distant sichtbare 66
Erscheinungsformen des Fremden, helle und dunkle 45
Erwartungen, eschatologische 107
Eschenbach's psychologische Lösung 50
Esoteriker 127
ESP (extrasensory perception) 98
- Experiment 56, 59
- Phänomene 87, 88
Ethik 29, 78, 82, 192
- Ansprüche, ethische 29
- Probleme 80, 89
  - von Gut und Böse 95
Eucharistie, Speise 69
Eule im Traum 181
Eva 49

Evangelist 134, 151
Evangelium veritatis 208
Evolution
- biologische 82
- psychische 82
Existenz
- geistige 112
- physische 180
- psychische 180
- psychoide 112
- transzendente 17
Exkommunikation 18
Exotin im Traum (s. auch Chinesin) 87
Experiment 47, 64, 103, 133, 134, 144, 145, 158, 159, 161, 202
- Auswahl 178
- Bestimmung der Energieniveaus des Einzelatoms 43
- biologisches 28
- psychologisches 28
- statistisches über Horoskope 39
- zur Symmetrieprüfung 157
Experimentalphysiker 82, 158
Experimentator, physikalischer 130
Extraversion 198
- Auffassung, extravertierte 17
- Empfindungstypus, extravertierter 103

Fachausdrücke, physikalische 11
Familie 10
Farbe, Farben 18
- blau 182
- grün 49
- rot 49, 182
- ultrarot 182
- ultraviolet 182
- violet 182
- weiß 49
Feinstruktur 11, 174
Feld, Felder 62, 65, 67
- elektrische 175
- elektromagnetisches 66, 58
- magnetische 175
- polares 19
- psychologische Entsprechungen 66
Feldbegriff 58
- physikalischer 203
  - Analogie zum Unbewußten 58
Feldphysik 58
Feldspannung 62
Fenster 169
Feuer 52, 54, 77, 80, 82, 89
filius Philosophorum 98
Fisch 69

Fluß 51, 118
- im Traum 51, 116
flying discs s. UFO
Folklore 109
fonction du réel 134
Form 76, 95
- äußere 149
- männliche 76
forma 107
Formel
- theologische 77
- mathematische 107
Frankreich 143
Französisch 147
Frau 116, 135, 140, 146, 147
- Archetypus der mutterlosen 116
- dunkle 159
- metaphysische Repräsentation 86
- numinose Bedeutung 151
- Paulis 151
   - Abwesenheit 151
- als Symbol der Verwirklichung 151
- im Traum 186
freie Assoziation 12
Fremde, der 45, 47, 48, 51, 52, 78, 89, 90, 106, 116, 122, 136
Frequenz 174, 176, 177, 183, 184
Frequenzgrad des Bewußtseins 181
Frequenzsymbolik 179, 181, 182
Fühlen 121
- intuitives 85, 91
"Fünf" 136, 143, 153
"Fünfhundertachtundsechzig" 136, 151, 152
Funktion 28, 79
- Bewertung, Verschiebung im Lebenslauf 134
- differenzierte 134
- inferiore (minderwertige) 47, 105, 121, 134
- intuitive 65
- irrationale 188
- mathematische 91, 178, 185
- minderwertige 134, 135, 151
- passive 93
- psychische 95
Funktionsschema 45, 121, 134

Galahad 49
Ganze, das 114, 135, 152, 153, 187
Ganzheit 46, 47, 65, 95, 99, 116, 136, 188
- Archetypus 95, 122
- eigene innere 122
- der Individualpsyche 116
- des Individuums 113, 122
- des Menschen 91, 100

- Archetypus 95
- Integration 100
- mütterliche 46
- der Naturerklärung 116, 122
- von Psyche und Physis 90
- des Psychischen, Einschränkung 130
- quaternäre 106
Ganzheitliche, das 122
Ganzheitsauffassung der Natur 48
Ganzheitssymbol 195
Geburt 148, 180, 186
- physische 42
- psychische 180
- seelische 42
Gedächtnis 57
Gedankengänge
- physikalische 165
- psychologische 165
Gefühl (s. auch Emotion) 87, 89, 99, 134, 143, 147, 187
Gefühlsbeziehungen 29
- zum Unbewußten 79
Gefühlsbezogenheit 99
Gefühlsseite, emotionale 201
Gefühlshaltung 137
- verklausulierte 136
Gefühlsmäßige, das 189
Gefühlsprobleme 119
Gefühlstyp 73, 190
Gegensatz 98, 111, 115, 153, 121
- Geist–Körper 124
- kosmische Gegensätze 126
- zwischen mathematischer und symbolischer Naturbeschreibung 188
- Ort extremster Gegensätze 96
- physikalische Gegensätze als Projektion 184
- Physis–Pneuma 115
- polare Gegensätze 181, 200
- Psyche–Physis 106, 115, 165
- Psychologie–Philosophie 97
- psychologischer 164
- psychophysische Gegensätze 98
- Spannungsenergie 165
- Überwindung der gegenständlichen Gegensätze 165
- Vereinbarkeit 39
- Vereinigung 99
- Verschärfung 95
Gegensatzkategorie 165
Gegensatzkonflikt 164
Gegensätzlichkeit 153, 167
Gegensatzpaar 31, 45, 65, 77, 79, 85, 88, 91, 134, 143, 147, 153, 179, 181, 184, 185, 188
- apollonisch–dionysisch 137

- in Balance 42
- bewußte und unbewußte Gegensatzpaare 44
- geistig–materiell 137
- Gut–Böse 77, 137, 192
- komplementäre Gegensatzpaare, archetypische Entsprechung 184
- Mitte zwischen Gegensatzpaaren 122
- Naturwissenschaft–katholische Tradition 134
- Paradoxie 73
- der Physik 57
  - komplementäres 185
- Physik – katholische Tradition 134
- Pole der Gegensatzpaare 138
- Problem 29, 121
- psychisches 185
- Psychismus–Materialismus 94
- der Psychologie 57
- Psychologie–Physik 122
- symmetrische Behandlung 80
- Überwindung 164
- Vereinigung 134
- Vollständigkeit–Objektivität 119
- Welle–Teilchen 90

Gegensatzvereinigung (s. auch coniunctio) 138, 179
- im neuen Haus 136

Gegenstand, psychischer 112
Gegenüberstellung von Psychischem und Transzendentalem 116
Geist (Pneuma), Geister 95, 100, 102, 106, 107, 109, 111–113, 115, 123, 124, 126, 128, 143, 152, 199, 200
- abendländischer 179
- Aspekt der Psyche, geistiger 112
- chthonischer 69
- Existenzen, geistige 112
- geistig–materiell, Gegensatzpaar 137
- und Gottheit 124
- heiliger 191
- menschlicher 90
- Merkurius 51
- metaphysische 103
- und Psyche 123
- als Sohn der Mutter 124
- Symbolik 100
- Ursprung, geistiger 100

Geistererscheinungen 180
Geisteswissenschaften
- Bevorzugung 208
- Aspekt der Psychologie, geisteswissenschaftlicher 204

Geistigkeit 180
Geistleib 180

Geistlicher, katholischer 103
Genetiker 145
Geomantie 129
Geometrie 198
- Begriffe, geometrische 95
- euklidische 93
- Objekt, geometrisches 93

Gesamtheit, statistische 56
Gesetz
- der Proportion der Planetenbewegung 198
- statistisches 56

Gestalt 88
Gestirne 17, 199
Gewicht 26
Gleichartigkeit 65
Gleichgewicht, bewußt–unbewußt 164
Gleichzeitigkeit 40, 46
- als Parallelkreise 39
- physikalische 40

Gnosis 134, 208
Gnostik 140
- Symbole des Selbst, gnostische 81
- Systeme 156

Gnostiker 75, 77, 78, 151, 180, 190, 191
- christliche 76
- griechische 16
- heidnische 76

Gold, Herstellung 22
Gott 34, 75, 78, 94, 107, 125, 127, 132, 165, 178, 190
- Abbild 107, 198, 199
- Agnosie Gottes 78
- Attribute 78
- christlicher 18, 78
- dreieiniger 198
- ewiges Sein Gottes 198
- Ebenbild 197, 199
- Geist Gottes 197, 198
- als geistiges Prinzip 178
- Gottvater 198
- Inkarnation 87
- als männliches Prinzip 178
- Mensch-Beziehung 78
- Menschwerdung 107
- Mutter Gottes 148
- Seinsform 198
- trinitarischer 199
- zweiter 107

Gottesaugen 164
Gottesbegriff 74
Gottesbild 74
- jüdisch-christliches 84
Gotteserkenntnis 126
Gottessohn 34, 80, 191
Gottheit 17, 86

– und Geist 124
– pneumatische 124
– trinitarische 198
Göttin, helle 97
Göttingen 107, 186, 188
Graal 49
– und Quaternität 50
Graalsgeschiche 48, 49, 51, 53, 54, 79
Gravitation 197
Grenzwertbegriff 156
Große Wasser, das 152, 180
Grottenolm 181
Grundlage, archetypische 38, 43, 69, 174
Grundlagenforschung, mathematische 65
Grundzahlen 114
Gruppenbewußtsein
– kollektives 205
– der Psychotherapeuten 206
Gut und Böse 138
– ethisches Problem 95
– Gegensatzpaar 137
Gute, das (s. auch summum bonum) 77, 78, 81, 92, 93, 99

H-Atom s. Wasserstoffatom
Halbwertszeit 56, 60
Halluzination 82
Halo (Lichthülle) 160, 165
Handlungen, rituelle 152
Häresien 107
– christliche Sekte, häretische 107
harmonia mundi (Weltharmonie) 199
Harmonie 24
– Proportionen, harmonische 197, 199
Harmoniegefühl 23
Haus 140
– Bohrs als Beziehungsmittelpunkt 133
– neues 134, 140, 144, 146, 147, 152, 153
  – Beziehung zum Publikum 136
  – Gegensatzvereinigung 136
  – im Traum 133, 136–138
Heidentum 150
– Motive 49
– Philosophen, heidnische 192
Heiland (s. auch Christus) 164
heiliger Geist 191, 198
Heilkunst 207
Heilsweg, Projektion 156
Held 165
heliozentrische Idee 198, 201
hell-dunkel-Figur 90
Helle, das 160
– Göttin, helle 97
Hellsehen 10

hen to pan 152
Herbst 44
hermaphroditische Wesen, sieben 140
Hermes Trismegistos 107
Hermetik
– Philosophie, hermetische 199
– Welt der Psyche, hermetische 45
Herzog 20
Hieranyagarbha 165
Hieroglyphen 28
Hierosgamos 84, 87, 90, 94
Himmel 85, 87, 94, 100, 138, 166
– allegorisch 86
– astronomisch 86, 193
– christlich 94
– und Erde 100, 138
– platonisch 94
– Sitz der Gottheit 86
– überhimmlischer Ort 86, 94
Himmelfahrt Mariae, leibliche 85
Himmelskörper 198
Himmelszone 193
Hintergrundsphysik 41
– Aufsatz über 74, 173–189
Hintergrundsvorgänge, psychische im Subjekt 66
Hiob 97, 98
Holland 85, 89, 127
– im Traum 122
Holz, Hölzer 51
– drei
  – archetypische Bedeutung 51
Homousia 106
– allgemeine Beziehung 109
Horoskope 42, 44, 60, 129
– Vergleich Verheirateter und Unverheirateter 55
– Verheirateter 39
Hülle 92
Humanismus, kritischer 96
Hyle 76, 93, 124
Hyperraum 155, 156
Hypnose, Versuch 14

I Ging 23, 24, 31, 45, 46, 88, 152, 171
– mantische Prozedur 129
– Zeichen 180
  – Dschen 42, 181
  – vierundsechzig 45
Ich 22, 82, 92, 108, 114, 144, 146, 160–162, 179, 180, 188
– Bewußtsein 57, 78–80, 184
– Angst 162
– im Körper gefangenes 180

Idealismus 94
Idee 15, 76, 86, 93–95, 100, 106, 107, 123, 197, 199
– christliche 190
– geometrische 93
– im göttlichen Geiste 198
– heliozentrische 201
– philosophische 78
– pythagoräische 200
ideeller Ursprung 100
Identität, unbewußte 14, 180
Illusion 163, 165
Imagination, archetypische 163, 174, 177
imagines Dei 73
imago dei 24
Indien 82, 89, 96, 138 140
– Eindrücke, indische 101
– Philosophie 94, 95
– Mystizismus, indischer 89
Individualität, physikalische 64
Individualpsyche 124
– Ganzheit 116
Individuation 16, 30, 91, 115, 136, 164
Individuationsprozeß 22, 31, 84, 87, 91, 107, 116, 127, 133, 156, 163, 194, 195
– emotionale Begleitung 122
– intellektuelle Begleitung 122
– Symbol 122, 166, 194
– Traumsymbol 132
Individuationsweg 50
Individuum 16, 105, 111
– Ganzheit 113, 122
infans solaris 33, 91, 107, 200
Inflation des Bewußtseins 22
Inhalt 176
– archetypischer 37, 202
– psychischer 22, 177, 183, 187
    – Verdoppelung 180
– des Unbewußten 28
    – Assimilation 90
– unbewußter 108, 177
    – archetypischer 43
– verdoppelter 177, 180
Initiationsriten 25
Inkarnation 81–83, 139
– eines Archetypus 108, 109, 132
    – Numinosität 108
– Gottes 87
Insel 49, 53, 143, 144, 149
Instinkt 88, 104, 162, 197
– Weisheit, instinktive 138
Integrationsprozesse 80
Intellekt 18, 99, 136, 152
Interpretation, psychologische 66
– der Radioaktivität 67

Intervalle, musikalische 200
Introspektion 69
Introversion 198
– Auffassung, introvertierte 17
Intuition 46, 89, 121, 125, 132, 134, 143, 150, 196
– Funktion, intuitive 65
Invention, mathematische 172
Inzest, Mutter-Sohn 116
irdisch s. chthonisch
Irrationale, das 92, 159
– Aspekt, irrationaler 95
– der Wirklichkeit 104
Isolation des Körpers 202
Isomorphie 137, 139
Isotop, Isotope 14, 16, 108, 132, 139, 150, 176
– im Traum 132, 174
Isotopentrennung 11, 14, 107–109, 141, 175, 176, 181, 184, 189
– als Traumsymbol 132
Italien 85, 127, 143
– im Traum 122

Jahreszeiten 44
Jahwe 74
Johannes der Evangelist 134, 151
Judas 50
jüdisch-christliches Gottesbild 84
jüdische Tradition 138
Jung-Institut (C.G. Jung-Institut) 35, 138, 204

Kabbala, kabbalistische posteriora Dei 97
Kairos 94, 96
Kathedrale (s. auch Kirche) 137–139
Kathodenstrahl 193
Katholiken 97
Katholizismus 18, 86, 97
– katholisch-protestantisch, Gegensatz 84, 85, 87, 90
– Ritus 134
– Tradition 134
– Geistlicher 103
– Klerus 86
– Onkel 133
– Dogma 85
Kausalabläufe, inkommensurable 63
Kausalgesetz 69
Kausalität 40, 41, 47, 57, 58, 61, 62, 65, 80, 98, 126, 130, 163, 199
– als Psychologem 61
Kausalitätsprinzip 54
– Aufhebung 63
Kausalkette 39, 165, 195
– materielle 163

– psychische 164
– synchronistische 194
Kepleraufsatz Paulis 3, 33, 34, 36, 48, 94, 137, 154, 170
Kern 122, 139, 144, 157, 158
– aktiver 67, 71
– physikalisch 92
– psychisch 92
– radioaktiver 11, 15, 22, 33, 37, 45
  – Symbol 16
  – Transmutation, chemische 67
– Symbole 73
Kernmaterie 176
Kernreaktion 6, 144
Kernspaltung 6
Kernwaffen 7
Kerygma 98
Kind, Kinder 146, 150, 151, 180
– in Schweden 132
– im Traum 45, 145
– vier 44
Kinderland 132
Kirche (Gebäude) 134, 147
Kirche (Institution) 147
Kirche 49, 153
Kirchenjahr 25
Kirschen 152
– rote 136, 147
Klee 146
Kleeblatt-Archetypus 145
Klerus, katholischer 86
Knabe 46, 47
Kobra (s. auch Schlange) 140, 153
Kobrapaar 140
Koinzidenz (s. auch Synchronizität) 39, 47, 69
Kollektiv-Psyche 41
kollektive Unbewußte, das s. Unbewußte, das
kollektives Bewußtsein 164
kollektives Gruppenbewußtsein 205
Kollektivität 167
– dunkle Seite 29
Kollektivmeinung 159
– rationalistisch-naturwissenschaftliche 160
Kollektivphänomen 43
Kommunismus 86, 107
Kompensation 121, 181, 182
komplementäres Denken 115, 119
Komplementarität (s. auch Gegensatz) 4, 6, 9, 93, 119, 120, 133, 178, 179, 181, 183–185
– bewußt-unbewußt 16
– von Einheit und Vielheit 80
– von Energie 203
– zwischen Energie und Zeit 178
– der Physik 90, 170

– in der Physik 55
Komplementärverhältnis 16
– von Physis und Geist 140
Konfessionen 109
– christliche 115
Konflikt, bewußte Einstellung und Unbewußtes 44
Konfliktlosigkeit, Sehnsucht nach 78
Königssymbolik 148
Konjunktion s. coniunctio
Konjunktionsvorgang 42
Kontemplation 180
Kontext 179
Kontinuität 58
kopernikanische Lehre 32
Körper (s. auch Objekt) 76, 116, 123, 128, 155
– elektrische 58
– der Madonna 85
– magnetische 14, 58
– materielle 66
– physischer 126
– und Seele, Verhältnis 55
– Teilung 180
Körperwelt 183, 198–200
Korpuskel 99, 124
Korrespondenz (s. auch Synchronizität) 47, 65
– zwischen Physik und Psychologie 121, 122
– statistische 56, 60
  – der Quantenphysik 56
Korrespondenzprinzip 6
Kosmogonie als Projektionen des Unbewußten 73
Kosmos 156, 183
– kosmisch-universal 113, 187
– Ordnung des 196, 199
– Ordnung, kosmische 104
– Strahlen, kosmische 32
– als Traumsymbol 202
– Willkür im 75
Kraftfeld 59
– elektromagnetisches 58, 187
– physikalisches 58
Kreis 28, 187, 188, 199
– gemeinsames Zentrum von Kreisen 122
– horizontaler 122
– peripherer 199
– vertikaler 122
Kreiseinteilung, rationale 199
Kreislauf 33
Kreuz 18, 20
– christliches 20
Krieg
– dreißigjähriger 137

– im Traum 90, 137
Krishna 165
Krone, Dreifache 134
Krümmung (s. auch Raum) 198
Krümmungsbegriff 155
Kugel 18, 78, 80, 93, 172, 198
– dreidimensionale 198
Kugelschale 17
Kultur 138

Labilität, psychische 186
Laboratorium 133, 134, 138, 144, 145, 151
– im Traum 132
– unbewußtes 135
Ladungskonjugation 157
Ladungsvorzeichen 161
Ländermandalas 85, 143
– chthonische 141
Lapis 7, 16, 22, 67, 70, 74, 98, 122
Lateinisch 141
Leben 7, 74, 116, 145, 152, 169, 185, 189
– diamantenes 180
Lebensgesetze 145
Lebensquelle, Sonne 198
Lehrerfolge, akademische 208
Leugner des Werdens 78
Leute, fremde 46, 88, 90, 96, 97, 101, 147
Libidosymbol, psychisches 82
Licht 7, 17, 79, 161, 172
– und Dunkel 138
– emittiertes 174, 175
– Zirkulation 88
Lichte, das 44, 138
– Anima, lichte 138, 147
– Gestalt, lichte 97
– Lichte-weibliche, das 44
Lichtemission 175, 182
Lichtfrequenzen 175
Lichtgestalt 52
Lichthülle (Halo) 160, 165
Lichtkorpuskel 175
Lichtreich 27, 180
Lichtstrahlen 199
Lichtwelle 182
Liebe 151
– Religion der 137
Liebesgöttin 98
Linguistik
– Symbolik, linguistische 141, 143
links 121, 157
Links-Rechts-Vertauschung 157
Linksrichtung 164
Literatur, alchemistische 25
Logos 90

– männlicher 99
Luft 124
Luminosität, multiple 181

Macht 18, 20, 39, 152
Mädchen 45
– das dunkle 85
Madonna 97
Magie 134, 147, 152
– alte Schriften über 52
– Verbindung, magische 19
Magier 51
Magnet 147
Magnetfeld 14, 147, 149, 175
– Theorie des 147
Magnetismus 173
Makrokosmos 16
malum (s. auch Böse) 124
Mana 52, 178, 179
Manapersönlichkeit
– Physiognomie der 52
– Urbild 52
Mandala 16, 36, 140, 144
– Ländermandala, chthonische 141
– sphärische Form 198
– Symbolik, Projektion 33
– Zentrum 102
Mann 151
– blonder 32
– dunkler 27
– und Frau (s. auch Paar) 16
Männchen 28
Männerreligion 85
Männliche, das 151
– Form 76
– Logos, männlicher 99
– Prinzip, männliches 40
– Zahl, männliche 125
Männlichkeit 125, 135
Mantik 46, 88, 106
– Methoden 47, 59, 64
– Prozedur im I Ging 129
– Zufallsbedingungen, mantische 47
Mantra 79
Märchen 205
Maria 18, 126, 151
Maria Prophetissa 126
März 44
Masse 62, 63, 108, 176, 178, 184
– der Atome 176
– Relativität der 67
– Undefinierbarkeit 62
Massenhalluzinationen 83
Massenspektrograph 175

Massenwert 108, 185
mater 179
materia 107, 124
Materialismus 86, 94, 100
– psychologische Grundlage 178
Materialismus-Psychismus-Gegensatzpaar 94
Materie 36, 59, 67, 74, 76–78, 86, 87, 93, 95, 98, 100, 103, 107, 111, 124, 139, 145, 178, 179, 187, 191, 200
– Entwertung der 78
– als psychischer Zustand 128
– Sein 99
mathemathische Funktionen 178
Mathematik 45, 52, 64, 90, 104, 117, 125, 136, 139, 156, 159, 188
– Algebra 45, 79
– Arbeiten 154
– archetypische 47
– Begriffe 106
  – sprachliche Anwendung in Träumen 117
– Dimensionsbegriff 155
– Formeln 107
– Invention, mathematische 172
– Kenntnisse, mathematische 155
– Naturwissenschaft, mathematische 89
– qualitative Seite 189
– quantitative Seite 189
– reine 95
– der Spiegelungen 159
– Symbolik 189
Mathematiker 2, 37, 106, 130, 139, 172, 205
matriachale Sphäre 124
Matrix
– physische 124
– Psyche und Materie 124
– psychische 124
Maya (Illusion) 94, 165
Mechanik 201
Meditation 180
Medizinmännern, Träume von 207
Medusa 160
Meister 146, 147
– lichte Seite des 138
Meisterfigur (s. auch Fremde) 116, 121, 122, 136
– in Träumen 122
Mensch 78, 87, 94, 95, 99, 100, 107, 125, 127, 153, 199
– erkennender 200
– Ganzheit 100, 116
– moderner 178
Menschwerdung Gottes 107
Meridiane 39
Merkur 32
– alchemistischer 116

Merkurius 79, 122, 152, 153
Merlin 49, 51, 53, 79
– Beziehung zum Christentum 52
– hell-dunkel Gestalt des 51
meson 105, 165
Messbare, das 189
Messe 69
Messiassohn 98
Meßopfer 22, 134
Metalle, sieben 140, 187
Metaphysik 2, 79, 100, 103, 104, 112, 113, 122
– archetypische 112
– Aussage 105
– Geister, metaphysische 103
– Sprache, metaphysische 108
– Urteile, metaphysische 99–101
Meteor 82, 83
Methode
– mantische 47, 59, 64
– rationale in der Wissenschaft 52
Mikrokosmos 16, 34, 113, 116, 122, 201
– und Makrokosmosidee 16
Mikrophysik 34, 40, 41, 56, 57, 179, 188, 201
– Diskontinuität 70
– Objekte, mikrophysikalische 119
Mitte 31
– zwischen den Gegensatzpaaren 122
– zwischen Physik und Psychologie 122
Mittelalter 16, 26, 107
– Philosophen 16
– Träume, mittelalterliche 21
Mittelpunkt 147, 198
Moiren (Parzen) 49, 51
Molekularstrahlen 19
Moment, numinoser 63
Monade 104, 114
Monas 17
Mondsymbolik 148
Monismus 86
– psychophysischer 86
monistische Sprache 86
Moral 192
– Probleme, moralische 80
– heidnische 49
Mü-Mesonen ($\mu$-Mesonen) 165
Mukti (Befreiung) 165
multiple Luminosität 181
Multiplets 14
multiplicatio 31, 70, 79, 139, 172, 180, 182
– in Kathedralen 139
mundus archetypus 62, 70, 100, 106
mundus potentialis 83
Musik 136, 152, 187, 199
– Intervalle 200

Mutter 18, 46, 116, 143, 151
- Archetyp 116, 124, 148, 178
- Ganzheit, mütterliche 46
- des Geistes 116
- des Selbst 151
- Stiefmutter 148
Mutter Gottes 148
Mutter-Sohn-Inzest 116
Mykenae 160
Mykes 160
Mysterien
- alchemistische 200
- rosenkreuzerische 33, 200
Mystizismus, indischer 89
Mystik 85, 154
- Naturwissenschaft-Gegensatzpaar 90
Mythen 179, 205
mythologisch träumen 112, 118
Mythus 49, 51, 160, 164, 166, 180
- des Asklepios, psychologische Bedeutung 113

Nachtleben 148
Natriumatom 174
Natur 46, 52, 69, 95, 120, 146, 152, 153
- äußere 44
- ganzheitliches Walten der 47
- Gesetzmäßiges in der 189
- statistische Beschreibungsweise 119
- Verstehen der 196
Naturbeschreibung 170, 188
- archaisch-magische 199
- einheitliche 83, 174, 182
Naturerkenntnis 197
Naturerklärung 92, 104
- Ganzheit 116, 122
- physische 113
Naturgeist, chthonischer 52
Naturgesetz 42, 56, 70, 92, 157, 175, 178, 196
- deterministische Form 56
- nicht-psychologischer Rahmen 119
- objektiver Rahmen 119
- in der Physik 46
- physikalisches 79
- statistische Naturgesetze 119, 120
- statistischer Charakter 43, 56
Naturlauf und Vorsehung 39
Naturphilosophie 94, 192
- Begriffe, naturphilosophisch-physikalische 172
Naturwissenschaft, Naturwisssenschaften 34, 52, 85, 89, 95, 102, 114, 128, 139, 140, 152, 153, 171, 197, 204–209
- abendländische 75

- archetypische Quellen 147
- Begriffe 170
- Betrachtungsweise, naturwissenschaftliche 52
- Denken, naturwissenschaftliches 91
- emotionale Quelle der 137
- klassische 93
- mathematische 89
- Standpunkt
  - naturwissenschaftlicher 174
  - naturwissenschaftlich-positivistischer 46
- Wendung in den 39
- Zeitalter, naturwissenschaftliches 198
Negatronen 158
Neger 32, 33
- im Traum 32
"Neun" 135, 136, 151, 152
"Neunzehn" 136, 152
Neuplatoniker 75, 191, 198
- Philosophen 192
Neuplatonismus 76–78, 86
Neupythagoräer 77, 191
- Elemente des Unbewußten, neupythagoräische 108
- Mentalität 106
- Philosophen 192
- Spekulationen, neupythagoräische 107
Neurose 148, 205
- Sinn 29
Neutralität 105
- Begriff, neutraler 110
- Herstellung 105
- Ordnungsprinzipien, neutrale 112
- Sprache, neutrale 87, 115, 177
Neutrino 144, 157
- Hypothese 3
Nicht-Mediziner 207, 208
Nicht-Seiende, das 77, 92–95, 99
Nichtkausalität 39
Nichtpsychische, das 95, 111, 116
- archetypische Stufe 113
Nigredo 150
Nirvana-Begriff 99
Nominalismus 71
Norden 144, 150
- Intuition 132
Notwendigkeit, moralische 39
Nous 140, 160
Numinosität 70, 133, 162
- Charakter, numinoser 33
- Ereignis, numinoses 150
- der Frau 151
- der Zahl 130
  - archetypische 129
Numinosum des Archetypus 162

Objekt 184
- empirisches 93
- geometrisches 93
- mathematisches 93
- mikrophysikalisches 119
Objektiv-Psychische, das 179
Ofen im Traum, alchemistischer 36
Offenbarungen, religiöse 100
Oktav 200
Ontologie 92
Opfer 117, 130, 138
opus
- alchemistisches 67, 126
- als Symbol des Individuationsprozesses 122
Orakel 64
Oratorium 151
- und Laboratorium, Einheit von 153
Ordnung
- kosmische 104
- des Kosmos 196
Ordnungsprinzipien, neutrale 105, 112
Organe, unbewußte 16
Ort 46
- extremster Gegensätze 96
- überhimmlischer 94
Ortsmessung 91
östliche Philosophie 179

P 159
Paar 125, 140
Pantheismus 75
Papst 84, 86, 87, 97, 134, 151
Päpste, drei 146, 151
Parada 152
Paradies 152
Paradiesbaum 49
Paradiesschlange 140
Paradoxie komplementärer Gegensatzpaare 73
Parapsychologie 9, 11, 28, 128, 131, 134, 135, 161
- Erscheinungen, parapsychische 10
Parität 232
Paritätsexperimente 160
Paritätsverletzung 210–216
participation mystique 14, 100
Partizipation 16
Parzen (Moiren) 49, 51
Parzivalgeschichte, Deutung als Individuationsweg 50
Patient 205, 207
Pauli
- Effekt 35, 37, 72
peccatum originale 152

Pendel 24, 25
Periode, zeitliche 177
Periodizität 160
- Abläufe 31
- Symbole 24, 26, 27
- Charakter, periodischer 99
Peripatetiker 93
- Tradition, peripatetische 93
Perser (s. auch Fremder) 45
Perseus 165
- Sternbild 160
Persönlichkeit 47
- zwei Aspekte derselben 52
Persönlichkeitsteil, oberer 180
Pfarrer 147
Pferde 29, 30
Phänomen (s. auch Erscheinung) 86
- akustisches 187
- synchronistische Phänomene 36–38, 42–44, 52, 98, 149, 160
- parapsychologische Phänomene 8, 28, 161
- phänomenologisch 8
- psychische Phänomene 8
- synchronistisch zusammengehörende Phänomene 37, 38, 40, 54, 163
  - auf archetypischer Grundlage 43
- telepathische Phänomene 8
Phantasie 11, 22, 87, 173, 205
- Reihen 29
Phantasiebilder 138
Philosophen 103, 131
- antike 95
- heidnische 192
- mittelalterliche 16
- neuplatonische 192
- neupythagoräische 192
Philosophie 3, 8, 86, 93, 104
- alchemistische 83, 199
- antike 77
- chinesische 98
- europäische 93
- Gesangsverein, philosophischer 152
- hermetische 199
- heutige 136
- indische 94
- östliche 179
- platonische 86
- Schopenhauers 75
Phos archetypon (archetypisches Licht) 17
Photon 175
Phycomyces 160, 165
Physik 2–4, 6, 10, 12, 35, 39, 42, 52, 72, 75, 85, 90, 92, 93, 95, 97, 104, 108, 110, 112–115, 117, 119, 124, 125, 128, 135, 136, 144, 145, 154, 157, 161, 165, 166, 173–189, 210–216

- ältere 179
- Archetypen 128
- archetypische 112
- Begriffe 173
  - abstrakt-mathematischer Charakter 61
  - als archetypische Symbole 173–189
  - sprachliche Anwendung in Träumen 117
- Definition 102
- Erkenntnis, physikalische 152
  - Schlüssel zur 125
- erweiterte 128
- experimentelle Seite 66
- Feldbegriff 203
- Geschichte 103
- Gesetze 28
- heutige 48
- klassische 61, 71, 118, 177
- Komplementarität 170
- Lebenswurzel 128
- moderne 22, 61, 71, 74
  - Postulate 62
- neuere 93
- offizielle 120
- Problem 128
- Prozeß, physikalisch-chemischer 145
- und Psychologie, Berührungspunkte 126
- Sprache 143, 176
- Stagnation der 76
- Symbolik 128
- Termini 144
- theoretische 2, 8, 28, 85, 90, 132
- Theorie, subjektiver Aspekt 119
- träumen, physikalisch 112, 117, 118
- Traumfeststellung, physikalische 113
- Traumsprache, physikalische 106, 108, 143
  - des Unbewußten 109
- Traumsymbolik, physikalische 116, 118, 120, 122, 128
- Vollständigkeit 121

Physiker 2, 10, 13, 36, 37, 39, 40, 44, 54, 56, 57, 66, 67, 75, 76, 84, 97, 102, 103, 105, 118, 119, 128, 138, 140, 142, 146, 157–159, 170, 173, 174, 177, 196–201, 202, 207
- drei 126
- Glaube der 100
- moderner 86
- theoretischer 8
- Physikerfrauen in Träumen 134
- Physiklehrer 106
- zwei 144

Physiognomie der Manapersönlichkeit 52
Physiologie 103, 145
- Vorgänge, physiologische 100
- Ursprung, physiologischer 100

Physis 80, 100, 106, 109, 124, 140, 155, 160, 161, 170, 174, 179, 187, 188
- und Psyche, Einheit 95
- dunkle 180
- Psyche, Unterscheidung 37, 42, 86
physische
- Ereigniskette 164
- Existenz 180
- Naturerklärung 113
- Ursprung 100
Pilz (s. auch Phycomyces) 160
Planeten 198, 199
- sieben 187
Planetenbewegung 197, 198
platonische Philosophie 86
platonisches Weltbild 70
pleroma 180
Pneuma s. Geist
Polarkoordinaten 193
Politik 86, 97
ponderomotorische Wirkungen 58
porportio sesquialtera 135
Positivismus 8, 104, 110
Positron 158
- Emission 158
posteriora Dei, kabbalistische 97
Praxis, psychotherapeutische 205
Prediger 147, 148
- im Traum 146
prima materia 51, 53, 178
Primitivität 99
Primzahl 52, 135
Princeton 46
Prinzip
- der Form, lichtes 199
- männliches 40
- der Materie 199
- weibliches 76
privatio 78, 80, 86, 93, 191
- des Bewußtseins 94
privatio boni 75–77, 92, 93, 190–192
- heidnisch 191
Projektion 16, 17, 73, 85, 90, 100, 115, 128, 148, 156
- eines Heilsweges in die Hyperräume 156
- rationalisierende 156
- des Selbst in die Frau 135
proportio sesquitertia 135
Proportionen 26
- harmonische 197, 199
- der Winkel 199
Protestanten 78, 97
Protestantismus 86, 150
- als Männerreligion 85

Proton 107, 187
psi-missing 59
Psyche 28, 31, 63, 80, 100, 102, 104–106, 109–112, 114, 115, 121, 126, 128, 155, 161, 170, 174, 181, 188, 197, 198
– Befreiung 180
– Begriff 104
– des Beobachters 34, 100, 104
– Einflüsse der 22
– und Geist 123
– geistiger Aspekt 112
– und Materie als matrix 124
– als Medium 115
– objektive 130
– und Stoff 105
– stoffliche Natur 105
– als Wort 105
– der Yogins 180
psychische
– Energie 177
– Existenz 180
– Geburt 180
– Gegenstand, psychischer 112
– Inhalte 22, 177, 183, 184, 187
  – Verdoppelung 184
– Natur der Archetypen 105
– Relativität
  – der Masse 62
  – von Raum und Zeit 62
– Spaltung 153
– Vorgänge 203
– Zustand, psychischer
  – Einfluß auf Experimente 54, 55
Psychische, das 10, 176, 179, 187
Psychismus 94, 95
psycho-physische
– Einheit 81
– Einheitssprache 82
– Problem 95
Psychoanalyse 103
Psychoide, das 115
– Archetypen 98, 116, 124, 125, 165
– Existenzen 112
Psychologe 10, 11, 36, 54, 84, 105, 110, 118, 130, 173, 176
– im Traum 161, 165
Psychologie 2–4, 28, 33–35, 61, 85, 94, 97, 103, 104, 112, 113, 115, 117, 124, 125, 129, 131, 151, 157, 159, 165, 170, 174, 179, 181, 184, 185, 204, 208
– Einordnung in eine allgemeine theoretische Physik 126
– empirische Anwendung 205
– geisteswissenschaftlicher Aspekt 204
– Grundproblem der gegenwärtigen 10

– des Individuationsprozesses 91
– Jungs (s. auch analytische Psychologie) 84
– moderne 197
– der naturwissenschaftlichen Begriffsbildung 65
– und Religion 24
– des Träumers 167
– des Unbewußten 91, 108, 121, 126, 145, 204, 207
  – Postulate 62
– des Zahlbegriffs 59
psychologisch 9, 10
– neutrale Sprache 176
– Deutung, psychologische 174
– Erkenntnisse, psychologische 152
– Problem, psychologisches 3, 94
– Sprache, psychologische 108
  – des Bewußtseins 109
– Voraussetzungen der Theorie, psychologische 113
– Gegensätze, psychologische 164
Psychologischer Club Zürich 35, 36, 196
Psychologismus 94
psychophysischer
– Monismus 86
– Parallelismus 55
– Problem, psychophysisches 94, 160, 165
Psychose 138
Psychotherapeuten 205, 206
– Gruppenbewußtsein 206
Psychotherapie 205
Punkt 198
– zentraler 199
Pyramide
– formale 200
– materielle 200
– Proportionen 200
Pythagoräer 89, 107, 197
– Ideen, pythagoreische 200

Quanten 6
Quantenchemie 145
Quantenmechanik 91, 120
Quantenphysik 6, 55, 56, 64, 91, 92, 118, 177, 178, 201
– Unsicherheitsrelation 119
– Zustand 57
Quart 200
Quaternarium 200
quaternio 62, 79, 111, 114, 120, 122, 126
Quaternio Kausalität $pq$ Synchronizität 3
Quaternitas, Wegbereiter der 52
Quaternität 50, 53, 57, 94, 96, 106, 107, 147, 184–186, 198

– Archetypus 128
– und Graal 50
– der Mandala 31
– Symbol der 95
Quint 200


Radarbilder 194
Radarsystem 193
radioaktiv 63, 132, 133
Radioaktivität 37, 39, 43, 52, 58–60, 62, 63, 65, 70, 71, 133, 139, 150, 173, 175
– Betazerfall 162
– Eigenschaft 133
– Isotop, radioaktives 139
– in neutraler Sprache 67
– physikalische Phänomene 41
– physikalischer Prozeß 67
– psychologisch 15, 42
– psychologische Entsprechung 66, 67
– im Traum 132
– Vorstellung von 67
  – Unterschied zum Feldbegriff 67
Radiumatom 61
Radiumzerfall 41
Ratio 85, 130
ratiocinatio, bewußte 130
Rationale, das 92, 95
Raum 10, 16, 17, 33, 47, 58, 80, 91, 98, 108, 126
– absoluter 104
– Dreidimensionalität 79, 80, 198
– materieller 78
– metaphysischer 94
– metrischer 155
– in der Newtonschen Physik 57
– Relativität 4
– topologischer 155
– unbewußter 10
Raum und Zeit 34, 39, 40, 57, 155, 178, 185
– als Anschauungsbegriffe 61
– Begriff 62
  – Relativität 36
– Beziehung 62
– Gegensatz 57, 61, 62
– Koordinaten, mathematische Beschreibung 58
– psychische Bedingtheit 4
– psychische Relativität 61
– Raum-Zeit
  – Begriff 34
  – Kontinuum, vierdimensionales 80
  – Problem 18
– räumlich 10
– Ununterscheidbarkeit 61

Raumkrümmung 156
Raumspiegelung 157
Raumzeitkontinuum 61
Realismus 71
Realität
– physikalische 119
– psychische 107
rechts 121, 157, 169
Rechts-Links 161
Reflexe 160, 162
Reflexion des Bewußtseins 107
Reformation 137, 152
regina 134
Reich der Mitte 128
Reihen, statistische 39
Reise 146, 147
Relation Geist-Psyche-Stoff 102
Relativität 10
– der Masse 63, 67
– psychische 59, 62
– von Raum 4
– von Raum und Zeit 63
– in Synchronizitätsfällen 46
– von Zeit 4, 203
Relativitäts- und Quantenphysik 57
Relativitätstheorie 120, 155
Religion 29, 137, 138, 139, 147, 152
– der Ganzheit 137
– der Liebe, Geschichte 137
Religionsgeschichte 205
religionspsychologische Betrachtung 84
Religionswissenschaften 3
religiöse Offenbarungen 100
Religiosität, christliche 74
représentations collectives 29
Resonanz 15
Resonanzeffekte, optische 199
Resonanzstellen 11
rex und regina 151
Rhinesche Experimente 38, 54, 55, 59, 61, 68, 120
Rhythmus, Rhythmik (s. auch Periodizität) 31, 90
– akustischer 28
Riemansche Fläche 37, 189, 233
Ringe
– in Nathan der Weise 114
– Symbolik 132
rituelle Handlungen 152
Ritus 137
– katholischer 134
– und Vernunft, Gegensatz 138
Roman de la Table Ronde 48
Röntgenologen 66
Rorschachtest 194

Rosenkreuzer 200
- chymische Hochzeit 200
- Mysterien 33, 200
Rotation 16, 32, 33, 36, 83, 88, 98
- zu Mandalas 36
rote Tinktur, Herstellung 42
Rückwirkung, synchronistische 132
Runde, das 157

Salomon 51
- seine Frau 49
Samsara (Überwindung der gegenständlichen Gegensätze) 165
Sanskritphilologen 67
Sätze, mathematische 188
Schalenstruktur 6
Schatten 20, 46, 47, 89, 115, 120, 138, 148, 165
- Wandlung 147
Schechina 138
Schema
- Holland-Italien 127
- quaternäres 57, 58
Schicksal 49, 80
Schiff 49
Schlange 69, 140
- Kobra 140, 153
- Paradiesschlange 140
Schlüssel
- acht, im Traum 32
- zur physikalischen Erkenntnis 125
- im Traum 33
Schönheit 198
- der Welt, Urbild 198
Schöpfergott 78
- Eigenschaften 78
Schöpfung
- im Mikrokosmos 201
- Schönheit 198
- Sinnbild 198
Schweden 132, 135, 150
Schweiz 143
Schwere im Traum 108
Schwert Davids 49
Schwingungen 27
Schwingungsstrahlen 174
Schwingungsvorgang 169
Schwingungszahl 15, 174
"Sechs" 135, 136, 151
Seele (s. auch Psyche) 8, 22, 86, 98, 124, 126, 171, 185, 197, 200
- Bereiche 23
- Einzelseele als Abbild Gottes 199
- als Kugelschale 17

- als Punkt 199
- Schichten 23
- und Tod 28
- Wandlung 22
Seelenwanderung 89, 181
- metaphysische 31
Seelenzustand der Analytiker 206
Seeungeheuer 82
Seiende, das 77, 92, 93, 95, 98
- der Materie 99
- Nicht-Seiende, das 77
Sein, das 92, 99, 100, 124
- Geheimnis des 125, 128
- metaphysisches 100
- raumzeitloses der Psyche 28
- statisches 80
Seinsaspekte, Gegensätze der 164
Seinsaussagen 102
- im metaphysischen Sinn 104
Seinsform Gottes 198
Sekte, häretische christliche 107
Sektenkriege 137
Selbst 15, 19, 37, 67, 92, 100, 114, 122, 139, 144, 147, 162, 163, 165, 189
- Bilder des 80
- Definition 132
- Dynamik 80, 81
- kosmischer Aspekt 18
- Symbole 73
- Symbolik spontane 125
Selbsterkenntnis 126
selbstregulierendes System 16
Semele 98
Separation (psychische) 179, 180
Sequenz, archetypische 89
serpens mercurialis 69
Sexualität 19, 29, 88
Shiva's Tanz 89
Sichtröhren-Bildschirm 193
"Sieben" 18, 136, 140, 156, 186, 187
"Siebzehn" 135, 136
Sigma als Abkürzung für Synchronizität 69
Sinn 23, 40, 41, 46, 57, 60, 62, 64, 113, 126, 149, 164
- als anordnender Faktor 40
- symbolischer 173
- im Zufall 39
- und Zeit 40
Sinnenwelt 153
Sinnerfülltheit 153
Sinneseindrücke 103
Sinnestätigkeiten 123
Sinneswahrnehmung 112, 196, 197
Sinnkorrespondenz 46
Sinnzusammenhang 43

Skandinavien 143
Skarabäus 39, 41, 42, 44, 46
Sohn 135, 151, 198
— von Mutter 116
Sommer 44
Sonne 18, 150, 180, 198
— als Lebensquelle 198
— als Mittelpunkt 198
— Mond Konjunktionen 55
— Mondkind 98
— als Quelle des Lichts und der Wärme 198
— Sphäre der 200
Sonnenfarbe 18
Sonnenfinsternis 132
Sonnenuntergang 180
Sophia 124
Spaltung
— der Welt 153
— psychische 153
Spannung, schöpferische 113
Spannungsenergie der Gegensätze 165
Spannungsfeld 63
Spannungszustand 58
— des Aethers 58
Speise, eucharistische 69
Spektralfarben 128
Spektralfrequenz 175, 182
Spektrallinie 14, 16, 139, 149, 174, 175, 179, 187
— Dublett-Feinstruktur 174, 175
— Dublettaufspaltung 184
— Duplettstruktur 174
— im Traum 176
— Zerlegung 176
Spektrograph 36, 84, 176, 180
Spektroskopiker 174
Sphäre der Sonne 200
Sphäre, matriachale 124
Sphärenmusik 89, 187, 197
Spiegel 18, 160
Spiegelbewegung 193
Spiegelbild 146, 159, 199
— im Unbewußten 180
Spiegelkomplex 159
Spiegelsymmetrie 161, 162
Spiegelung 107, 154, 155, 156, 158, 159, 160–165
— der Zweiheit 188
Spiegelungseffekte 164
Spiegler 160, 161, 165
Spielkarte 14, 18
— im Traum 20
— Treff-As 18, 20, 48, 146, 176
Spin 52, 158, 202
Spindel 53
— chthonischer Ursprung 49
— drei Spindeln 51
— hölzerne 49
— Rolle in der Folklore 53
— Rotation der 53
— als weibliches Instrument 49
Spinnen 48, 51, 53
Spinther (Lichtfunke) 17
Spiritualismus 100
— Seite, spiritistische 182
— Sitzung, spiritistische 184
spiritus 124
spiritus Mercurialis 153
Sprachassimilation 143
Sprache 147
— Althochdeutsch 141
— Altschwedisch 142
— der analytischen Psychologie 107
— des Bewußtseins 112
  — psychologische 109
— der Chemie 145
— chinesische 16
— Dänisch 140–143, 148, 149
— Deutsch 142
— drei Sprachen 109
— Englisch 140–143, 148, 149
— Französisch 147
— der Genetiker 145
— im Traum s. Traumsprache
— Italienisch 140
— Kreation 139
— Lateinisch 141
— metaphysische 108
— monistische 86
— natürliche 112, 117
— neutrale 36, 42, 66, 86, 87, 110, 115, 176, 177
— der Physik 139
— physikalische 102, 153, 176
— der Psyche 107
— der Psychologie 139
— psychologische 13, 108
— der Ratio 42, 142
— skandinavische 142
— symbolische 35
— Terminologien 12
— theologisch-metaphysische 107
Sprachstörung 8
Spuk 180
Stadt 31, 32
Standpunkt
— archaischer 200
— naturwissenschaftlicher 174
— philosophischer 127
Statistik 55

– Naturgesetze, statistische 119, 120
– psychische 70
– Versuchsreihe, statistische 92
Statistische, das 189
Steinsymbolik 98
Sterblichkeit 180
Sternbild des Perseus 160
Sterne 199
– Algol 160
Stiefmutter, böse 148
Stoff (s. auch Materie) 22, 98, 100, 102, 107, 119–112, 115, 156
– beseelter 98
– Beseeltheit 98
– Eigenschaften 100
– spiritualisiert 98
Stoffwechselvorgänge, physiologische 185
Stottern 8
Strahlen 59, 144, 145, 146, 202
– kosmische 32
  – als Traumsymbol 202
– radioaktive 67, 202
Strahlungsenergie 62
Streifen 181
– dunkle 24, 28, 29, 180, 183
– helle 24, 28, 29, 180, 183
Streifen, helle und dunkle als periodisches Symbol 183
Strom 118
Struktur, psychische
– Darstellung 17
– ganzheitliche, Erfassung 65
Stufe, archaische 174
Subjekt 10, 67, 184
Subjekt-Objekt-Relation 94
Subjektstufe 87, 121, 134
Substanz, radioaktive 41–43
– mechanische und chemische Wirkungen 66
Süden 89
summum bonum (s. auch Gute, das) 124, 190
Sünde 75
Symbol 22, 23, 27, 81, 82, 180, 98, 107, 169, 171, 179, 180, 187, 188, 197, 201
– archetypisches 112
  – religiöse und naturwissenschaftliche Funktion 87
– des Archetypus der Inkarnation 108
  – Numinosität 108
– Darstellung, symbolische 22
– für die Energiequelle des kollektiven Unbewussten 16
– Keplers 198
– des Kernes 73
– mann-weibliches 74

– mathematisches in Träumen 31
– periodisches 24, 26
– psychologisches 105
– des Selbst 67, 81
– Sinn 28, 173
– taoistisches 182
– der Totalität des Psychischen 17
– der Trinität 171
– des Unbewußten 164
– vereinigendes 185
  – Physis und Psyche 187
– des Weiblich-Unzerstörbaren 107
– Wirklichkeit, symbolische 94
Symbolforschung, vergleichende 114
Symbolik 25, 26, 36, 67, 128, 165, 173
– des Geistes 100
– linguistische 139, 141
  – im Traum 143
– mathematische 189
– physikalische 14, 128
– religiöse 83
Symbolträger 167
Symmetrie (s. auch Asymmetrie) 79, 156, 157, 161, 165, 195, 199
– Anschauung, symmetrische 115
– physikalisches Problem 164
– der Reflexe 162
– Verletzung der 159
Symmetrieproblem 195
Symmetrieprüfung, Experimente 157
Synchronizität 37, 45–48, 54–62, 69, 70, 80, 87, 98, 100, 101, 113, 126, 128, 149, 150, 151, 160, 162, 163, 165, 203
– Begriff, Sinn 68
– Definition 55, 63–65
– Fälle 69
  – halbpsychische 61
  – nicht-psychische 61
– Gedanken über 38
– Gleichzeitigkeit, physikalische 40
– halbpsychische 64, 65
– Kausalkette, synchronistische 194
– psychische 64, 70
– These 4
– Rückwirkung, synchronistische 132
– synchron 40
– von Träumen 36
– Wort 132
– zahlenmäßige Feststellung 54
Synchronizitätshypothese und physikalische Tatsachen 41
Synchronizitätsprinzip 3, 4
Synthese 144
– zwischen physikalischen und psychologischen Sachverhalten 117

System
- gnostische Systeme 156
- heliozentrisches 198
- religionsphilosophische, widerspruchsfreie Systeme 74
- selbstregulierendes 16

T 159
Tag- und Nachtgleiche (s. auch Äquinoktien) 131, 186
Tagessprache, physikalische 143
Tagleben 148
Tanz 88, 89
Tanzen 88
Tao 29, 30, 165
Taoismus 89
- religionsphilosophisches System 74
- Symbol, taoistisches 182
Taoteking 75
Tatbestände, psychische 11, 13
Taufbecher 102, 110
Taufe
- antimetaphysische 103
- katholisch 103
Technik 152
Teil 186
Teilbarkeit durch vier 45
Teilchen 93, 119, 185
Teilstücke, aus dem Bewußtsein abgesprengt 52
Teilung 179, 180
- des Körpers 180
Telepathie 28
Tempel, indische (s. auch Kirche) 181
Terminologie (s. auch Sprache) 12, 16, 162, 173
Terry Lectures 24, 96
Teufel 75, 86, 97, 98, 103, 138, 148
teuflisch-heidnisch 51
Theologen 84, 87, 92, 98, 100
- Glaube der 100
Theologie 107, 113
- archetypische 112
- christliche 77, 138
- negative 78
- Problem 97, 102
- Sprache 107
- Verwicklungen 124
Theophanie 75, 78
Theorie
- des Magnetfeldes 147
- naturwissenschaftliche 197
- physikalische 119
- psychologische Voraussetzungen 113

- des Werdens 93
- wissenschaftliche 196
theos 107
Therapeut (s. auch Analytiker) 205
Therapie (s. auch Analyse) 205
Thermodynamik 185
Thermoelektrizität 173
Tiere 31, 113
- im Traum 113, 118
Timaios 107, 111
Tochter 46
- des Geistes 116
Tod 8, 179, 181
- des Individuums 22, 23
- des Vaters 147
- Wallenstein's 137
- und Wiedergeburt 147
Todesangst (s. auch Angst) 181
Töne (eides) 107, 187
Topologie 45, 155, 189
topologischer Raum 155
Tradition
- ethische Grundlage 138
- jüdische 138
- katholische 134
- peripatetische 93
- mathematische Naturwissenschaft als 138
Transgressivität des Archetypus 67
Transmutation eines chemischen Elements 59
Transzendentale, das 117
Traum 13, 15–20, 23, 24, 27, 29, 33, 36, 37, 39, 41, 44, 46, 48, 51, 53, 70, 79, 84, 85, 87, 89, 97, 99, 106, 107, 112, 116, 118, 124–126, 130, 132, 133, 136, 138–143, 147, 159, 160, 163, 164, 169, 170, 173, 176, 177, 179, 181, 182, 186–188, 202, 205, 207
- Analyse 9
- antike Träume 21
- archetypischer Teil 133
- Assoziationen 180
- Beobachtung über mehrere Jahre 53
- einzelner 18, 24, 26, 27, 29, 32, 46, 50, 51, 58, 88, 132, 133, 135–137, 140, 144–146, 148, 160, 169
- frühere Träume 47
- kompensatorische Träume 108, 181
- linguistische Symbolik 143
- von Medizinmännern 207
- mittelalterliche Träume 21
- Pferde 29, 30
- physikalisch-symbolische Träume 116
- physikalische Träume 66, 182
- physikalische Feststellung 113
- physikalische Symbolsprache 108

- physikalischer Teil 117
- eines Physikers 118
- eines Psychologen 118
- Schwere im 108
- Selbst 13
- Serie 25
- Spielkarte im 18
- Symbolik 20
- von Tieren 113
- Weg des Traumes 143
Traumaussage
- objektiver Sinn 112, 188
- subjektiver Sinn 112
Traumbeschäftigung als Experiment 133
Traumdeutung 9, 13, 18, 21, 46, 53, 88, 106, 150–154
- Selbstdeutung 21, 27, 33, 44, 45, 89, 132, 135, 140–144, 150, 154, 160, 161, 188
träumen
- mythologisch 112
- physikalisch 112, 117
- unpsychologisch 112
Träumer 13, 15, 17
- Psychologie 167
Traumerfahrung 22
Traumerlebnis 51
Traumfassung, theologisch-metaphysische 113
Traumfigur 89, 112, 116, 136
- des Schattens 147
- des Fremden 47
Traumgestalt, zweischichtige 52
Traumhaftigkeit physikalischer Begriffe 61
Traummaterial 20, 21, 51
Traummotiv 17, 20, 174
Traumphantasien 28
Traumserie 27, 133–149
Traumsinn 112, 135
Traumsituationen 44
Traumsprache (s. auch Sprache) 45, 102, 139
- mathematisch-physikalische 139
- physikalische 108, 143
- Synonyme für radioaktiv 162
- des Unbewußten, physikalische 109
Traumstruktur 150
Traumsymbol 3, 31, 66, 67, 108
Traumsymbolik, physikalische 118, 120, 122, 128
Treff-As 18, 48, 20, 146, 176
- als Symbol 20
Trennung 176
Treppe im Traum 88
Triade 134, 146, 151, 184
- chthonische 146
Triebe 123

Triebsinn, archetypische Bilder 182
Trinität 30, 106, 133, 134, 147, 151, 198
- christliche 77, 191
- chthonische 48
- und Kirche 49
- plotinische 77
- Symbol 171
- untere 51
Trinitätsvision 30
Trinitätsbild 32
Triplette 14, 174
triton eidos 105
Typen
- Denktyp 74
- Gefühlstyp 73, 190
- Wahrnehmungstyp 134
Typenlehre 95

Übel, das (s. auch Böse) 75
- der Welt 78
UFO 82, 83, 157, 163–166, 193–195
   - als Symbolik des Individuationsprozesses 163
Uhr 24, 43, 44, 169
- radioaktive 43
- als Kollektivphänomen 43
Uhrwerke, mittelalterliche 25
Umgehung 146
Umwandlung 67
Unbekannte, der 147
Unbekannte, die 145
Unbekannte, dunkle 169
Unbewußte, das 2, 3, 8–10, 12, 16, 17, 19, 29, 35–37, 43, 46, 47, 51, 53, 54, 61, 66, 79, 84, 89, 91, 94, 97, 99, 102, 104–106, 112, 117, 122, 124–126, 128, 129, 131, 134, 138, 139, 142, 144, 146, 148, 150, 151, 153, 160, 161, 161, 163–165, 170, 172, 177, 179, 184, 197, 203, 205
- Änderung im 147
- Antwort des 120
- Begriff 91, 94
- Inhalte 28, 150
   - Beobachtung 179
- kollektive 8, 10, 14, 16, 30, 43, 52, 67, 174, 179, 181
   - biologische Analogie 16
   - psychische Entwicklung 118
   - zeitlos 57
- als Laboratorium 133
- modernes 33
- als neue Dimension 120
- Organe, unbewußte 16
- persönliches 183

– Produkte 116, 121, 207
– als psychischer Tatbestand 16
– Psychologie 108, 121, 126, 145, 204, 207
– psychologische Neigungen 113
– Spiegelbild 180
– spontane Manifestationen 184
– Verstehen 121
Unendlichkeitsbegriff 156
unio mentalis 126
Universum 177, 183
unpsychologisch träumen 112
Unsicherheitsrelation in der Quantenphysik 119
Unsterblichkeit 180
Unteilbarkeit, physikalische 64
Unterscheidung (s. auch Gegensatzpaar)
– physikalisch–chemisch 34
– physisch–psychisch 34, 45
unus mundus 4, 83, 126, 128, 153, 156, 162
Urbild 197
– der Manapersönlichkeit 52
– der Schönheit der Welt 198
Ursache, symbolische 37
Ursprung
– chthonischer 140
– geistiger 100
– ideeller 100
– materieller 100
– physiologischer 100
– physischer 100
Urteile, metaphysische 99–101
Uterus 151

Valenzstriche 118
Vater 134, 151, 198
– und Mutter 135
– Paulis 148
– Projektion auf den 147
– Tod 147
Vaterarchetypus 124
Vaterfigur 3
Vaterprojektion 89
Veränderliche, das 93
Verbindung, magische 19
Verdoppelung 37, 133, 142, 143
– eines psychischen Inhalts 132, 184
Verdrängung 130, 135
Vereinigung 98
– der Gegensätze 99
Vergeistigung 100
Verheiratete (s. auch Paar) 39, 55
Vernunft 137
Verstand 104
Verstofflichung 100

Versuch (s. auch Experiment), hypnotischer 14
Versuchsanordnung 91, 119, 120
– astrologische 60
– einander ausschließende Versuchsanordnungen 64
Versuchsreihe, statistische 92
"Vier" 23, 31, 44, 45, 80, 127, 144, 187, 200
– Elemente 26
– Takt, archetypisch 31
Vierheit 24, 57, 185, 188
Vierte, das 126, 135, 188
Vierteilung 26
Vierzahl 198
Virginität 98
Vision 23, 31
– ekstatische 29
Vitalismus 185
Vitalist 131
Vogel im Traum 186
Vollmond 148
Vollständigkeit 120, 121
Vorsehung 39
Vorstellungen
– archetypische 35, 188, 197, 200
– bewußte 67
– Ursprung 102


Wachphantasien 28
Wahnideen 130
Wahrheit, wissenschaftliche 174
Wahrnehmung 134, 151, 153
Wahrscheinlichkeitsbegriff 92
– als Archetypus 70
– der Mathematik 64
Wahrscheinlichkeitsgesetz 64, 65, 119
– statistisches 92
Wallenstein's Tod 137
Wandlung 135, 201
– des Experimentierenden 134
– des Menschen 139
– des Schattens 147
Wandlungs- und Kommunionssymbolik 22
Wandlungserlebnis, religiöses 201
Wandlungsmysterium 151, 199
Wandlungsprozeß 67, 80, 151
– psychischer 71
Wandlungssymbol in der Messe 69
Wasser 32, 160
Wasserstoffatom 177, 187
– im Traum 186
Weiblich-Unzerstörbares 40
Weibliche, das 46, 51, 98, 109
– jungfräulich 98

Weiblichkeit 124, 125
- Prinzip 76
Weiser, alter 18, 32, 51
Weisheit
- chthonische 138, 153
- instinktive 138
Welle 93, 99, 119, 124, 173, 185
- und Schwingungssymbole 23
Wellenimpulse, elektromagnetische 193
Wellenmechanik 91, 93, 119
Wellenstrahl 193
Welt 82, 150, 165
- eine 126, 153
- empirische 94
- Entstehung 82
- Erscheinungen 196
- ewige 126
- Spaltung 153
Weltall, kugelförmiges 17
Weltalter (Yugas) 82
Weltbild 47, 62, 153, 189, 200
- heliozentrisches 171
- intuitives der Chinesen 75
- kopernikanisches 171
- naturwissenschaftliches 52, 201
- platonisches 70
- als psychische Vorstellung 115
- Quaternio 61, 65
- triadisches 58
- unbewußtes 187
Weltganze, das 164
Weltharmonie 185, 199, 200
Weltmusik 200
Weltseele 80, 191, 200
- befreite 200
- böse 77
Weltuhr 23, 24, 30
Weltzeitalter 89
Werden, das 77, 80, 93, 95
Wespen 18
- Projektion 29
Wespengift 18
Wespenphobie 28
Widerspruch zwischen Kausalität und Synchronizität 55
Widerspruchsfreiheit (consistency) 104
Widerstandsrauschen 194
Wiedergeburt 147
Wiederkehr, zyklische 99
Wille 75, 78, 79
Winkelproportionen 199
Wirklichkeit
- irrationaler Aspekt 104
- symbolische 94

Wirkung
- astrologische 199
- chemische 59
- physikalische 59
Wirkungsquantum 118
Wissen der Versuchsperson 63
Wissenschaft 137, 147
- Begriffe 173
- Deutung, wisschenschaftliche 21
- objektive 200
- Theorie 196
- Wahrheit 174
Wissenschaftsgeschichte 196

Yang 179
Yin 179
- Zahl 135
Yoga 10
Yogin 180
Yugas (Weltalter) 82

Zahl 26, 108, 112, 114, 147, 188
- Archetypen 125
- archetypische Numinosität 129
- als Archetypus 106, 114, 125, 127, 130
- "Drei" 49
- "Dreihundertsechs" 151
- Dynamis der 130
- "Einundsiebzig" 136
- "Fünf" 136, 143, 153
- "Fünfhundertachtundsechzig" 136, 151, 152
- ganze 125, 127
- Geheimnis 129
- geheimnisvolle Natur 126
- größere 48
- als Grundlage der Physik 126
- als Grundlage der Psychologie 126
- komplexe 91, 188
- männlich 125
- mathematische Eigenschaften 114
- mythische Aussagen 130
- und Mythologie 125
- natürliche 125
- "Neun" 135, 136, 151, 152
- "Neunzehn" 136, 152
- numinose 130
- Numinosität 130
- psychische 130
  - Aussagen 130
- "Sechs" 135, 136, 151
- "Sieben" 18, 136, 140, 156, 186, 187
- "Siebzehn" 135, 136
- im Traum 108

- "Dreihundertsechs" 135, 151
- "Zweihundertsechs" 135, 151
- ungerade 107
Zahlentheorie 189
"Zehn" 136, 143, 152, 153
Zeichen, mathematische 188
Zeichnungen 21, 27
- in der Analyse 11, 12
Zeit 10, 11, 24, 25, 27, 39, 40, 43, 46, 47, 57, 80, 88, 91, 98, 108, 126, 169, 178, 179, 183, 184, 201, 203
- eindimensionale 80
- und Gedächtnis 57
- in der Newtonschen Physik 57
- Periode 177
- physikalische 47
- psychologisch 31
- und Raum (s. auch Raum und Zeit) 58
- Relativität 4, 203
- Umkehr 157
- Zusammenfallen der 58
Zeitalter, naturwissenschaftliches 152, 198
Zeitbegriff 23, 40, 43, 46, 62, 92
- bewußte Schwierigkeiten 47
- der dunklen Anima 44
- intuitiver 44
- Relativierung 189
Zeitbewußtsein 52
Zeitdauer (s. auch Periodizität) 26, 177
Zeitintervall 43
zeitlos 187
Zeitmessung 203
Zeitrelativität 10

Zeitrichtung 161
Zeitsymbolik 169, 198
Zensur 137
- christliche 49
Zentrum (s. auch Mitte) 198
Zerfall, radioaktiver 43, 56
Zeus, Haupt des 116
Zirkulation des Lichtes 16, 33, 88
Zodiakschlange 25
Zufall 39, 61
- der Würfelbewegung 63
- und moralische Notwendigkeit 39
Zufallsbedingungen, mantische 47
Zufallsnatur der astrologischen Zahlen 48
Zusammenhang, synchronistischer 67
Zustand
- ekstatischer 28
- geistig-zeitloser 181
- materiell-zeitlicher 181
- physikalischer 58
"Zwei" 45, 47, 125, 135, 136, 140, 143, 144, 147, 151, 153, 155, 176, 180, 186, 188, 200
- als weibliche Zahl 135
Zweiheit 151
- Spiegelung 188
"Zweihundertsechs" 151
Zweischichtigkeit 51, 52
Zwölf
- Apostel 26
- Monate 26
Zyklen 31
zyklische Wiederkehr 99

K. V. Laurikainen

# Beyond the Atom

### The Philosophical Thought of Wolfgang Pauli

1988. XIX, 234 pp. 10 figs. Softcover DM 68,- ISBN 3-540-19456-8

**Contents:** Introduction. – Positivism and Realism. – The Reality of Opposites. – The Metaphysical Roots of Science. – Spirit and Matter. – The Limits of Knowledge. – Mysticism. – The Problem of Evil. – Quaternity. – Transcendental Reality. – Appendices: Wolfgang Pauli and the Copenhagen Philosophy. The Role of the Observer in Microphysics. The Possibility of Science and Its Limits. Translations of the German Quotations into English. – Subject Index.

W. Pauli

# Die allgemeinen Prinzipien der Wellenmechanik

Neu herausgegeben und mit historischen Anmerkungen versehen von N. Straumann, Universität Zürich

1990. VII, 242 S. 4 Abb. Brosch. DM 68,- ISBN 3-540-51949-1

W. Paulis Handbuchartikel **Die allgemeinen Prinzipien der Wellenmechanik** übertraf für Jahrzehnte alle anderen Darstellungen an Tiefe und Gründlichkeit. Er sollte nach wie vor von jedem Studierenden, der sich ernsthaft mit den Grundlagen der Quantentheorie auseinandersetzen will, zu Rate gezogen werden. Paulis konzentrierte Darstellung der nichtrelativistischen Quantenmechanik hat als Klassiker die Zeiten überdauert. Sie macht den ersten Teil des Werks aus, der zweite behandelt Diracs relativistische Quantentheorie zum Einkörperproblem und zur Strahlung. Der Herausgeber hat das Werk durch ein wissenschaftliches Kurzportrait Paulis und zahlreiche Anmerkungen ergänzt, so daß das Buch auch als ein Beitrag zur Wissenschaftsgeschichte gesehen werden muß.

Das Buch eignet sich für Studenten ab dem 4. Semester.

*Ebenfalls lieferbar:*
W. Pauli, **Principles of Quantum Mechanics.** ISBN 3-540-09842-9

# Wolfgang Pauli

**Wissenschaftlicher Briefwechsel / Scientific Correspondence mit/with Bohr, Einstein, Heisenberg u.a./a.o.**

## Teil I / Part I: 1919–1929

**A. Hermann, K. v. Meyenn, V. F. Weisskopf (Hrsg./Ed.)**

1979. XLVII, 577 S. (Briefe in Deutsch, Dänisch und Englisch) 1 Faksimile, 34 Abb. 6 Tab. (Sources in the History of Mathematics and Physical Sciences, Vol. 2) Geb. DM 214,- ISBN 3-540-08962-4

**Inhaltsübersicht:** Das Jahr 1919: Auseinandersetzung mit der Allgemeinen Relativitätstheorie. - Das Jahr 1920: „Relativitätsartikel" und erste Arbeiten zur Atomphysik. - Das Jahr 1921: Dissertation über das Wasserstoffmolekülion. - Das Jahr 1922: Göttingen - Hamburg - Kopenhagen. - Das Jahr 1923: Anomaler Zeemaneffekt. - Das Jahr 1924: Weg zum Ausschließungsprinzip. - Das Jahr 1925: „Quantenartikel" und Göttinger Matrizenmechanik. - Das Jahr 1926: Rotierendes Elektron und Verallgemeinerungen der Quantenmechanik. - Das Jahr 1927: Kopenhagener Interpretation und Quantenelektrodynamik. - Das Jahr 1928: Berufung nach Zürich - Schwierigkeiten in der Quantenelektrodynamik. - Das Jahr 1929: Systematischer Aufbau der Quantenfeldtheorie. - Anhang.

## Teil II / Part II: 1930–1939

**K. v. Meyenn (Hrsg./Ed.)**

Unter Mitwirkung von/With the Cooperation of A. Hermann, V. F. Weisskopf

1985. XXXIX, 783 S. (Sources in the History of Mathematics and Physical Sciences, Vol. 6) Geb. DM 368,- ISBN 3-540-13609-6

**Inhaltsübersicht:** Das Jahr 1930: Die Neutrinohypothese. - Das Jahr 1931: Erste Kernphysik-Kongresse und Amerikareise. - Das Jahr 1932: Die Entdeckung des Neutrons. - Das Jahr 1933: »Subtraktionsphysik« und »Löchertheorie« Faksimile des Briefes [314]. - Das Jahr 1934: Die »Pauli-Weisskopf-Theorie«. - Das Jahr 1935: Die zweite Amerikareise. - Das Jahr 1936: »Gitterwelt« und Theorie der kosmischen Strahlung. - Das Jahr 1937: Kosmische Strahlung. - Das Jahr 1938: Kernkräfte und »Yukonen«. - Das Jahr 1939: Die Theorie der Mesonenfelder. - Nachtrag zu Band I, 1919-1929. - Anhang. - Berichtigungen zu Band I.

Springer-Verlag
Berlin
Heidelberg
New York
London
Paris
Tokyo
Hong Kong
Barcelona
Budapest

*Preisänderung vorbehalten.*

GPSR Compliance

The European Union's (EU) General Product Safety Regulation (GPSR) is a set of rules that requires consumer products to be safe and our obligations to ensure this.

If you have any concerns about our products, you can contact us on

ProductSafety@springernature.com

In case Publisher is established outside the EU, the EU authorized representative is:

Springer Nature Customer Service Center GmbH
Europaplatz 3
69115 Heidelberg, Germany